U0265923

非饱和土固结解析研究

Unsaturated Soil Consolidation Analytical Study

秦爱芳　汪　磊　著

中国建筑工业出版社

图书在版编目（CIP）数据

非饱和土固结解析研究 = Unsaturated Soil Consolidation Analytical Study / 秦爱芳，汪磊著．北京：中国建筑工业出版社，2024．7．-- ISBN 978-7-112-29974-4

Ⅰ．TU411．5

中国国家版本馆 CIP 数据核字第 2024EJ0280 号

本书旨在通过解析方法所得的解去分析各类非饱和土地基在各种条件下的固结特性，探索尚不成熟的复杂非饱和土固结问题的机理，丰富和发展非饱和土固结理论，为国家重大工程非饱和土地基处理的固结沉降控制提供理论依据。全书共分为 7 章，主要包括：绪论，非饱和土固结控制方程及相关数学求解方法，非饱和土一维固结，非饱和土平面应变固结，非饱和土轴对称固结，非饱和土固结中的 Carrillo 方法，非饱和土固结问题的非线性探索。

本书可供从事非饱和土研究及其他领域从事解析研究的相关人员参考。

责任编辑：刘瑞霞　杨　允
责任校对：张惠雯

非饱和土固结解析研究
Unsaturated Soil Consolidation Analytical Study
秦爱芳　汪　磊　著

*

中国建筑工业出版社出版、发行（北京海淀三里河路 9 号）
各地新华书店、建筑书店经销
北京科地亚盟排版公司制版
建工社（河北）印刷有限公司印刷

*

开本：787 毫米×1092 毫米　1/16　印张：13¼　字数：329 千字
2024 年 9 月第一版　2024 年 9 月第一次印刷
定价：**60.00** 元
ISBN 978-7-112-29974-4
（42748）

前　言

非饱和土固结研究相较于饱和土固结研究起步较晚，国外非饱和土固结研究开始于20世纪40年代，国内在20世纪90年代成为热点。几十年来国内外学者对非饱和土固结开展了一系列研究，并取得了一定进展，但非饱和土固结理论研究仍不成熟。主要原因有两点：(1) 非饱和土中孔隙气含量不同，其性状有着较大差异，至今非饱和土固结还没有统一的理论。(2) 非饱和土中孔隙气具有压缩性，还有部分会溶解于水中，孔隙气与孔隙水又相互作用，这使得非饱和土渗流固结具有非线性特点，很难建立严格的数学模型来描述非饱和土固结过程中存在的复杂非线性耦合关系。在非饱和土的固结理论中，目前国际上比较公认且应用广泛的非饱和土固结理论是Fredlund和他的合作者提出的非饱和土双应力变量固结理论（简称Fredlund非饱和土固结理论）。基于Fredlund非饱和土固结理论，本书作者所在科研团队提出了采用解析方法对非饱和土固结问题进行研究的思路，对各类非饱和土固结问题进行了系列的求解和分析，探索了尚不成熟的复杂非饱和土固结问题的机理。一些学者也相继开展了部分相关研究，但迄今尚未有一本系统论述非饱和土固结理论研究方面的专著。本书作者通过梳理、总结课题组多年的研究成果撰写完成了此专著，其主要特色如下：

1）聚焦理论，方法领先，高度系统性。由于非饱和土的复杂性，Fredlund非饱和土固结理论自20世纪80年代被提出后，相关研究一直未得到有效开展。2008年，本课题组率先提出了应用解析方法求解Fredlund非饱和土固结控制方程的研究思路，并对一维固结问题进行了求解、验证及固结特性分析。随后建立了一系列平面应变固结及轴对称固结解析模型，并完成了相应的求解、验证及固结特性研究。

2）着眼应用，涵盖广泛，高度适用性。本书全面涵盖了十几年来课题组对各类复杂条件和因素影响下的非饱和土一维固结、平面应变固结及轴对称固结理论的研究，所得研究成果适用于各类不同工况下的非饱和土固结问题，可以为非饱和土地区各类工程固结沉降预测和控制提供切实可靠的理论指导。

3）立足前沿，致力突破，高度创新性。饱和土力学中著名的Carrillo方法可利用已有的单向渗流固结解析解或半解析解，方便地得到平面应变固结及轴对称固结的解答，极大地降低了平面应变及轴对称固结问题的求解难度。非饱和土平面应变及轴对称固结问题的求解难度更大，本书在既有一系列解析方法及解析研究成果基础之上，突破性地对饱和土力学中Carrillo方法在非饱和土中的适用性进行了证明，并提出了非饱和土固结问题的Carrillo方法。另外，本书还对非饱和土固结的非线性问题进行了探索。

全书共分为7章，作者研究团队的研究成果体现在第3～7章。全书主要内容如下：第1章绪论，简要阐述了非饱和土固结理论研究的背景和意义，简述了国内外非饱和土固结理论研究现状，介绍了本书主要的研究内容，由秦爱芳撰写完成；第2章介绍了本书所采用的非饱和土固结控制方程的推导过程、相关定解条件及数学方法，由秦爱芳完成；第

3 章为有限厚度非饱和土、成层非饱和土及非饱和土-饱和土地基一维固结的解析解、半解析解求解及固结特性分析，由汪磊、周彤完成；第 4 章为有限厚度非饱和土、成层非饱和土及非饱和土-饱和土地基平面应变固结的解析解、半解析解求解及固结特性分析，由汪磊、周彤完成；第 5 章为有限厚度非饱和土、非饱和土-饱和土竖井地基在不同应变假设下轴对称固结问题的解析解、半解析解求解及固结特性分析，由秦爱芳、江良华完成；第 6 章为非饱和土固结中 Carrillo 方法的可行性证明及应用，由秦爱芳、李林忠完成；第 7 章为非饱和土固结问题中非线性问题的探索，由秦爱芳完成；第 3～5 章中成层非饱和土固结及饱和土-非饱和土固结内容由李林忠、汪磊完成。

本书是课题组十几年来关于非饱和土固结研究成果的系统总结和凝练。由衷感谢两位作者的导师上海大学孙德安教授，本系列研究自始至终离不开他的指导、支持和鼓励。感谢比利时核研究中心陈光敬研究员对本研究和撰写本书提供的所有帮助与建议。感谢同济大学胡中雄教授对写作本书给予的鼓励。除两位作者外，课题组研究生李林忠、江良华、周彤、李天义、孟红苹、张九龙及未列出的所有参与课题的学生对本书的研究内容做出了贡献；江良华为本书统稿；课题组研究生孟红苹、郑青青、龚佳明、彭禹翔、沈思东、张立婷为本书的图表、公式及文稿校对做了很多具体工作。本书的撰写过程中参考了大量的著作、论文和相关研究成果。作者在此对以各种方式为本书做出贡献的人一一表示感谢。

本书的部分研究工作源于国家自然科学基金项目（项目编号：41372279，42072292，12172211，41807232）的研究成果，衷心感谢国家自然科学基金委员会的资助。

非饱和土固结是一个非常复杂且棘手的研究课题，目前非饱和固结理论研究还存在诸多探索空间，本书力求对非饱和土固结理论研究做一些探索性的工作。一本书或许微不足道，然而，若它能成为非饱和土固结研究中的一颗小石子，起到抛砖引玉的作用，给其他研究者提供一些启迪，那它将意义深远。

由于作者水平有限，本书尚有许多方面的研究分析有待进一步深入和完善，纰漏和不妥之处在所难免，敬请读者批评指正。

本书部分彩图可以扫封底二维码浏览。

秦爱芳　汪磊

2024 年 5 月 8 日

目　录

第1章 绪 论

1.1 研究背景及意义

地球表面广泛分布着非饱和土，如：处于干旱和半干旱地区的表层土以及工程中常遇到的压实土、膨润土、黄土、残积土、红土等。世界上有60%以上的国家都曾经或正在遭受非饱和土带来的工程危害。据统计非饱和土造成的工程危害在美国年损失近100亿美元[1]，超过了风灾、地震、泥石流等自然灾害的总和。

非饱和土固结是自然界中常见的现象，如黄土的湿陷、膨胀土的湿胀和冻土的融陷等，都与非饱和土固结有关。非饱和土固结也是工程中常见的问题，如天然地基、路堤、垃圾填埋场等都涉及非饱和土固结问题。

以 Terzaghi[2] 及 Biot[3] 固结理论为代表的饱和土固结理论研究已经较为成熟，已能很好地解决饱和土地基一维固结、平面应变固结及轴对称固结问题，却无法很好地解决非饱和土地基固结问题。非饱和土中由于气的存在，其固结比饱和土固结复杂得多，用饱和土的固结理论处理非饱和土固结问题通常会出现较大偏差。

相对于饱和土固结研究，非饱和土固结研究起步较晚。国外非饱和土固结研究始于20世纪40年代，而国内在20世纪90年代才开始成为热点。几十年来国内外学者对非饱和土固结开展了一系列研究，并取得了一定进展。但非饱和土固结理论研究仍不成熟，至今还没有统一的理论用于研究非饱和土固结。研究的难点主要是由于非饱和土孔隙中除存在孔隙水外，还存在孔隙气。孔隙气具有一定的压缩性，还有部分会溶解于水中，孔隙气与孔隙水还相互作用，这使得非饱和土渗流固结具有非线性的特点，很难建立严格的数学模型来描述非饱和土固结过程中存在的复杂非线性耦合关系。

在非饱和土的固结理论中，目前国际上应用较为广泛且具有代表性的是 Fredlund 和 Hasan[4] 非饱和土双应力变量固结理论（以下简称 Fredlund 非饱和土固结理论）。它用净应力和基质吸力两个应力变量来描述土的固结性状，弥补了之前以 Bishop 等为代表的仅用有效应力来描述非饱和土固结性状，不能解释非饱和土因浸水引起湿陷现象的缺陷；避免了以 Alonso 等为代表的理论研究太理论化而不易于实用分析的弊病。该理论既能反映非饱和土的主要特性，同时在形式上也易于进行简单的实用分析和计算。依据这样的非饱和土固结理论进行固结性状研究是极有意义的。

通过理论方法研究非饱和土固结需要求解以渗流连续与应力应变关系建立的偏微分方程，求解非饱和土固结偏微分方程常用的方法有数值方法、解析方法。与数值方法相比，解析方法特别适用于求解不同类边界和初始条件下的齐次和非齐次偏微分方程。解析方法具有编程简单、输入数据少、可进行固结问题的快速计算分析等优点。基于线性假定得到的解析解或半解析解可为研究复杂的非线性问题提供有价值的一阶近似解。应用得到的解析解或半解析解，特别是无量纲化的解，可以快速方便地分析复杂耦合系统的机理，如进行参数和边界条件等影响分析。因此，在研究新的复杂的非线性耦合问题之前，简化的解析解及半解析解研究是非常有必要的。

Fredlund 非饱和土固结理论自 20 世纪 80 年代被提出后，相关研究一直未得到有效开展。2008 年，课题组成功提出了基于一定线性假定的解析方法求解该固结理论的控制方程，以对非饱和土固结性状进行研究的思路，率先基于 Fredlund 非饱和土固结理论对一维固结问题进行了求解、验证及固结特性分析。随后课题组分别建立了非饱和土平面应变固结及轴对称固结解析模型，探索了相应的求解方法。除对常规的荷载、边界条件及初始条件研究外，针对大范围预压处理的一维固结沉降问题，分别提出了考虑表面砂垫层及底部弱渗透层、应力扩散、自重等复杂工况下的解析模型，并基于该系列模型的解分析了各类复杂工况下的非饱和土地基一维固结特性；针对公路或铁路路基处理中的平面应变及轴对称固结问题分别提出了考虑梯形路堤施工荷载、径向非线性涂抹作用、深厚路基应力扩散效应等更接近实际工况的固结解析模型，同样基于该系列模型的解答分析了各类更接近工程实际的非饱和土路基固结特性。十几年来，课题组对非饱和土一维固结、平面应变固结及轴对称固结进行了系列研究，并且在已研究的非饱和土一维固结、平面应变固结及轴对称固结的基础上，突破性地对饱和土固结理论中 Carrillo 方法在非饱和土中的适用性进行了证明；对非饱和土固结的非线性问题进行了开拓性的探索。

本书主要介绍课题组十几年来关于非饱和土固结的系列研究成果。书中所提出的研究思路及所呈现的研究成果旨在促进尚不成熟的非饱和土固结理论研究的发展，所探索出的一系列解析求解方法可为本领域及其他领域类似问题解析求解时提供参考。

1.2 非饱和土固结理论研究现状

20 世纪 40 年代，Biot (1941)[3]首先对含有封闭气泡的非饱和土提出了一般性的固结理论。依据有效应力 $\sigma-u_w$ 和孔隙水压力 u_w 表达的本构方程，将应力场平衡方程与应力和孔隙水压力有关的应变联系起来，建立了由两个方程组成的非饱和土固结控制方程。其中一个方程反映孔隙比与应力状态的关系，另一个方程反映含水率与土的应力状态的关系。此理论所采用的假设与 Terzaghi 饱和土一维固结理论的假设类似。对于一维固结，该理论得到的方程与饱和土的 Terzaghi 方程相似，只是固结系数 C_v 经过修正，并考虑了孔隙流体的压缩性。此后国内外不少学者相继开展了非饱和土固结理论的研究。

Bishop (1959)[5]根据饱和土有效应力原理以及土在完全饱和状态与干燥状态的特点，引入了有效应力参数 χ，建立了非饱和土的有效应力原理。当土完全饱和时 $\chi=1$；土完全干燥时 $\chi=0$；其他饱和状态时 $0<\chi<1$。Blight (1961)[6]提出了干硬性非饱和土的气相固结方程，他在推导中使用了将质量传递与压力梯度联系起来的 Fick 扩散定律。Scott (1963)[7]将孔隙比及饱和度的变化引入含气泡的非饱和土固结方程中，采用压密定律得到了非饱和土固结方程，但其仅适用于高饱和度的非饱和土。Barden (1965)[8]首次按土的饱和度高低将非饱和土划分为五类，对不同饱和度的土提出了若干独立的一维固结方程。

Fredlund 和 Hasan (1979)[4]根据 Fredlund 和 Morgensten (1976)[9]提出的非饱和土

本构关系式，引进了两个独立的应力状态变量（净应力 $\sigma-u_a$ 和基质吸力 u_a-u_w），建立了目前被广泛应用的非饱和土双状态参数一维固结理论（本书研究基于此理论）。Dakshanamurthy 和 Fredlund（1980）[10]基于热传导理论发展了非饱和土平面应变固结理论。几乎同一时期 Lloret 和 Alonso（1980）[11]提出了与 Fredlund 非饱和土固结理论类似的双状态变量固结理论，并考虑了土体的膨胀和湿陷问题，拓宽了非饱和土固结问题的研究范围；但该固结理论太过于理论化，不便于应用。Chang 和 Duncan（1983）[12]研究了非饱和土的弹塑性固结问题，提出了“均质孔隙流体”的概念，将非饱和土中孔隙气和孔隙水的混合物等效为一种均质的孔隙流体，这些流体完全充满土体的孔隙，孔隙气和孔隙水的比例不同，均质孔隙流体的力学性能也不同。此后，Dakshanamurthy 等（1984）[13]又将非饱和土一维固结理论拓展至三维情况。

国内对非饱和固结理论的研究起步较晚，始于 20 世纪 90 年代。陈正汉（1991，1993）[14-17]在岩土力学的公理化理论体系基础上建立了非饱和土固结的混合物理论，并以混合物理论的场方程为基本框架，以有效应力原理和 Curie 对称原理建立的本构方程为补充方程，在不计热效应、气溶解和水蒸发的条件下，建立了采用全量形式表示的非饱和土固结数学模型和控制方程，不久后又采用增量形式对其进行完善。陈正汉提出的非饱和土固结控制方程全量形式由 25 个方程组成，增量形式线性情况下简化为 5 个，该理论是一个较为完整的非饱和土固结理论。杨代泉和沈珠江（1991）[18]提出了非饱和土广义固结理论，在外加荷载及其周围环境共同作用下，同时考虑孔隙蒸汽、水、空气、热运动与土骨架变形的耦合问题，建立了非饱和土广义固结理论。卢廷浩[19]推导了包括三个静力平衡方程、一个连续性方程和一个吸力状态方程的非饱和土三维固结控制方程组。张庆华和丁学福等（1996）[20]将非饱和土中孔隙水和孔隙气分别作为单一孔隙流体，在 Bishop 有效应力的基础上，考虑单一孔隙流体的压缩性、吸力与气体孔隙比的变化关系、孔隙流体的流动特性，建立了非饱和土的一维固结方程。殷宗泽等（1998）[21]针对气封闭的非饱和土，假定固结中温度不变、溶解在水中的气体可以忽略不计、气与水的流动不受土-水特征关系的影响、渗透系数视为常量，提出了仅考虑水压力消散和将水与气看作混合流体的非饱和土固结简化方法。沈珠江（2003）[22]在有效应力原理的基础上，假设孔隙气的排气率为常量，建立了非饱和土简化固结理论。魏海云等（2006）[23]在固结过程中考虑了水气混合物的压缩性，将高饱和度非饱和土视为具有可压缩流体的两相土，建立了高饱和度非饱和土的固结方程。凌华和殷宗泽（2007）[24]以及凌华等（2007）[25]对中等饱和度和较高饱和度的非饱和土固结进行了研究。苏万鑫和谢康和（2010）[26]结合 Bishop 有效应力原理、Fredlund-Xing 土水特征曲线模型和 Brooks-Corey 渗透系数公式，建立了非饱和土非线性一维固结方程组。

在非饱和土的固结理论研究方面，目前国际上研究较为广泛且具有代表性的是 Fredlund 非饱和土固结理论，该理论既能反映非饱和土的主要特性，同时在形式上也易于进行简单的实用分析和计算，并且与此后提出的非饱和土平面应变固结理论和轴对称固结理论具有较好的联系，可以为非饱和土固结理论的研究奠定良好的基础。

非饱和土的孔隙中同时存在水和气，其中含水率的多少直接影响非饱和土中液相、气相的渗透性以及非饱和土的性质。在研究分析非饱和土的力学问题时，非饱和土通常被划分为三大类：饱和度很低（$S_r \leqslant 40\%$）的干土，该类土中气相连续，液相不连续，气压力消散很快，变形很快完成；饱和度稍高（$40\%<S_r\leqslant80\%$）的非饱和土，土中液相和气相均连续，大部分非饱和土属于此类型，此类土透气系数随饱和度急剧变化，饱和度的高低能使透气系数有若干数量级的变化，其中低饱和度的土，气相渗透系数非常大，可假定气压力很快消散完成，固结主要是液相的消散；饱和度较高（$S_r>80\%$）的非饱和土，土中气相不连续、液相连续（当 $S_r>90\%$时近似按饱和土处理）。分析非饱和土的水力-力学性质及其固结问题时需要对三种类别的非饱和土分别进行分析。需指出的是，大多数非饱和土固结的研究均是针对液相和气相各自连通的双开敞系统。

本书所基于的 Fredlund 非饱和土固结理论适用于液相与气相均连续的非饱和土。

1.3 基于 Fredlund 非饱和土固结理论的解析研究现状

1.3.1 一维固结研究

基于 Fredlund 非饱和土固结理论，Ausilio 和 Conte（1999）[27]将非饱和土沉降速率与气、液相平均固结度联系起来给出了一个可以预测浅基础沉降随时间变化的方程。此外，Ausilio 等（2002）[28]针对非饱和土在外荷载及基质吸力增加时的一维固结进行了分析。Qin 等（2008）[29]率先提出了采用解析方法对非饱和土固结问题进行研究的思路，基于 Fredlund 非饱和土固结理论，对大面积瞬时均布荷载、均质边界条件的非饱和土地基采用 Laplace 变换、Cayley-Hamilton 原理及 Laplace 逆变换等方法，首次得到了一维固结问题的解析解；采用同样的方法，得到了混合边界条件下的半解析解。同样考虑瞬时均布荷载作用，Shan 等（2012，2013）[30,31]采用分离变量法，得到了单面、双面和混合边界条件下非饱和土地基一维固结解析解。周万欢和赵林爽（2013）[32]采用微分求积法（DQM）研究了多种边界条件、初始超孔隙压力沿深度非均匀分布对一维非饱和土固结的影响。Ho 等（2014）[33]利用本征函数展开法就单面渗透及双面渗透边界条件，初始超孔压沿深度均匀分布及线性变化的固结问题给出了相应的半解析解。Qin 等（2010）[34]、Zhou 等（2014）[35,36]及 Ho 和 Fatahi（2016）[37]均将瞬时均布荷载的研究方法拓展到时变荷载，得到了相应边界及初始条件下的解析解或半解析解。此外，秦爱芳等（2010，2014，2015）[38-40]针对黏弹性地基常用的 Merchant 模型，采用李氏比拟法，得到了黏弹性非饱和土地基一维固结的半解析解；考虑气、液相渗透系数非线性变化，得到了瞬时均布荷载及时变荷载，单面渗透边界条件下线弹性和黏弹性两类非饱和土地基一维固结的半解析解[41]。

对于不同边界条件，Wang 等（2017，2018）[42-45]将边界考虑为均质边界、混合边界、半渗透边界以及连续排水排气边界等情况，利用解耦技术、Laplace 变换及其逆变换求解得到了一系列一维固结的半解析解解答。Zhao 等（2020）[46]采用特征函数展开法，Huang 和 Zhao（2020）[47]采用对角化系数矩阵、特征函数展开和待定系数法分别给出了半渗透边界条件下一维固结解答。Niu 等（2021）[48]采用本征函数展开法，秦爱芳等（2022）[49]采用 Laplace 变换及逆变换给出了统一边界条件下超孔隙压力的级数解及半解析解。统一边界条件下的解拓宽了非饱和土固结理论研究成果的通用性。

考虑地基土体本身的成层性，一些学者尝试对成层非饱和土一维固结及非饱和土-饱和土一维固结进行解析研究，Shan 等（2014）[50]首先得到了多层非饱和土地基一维固结的隐性解析解。Li 等（2021）[51-54]结合矩阵传递法、Laplace 变换及其逆变换，在 Shan 等（2014）[50]的基础上考虑不同土层体积变化系数的不同，得到了多种边界条件下成层非饱和土地基一维固结的半解析解及解析解。Zhou 等（2023）[55]对具有水平排水层的双层非饱和地基进行了研究，得到了相应的半解析解。Li 等（2021）[53,56]结合饱和土与非饱和土的固结理论，建立非饱和-饱和双层土一维固结模型，得到了相应的半解析解。

1.3.2 平面应变固结研究

Dakshanamurthy 和 Fredlund（1980）[10]将 Fredlund 非饱和土一维固结理论扩展到了平面应变固结，给出了非饱和土平面应变固结控制方程。诸多学者基于该理论对不同荷载类型及边界条件下非饱和土平面应变固结展开了研究。Conte（2004，2006）[57,58]采用 Fourier 变换及有限元方法对非饱和土平面应变固结问题进行了固结特性分析。Ho 和 Fatahi（2015）[59,60]分别考虑瞬时均布荷载和任意时变荷载、初始超孔压沿深度均匀分布及线性变化，得到了对应的平面应变固结解析解及半解析解；Wang 等（2018，2019，2020）[61-63]采用 Laplace 变换和本征函数展开法得到了水平向、竖向均为均质边界，水平向半渗透边界以及考虑水平向涂抹效应、初始超孔压沿深度变化等情况的平面应变固结半解析解；Huang 和 Li（2018）[64]通过引入竖向半透水边界条件，采用 Fourier 变换和 Laplace 变换获得了平面应变固结的半解析解答。Liu 等（2021，2022）[65,66]针对 Wang 等（2019）[62]提出的考虑水平向边界涂抹效应的平面应变固结模型，运用本征函数法和 Laplace 变换方法给出了一个级数形式的理论解；并进一步考虑水平向及竖向均为半渗透边界情况，结合本征函数展开法和积分变换法获得了平面应变固结相应的解析解。Huang 和 Zhao（2021）[67]同样通过在水平向和竖向同时引入半渗透边界，建立了所有边界均为半渗透边界的数学模型，利用本征函数展开法和 Laplace 变换得到了平面应变固结的解析解。Shen 等（2021）[68]在平面应变模型中引入了分布式顶面边界，得到了相应的半解析解。此外，Huang 和 Zhao（2021）[69]采用 Laplace 变换及其逆变换、Fourier 正弦级数展开，待定系数和传递矩阵组合成的方法，给出了成层非饱和土平面应变固结的半解析解。Li 等（2023）[70]建立了一个瞬时均布荷载下非饱和土-饱和土的平面应变固结模型，采用解耦技术、Fourier 级数展开和 Laplace 变换等方法给出了该模型的半解析解。

1.3.3 轴对称固结研究

Dakshanamurthy 等（1984）[13]将非饱和土一维固结理论拓展到了轴对称情况。基于该理论，Conte（2004，2006）[57,58]利用轴对称情况下的控制方程，采用 Hankel 变换和有限差分法，分别考虑水、气耦合与不耦合对非饱和土地基轴对称固结问题进行了分析、比较。基于自由应变假设，仅考虑径向渗流，Qin 等（2010）[71]率先采用 Laplace 变换及逆变换，并引入 Bessel 函数得到了瞬时均布荷载作用下非饱和土理想竖井地基固结半解析解，并进一步考虑了涂抹效应[72]。所采用的方法有效地解决了 Conte 数值方法求解过程中遇到的水、气耦合问题。Zhou（2013）[73]采用微分求积法给出了瞬时均布荷载作用下理想竖井地基固结的数值解。Ho 和 Li 等（2016，2019）[74,75]采用分离变量法与解耦方法，Huang（2022）[76]采用 Laplace 变换及逆变换和有限 Hankel 变换得到了考虑径、竖向渗流的竖井地基固结的解析解或半解析解。

对于自由应变假设下非饱和土竖井地基，复杂情况下的固结问题求解十分困难。为此，基于自由应变和等应变两种假设，Zhou 等（2018）[77]仅考虑径向渗流，利用解耦技术得到了瞬时均布荷载及施工荷载作用下理想竖井地基固结的解析解。研究结果表明，两种应变假设下计算结果的差异性较小，且等应变假设下相应求解更为简便。因而，更多基于等应变假设所做的研究得以拓展。仅考虑径向渗流情况下，Huang 等（2020）[78]采用 Fourier 正弦展开，秦爱芳等（2021）[79,80]采用分离变量法、待定系数法、Laplace 变换及逆变换分别得到了瞬时均布荷载下同时考虑井阻和涂抹作用的竖井地基固结的解析解和半解析解。Zhou 等（2018）[81]考虑径、竖向渗流和井阻作用，采用矩阵分析与本征函数展开法获得了瞬时均布荷载下竖井地基固结的解析解，但该解形式较为复杂。Ho 和 Fatahi（2018）[82]考虑径、竖向渗流，采用分离变量法和 Laplace 变换得到了瞬时均布荷载作用下考虑涂抹效应的竖井地基固结解析解。Huang 等（2021）[83]进一步考虑径、竖向渗流和涂抹效应，采用分离变量法和 Fourier 级数展开法得到了时变荷载作用下竖井地基固结解析解。综合考虑径、竖向渗流以及井阻和涂抹作用，Chen 等（2021）[84]采用矩阵分析法，Qin 等（2021）[85]采用矩阵分析法、Fourier 正弦展开法及解耦技术，给出了时变荷载下竖井地基固结解析解。汪磊等（2022）[86]采用 Fourier 级数展开法和 Laplace 变换法给出了分段循环荷载作用下同时考虑径、竖向渗流的理想竖井地基固结的半解析解。

鉴于边界条件的多样性，在径向半渗透边界条件下，秦爱芳等（2019）[87]考虑了涂抹作用得到了瞬时均布荷载作用下非饱和土竖井地基固结半解析解；Huang 等（2021）[88]利用本征函数展开法和 Laplace 变换得到了瞬时均布荷载作用下径、竖向均为半渗透边界固结模型的解析解。秦爱芳等（2021）[89]基于梅国雄等提出的连续排水边界条件，假设非饱和土竖井地基上、下界面为连续渗透边界，通过边界条件齐次化和本征函数法得到了其固结解析解。该解综合考虑了径、竖向组合渗流，且可适用于上、下任意边界条件组合，弥补了之前非饱和土竖井地基中无法考虑不对称边界情况的不足。随后，Jiang 等（2022）[90]考虑径、竖向渗流情况，建立了时变荷载作用、连续渗透边界条件下竖井地基轴对称固结模型，通过解耦技术、Laplace 变换及逆变换等方法给出了此模型的半解析解。对于成层非饱和土竖井地基，Huang 等[91]采用特征函数展开法和 Laplace 变换给出了时变荷载下成层非饱和土竖井地基固结的理论解。叶梓和艾智勇（2021）[92]推导出了时变荷载作用下非饱和土全耦合轴对称固结控制方程，并通过 Laplace-Hankel 变换得到了成层非饱和土竖井地基在单面渗透边界条件下的固结解答。

1.4　本书研究内容

自 2008 年以来，课题组基于 Fredlund 非饱和土固结理论进行了十余年的系列研究，采用了一些与流动定律相关的线性假定，应用 Laplace 变换及逆变换、分离变量法、Fourier 级数展开、Hankel 变换及解耦技术等方法，分别探索了不同初始应力随深度变化、任意荷载作用、不同边界（第一类、第二类、第三类及统一边界等）条件及一些复杂情况下有限厚度非饱和土、成层非饱和土及非饱和土-饱和土地基固结（一维固结、平面应变固结及轴对称固结）的解析解和半解析解的求解方法。本书内容将包括有限厚度非饱和土、成层非饱和土及非饱和土-饱和土地基固结（一维固结、平面应变固结）的解析解、半解析解求解及固结特性分析；有限厚度非饱和土竖井地基及非饱和土-饱和土竖井地基各类固结问题（包括自由应变及等应变假设，任意荷载、不同边界条件，仅考虑径向渗流及考虑径、竖向组合渗流，理想井及考虑井阻作用、涂抹效应等）的解析解、半解析解求解及固结特性分析。

课题组经过多年的探索，突破性地论证了 Carrillo 方法在非饱和土中应用的可行性，对于非饱和土固结分析，可利用已有的单向渗流固结解析解或半解析解，方便地得到平面应变固结及轴对称固结的解答，极大地降低了平面应变及轴对称固结问题的求解难度。此外，基于非饱和土弹性地基固结问题的解析求解方法，采用李氏比拟法对黏弹性非饱和土地基固结问题求解，为难度极大的黏弹性非饱和土固结问题研究找到了突破口。对长期困扰的固结过程中液相及气相渗透系数非线性变化如何考虑这一问题做了初步探索。

本系列研究通过解析方法所得的解去分析各类非饱和土地基在各种条件下的固结特性，旨在探索尚不成熟的复杂非饱和土固结问题的机理，丰富和发展非饱和土固结理论，为国家重大工程非饱和土地基处理的固结沉降控制提供理论依据。

参考文献：

[1] Steinberg M. Geomembranes and the control of expansive soil in construction [M]. New York: Mc Graw-Hill, 1988.

[2] Terzaghi K. Erdbaumechanik auf bodenphysikalischer Grundlage [M]. Leipzig Deuticke, Vienna, 1925.

[3] Biot M A. General theory of three-dimensional consolidation [J]. Journal of Applied Physics, 1941, 12 (2): 155-164.

[4] Fredlund D G, Hasan J U. One-dimensional consolidation theory unsaturated soils [J]. Canadian Geotechnical Journal, 1979, 16 (3): 521-531.

[5] Bishop A W. The principle of effective stress [J]. Teknisk Ukeblad, 1959, 39: 859-863.

[6] Blight G E. Strength and consolidation characteristics of compacted soils [D]. PhD dissertation, England: University of London, 1961.

[7] Scott R F. Principles of soil mechanics [M]. Addison Wesley Publishing Company, 1963.

[8] Barden L. Consolidation of compacted and unsaturated clays [J]. Geotechnique, 1965, 15 (3): 267-286.

[9] Fredlund D G, Morgensten N R. Constitutive relations for volume change in unsaturated soils [J]. Canadian Geotechnical Journal, 1976, 13 (2): 386-396.

[10] Dakshanamurthy V, Fredlund D G. Moisture and air flow in an unsaturated soil [C]. Proceedings of the 4th International Conference on Expansive Soils, Denver, Colorado. American Society of Civil Engineering, 1980 (1): 514-532.

[11] Lloret A, Alonso E E. Consolidation of unsaturated soils including swelling and collapse behavior [J]. Géotechnique, 1980, 30 (4): 449-477.

[12] Chang C S, Duncan J M. Consolidation analysis for partly saturated clay by using an elastic-plastic effective stress-strain model [J]. International Journal for Numerical and Analytical Methods in Geomechanics, 1983, 7 (1): 39-55.

[13] Dakshanamurthy V, Fredlund D G, Rahardjo H. Coupled three-dimensional consolidation theory of unsaturated porous media [C]. In Proceedings of the 5th International Conference on Expansive

Soils，Adelaide，South Australia，1984：99-103.
[14] 陈正汉. 非饱和土固结的混合物理论：数学模型、试验研究、边值问题 [D]. 西安：陕西机械学院，1991.
[15] Chen Z H，Xie D Y，Lu Z D. The consolidation of unsaturated soil. Proceedings of 7th International Conference on Computer Methods and Advances in Geomechanics [C]. Australias：Beer G，Carter J P，eds. 1991：1617-1621.
[16] 陈正汉，谢定义，刘祖典. 非饱和土固结的混合物理论（Ⅰ）[J]. 应用数学和力学，1993，14 (2)：127-137.
[17] 陈正汉. 非饱和土固结的混合物理论（Ⅱ）[J]. 应用数学和力学，1993，14 (8)：687-698.
[18] 杨代泉，沈珠江. 非饱和土一维广义固结的数值计算 [J]. 水利水运科学研究，1991 (4)：375-385.
[19] 卢廷浩. 非饱和土三维固结问题探讨 [J]. 成都科技大学学报，1996 (1)：21-28.
[20] 张庆华，丁学福，孙长龙. 非饱和土固结一维半解析解 [J]. 水道港口，1996，17 (1)：33-41.
[21] Yin Z Z，Sun C L，Miao L C. Consolidation of unsaturated expansive soils [C]//2nd International Conference on Unsaturated Soils. 1998：533-537.
[22] 沈珠江. 非饱和土简化固结理论及其应用 [J]. 水利水运工程学报，2003，25 (4)：1-6.
[23] 魏海云，詹良通，陈云敏. 高饱和度非饱和土的压缩和固结特性及其运用 [J]. 岩土工程学报，2006，28 (2)：264-269.
[24] 凌华，殷宗泽. 非饱和土二、三维固结方程简化计算方法 [J]. 水利水电科学进展，2007，27 (2)：18-21，33.
[25] 凌华，殷宗泽，蔡正银. 非饱和土受荷后的单向初期变形和固结变形 [J]. 河海大学学报，2007，35 (1)：47-50
[26] 苏万鑫，谢康和. 土水特征曲线在非饱和土一维固结理论中的应用 [J]. 科技通报，2010，26 (4)：563-568.
[27] Ausilio E，Conte E. Settlement rate of foundations on unsaturated soils [J]. Canadian Geotechnical Journal，1999，36 (5)：940-946.
[28] Ausilio E，Conte E，Dente G. An analysis of the consolidation of unsaturated soil [C]//Unsaturated Soils：Proceedings of the Third International Conference，UNSAT 2002. CRC Press，2002：239-251.
[29] Qin A F，Chen G J，Tan Y W，et al. Analytical solution to one dimensional consolidation in unsaturated soils [J]. Applied Mathematics and Mechanics，2008，29 (10)：1329-1340.
[30] Shan Z D，Ling D S，Ding H J. Exact solutions for one-dimensional consolidation of single-layer unsaturated soil [J]. International Journal for Numerical and Analytical Methods in Geomechanics，2012，36 (6)：708-722.
[31] Shan Z D，Ling D S，Ding H J. Analytical solution for 1D consolidation of unsaturated soil with mixed boundary condition [J]. Journal of Zhejiang University Science A，2013，14 (1)：61-70.
[32] 周万欢，赵林爽. 复杂初始和边界条件对一维非饱和土固结的影响 [J]. 岩土工程学报，2013，35 (S1)：305-311.
[33] Ho L，Fatahi B，Khabbaz H. Analytical solution for one-dimensional consolidation of unsaturated soils using eigenfunction expansion method [J]. International Journal for Numerical and Analytical Methods in Geomechanics，2014，38 (10)：1058-1077.
[34] Qin A F，Sun D A，Tan Y W. Semi-analytical solution to one dimensional consolidation in unsaturated soils [J]. Applied Mathematics and Mechanics，2010，31 (2)：215-226.

[35] Zhou W H, Zhao L S, Li X B. A simple analytical solution to one-dimensional consolidation for unsaturated soils [J]. International Journal for Numerical and Analytical Methods in Geomechanics, 2014, 38 (8): 794-810.

[36] Zhou W H, Zhao L S. One-dimensional consolidation of unsaturated soil subjected to time-dependent loading with various initial and boundary conditions [J]. International Journal of Geomechanics, 2014, 14 (2): 291-301.

[37] Ho L, Fatahi B. One-dimensional consolidation analysis of unsaturated soils subjected to time-dependent loading [J]. International Journal for Geomechanics, 2016, 16 (2): 1-19.

[38] Qin A F, Sun D A, Tan Y W. Analytical solution to one-dimensional consolidation in unsaturated soils under loading changed exponentially with time [J]. Computers and Geotechnics, 2010, 37 (1): 233-238.

[39] 秦爱芳, 谢业桂, 刘畅. 非饱和黏弹性地基在加荷随时间指数变化作用下的一维固结半解析解 [J]. 建筑科学, 2010, (11): 8-13, 20.

[40] Qin A F, Sun D A, Zhang J L. Semi-analytical solution to one-dimensional consolidation for viscoelastic unsaturated soils [J]. Computers and Geotechnics, 2014, 62 (10): 110-117.

[41] 秦爱芳, 张九龙. 考虑渗透系数变化的非饱和土固结性状分析 [J]. 岩土力学, 2015, 36 (6): 1521-1528, 1536.

[42] Wang L, Sun D A, Qin A F. General semi-analytical solutions to one-dimensional consolidation for unsaturated soils [J]. Applied Mathematics and Mechanics, 2017a, 38 (6): 831-850.

[43] Wang L, Sun D A, Li L Z, et al. Semi-analytical solutions to one-dimensional consolidation for unsaturated soils with symmetric semi-permeable drainage boundary [J]. Computers and Geotechnics, 2017b, 89: 71-80.

[44] Wang L, Sun D A, Qin A F, et al. Semi-analytical solution to one-dimensional consolidation for unsaturated soils with semi-permeable drainage boundary under time-dependent loading [J]. International Journal for Numerical and Analytical Methods in Geomechanics, 2017c, 41 (16): 1636-1655.

[45] Wang L, Sun D A, Qin A F. Semi-analytical solution to one-dimensional consolidation for unsaturated soils with exponentially time-growing drainage boundary conditions [J]. International Journal of Geomechanics, 2018, 18 (2): 04017144.

[46] Zhao X D, Ng C W W, Zhang S, et al. An explicit one-dimensional consolidation solution with semi-permeable drainage boundary for unsaturated soil. International Journal for Numerical and Analytical Methods in Geomechanics. 2020, 44 (16): 2241-2253.

[47] Huang M H, Zhao M H. A general analytical solution for one dimensional consolidation of unsaturated soil incorporating impeded drainage boundaries [J]. Computers and Geotechnics. 2020, 128: 103801.

[48] Niu J J, Ling D S, Zhu S, et al. Solutions for one-dimensional consolidation of unsaturated soil with general boundary conditions subjected to time-dependent load [J]. International Journal for Numerical and Analytical Methods in Geomechanics, 2021, 45 (11): 1664-1680.

[49] 秦爱芳, 郑青青, 江良华. 统一边界条件下非饱和土一维固结理论研究 [J]. 工程力学, 2022, 41 (3): 63-72.

[50] Shan Z D, Ling D S, Ding H J. Analytical solution for the 1D consolidation of unsaturated multilayered soil [J]. Computers and Geotechnics, 2014, 57 (4): 17-23.

[51] Li L Z, Qin A F, Jiang L H. Semianalytical solution of one-dimensional consolidation of multilay-

ered unsaturated soils [J]. International Journal of Geomechanics, 2021, 21 (8): 06021017.

[52] Li L Z, Qin A F, Jiang L H. Semi-analytical solution for the one-dimensional consolidation of multi-layered unsaturated soils with semi-permeable boundary [J]. Journal of Engineering Mathematics, 2021; 130 (1): 10.

[53] Li L Z, Qin A F, Jiang L H, et al. Semianalytical solution for one-dimensional consolidation in a multilayered unsaturated soil system with exponentially time-growing permeable boundary [J]. Journal of Engineering Mechanics, 2021, 147 (5): 04021025.

[54] 李林忠，秦爱芳，江良华. 双层非饱和土地基一维固结半解析解 [J]. 岩土工程学报，2022，44 (2): 315-323.

[55] Zhou T, Wang L, Li T, et al. Semi-analytical solutions to the one-dimensional consolidation for double-layered unsaturated ground with a horizontal drainage layer [J]. Transportation Geotechnics, 2023, 38: 100909.

[56] Li L Z, Qin A F, Jiang L H. Semi-analytical solution for one-dimensional consolidation of a two-layered soil system with unsaturated and saturated conditions [J]. International Journal for Numerical and Analytical Methods in Geomechanics, 2021, 45 (15): 2284-2300.

[57] Conte E. Consolidation analysis for unsaturated soils [J]. Canadian Geotechnical Journal, 2004, 41 (4): 599-612.

[58] Conte E. Plane strain and axially symmetric consolidation in unsaturated soils [J]. International Journal of Geomechanics, 2006, 6 (2): 131-135.

[59] Ho L, Fatahi B, Khabbaz H. A closed form analytical solution for two-dimensional plane strain consolidation of unsaturated soil stratum [J]. International Journal for Numerical and Analytical Methods in Geomechanics, 2015, 39 (15): 1665-1692.

[60] Ho L, Fatahi B. Analytical solution for the two-dimensional plane strain consolidation of an unsaturated soil stratum subjected to time-dependent loading [J]. Computers and Geotechnics, 2015, 67: 1-16.

[61] Wang L, Xu Y F, Xia X H, et al. Semi-analytical solutions to two-dimensional plane strain consolidation for unsaturated soil [J]. Computers and Geotechnics, 2018, 101: 100-113.

[62] Wang L, Xu Y F, Xia X H, et al. Semi-analytical solutions of two-dimensional plane strain consolidation in unsaturated soils subjected to the lateral semi-permeable drainage boundary [J]. International Journal for Numerical and Analytical Methods in Geomechanics, 2019, 43 (17): 2628-2651.

[63] Wang L, Xu Y F, Xia X H, et al. Semi-analytical solutions to the two-dimensional plane strain consolidation for unsaturated soil with the lateral semi-permeable drainage boundary under time-dependent loading [J]. Computers and Geotechnics, 2020, 124: 103562.

[64] Huang M H, Li D. 2D plane strain consolidation process of unsaturated soil with vertical impeded drainage boundaries [J]. Processes, 2018, 7 (1): 1-20.

[65] Liu Y, Zheng J J, Cao W Z. A closed-form solution for 2D plane strain consolidation in unsaturated soils considering the lateral semipermeable drainage boundary [J]. Computers and Geotechnics, 2021, 140: 104435.

[66] Liu Y, Zheng J J, You L, et al. An analytical solution for 2D plane strain consolidation in unsaturated soils with lateral and vertical semipermeable drainage boundaries under time-dependent loading [J]. International Journal of Geomechanics, 2022, 22 (12): 06022032.

[67] Huang M H, Zhao M H. A general analytical solution for two-dimensional plane strain consolidation of unsaturated soil incorporating lateral and vertical impeded drainage boundaries [J]. Comput-

ers and Geotechnics, 2021, 131: 103937.

[68] Shen S D, Wang L, Zhou A N, et al. Two-dimensional plane strain consolidation for unsaturated soils with a strip-shaped distributed permeable boundary [J]. Computers and Geotechnics, 2021, 137: 104273.

[69] Huang M, Zhao M. Semi-analytical solutions for two-dimensional plane strain consolidation of layered unsaturated soil [J]. Computers and Geotechnics, 2021, 129: 103886.

[70] Li L Z, Qin A F, Jiang L H. et al. Simplified mathematical modeling to plane strain consolidation considering unsaturated and saturated conditions for ground with anisotropic permeability [J]. Computers and Geotechnics, 2023, 154: 105150.

[71] Qin A F, Sun D A, Yang L P, et al. A semi-analytical solution to consolidation of unsaturated soils with the free drainage well [J]. Computers and Geotechnics, 2010, 37 (7): 867-875.

[72] 秦爱芳, 余继放, 葛航. 考虑涂抹区渗透系数变化的非饱和土砂井地基固结特性分析 [J]. 工程地质学报, 2017, 25 (3): 605-611.

[73] Zhou W H. Axisymmetric consolidation of unsaturated soils by differential quadrature method [J]. Mathematical Problems in Engineering, 2013, 497161.

[74] Ho L, Fatahi B. Axisymmetric consolidation in unsaturated soil deposit subjected to time-dependent loadings [J]. International Journal of Geomechanics, 2016, 17 (2): 04016046.

[75] Li T Y, Qin A F, Pei Y C Q, et al. Axisymmetric consolidation of unsaturated soils with vertical drain with radial and vertical drainage [C]//IOP Conference Series: Earth and Environmental Science. IOP Publishing, 2019, 233 (3): 032044.

[76] Huang Y C, Wang L, Shen S D. Semianalytical solutions to the axisymmetric free strain consolidation problem of unsaturated soils under the homogeneous and mixed boundary conditions [J]. Geofluids, 2022, 7656467.

[77] Zhou W H, Zhao L S, Lok T M H, et al. Analytical solutions to the axisymmetrical consolidation of unsaturated soils [J]. Journal of Engineering Mechanics, 2018, 144 (1): 04017152.

[78] Huang Y C, Li T Y, Fu X L, et al. Analytical solutions for the consolidation of unsaturated foundation with prefabricated vertical drain [J]. International Journal for Numerical and Analytical Methods in Geomechanics, 2020, 44 (17): 2263-2282.

[79] 秦爱芳, 许薇芳, 李天义. 考虑井阻及涂抹作用的非饱和土竖井地基固结解析解 [J]. 工程地质学报, 2021, 29 (1): 214-221.

[80] 秦爱芳, 许薇芳, 江良华. 考虑井阻与涂抹的非饱和土竖井地基固结分析 [J]. 上海大学学报: 自然科学版, 2021, 27 (6): 1074-1084.

[81] Zhou F, Chen Z, Wang X. An equal-strain analytical solution for the radial consolidation of unsaturated soils by vertical drains considering drain resistance [J]. Advances in Civil Engineering, 2018, 1-9.

[82] Ho L, Fatahi B. Analytical solution to axisymmetric consolidation of unsaturated soil stratum under equal strain condition incorporating smear effects [J]. Numerical and Analytical Methods in Geomechanics. 2018, 42 (15): 1890-1913.

[83] Huang Y C, Li T Y, Fu X L. Consolidation of unsaturated drainage well foundation with smear effect under time-dependent loading [J]. KSCE Journal of Civil Engineering, 2021, 25: 768-781.

[84] Chen D Q, Ni P P, Zhang X L, et al. Consolidation theory of unsaturated soils with vertical drains considering well resistance and smear effect under time-dependent loading [J]. Journal of Engineering Mechanics, 2021, 147 (9): 04021055.

[85] Qin A F, Li X H, Li T Y, et al. General analytical solutions for the equal-strain consolidation of prefabricated vertical drain foundation in unsaturated soils under time-dependent loading [J]. International Journal for Numerical and Analytical Methods in Geomechanics, 2021, 46 (8): 1566-1577.

[86] 汪磊，张立婷，沈思东，等. 分段循环荷载作用下非饱和土轴对称固结特性研究 [J]. 岩土力学，2022, 43 (S1): 203-212.

[87] 秦爱芳，李天义，裴杨丛琪，等. 半渗透边界下非饱和土砂井地基固结特性 [J]. 工程地质学报，2019, 27 (2): 390-397.

[88] Huang M H, Lv C, Zhou Z L. A general analytical solution for axisymmetric consolidation of unsaturated soil with impeded drainage boundaries [J]. Geofluids, 2021, 4610882.

[89] 秦爱芳，江良华，许薇芳，等. 连续渗透边界下非饱和土竖井地基固结解析解 [J]. 岩土力学，2021, 42 (5): 1345-1354.

[90] Jiang L H, Qin A F, Li L Z, et al. Coupled consolidation via vertical drains in unsaturated soils induced by time-varying loading based on continuous permeable boundary [J]. Geotextiles and Geomembranes, 2022, 50 (3): 383-392.

[91] Huang M H, Lv C, Zhou Z L. A general semi-analytical solution for predicting axisymmetric consolidation behavior of multi-layered unsaturated soil [J]. Arabian Journal of Geosciences, 2021, 14 (19): 1-13.

[92] 叶梓，艾智勇. 变荷载下层状非饱和土地基全耦合固结特性研究 [J]. 岩土力学，2021, 42 (1): 135-142.

第 2 章　非饱和土固结控制方程及相关数学求解方法

2.1　概述

本章基于 Fredlund 非饱和土一维固结理论，结合 Darcy 定律、Fick 定律及渗流时液相体积变化和气相质量变化关系，建立了非饱和土地基的一维固结控制方程，并拓展性地建立了平面应变固结及轴对称固结控制方程。本章还将介绍本书所涉及的一些数学方法及所采用的部分定解条件。

2.2　非饱和土固结控制方程

2.2.1　Fredlund 非饱和土一维固结理论

假设非饱和土层上部作用竖向（z 轴方向）大面积均布荷载，且土层的压缩和渗流仅发生在 z 轴方向时，非饱和土层固结分析可采用如图 2.2.1 所示的一维固结简化计算模型。

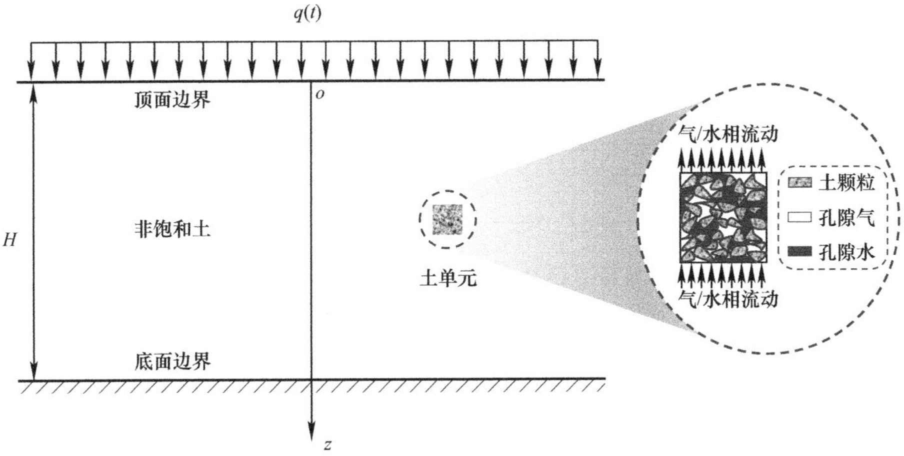

图 2.2.1　非饱和土一维固结模型

2.2.1.1　基本假定

本章非饱和土一维固结控制方程的推导主要采用了 Fredlund 和 Hasan[1] 提出的假设，另外考虑了时变荷载。具体假设如下：

（1）土体是均质的，土体中的孔隙气和孔隙水分别连续；

（2）土体是线弹性材料，且在固结过程中的应变为小应变；

（3）土颗粒和孔隙水均不可压缩；

（4）土体的体积变化系数和渗透系数在固结过程中保持不变；

（5）土中孔隙气和孔隙水在外荷载作用下的渗流和变形仅发生在竖向；

（6）土中孔隙气的渗流服从 Fick 定律，孔隙水的渗流服从 Darcy 定律；

（7）土体变形完全由超孔隙压力消散引起；

（8）忽略固结过程中的温度变化。

关于假设（4）的说明：在实际工程中，非饱和土在固结时渗透系数及体积变化系数通常是应力状态的函数，但在小应变假设下假定这些参数保持不变对固结规律的研究影响不大（本书系列研究及目前国内外此类研究基本采用了这一假设），这样的假设有利于非饱和土固结方程求解，便于得到复杂条件下非饱和土地基固结问题的解答。另外本书在第7章中对固结过程中考虑渗透系数变化对固结的影响也做了探讨。

2.2.1.2　基本方程

1. 连续条件

假设土颗粒和孔隙水不可压缩，非饱和土体的总孔隙体积变化等于液相和气相体积变化之和，即：

$$\frac{\Delta V_v}{V_0}=\frac{\Delta V_a}{V_0}+\frac{\Delta V_w}{V_0} \tag{2.2.1}$$

式中：V_0——土单元体初始体积；

ΔV_v——土体孔隙体积变化；

ΔV_a、ΔV_w——分别为气相与液相的体积变化。

Fredlund 和 Hasan[1] 提出，非饱和土体积变化是由两个应力状态变量（净应力 $\sigma-u_a$ 和基质吸力 u_a-u_w）控制。基于线弹性假设有：

$$\frac{\Delta V_v}{V}=m_{1k}^{s}\mathrm{d}(\sigma-u_a)+m_2^{s}\mathrm{d}(u_a-u_w) \tag{2.2.2}$$

$$\frac{\Delta V_w}{V}=m_{1k}^{w}\mathrm{d}(\sigma-u_a)+m_2^{w}\mathrm{d}(u_a-u_w) \tag{2.2.3}$$

$$\frac{\Delta V_a}{V}=m_{1k}^{a}\mathrm{d}(\sigma-u_a)+m_2^{a}\mathrm{d}(u_a-u_w) \tag{2.2.4}$$

式中：V_v、V_a、V_w——分别为单元体中的孔隙体积、气相体积、液相体积；

m_{1k}^{s}、m_{1k}^{a}、m_{1k}^{w}——分别为相应于净法向应力变化 d（$\sigma-u_a$）的土骨架体积、气相体积、液相体积变化系数，$m_{1k}^{s}=m_{1k}^{a}+m_{1k}^{w}$；

m_2^{s}、m_2^{a}、m_2^{w}——分别为相应于基质吸力变化 d（u_a-u_w）的土骨架体积、气相体积、液相体积变化系数，$m_2^{s}=m_2^{a}+m_2^{w}$；

σ——外部荷载 $q(t)$ 作用下的总应力，只有竖向荷载时为 σ_z；

u_w——超孔隙水压力；

u_a——超孔隙气压力。

2. 渗透规律

假定液相渗流符合 Darcy 定律，有：

$$v_w=-k_w\frac{\partial h_w}{\partial z}=-\frac{k_w}{\gamma_w}\frac{\partial u_w}{\partial z} \tag{2.2.5}$$

式中：v_w——非饱和土中的液相在 z 方向的流速；
k_w——非饱和土中的液相渗透系数；
h_w——水头，重力水头加孔隙水压力水头，即 $z+u_w/\gamma_w$；
γ_w——液相的重度。

假定土中气体流动符合 Fick 定律，有：

$$J_a=-D_a\frac{\partial c}{\partial z}=-D_a\frac{\partial c}{\partial u_a}\frac{\partial u_a}{\partial z} \tag{2.2.6}$$

式中：J_a——在 z 轴上单位面积土体内气相的质量流动速率；
D_a——土中空气流动的传导系数；
c——空气浓度，是绝对气压力的函数，$c=f(u_a)$；
$\partial c/\partial z$——沿 z 方向的浓度梯度。

为了得到类似于 Darcy 定律的形式，1971 年 Blight 将空气传导系数进行了如下修改：

$$D_a^*=D_a\frac{\partial c}{\partial z} \tag{2.2.7}$$

将式（2.2.7）代入式（2.2.6），得：

$$J_a=-D_a^*\frac{\partial u_a}{\partial z}=-\frac{k_a}{g}\frac{\partial u_a}{\partial z} \tag{2.2.8}$$

式中：D_a^*——土中修正后的空气流动传导系数；
g——重力加速度；
k_a——非饱和土中气体的渗透系数，$k_a=D_a^*g$。

2.2.2　非饱和土一维固结控制方程的推导

2.2.2.1　液相控制方程

如图 2.2.1 所示，在顶面渗透，底面不渗透的土层中，取一个非饱和土单元体作为研究对象。液体流入单元体的速度为 v_w，流出单元体的速度为 $v_w+\frac{\partial v_w}{\partial z}\mathrm{d}z$，通过该单元体的水净流量为：

$$\frac{\partial V_w}{\partial t}=-\left[\left(v_w+\frac{\partial v_w}{\partial z}\mathrm{d}z\right)\mathrm{d}x\,\mathrm{d}y-v_w\mathrm{d}x\,\mathrm{d}y\right]=-\frac{\partial v_w}{\partial z}V_0 \tag{2.2.9}$$

即：

$$\frac{\partial V_w/V_0}{\partial t}=-\frac{\partial v_w}{\partial z} \tag{2.2.10}$$

式中：$V_0=\mathrm{d}x\mathrm{d}y\mathrm{d}z$。

将描述水流速率 v_w 的 Darcy 定律式（2.2.5）代入式（2.2.10）中得：

$$\frac{\partial V_w/V_0}{\partial t}=\frac{\partial(k_w\partial h_w/\partial z)}{\partial z} \tag{2.2.11}$$

将式（2.2.11）右边对 z 求导后得：

$$\frac{\partial V_w/V_0}{\partial t}=k_w\frac{\partial^2 h_w}{\partial z^2}+\frac{\partial k_w}{\partial z}\frac{\partial h_w}{\partial z} \tag{2.2.12}$$

再用 $z+u_w/\gamma_w$ 代替式（2.2.12）中的 h_w，得：

$$\frac{\partial V_w/V_0}{\partial t}=\frac{k_w}{\gamma_w}\frac{\partial^2 u_w}{\partial z^2}+\frac{1}{\gamma_w}\frac{\partial k_w}{\partial z}\frac{\partial u_w}{\partial z}+\frac{\partial k_w}{\partial z} \tag{2.2.13}$$

假设土体中液相的渗透系数 k_w 保持恒定，则式（2.2.13）简化为：

$$\frac{\partial V_w/V_0}{\partial t}=\frac{k_w}{\gamma_w}\frac{\partial^2 u_w}{\partial z^2} \tag{2.2.14}$$

当只有竖向荷载作用时，式（2.2.3）对 t 求导，得：

$$\frac{\partial(V_w/V_0)}{\partial t}=m_{1k}^w\frac{\partial(\sigma_z-u_a)}{\partial t}+m_2^w\frac{\partial(u_a-u_w)}{\partial t} \tag{2.2.15}$$

由于式（2.2.14）与式（2.2.15）相等得：

$$\frac{k_w}{\gamma_w}\frac{\partial^2 u_w}{\partial z^2}=m_{1k}^w\left(-\frac{\partial u_a}{\partial t}\right)+m_2^w\left(\frac{\partial u_a}{\partial t}-\frac{\partial u_w}{\partial t}\right)+m_{1k}^w\frac{\partial \sigma_z}{\partial t} \tag{2.2.16}$$

整理得：

$$\frac{\partial u_w}{\partial t}=-\left(\frac{m_{1k}^w-m_2^w}{m_2^w}\right)\frac{\partial u_a}{\partial t}-\frac{k_w}{\gamma_w m_2^w}\frac{\partial^2 u_w}{\partial z^2}+\frac{m_{1k}^w}{m_2^w}\frac{\partial \sigma_z}{\partial t} \tag{2.2.17}$$

当 $\partial\sigma_z/\partial t\neq 0$ 时，可得到液相控制方程：

$$\frac{\partial u_w}{\partial t}=-C_w\frac{\partial u_a}{\partial t}-C_v^w\frac{\partial^2 u_w}{\partial z^2}+C_\sigma^w\frac{\partial \sigma_z}{\partial t} \tag{2.2.18}$$

当 $\partial\sigma_z/\partial t=0$ 时，可得到液相控制方程：

$$\frac{\partial u_w}{\partial t}=-C_w\frac{\partial u_a}{\partial t}-C_v^w\frac{\partial^2 u_w}{\partial z^2} \tag{2.2.19}$$

式中：

$$C_w=(m_{1k}^w-m_2^w)/m_2^w \tag{2.2.20a}$$

$$C_v^w=k_w/(\gamma_w m_2^w) \tag{2.2.20b}$$

$$C_\sigma^w=m_{1k}^w/m_2^w \tag{2.2.20c}$$

2.2.2.2 气相控制方程

非饱和土中存在气体的流动，并且气体是可以压缩的，不能采用液相类似方法（液体的体积变化等于流入及流出单元体的液体净流量）来建立关系方程。通过质量守恒，即单元体净气流质量等于一段时间内该气体流出及流入土体的质量之差来建立关系方程：

$$\frac{\partial M_a}{\partial t}=-\left[\left(J_a+\frac{\partial J_a}{\partial z}\mathrm{d}z\right)\mathrm{d}x\,\mathrm{d}y-J_a\mathrm{d}x\,\mathrm{d}y\right]=-\frac{\partial J_a}{\partial z}\mathrm{d}x\,\mathrm{d}y\,\mathrm{d}z \tag{2.2.21}$$

即：

$$\frac{\partial M_a/V_0}{\partial t}=-\frac{\partial J_a}{\partial z} \tag{2.2.22}$$

在非饱和土固结过程中，孔隙气的渗流服从 Fick 定律，将式（2.2.8）代入式（2.2.22），并考虑孔隙气的质量-体积转化 $M_a=\rho_a V_a$ 可得到：

$$\rho_a\frac{\partial(V_a/V_0)}{\partial t}+\frac{V_a}{V_0}\frac{\partial \rho_a}{\partial t}=\frac{k_a}{g}\frac{\partial^2 u_a}{\partial z^2} \tag{2.2.23}$$

式中：M_a——气体质量；

ρ_a——空气密度。

空气体积与土体积的关系如下：

$$V_a=(1-S_r)nV \tag{2.2.24}$$

式中：S_r——非饱和土饱和度；

n——非饱和土孔隙率。

因假定非饱和土在固结过程中应变为小应变，式（2.2.24）中土的总体积可假设为土的初始体积 V_0[2]，即 $V_a \simeq V_{a0} = (1-S_{r0})\ n_0 V_0$，并代入式（2.2.23），整理可得：

$$\frac{\partial(V_a/V_0)}{\partial t}+\frac{(1-S_{r0})n_0}{\rho_a}\frac{\partial\rho_a}{\partial t}=\frac{k_a}{\rho_a g}\frac{\partial^2 u_a}{\partial z^2} \tag{2.2.25}$$

根据理想气体定律，即气体的密度是气体压力的函数：

$$\rho_a=\frac{M}{RT}u_{a,abs} \tag{2.2.26}$$

式中：ρ_a——空气密度；

M——孔隙气的分子质量；

R——气体常数，通常取 8.31432J/(mol·K)；

T——热力学温度；

$u_{a,abs}$——绝对孔隙气压力，$u_{a,abs}=u_a+u_{atm}$，u_{atm} 表示大气压力，本书 u_{atm} 取值为 101.3kPa。

将式（2.2.26）代入式（2.2.25），整理可得到：

$$\frac{\partial(V_a/V_0)}{\partial t}=-\frac{(1-S_{r0})n_0}{u_{a,abs}}\frac{\partial u_a}{\partial t}+\frac{k_a RT}{gMu_{a,abs}}\frac{\partial^2 u_a}{\partial z^2} \tag{2.2.27}$$

当只有竖向荷载作用时，式（2.2.4）对 t 求导，可得：

$$\frac{\partial(V_a/V_0)}{\partial t}=m_{1k}^a\frac{\partial(\sigma_z-u_a)}{\partial t}+m_2^a\frac{\partial(u_a-u_w)}{\partial t} \tag{2.2.28}$$

由式（2.2.28）和式（2.2.27）相等，整理可得气相的控制方程：

当 $\partial\sigma_z/\partial t\neq 0$ 时，

$$\frac{\partial u_a}{\partial t}=-C_a\frac{\partial u_w}{\partial t}-C_v^a\frac{\partial^2 u_a}{\partial z^2}+C_\sigma^a\frac{\partial\sigma_z}{\partial t} \tag{2.2.29}$$

当 $\partial\sigma_z/\partial t=0$ 时，

$$\frac{\partial u_a}{\partial t}=-C_a\frac{\partial u_w}{\partial t}-C_v^a\frac{\partial^2 u_a}{\partial z^2} \tag{2.2.30}$$

式中：

$$C_a=m_2^a/[m_{1k}^a-m_2^a-(1-S_{r0})n_0/(u_a+u_{atm})] \tag{2.2.31a}$$

$$C_v^a=k_a RT/\{gM[(m_{1k}^a-m_2^a)(u_a+u_{atm})-n_0(1-S_{r0})]\} \tag{2.2.31b}$$

$$C_\sigma^a=m_{1k}^a/[m_{1k}^a-m_2^a-n_0(1-S_{r0})/(u_a+u_{atm})] \tag{2.2.31c}$$

绝对孔隙气压力 $u_{a,abs}$（u_a+u_{atm}）为变量，考虑初始超孔隙气压力 u_a^0 较小，且在固结过程中迅速消散，本研究中取 $u_{a,abs}\simeq u_{a,abs}^0=u_a^0+u_{atm}$，即 C_a、C_v^a、C_σ^a 采用下列公式计算：

$$C_a=m_2^a/[m_{1k}^a-m_2^a-(1-S_{r0})n_0/(u_a^0+u_{atm})] \tag{2.2.32a}$$

$$C_v^a=k_a RT/\{gM[(m_{1k}^a-m_2^a)(u_a^0+u_{atm})-n_0(1-S_{r0})]\} \tag{2.2.32b}$$

$$C_\sigma^a=m_{1k}^a/[m_{1k}^a-m_2^a-n_0(1-S_{r0})/(u_a^0+u_{atm})] \tag{2.2.32c}$$

2.2.3　非饱和土平面应变固结控制方程的推导

平面应变条件下非饱和土地基固结模型如图 2.2.2 所示，对于平面应变条件下非饱和土体单元，在固结过程中，孔隙水和孔隙气沿侧向和竖向同时流动。

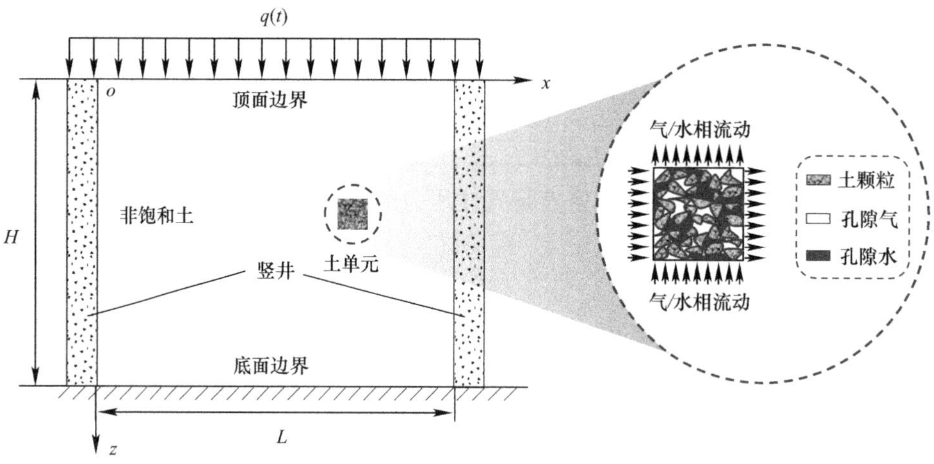

图 2.2.2　非饱和土平面应变固结模型

2.2.3.1　基本假定

基本假定同一维固结，另外附加以下假设：气相及液相的渗透系数水平、竖向异性但保持恒定。

2.2.3.2　基本方程

1. 连续条件

根据 Fredlund 等的非饱和土一维固结理论的本构方程，对应于平面应变情况有：

$$\frac{\Delta V_{\mathrm{v}}}{V}=m_1^{\mathrm{s}}\mathrm{d}\left(\frac{\sigma_{\mathrm{x}}+\sigma_{\mathrm{z}}}{2}-u_{\mathrm{a}}\right)+m_2^{\mathrm{s}}\mathrm{d}(u_{\mathrm{a}}-u_{\mathrm{w}}) \tag{2.2.33}$$

$$\frac{\Delta V_{\mathrm{a}}}{V}=m_1^{\mathrm{a}}\mathrm{d}\left(\frac{\sigma_{\mathrm{x}}+\sigma_{\mathrm{z}}}{2}-u_{\mathrm{a}}\right)+m_2^{\mathrm{a}}\mathrm{d}(u_{\mathrm{a}}-u_{\mathrm{w}}) \tag{2.2.34}$$

$$\frac{\Delta V_{\mathrm{w}}}{V}=m_1^{\mathrm{w}}\mathrm{d}\left(\frac{\sigma_{\mathrm{x}}+\sigma_{\mathrm{z}}}{2}-u_{\mathrm{a}}\right)+m_2^{\mathrm{w}}\mathrm{d}(u_{\mathrm{a}}-u_{\mathrm{w}}) \tag{2.2.35}$$

式中：σ_{x}、σ_{z}——分别为 x 方向、z 方向的总应力；

m_1^{s}、m_1^{a}、m_1^{w}——分别为平面应变条件下相应于净法向应力变化的土骨架体积、气相体积、液相体积变化系数，$m_1^{\mathrm{s}}=m_1^{\mathrm{w}}+m_1^{\mathrm{a}}$。

2. 渗透规律

假定液相渗流符合 Darcy 定律，则有

$$v_{\mathrm{wx}}=-k_{\mathrm{wx}}\frac{\partial(u_{\mathrm{w}}/\gamma_{\mathrm{w}})}{\partial x}=-\frac{k_{\mathrm{wx}}}{\gamma_{\mathrm{w}}}\frac{\partial u_{\mathrm{w}}}{\partial x} \tag{2.2.36a}$$

$$v_{\mathrm{wz}}=-k_{\mathrm{wz}}\frac{\partial(u_{\mathrm{w}}/\gamma_{\mathrm{w}})}{\partial z}=-\frac{k_{\mathrm{wz}}}{\gamma_{\mathrm{w}}}\frac{\partial u_{\mathrm{w}}}{\partial z} \tag{2.2.36b}$$

式中：v_{wx}、v_{wz}——分别为非饱和土单元体中液相的水平、竖向流速；

k_{wx}、k_{wz}——分别为非饱和土单元体中液相的水平、竖向渗透系数。

假定非饱和土单元体中气体流动符合 Fick 定律：

$$J_{\mathrm{ax}}=-D_{\mathrm{ax}}^{\cdot}\frac{\partial u_{\mathrm{a}}}{\partial x}=-\frac{k_{\mathrm{ax}}}{g}\frac{\partial u_{\mathrm{a}}}{\partial x} \tag{2.2.37a}$$

$$J_{az}=-D_{az}^{\cdot}\frac{\partial u_a}{\partial z}=-\frac{k_{az}}{g}\frac{\partial u_a}{\partial z} \tag{2.2.37b}$$

式中：J_{ax}、J_{az}——分别为非饱和土单元体中水平、竖向单位面积土体内气体的质量流动速率；

$D_{ax}^{\cdot}$、$D_{az}^{\cdot}$——分别为非饱和土单元体中气相的水平、竖向传导系数；

k_{ax}、k_{az}——分别为非饱和土单元体中气相的水平、竖向渗透系数。

2.2.3.3 平面应变固结控制方程的推导

平面应变固结控制方程推导过程同一维固结控制方程推导过程相似，省略的中间过程可参考一维固结。

1. 液相控制方程

固结模型如图2.2.2所示，假设顶面为渗透边界，底面为不渗透边界，两边竖井为渗透边界。流入单元体的水平、竖向流速分别为v_{wx}、v_{wz}，流出单元体的水平、竖向流速分别为$v_{wx}+\frac{\partial v_{wx}}{\partial x}\mathrm{d}x$、$v_{wz}+\frac{\partial v_{wz}}{\partial z}\mathrm{d}z$。根据液相体积守恒，通过该非饱和土单元体的液相净流量（液相体积的改变量）与一定时间内单元体中流出和流入的液相体积差相等，可得：

$$\frac{\partial(V_w/V_0)}{\partial t}=-\left(\frac{\partial v_{wx}}{\partial x}+\frac{\partial v_{wz}}{\partial z}\right) \tag{2.2.38}$$

将式（2.2.36a)、式（2.2.36b）分别对x、z求导，得：

$$\frac{\partial v_{wx}}{\partial x}=-\frac{k_{wx}}{\gamma_w}\frac{\partial^2 u_w}{\partial x^2} \tag{2.2.39a}$$

$$\frac{\partial v_{wz}}{\partial z}=-\frac{k_{wz}}{\gamma_w}\frac{\partial^2 u_w}{\partial z^2} \tag{2.2.39b}$$

将式（2.2.39a)、式（2.2.39b）代入式（2.2.38）得：

$$\frac{\partial(V_w/V_0)}{\partial t}=\frac{k_{wx}}{\gamma_w}\frac{\partial^2 u_w}{\partial x^2}+\frac{k_{wz}}{\gamma_w}\frac{\partial^2 u_w}{\partial z^2} \tag{2.2.40}$$

将液相体积变化本构方程（2.2.35）对t求导后得：

$$\frac{\partial(V_w/V_0)}{\partial t}=m_1^w\frac{\partial\left(\frac{\sigma_x+\sigma_z}{2}-u_a\right)}{\partial t}+m_2^w\frac{\partial(u_a-u_w)}{\partial t} \tag{2.2.41}$$

显然，式（2.2.40）和式（2.2.41）相等，令$\sigma_x/\sigma_z=K$且$K=1$，整理得液相控制方程如下：

当$\partial\sigma_z/\partial t\neq 0$时，

$$\frac{\partial u_w}{\partial t}=-C_w\frac{\partial u_a}{\partial t}-C_{vx}^w\frac{\partial^2 u_w}{\partial x^2}-C_{vz}^w\frac{\partial^2 u_w}{\partial z^2}+C_\sigma^w\frac{\partial\sigma_z}{\partial t} \tag{2.2.42}$$

当$\partial\sigma_z/\partial t=0$时，

$$\frac{\partial u_w}{\partial t}=-C_w\frac{\partial u_a}{\partial t}-C_{vx}^w\frac{\partial^2 u_w}{\partial x^2}-C_{vz}^w\frac{\partial^2 u_w}{\partial z^2} \tag{2.2.43}$$

式中：

$$C_w=(m_1^w-m_2^w)/m_2^w \tag{2.2.44a}$$

$$C_{vx}^w=k_{wx}/(\gamma_w m_2^w) \tag{2.2.44b}$$

$$C_{vz}^{w}=k_{wz}/(\gamma_w m_2^w) \tag{2.2.44c}$$

$$C_{\sigma}^{w}=m_1^w/m_2^w \tag{2.2.44d}$$

2. 气相控制方程

遵循质量守恒，根据水平与竖向流动速率 J_{ax} 与 J_{az} 可计算得到单元体中气相的质量变化，且与一段时间内气体流出、流入非饱和土单元体中的质量差相等得：

$$\frac{\partial(M_a/V_0)}{\partial t}=-\left(\frac{\partial J_{ax}}{\partial x}+\frac{\partial J_{az}}{\partial z}\right) \tag{2.2.45}$$

根据本节假设：气相的渗透系数水平、竖向异性但保持恒定，将式（2.2.37a）及式（2.2.37b）代入式（2.2.45）得：

$$\frac{\partial(\rho_a V_a/V_0)}{\partial t}=\frac{k_{ax}}{g}\frac{\partial^2 u_a}{\partial x^2}+\frac{k_{az}}{g}\frac{\partial^2 u_a}{\partial z^2} \tag{2.2.46}$$

代入空气体积与土体积的关系，联合理想气体假定等，可得：

$$\frac{\partial(V_a/V_0)}{\partial t}=\frac{k_a RT}{gMu_{a,abs}}\frac{\partial^2 u_a}{\partial x^2}+\frac{k_a RT}{gMu_{a,abs}}\frac{\partial^2 u_a}{\partial z^2}-\frac{(1-S_{r0})n_0}{u_{a,abs}}\frac{\partial u_a}{\partial t} \tag{2.2.47}$$

将气相体积变化本构方程（2.2.34）对 t 求导后得：

$$\frac{\partial(V_a/V_0)}{\partial t}=m_1^a\frac{\partial\left(\frac{\sigma_x+\sigma_z}{2}-u_a\right)}{\partial t}+m_2^a\frac{\partial(u_a-u_w)}{\partial t} \tag{2.2.48}$$

式（2.2.47）和式（2.2.48）相等，并参照第 2.2.2 节中对 $u_{a,abs}$ 的处理。令 $\sigma_x/\sigma_z=K$ 且 $K=1$，整理得气相控制方程如下：

当 $\partial\sigma_z/\partial t\neq 0$ 时，

$$\frac{\partial u_a}{\partial t}=-C_a\frac{\partial u_w}{\partial t}-C_{vx}^a\frac{\partial^2 u_a}{\partial x^2}-C_{vz}^a\frac{\partial^2 u_a}{\partial z^2}+C_{\sigma}^a\frac{\partial\sigma_z}{\partial t} \tag{2.2.49}$$

当 $\partial\sigma_z/\partial t=0$ 时，

$$\frac{\partial u_a}{\partial t}=-C_a\frac{\partial u_w}{\partial t}-C_{vx}^a\frac{\partial^2 u_a}{\partial x^2}-C_{vz}^a\frac{\partial^2 u_a}{\partial z^2} \tag{2.2.50}$$

式中：

$$C_a=m_2^a/[m_1^a-m_2^a-(1-S_{r0})n_0/(u_a^0+u_{atm})] \tag{2.2.51a}$$

$$C_{vx}^a=k_{ax}RT/\{gM[(m_1^a-m_2^a)(u_a^0+u_{atm})-n_0(1-S_{r0})]\} \tag{2.2.51b}$$

$$C_{vz}^a=k_{az}RT/\{gM[(m_1^a-m_2^a)(u_a^0+u_{atm})-n_0(1-S_{r0})]\} \tag{2.2.51c}$$

$$C_{\sigma}^a=m_1^a[m_1^a-m_2^a-n_0(1-S_{r0})/(u_a^0+u_{atm})]^{-1} \tag{2.2.51d}$$

注：以上推导中未特殊说明的参数均与第 2.2.2 节中相同。

2.2.4 非饱和土轴对称固结控制方程的推导

非饱和土竖井地基中，固结一般由径、竖向两种渗流综合引起，在任意时变荷载 $q(t)$ 作用下相应固结模型与气、液相在土单元体中渗流如图 2.2.3 所示。

2.2.4.1 基本假设

基本假设同第 2.2.1.1 节，另增加以下假定：

（1）非饱和土竖井地基中液相与气相在径、竖向均渗流；

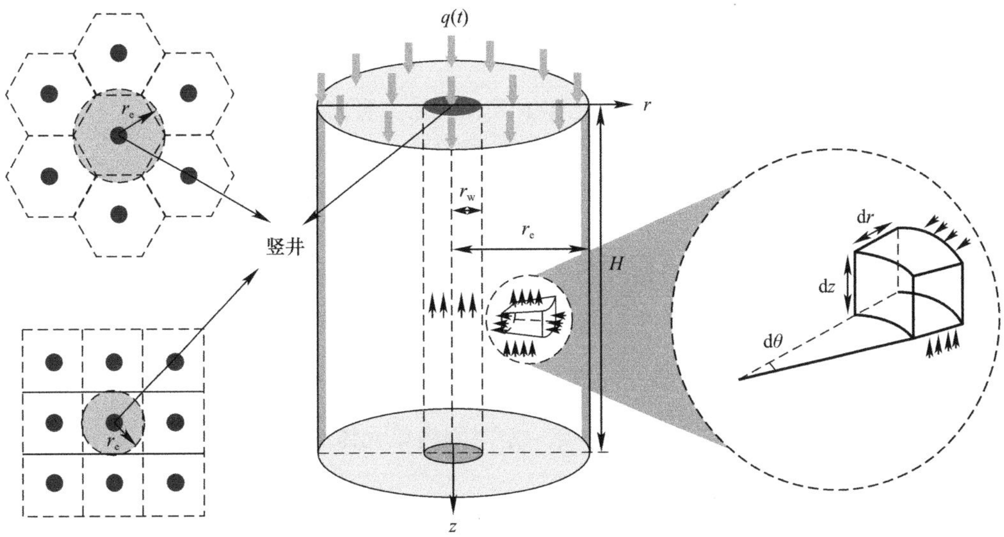

图 2.2.3　考虑径、竖向渗流的非饱和土轴对称固结模型

（2）土体的体积变化系数各向同性，渗透系数为径、竖向异性。

2.2.4.2　基本方程

在柱坐标系下，非饱和土的本构方程[3,4]为：

$$\frac{\Delta V_v}{V_0}=m_{1ax}^{s}\mathrm{d}\left(\frac{\sigma_r+\sigma_z+\sigma_\theta}{3}-u_a\right)+m_{2ax}^{s}\mathrm{d}(u_a-u_w) \tag{2.2.52}$$

$$\frac{\Delta V_w}{V_0}=m_{1ax}^{w}\mathrm{d}\left(\frac{\sigma_r+\sigma_z+\sigma_\theta}{3}-u_a\right)+m_{2ax}^{w}\mathrm{d}(u_a-u_w) \tag{2.2.53}$$

$$\frac{\Delta V_a}{V_0}=m_{1ax}^{a}\mathrm{d}\left(\frac{\sigma_r+\sigma_z+\sigma_\theta}{3}-u_a\right)+m_{2ax}^{a}\mathrm{d}(u_a-u_w) \tag{2.2.54}$$

式中：　σ_r、σ_z、σ_θ——分别为径向、竖向以及环向总法向应力；

m_{1ax}^{s}、m_{1ax}^{a}、m_{1ax}^{w}——分别为轴对称条件下相应于净法向应力变化的土骨架体积、气相体积、液相体积变化系数，$m_{1ax}^{s}=m_{1ax}^{w}+m_{1ax}^{a}$；

m_{2ax}^{s}、m_{2ax}^{a}、m_{2ax}^{w}——分别为轴对称条件下相应于基质吸力变化的土骨架体积、气相体积、液相体积变化系数，$m_{2ax}^{s}=m_{2ax}^{w}+m_{2ax}^{a}$。

在非饱和土单元体中，假设液相渗流符合 Darcy 定律，即：

$$v_{wr}=-k_{wr}\frac{\partial(u_w/\gamma_w)}{\partial r}=-\frac{k_{wr}}{\gamma_w}\frac{\partial u_w}{\partial r} \tag{2.2.55a}$$

$$v_{wz}=-k_{wz}\frac{\partial(u_w/\gamma_w)}{\partial z}=-\frac{k_{wz}}{\gamma_w}\frac{\partial u_w}{\partial z} \tag{2.2.55b}$$

式中：v_{wr}、v_{wz}——分别为非饱和土单元体中液相的径、竖向流速；

k_{wr}、k_{wz}——分别为非饱和土单元体中液相的径、竖向渗透系数。

假定非饱和土单元体中气体流动符合 Fick 定律：

$$J_{ar}=-D_{ar}^{\cdot}\frac{\partial u_a}{\partial r}=-\frac{k_{ar}}{g}\frac{\partial u_a}{\partial r} \tag{2.2.56a}$$

$$J_{az}=-D_{az}^{\cdot}\frac{\partial u_a}{\partial z}=-\frac{k_{az}}{g}\frac{\partial u_a}{\partial z} \tag{2.2.56b}$$

式中：J_{ar}、J_{az}——分别为非饱和土单元体中径、竖向单位面积土体内气体的质量流动速率；

$D_{ar}^{\cdot}$、$D_{az}^{\cdot}$——分别为非饱和土单元体中气相的径、竖向传导系数；

k_{ar}、k_{az}——分别为非饱和土单元体中气相的径、竖向渗透系数。

2.2.4.3 控制方程推导

1. 液相控制方程

非饱和土竖井地基固结模型如第 2.2.3 节所示，假定顶面为渗透边界，底面为不渗透边界，且忽略井阻作用。液相流入单元体的径、竖向流速分别为 v_{wr}、v_{wz}，流出单元体的径、竖向流速分别为 $v_{wr}+\frac{\partial v_{wr}}{\partial r}dr$、$v_{wz}+\frac{\partial v_{wz}}{\partial z}dz$。根据液相体积守恒，通过非饱和土单元体的液相净流量（液相体积的改变量）与一定时间内单元体中流出和流入的液相体积差相等，即：

$$\frac{\partial V_w}{\partial t}=-\left\{\left[\left(v_{wr}+\frac{\partial v_{wr}}{\partial r}dr\right)dz+\left(v_{wz}+\frac{\partial v_{wz}}{\partial z}dz\right)dr\right]r d\theta-\left(v_{wr}dz+v_{wz}dr\right)r d\theta\right\}$$
$$=-\left(\frac{\partial v_{wr}}{\partial r}+\frac{\partial v_{wz}}{\partial z}\right)r dr dz d\theta=-\left(\frac{\partial v_{wr}}{\partial r}+\frac{\partial v_{wz}}{\partial z}\right)V_0 \tag{2.2.57}$$

式中：$V_0=r dr dz d\theta$。

式（2.2.57）经整理可得：

$$\frac{\partial (V_w/V_0)}{\partial t}=-\left(\frac{\partial v_{wr}}{\partial r}+\frac{\partial v_{wz}}{\partial z}\right) \tag{2.2.58}$$

由于轴对称模型中假设环向为均质，故将式（2.2.55a）、式（2.2.55b）分别对 r、z 求导，可得：

$$\frac{\partial v_{wr}}{\partial r}=-\frac{k_w}{\gamma_w}\left(\frac{\partial^2 u_w}{\partial r^2}+\frac{1}{r}\frac{\partial u_w}{\partial r}\right) \tag{2.2.59a}$$

$$\frac{\partial v_{wz}}{\partial z}=-\frac{k_{wz}}{\gamma_w}\frac{\partial^2 u_w}{\partial z^2} \tag{2.2.59b}$$

将式（2.2.59a）、式（2.2.59b）代入式（2.2.58）得：

$$\frac{\partial (V_w/V_0)}{\partial t}=\frac{k_{wr}}{\gamma_w}\left(\frac{\partial^2 u_w}{\partial r^2}+\frac{1}{r}\frac{\partial u_w}{\partial r}\right)+\frac{k_{wz}}{\gamma_w}\frac{\partial^2 u_w}{\partial z^2} \tag{2.2.60}$$

式（2.2.53）对 t 求导代入式（2.2.60）得：

$$\frac{k_{wr}}{\gamma_w}\left(\frac{\partial^2 u_w}{\partial r^2}+\frac{1}{r}\frac{\partial u_w}{\partial r}\right)+\frac{k_{wz}}{\gamma_w}\frac{\partial^2 u_w}{\partial z^2}=\frac{m_{1ax}^w}{3}\frac{\partial(\sigma_r+\sigma_z+\sigma_\theta)}{\partial t}-m_{1ax}^w\frac{\partial u_a}{\partial t}+m_{2ax}^w\left(\frac{\partial u_a}{\partial t}-\frac{\partial u_w}{\partial t}\right) \tag{2.2.61}$$

此处，令 $\sigma_r=\sigma_\theta$，$\sigma_r/\sigma_z=\sigma_\theta/\sigma_z=K$，则有：

$$\frac{\partial u_w}{\partial t}=-\left(\frac{m_{1ax}^w-m_{2ax}^w}{m_{2ax}^w}\right)\frac{\partial u_a}{\partial t}-\frac{k_{wr}}{\gamma_w m_{2ax}^w}\left(\frac{\partial^2 u_w}{\partial r^2}+\frac{1}{r}\frac{\partial u_w}{\partial r}\right)-\frac{k_{wz}}{\gamma_w m_{2ax}^w}\frac{\partial^2 u_w}{\partial z^2}+\frac{m_{1ax}^w(1+2K)}{3m_{2ax}^w}\frac{\partial\sigma_z}{\partial t} \tag{2.2.62}$$

当 $\partial\sigma_z/\partial t\neq 0$ 时，液相控制方程：

$$\frac{\partial u_w}{\partial t}=-C_w\frac{\partial u_a}{\partial t}-C_{vr}^w\left(\frac{\partial^2 u_w}{\partial r^2}+\frac{1}{r}\frac{\partial u_w}{\partial r}\right)-C_{vz}^w\frac{\partial^2 u_w}{\partial z^2}+C_\sigma^w\frac{\partial\sigma_z}{\partial t} \tag{2.2.63}$$

当 $\partial\sigma_z/\partial t=0$ 时，液相控制方程：

$$\frac{\partial u_w}{\partial t}=-C_w\frac{\partial u_a}{\partial t}-C_{vr}^w\left(\frac{\partial^2 u_w}{\partial r^2}+\frac{1}{r}\frac{\partial u_w}{\partial r}\right)-C_{vz}^w\frac{\partial^2 u_w}{\partial z^2} \tag{2.2.64}$$

式中：

$$C_w=(m_{1ax}^w-m_{2ax}^w)/m_{2ax}^w \tag{2.2.65a}$$

$$C_{vr}^w=k_{wr}/(\gamma_w m_{2ax}^w) \tag{2.2.65b}$$

$$C_{vz}^w=k_{wz}/(\gamma_w m_{2ax}^w) \tag{2.2.65c}$$

$$C_\sigma^w=m_{1ax}^w(1+2K)/(3m_{2ax}^w) \tag{2.2.65d}$$

$$K=\sigma_r/\sigma_z=\sigma_\theta/\sigma_z \tag{2.2.65e}$$

2. 气相控制方程

竖井地基中非饱和土单元体内气体遵循质量守恒，根据径向和竖向流动速率 J_{ar} 与 J_{az} 可计算得到单元体中气相的质量变化，且与气体流入、流出非饱和土单元体中的质量差相等。因此，有：

$$\begin{aligned}\frac{\partial M_a}{\partial t}&=-\left\{\left[\left(J_{ar}+\frac{\partial J_{ar}}{\partial r}dr\right)dz+\left(J_{az}+\frac{\partial J_{az}}{\partial z}dz\right)dr\right]r\,d\theta-(J_{ar}dz+J_{az}dr)r\,d\theta\right\}\\&=-\left(\frac{\partial J_{ar}}{\partial r}+\frac{\partial J_{az}}{\partial z}\right)r\,dr\,d\theta=-\left(\frac{\partial J_{ar}}{\partial r}+\frac{\partial J_{az}}{\partial z}\right)V_0\end{aligned} \tag{2.2.66}$$

式（2.2.66）整理可得：

$$\frac{\partial(M_a/V_0)}{\partial t}=-\left(\frac{\partial J_{ar}}{\partial r}+\frac{\partial J_{az}}{\partial z}\right) \tag{2.2.67}$$

将式（2.2.56a）、式（2.2.56b）代入式（2.2.67），且根据本节假设：气相的渗透系数径、竖向异性但保持恒定，故有：

$$\frac{\partial(\rho_a V_a/V_0)}{\partial t}=\frac{k_{ar}}{g}\left(\frac{\partial^2 u_a}{\partial r^2}+\frac{1}{r}\frac{\partial u_a}{\partial r}\right)+\frac{k_{az}}{g}\frac{\partial^2 u_a}{\partial z^2} \tag{2.2.68}$$

式（2.2.68）代入理想气体假定，与式（2.2.54）对 t 求导后相等，并参照第 2.2.2 节中对 $u_{a,abs}$ 的处理，可得到：

$$\begin{aligned}\left[m_{2ax}^a-m_{1ax}^a+\frac{n_0(1-S_{r0})}{u_a^0+u_{atm}}\right]\frac{\partial u_a}{\partial t}&=m_{2ax}^a\frac{\partial u_w}{\partial t}+\frac{k_{ar}RT}{gM(u_a^0+u_{atm})}\left(\frac{\partial^2 u_a}{\partial r^2}+\frac{1}{r}\frac{\partial u_a}{\partial r}\right)\\&\quad+\frac{k_{az}RT}{gM(u_a^0+u_{atm})}\frac{\partial^2 u_a}{\partial z^2}+\frac{(1+2K)m_{1ax}^a}{3}\frac{\partial\sigma_z}{\partial t}\end{aligned} \tag{2.2.69}$$

当 $\partial\sigma_z/\partial t\neq 0$ 时，整理后得气相控制方程：

$$\frac{\partial u_a}{\partial t}=-C_a\frac{\partial u_w}{\partial t}-C_{vr}^a\left(\frac{\partial^2 u_a}{\partial r^2}+\frac{1}{r}\frac{\partial u_a}{\partial r}\right)-C_{vz}^a\frac{\partial^2 u_a}{\partial z^2}+C_\sigma^a\frac{\partial\sigma_z}{\partial t} \tag{2.2.70}$$

当 $\partial\sigma_z/\partial t=0$ 时，整理后得气相控制方程：

$$\frac{\partial u_a}{\partial t}=-C_a\frac{\partial u_w}{\partial t}-C_{vr}^a\left(\frac{\partial^2 u_a}{\partial r^2}+\frac{1}{r}\frac{\partial u_a}{\partial r}\right)-C_{vz}^a\frac{\partial^2 u_a}{\partial z^2} \tag{2.2.71}$$

式中：

$$C_a=m_{2ax}^a/[m_{1ax}^a-m_{2ax}^a-n_0(1-S_{r0})/(u_a^0+u_{atm})] \tag{2.2.72a}$$

$$C_{vr}^{a}=k_{ar}RT/\{gM[(m_{1ax}^{a}-m_{2ax}^{a})(u_{a}^{0}+u_{atm})-n_{0}(1-S_{r0})]\} \quad (2.2.72b)$$

$$C_{vz}^{a}=k_{az}RT/\{gM[(m_{1ax}^{a}-m_{2ax}^{a})(u_{a}^{0}+u_{atm})-n_{0}(1-S_{r0})]\} \quad (2.2.72c)$$

$$C_{\sigma}^{a}=(1+2K)m_{1ax}^{a}/\{3[m_{1ax}^{a}-m_{2ax}^{a}-n_{0}(1-S_{r0})/(u_{a}^{0}+u_{atm})]\} \quad (2.2.72d)$$

以上推导中未特殊说明的参数均与第 2.2.2 节或第 2.2.3 节相同。

除了通过上述方法推导得到非饱和土竖井地基轴对称固结控制方程外，也可采用坐标转换思想，将现有直角坐标系下非饱和土轴对称固结控制方程转化至柱坐标系中，从而得到非饱和土竖井地基轴对称固结控制方程，具体可参考文献 [5]。

2.3 定解条件

2.3.1 初始条件

一般情况下，当加荷宽度远大于土层厚度时我们假设初始超孔隙气压力、初始超孔隙水压力沿深度均匀分布，即：

$$u_{a}(z,0)=u_{a}^{0} \quad (2.3.1a)$$

$$u_{w}(z,0)=u_{w}^{0} \quad (2.3.1b)$$

但在实际工程应用中，初始孔压可能有多种分布形式，当初始孔压沿深度线性变化时，其分布可能呈梯形或三角形。

$$u_{a}(z,0)=u_{a}^{0}(z)=\beta_{a}z+u_{a}^{0} \quad (2.3.2a)$$

$$u_{w}(z,0)=u_{w}^{0}(z)=\beta_{w}z+u_{w}^{0} \quad (2.3.2b)$$

式中：β_a、β_w——分别为初始超孔隙气压力、初始超孔隙水压力沿深度方向的变化率；

u_a^0、u_w^0——分别为顶面处的初始超孔隙气压力、初始超孔隙水压力。

2.3.2 荷载边界条件

2.3.2.1 线性加荷

用于模拟线性加荷的施工荷载（图 2.3.1）：

$$q(t)=\begin{cases} q_0+at, & 0<t<q_0/a \\ 2q_0, & t\geqslant q_0/a \end{cases} \quad (2.3.3)$$

式中：q_0——初始荷载；

a——施工荷载线性变化率。

2.3.2.2 随时间指数变化荷载

线性加荷可用加荷随时间指数变化荷载来近似模拟（图 2.3.2）：

$$q(t)=q_0+Dq_0(1-e^{-bt}) \quad (2.3.4)$$

式中：D——荷载常数；

b——荷载参数。

2.3.2.3 多级加荷

用于模拟施工中多级加荷情况（图 2.3.3）：

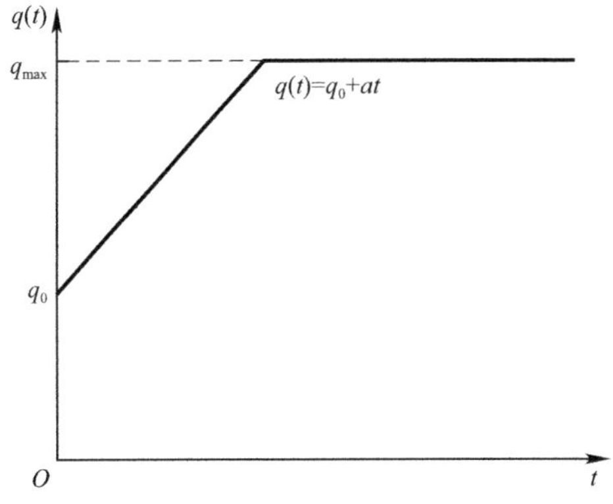

图 2.3.1　线性加荷

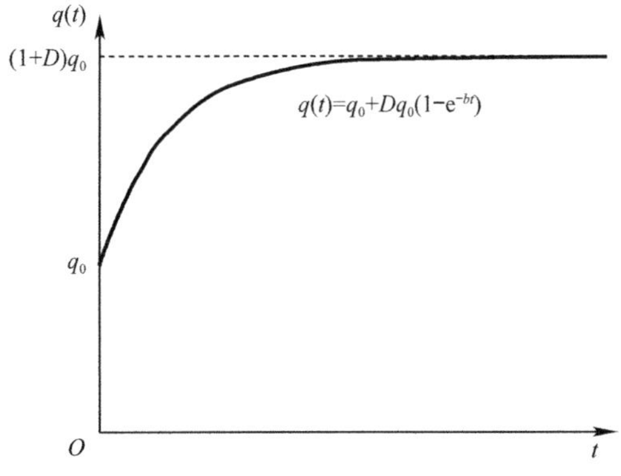

图 2.3.2　指数荷载

$$q(t)=\begin{cases}\dfrac{(\theta_j-\theta_{j-1})(t-T_{k-1})q_0}{T_k-T_{k-1}}+\theta_{j-1}q_0, & T_{k-1}\leqslant t\leqslant T_k\\ \theta_j q_0, & T_k\leqslant t\leqslant T_{k+1}\end{cases}\tag{2.3.5}$$

式中：$k=2j-1$，$j=1$，2，3，…。$k=1$ 时，$\theta_0=1$，$T_0=0$。$\theta_{j-1}\leqslant\theta_j$，$T_{k-1}\leqslant T_k$。

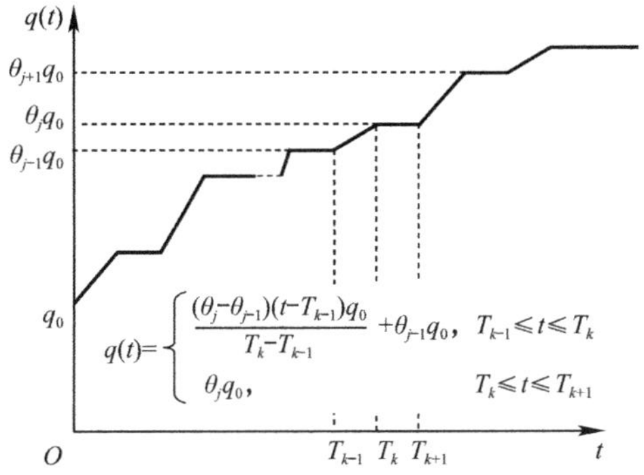

图 2.3.3　多级荷载

2.3.3　渗透边界条件

传统的地基固结研究中边界条件为均质边界，即边界渗透性为透气透水的完全渗透（第一类边界）或不透气不透水的完全不渗透（第二类边界）。非饱和土因为存在气相和液相，所以还有混合边界条件：如透气不透水、透水不透气等。在经典 Terzaghi 一维固结理论中，边界条件与初始条件出现跳跃，有所矛盾，且在实际固结过程中，地基边界通常为部分透气透水。为此，梅国雄等[6]提出了连续边界。此外，Gray[7]首次提出了半透水边界（第三类边界）以考虑砂垫层影响。之后，学者们又提出了统一边界。半透水边界可以退化为第一类和第二类边界，统一边界可以退化为第一类、第二类边界及第三类边界，且通过改变相关边界参数值可以实现所有边界条件的转变。

以下列举一维固结情况下几种代表性边界条件的表达（平面应变及轴对称固结表达略有不同）。

2.3.3.1 均质边界条件

1. 顶面透水透气，底面不透水不透气

$$u_a(0,t)=u_w(0,t)=0 \tag{2.3.6}$$

$$\left.\frac{\partial u_a(z,t)}{\partial z}\right|_{z=H}=\left.\frac{\partial u_w(z,t)}{\partial z}\right|_{z=H}=0 \tag{2.3.7}$$

2. 顶面和底面都透水透气

$$u_a(0,t)=u_w(0,t)=0 \tag{2.3.8}$$

$$u_a(H,t)=u_w(H,t)=0 \tag{2.3.9}$$

2.3.3.2 混合边界条件

1. 顶面透气不透水，底面不透气不透水

$$u_a(0,t)=0 \tag{2.3.10}$$

$$\left.\frac{\partial u_w(z,t)}{\partial z}\right|_{z=0}=0 \tag{2.3.11}$$

$$\left.\frac{\partial u_a(z,t)}{\partial z}\right|_{z=H}=\left.\frac{\partial u_w(z,t)}{\partial z}\right|_{z=H}=0 \tag{2.3.12}$$

2. 顶面透水透气，底面透气不透水

$$u_a(0,t)=u_w(0,t)=0 \tag{2.3.13}$$

$$u_a(H,t)=0 \tag{2.3.14}$$

$$\left.\frac{\partial u_w(z,t)}{\partial z}\right|_{z=H}=0 \tag{2.3.15}$$

2.3.3.3 连续边界

假设在非饱和土中顶面及底面为不对称连续边界。

$$u_a(0,t)=u_a^0\mathrm{e}^{-b_1t},u_w(0,t)=u_w^0\mathrm{e}^{-b_2t} \tag{2.3.16}$$

$$u_a(H,t)=u_a^0\mathrm{e}^{-c_1t},u_w(H,t)=u_w^0\mathrm{e}^{-c_2t} \tag{2.3.17}$$

式中：b_1、b_2——上边界透气透水相关界面参数；

c_1、c_2——下边界透气透水相关界面参数。

当上述界面参数趋近于零时，连续排水边界退化为完全不渗透边界；界面参数趋近于无穷时，该边界可退化为完全渗透边界。

2.3.3.4 半渗透边界

假设顶面为半渗透边界，底面也为半渗透边界，如图 2.3.4 所示。

$$\left.\frac{\partial u_a(z,t)}{\partial z}\right|_{z=0}-\frac{R_{a1}}{H}u_a(0,t)=0 \tag{2.3.18a}$$

$$\left.\frac{\partial u_w(z,t)}{\partial z}\right|_{z=0}-\frac{R_{w1}}{H}u_w(0,t)=0 \tag{2.3.18b}$$

$$\left.\frac{\partial u_a(z,t)}{\partial z}\right|_{z=H}+\frac{R_{a2}}{H}u_a(H,t)=0 \tag{2.3.19a}$$

$$\left.\frac{\partial u_w(z,t)}{\partial z}\right|_{z=H}+\frac{R_{w2}}{H}u_w(H,t)=0 \tag{2.3.19b}$$

式中：$R_{a1}=k_{a01}H/(k_ah_{01})$，$R_{w1}=k_{w01}H/(k_wh_{01})$，$R_{a2}=k_{a02}H/(k_ah_{02})$，

$R_{w2}=k_{w02}H/(k_w h_{02})$；

k_{a01}、k_{w01}——分别为顶面边界薄层的气相、液相渗透系数；

h_{01}——顶面边界厚度；

k_{a02}、k_{w02}——分别为底面边界薄层的气相、液相渗透系数；

h_{02}——底面边界厚度。

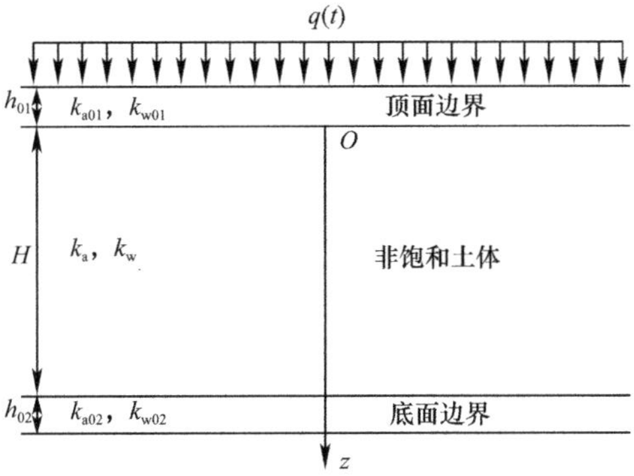

图 2.3.4　半渗透边界固结模型

2.3.3.5　统一边界

假设顶面为统一边界，底面为不渗透边界

$$a_a \left.\frac{\partial u_a(z,t)}{\partial z}\right|_{z=0} - b_a u_a(0,t)=0 \tag{2.3.20}$$

$$a_w \left.\frac{\partial u_w(z,t)}{\partial z}\right|_{z=0} - b_w u_w(0,t)=0 \tag{2.3.21}$$

$$\left.\frac{\partial u_a(z,t)}{\partial z}\right|_{z=H} = \left.\frac{\partial u_w(z,t)}{\partial z}\right|_{z=H} =0 \tag{2.3.22}$$

式中：a_a、a_w、b_a 和 b_w 均为边界参数，与土层和顶面垫层的物理特性及相对渗透性相关。其中，a_a 和 a_w 被定义为边界阻碍系数；b_a 和 b_w 被定义为边界渗透系数。

统一边界条件是各种边界条件的综合表达式，通过选择合适的边界参数，其可用于模拟实际工程问题中的不同边界类型。具体如下：

当 $a_a=a_w=0$ 且 $b_a \times b_w \neq 0$ 时，边界为完全渗透边界；

当 $a_a \times a_w \neq 0$ 且 $b_a=b_w=0$ 时，边界为完全不渗透边界；

当 $a_a=a_w=1$ 且 $b_a=k_{a0}/(k_a h_0)$，$b_w=k_{w0}/(k_w h_0)$ 时，边界为半渗透边界；

当 $a_w \times b_a \neq 0$ 且 $a_a=b_w=0$ 时，边界为混合边界；

……（实际工程中，还存在其他不同类型的边界组合情况）

2.4　相关数学方法简介

2.4.1　Laplace 变换及逆变换

2.4.1.1　Laplace 变换

1807 年 Fourier 首次在其有关热传导偏微分方程求解过程中，发现解函数可以由三角函数所构成的级数表示，并由此创造了 Fourier 变换；但采用 Fourier 变换求解偏微分方程时，原函数 $f(t)$在区间$(-\infty,+\infty)$上必须绝对可积，且在任意一个有限区间内需满足 Dirichlet 条件。为此，在 Fourier 变换基础上，为了构造更为宽泛的使用条件，有学者发现将原函数乘以一个衰减函数 e^{-at}（a 为任意正实数），可保证原函数 $e^{-at}f(t)$在区间$(-\infty,+\infty)$上绝对可积，于是重新构造后的 Fourier 变换为：

$$F(\omega)=\int_{-\infty}^{+\infty}e^{-at}f(t)e^{-i\omega t}dt=\frac{1}{2\pi}\int_{0}^{+\infty}f(t)e^{-(a+i\omega)t}dt \tag{2.4.1}$$

令 $s=a+i\omega$，$F(\omega)=F(s)/(2\pi)$，则：

$$F(s)=\int_{0}^{+\infty}f(t)e^{-st}dt \tag{2.4.2}$$

式中：$F(s)$——原函数 $f(t)$的 Laplace 变换式，记为 $L[f(t)]=F(s)$。

2.4.1.2 Laplace 逆变换

将式（2.4.2）代入相应的 Fourier 逆变换可得：

$$e^{-at}f(t)=\frac{1}{2\pi}\int_{-\infty}^{\infty}F(a+i\omega)e^{i\omega t}d\omega \tag{2.4.3}$$

即：

$$f(t)=\frac{1}{2\pi}\int_{-\infty}^{\infty}F(a+i\omega)e^{(a+i\omega)t}d\omega \tag{2.4.4}$$

令 $a+i\omega=s$，则 $d\omega=\frac{1}{i}ds$，故有：

$$f(t)=\frac{1}{2\pi i}\int_{a-i\infty}^{a+i\infty}F(s)e^{st}ds \tag{2.4.5}$$

式（2.4.5）即为 Laplace 逆变换的反演积分公式，$f(t)$为 $F(s)$的 Laplace 逆变换，记为：$f(t)=L^{-1}[F(s)]$。

当偏微分方程经过 Laplace 变换后，求解后所得到的像函数 $F(s)$形式较为复杂时，采用式（2.4.5）进行反演积分，一般难以求得相应解析表达形式。为此，需要采用数值 Laplace 逆变换进行计算从而求得时间域内对应半解析解。在目前数值 Laplace 逆变换研究中，Weeks[8]、Stehfest[9]、Piessens 和 Poleunis[10]、Durbin[11]、Crump[12]、Talbot[13] 以及 Hoog 等[14]分别提出了不同的数值方法，且对于不同情况，上述各类方法所得精度也有所不同。在本系列研究的求解过程中，发现 Crump 及 Durbin 方法相对精度较高。其中，Crump 方法是 Durbin 方法基础上一种更为逼近的改进方法，两者所得结果较为接近。本书将采用 Crump 方法进行数值 Laplace 逆变换，其中，Crump 方法计算公式如下：

$$f(t_j)\approx\frac{e^{at_j}}{T}\left\langle\frac{1}{2}F(a)+\sum_{k=1}^{\infty}\left\{\mathrm{Re}\left[F\left(a+\frac{k\pi i}{T}\right)\right]\cos\frac{k\pi t_j}{T}-\mathrm{Im}\left[F\left(a+\frac{k\pi i}{T}\right)\right]\sin\frac{k\pi t_j}{T}\right\}\right\rangle \tag{2.4.6}$$

在数值计算中，所采用的相关参数解释如下：

（1）$T=t_{fac}\times\max(0.01,\ t_j)$，其中 $t_{fac}=0.8$。

（2）$a=\alpha-\ln(0.1\times E_r)\cdot(2T)^{-1}$，其中 α 须与 a 值相同或者稍大于 a；而 α 可解释为时间无限大时，$|f(t)|\leqslant Me^{\alpha t}$ 中的最小指数，或者为 $F(s)$拥有最大实部时所对应的实数部分。E_r 是在数值 Laplace 逆变换过程中所获得的最大误差，因此，其值必须在区间

[0，1] 内。

(3) 时间 t_j（其中 $j=0,1,2,\cdots,n$）必须按单调递增的顺序提供。

本书的 Laplace 数值逆变换主要采用上述方法编程实现。在编程实现过程中发现：对于循环荷载，采用较小时间步长将无法得到理想计算结果；而采用较大时间步长将会使得转换结果不稳定。通过与已报道文献中解析解结果对比发现，以上问题可通过选取合适步长并延长计算时段得到较好解决。

2.4.2 Cayley-Hamilton 原理

设 $f(\lambda)$ 为 n 阶矩阵 A 的特征多项式，I 为单位阵，即：

$$f(\lambda)=\det(\lambda I-A)=\lambda^n+a_1\lambda^{n-1}+\cdots+a_{n-1}\lambda+a_n \tag{2.4.7}$$

则有：

$$f(A)=A^n+a_1A^{n-1}+\cdots+a_{n-1}A+a_nI=0 \tag{2.4.8}$$

对于矩阵 A 的 $k(k\geqslant n)$ 次矩阵多项式 $g(A)$，其相应的关于 λ 的多项式 $g(\lambda)$ 可表示成：

$$g(\lambda)=f(\lambda)h(\lambda)+b_1\lambda^{n-1}+b_2\lambda^{n-2}+\cdots+b_n \tag{2.4.9}$$

则有：

$$g(A)=f(A)h(A)+b_1A^{n-1}+b_2A^{n-2}+\cdots+b_n \tag{2.4.10}$$

由于 $f(A)=0$，所以：

$$g(A)=b_1A^{n-1}+b_2A^{n-2}+\cdots+b_nI \tag{2.4.11}$$

也就是说，A 的大于 n 次的矩阵多项式可以用 A 的小于 n 的方幂的多项式来表示，由此可以推出 A 的指数函数可表示成：

$$\mathrm{e}^A=I+\frac{1}{2!}A^2+\frac{1}{3!}A^3+\cdots+\frac{1}{n!}A^n+\cdots=c_0I+c_1A+\cdots+c_{n-1}A^{n-1} \tag{2.4.12}$$

同样也有：

$$\mathrm{e}^\lambda=1+\frac{1}{2!}\lambda^2+\frac{1}{3!}\lambda^3+\cdots+\frac{1}{n!}\lambda^n+\cdots=c_0+c_1\lambda+\cdots+c_{n-1}\lambda^{n-1} \tag{2.4.13}$$

2.4.3 分离变量法

分离变量法是解偏微分方程的一种重要解析方法，对一些常见区域（矩形、长方形、圆、球、柱等）上的波动方程、热传导方程和位势方程的求解非常方便，对于某些形式更为复杂的方程和方程组求解也更为有效。分离变量法的主要思想就是将方程中的各个变量分解，将其拆分成多个更易于求解的只含单个自变量的齐次常微分方程，运用线性叠加原理，得到方程组的解。

例如在一维杆热传导问题中，杆上（$0\leqslant x\leqslant L$）某一处的温度 $u(x,t)$ 是关于 x、t 的函数，运用分离变量法，令 $u(x,t)=\phi(x)G(t)$，通过代入控制方程，引入分离常数，结合边界条件和初始条件，分别求解 $\phi(x)$、$G(t)$ 的一般微分方程，最终结合成 $u(x,t)$ 的乘积解。

但是，一般的分离变量法只能用于求解偏微分方程和边界条件都是线性和齐次的情形，如遇到非齐次的情况需要先将边界与方程进行齐次化处理。因而，在分离变量法的基本思想上，发展出了本征函数法、Fourier 级数展开法等求解方法。

2.4.4 本征函数法

在工程中所遇到的初、边值求解问题，通常使用最为频繁且最基本的数学方法为分离变量法；但是，当所面临的偏微分方程或者边界条件为非齐次时，需要采用方程齐次化或边界条件齐次化进行处理，从而给求解带来诸多不便。为此，有数学家发现：对于非齐次项较为复杂的偏微分方程，当其特解不易求得时，可尝试将所要求的解 $u(x,t)$以及偏微分方程的非齐次项 $g(x,t)$，均按对应齐次偏微分方程所求得的本征函数进行展开，从而将偏微分方程转化为常微分方程进行求解。以下以非齐次偏微分方程求解为例：

$$\left.\begin{aligned}&\frac{\partial u}{\partial t}=k\frac{\partial^2 u}{\partial x^2}+g(x,t)\\&u(0,t)=0\\&u(L,t)=0\\&u(x,0)=f(x)\end{aligned}\right\}\tag{2.4.14}$$

采用本征函数法求解上述问题，首先需求得对应齐次偏微分方程的本征函数。式（2.4.14）对应的齐次问题为：

$$\left.\begin{aligned}&\frac{\partial v}{\partial t}=k\frac{\partial^2 v}{\partial x^2}\\&v(0,t)=0\\&v(L,t)=0\\&v(x,0)=f(x)\end{aligned}\right\}\tag{2.4.15}$$

根据分离变量法，式（2.4.15）易求得相应特征值为 $\lambda_n=(n\pi/L)^2$，式中：$n=1,2,\cdots$；对应本征函数为 $\phi_n(x)=\sin(n\pi x/L)$。在此基础上，将所要求的解 $u(x,t)$按照上述本征函数进行展开：

$$u(x,t)=\sum_{n=1}^{\infty}a_n(t)\phi_n(x)\tag{2.4.16}$$

将式（2.4.16）代入初始条件，根据本征函数的正交性可确定 $a_n(0)$，然后采用 Laplace 变换或者一阶非齐次常微分方程中常数变易法可求解 $a_n(t)$。同理，将非齐次项 $g(x,t)$按照本征函数进行 Fourier 级数展开：

$$g(x,t)=\sum_{n=1}^{\infty}q_n(t)\phi_n(x)\tag{2.4.17}$$

将式（2.4.16）、式（2.4.17）代入式（2.4.14），并结合边界条件与初始条件即可进行求解。

本征函数法主要用于求解非齐次偏微分方程，其本质与分离变量法一致，都是将多元变量函数分解为多个独立的单一变量函数乘积形式。但是，当所面临的非齐次偏微分方程的边界条件也为非齐次时，需要先对边界条件进行齐次化处理。

2.4.5 Fourier 级数展开法

用分离变量法求解偏微分方程时，要想满足关键性条件（例如，初值条件），令函数能够等于给定边值问题特征函数的无穷线性组合。如对于一维杆热传导问题，对温度函数 $u(x,t)$ 进行一般 Fourier 级数展开，得：

$$u(x,t)=a_0+\sum_{n=1}^{\infty}a_n(t)\cos\frac{n\pi x}{L}+\sum_{n=1}^{\infty}b_n(t)\sin\frac{n\pi x}{L} \tag{2.4.18}$$

将式（2.4.18）转化为本书用到的变换形式，得：

$$u(x,t)=\sum_{n=1}^{\infty}b_n(t)\left(A\cos\frac{n\pi x}{L}+\sin\frac{n\pi x}{L}\right) \tag{2.4.19}$$

通过代入边界条件、初值条件求解相关参数及最终解。求解过程中运用到三角函数的正交性进行化简，关于三角函数的正交性，在高等数学中，将形如下列周期为 2π 的函数称为三角函数系：

1，$\cos x$，$\sin x$，$\cos 2x$，$\sin 2x$，…，$\cos nx$，$\sin nx$，…

三角函数系中，任意不同的两个函数乘积在区间［−π，π］上积分为零，如下：

$$\int_{-\pi}^{\pi}\sin nx\,\mathrm{d}x=\int_{-\pi}^{\pi}\cos nx\,\mathrm{d}x=0,\ (n=1,2,3,\cdots) \tag{2.4.20}$$

$$\int_{-\pi}^{\pi}\sin nx\cos mx\,\mathrm{d}x=0,\ (n,m=1,2,3,\cdots) \tag{2.4.21}$$

函数系中，相同的两个函数乘积在区间［−π，π］上积分不为零，如下：

$$\int_{-\pi}^{\pi}\sin^2 nx\,\mathrm{d}x=\pi;\ \int_{-\pi}^{\pi}\cos^2 nx\,\mathrm{d}x=\pi\quad(n=1,2,3,\cdots) \tag{2.4.22}$$

转换为一般周期函数形式为：

$$\int_0^L\sin\frac{n\pi x}{L}\sin\frac{m\pi x}{L}\mathrm{d}x=\begin{cases}0 & m\neq n\\ L/2 & m=n\end{cases} \tag{2.4.23}$$

$$\int_0^L\cos\frac{n\pi x}{L}\cos\frac{m\pi x}{L}\mathrm{d}x=\begin{cases}0 & m\neq n\\ L/2 & m=n\end{cases} \tag{2.4.24}$$

2.4.6　耦合方程组解耦技术

以下通过一般常系数线性微分方程组的解耦，总结在偏微分（或常微分）方程组求解过程中所遇到的耦合问题，如：

$$\left.\begin{aligned}u_1'&=au_1+bu_2\\u_2'&=cu_1+du_2\end{aligned}\right\} \tag{2.4.25}$$

式（2.4.25）可采用矩阵形式表示：

$$\boldsymbol{U}'=\boldsymbol{X}\boldsymbol{U} \tag{2.4.26}$$

式中：$\boldsymbol{U}'=\begin{Bmatrix}u_1'\\u_2'\end{Bmatrix}$，$\boldsymbol{X}=\begin{bmatrix}a & b\\c & d\end{bmatrix}$，$\boldsymbol{U}=\begin{Bmatrix}u_1\\u_2\end{Bmatrix}$。可通过对矩阵 $\boldsymbol{X}$ 实施对角化处理和坐标系转换实现解耦过程，具体如下：

2.4.6.1　矩阵对角化

在式（2.4.26）中，若 λ_1、λ_2 为矩阵 $\boldsymbol{X}$ 的两个非复特征值，$\boldsymbol{p}_1$、$\boldsymbol{p}_2$ 为对应的特征向量，则有：

$$\begin{aligned}\boldsymbol{XA} &= \boldsymbol{X}[\boldsymbol{p}_1 \quad \boldsymbol{p}_2] = [\boldsymbol{X}\boldsymbol{p}_1 \quad \boldsymbol{X}\boldsymbol{p}_2] \\ &= [\lambda_1 \boldsymbol{p}_1 \quad \lambda_2 \boldsymbol{p}_2] = [\boldsymbol{p}_1 \quad \boldsymbol{p}_2]\begin{bmatrix}\lambda_1 & 0 \\ 0 & \lambda_2\end{bmatrix} \\ &= \boldsymbol{A}\begin{bmatrix}\lambda_1 & 0 \\ 0 & \lambda_2\end{bmatrix}\end{aligned} \tag{2.4.27}$$

式中：$\boldsymbol{A} = [\boldsymbol{p}_1 \quad \boldsymbol{p}_2]$

从而有：

$$\boldsymbol{A}^{-1}\boldsymbol{XA} = \begin{bmatrix}\lambda_1 & 0 \\ 0 & \lambda_2\end{bmatrix} \tag{2.4.28}$$

上述即矩阵 $\boldsymbol{X}$ 的对角化过程中，由于矩阵 $\boldsymbol{X}$ 未必为对称矩阵，所以特征向量 $\boldsymbol{p}_1$、$\boldsymbol{p}_2$ 不一定正交。为此，若能通过变换使得特征向量正交，则可实现所需要的解耦过程。

2.4.6.2　坐标系转换

为了使得上述特征向量通过坐标系转换实现正交，使得原坐标系下的 $\begin{Bmatrix}u_1 \\ u_2\end{Bmatrix}$ 转为新坐标系下的 $\begin{Bmatrix}1 \\ 0\end{Bmatrix}$，将 $\begin{Bmatrix}u_1' \\ u_2'\end{Bmatrix}$ 转为 $\begin{Bmatrix}0 \\ 1\end{Bmatrix}$。如果在新坐标系中采用 $\boldsymbol{V} = \begin{Bmatrix}v_1 \\ v_2\end{Bmatrix}$ 表示，则 $\begin{Bmatrix}u_1 \\ u_2\end{Bmatrix}$ 与 $\begin{Bmatrix}v_1 \\ v_2\end{Bmatrix}$ 之间的变换即为所需要寻求的。为此，可令：

$$\begin{Bmatrix}v_1 \\ v_2\end{Bmatrix} = \begin{bmatrix}e & f \\ g & h\end{bmatrix}\begin{Bmatrix}u_1 \\ u_2\end{Bmatrix} \tag{2.4.29}$$

上式两端同时乘矩阵 $\begin{bmatrix}e & f \\ g & h\end{bmatrix}$ 的逆矩阵 $\begin{bmatrix}e' & f' \\ g' & h'\end{bmatrix}$ 可得：

$$\begin{bmatrix}e' & f' \\ g' & h'\end{bmatrix}\begin{Bmatrix}v_1 \\ v_2\end{Bmatrix} = \begin{Bmatrix}u_1 \\ u_2\end{Bmatrix} \tag{2.4.30}$$

由于特征向量 $\boldsymbol{p}_1$、$\boldsymbol{p}_2$ 线性无关，令 $\begin{bmatrix}e' & f' \\ g' & h'\end{bmatrix} = [\boldsymbol{p}_1 \quad \boldsymbol{p}_2]$，则式（2.4.30）变为：

$$\begin{Bmatrix}u_1 \\ u_2\end{Bmatrix} = [\boldsymbol{p}_1 \quad \boldsymbol{p}_2]\begin{Bmatrix}v_1 \\ v_2\end{Bmatrix} = \boldsymbol{A}\begin{Bmatrix}v_1 \\ v_2\end{Bmatrix} \tag{2.4.31}$$

即

$$\boldsymbol{U} = \boldsymbol{AV} \tag{2.4.32}$$

结合式（2.4.26）、式（2.4.32）可得：

$$\boldsymbol{AV}' = \boldsymbol{XU} = \boldsymbol{XAV} = \boldsymbol{A}\begin{bmatrix}\lambda_1 & 0 \\ 0 & \lambda_2\end{bmatrix}\boldsymbol{V} \tag{2.4.33}$$

上式整理得：

$$\boldsymbol{V}' = \begin{bmatrix}\lambda_1 & 0 \\ 0 & \lambda_2\end{bmatrix}\boldsymbol{V} \tag{2.4.34}$$

式（2.4.34）可看作为关于 $\boldsymbol{V} = \begin{Bmatrix}v_1 \\ v_2\end{Bmatrix}$ 的一个新的微分方程组，可写为：

$$\left.\begin{aligned} v_1' &= \lambda_1 v_1 \\ v_2' &= \lambda_2 v_2 \end{aligned}\right\} \tag{2.4.35}$$

分别取值$\begin{Bmatrix} v_1 \\ v_2 \end{Bmatrix} = \begin{Bmatrix} 1 \\ 0 \end{Bmatrix}$、$\begin{Bmatrix} v_1 \\ v_2 \end{Bmatrix} = \begin{Bmatrix} 0 \\ 1 \end{Bmatrix}$，并将其代入式（2.4.31）即可进行验证。此外，通过变换可以求得：

$$\left.\begin{aligned} v_1 &= pu_1 + qu_2 \\ v_2 &= ru_1 + su_2 \end{aligned}\right\} \tag{2.4.36}$$

或

$$\left.\begin{aligned} u_1 &= p'v_1 + q'v_2 \\ u_2 &= r'v_1 + s'v_2 \end{aligned}\right\} \tag{2.4.37}$$

式（2.4.36）或式（2.4.37）即实现解耦所采用的坐标转换，在耦合的偏微分（或常微分）方程组求解过程中，可依据上述转换关系实现解耦。

2.4.7 有限 Hankel 变换

对于多个空间变量问题通常采用有限积分变换，可以大大简化边值问题解的计算过程。特别是轴对称几何问题通常用 Sneddon[15] 引入的有限 Hankel 变换来求解更为方便。在物理问题中经常出现的边界条件有三种类型，分别是第一类（$f=0$），第二类（$\partial_n f=0$）和第三类（$A\partial_n f+Bf=0$）。Bessel 方程可以写成如下形式：

$$\frac{\mathrm{d}^2 f}{\mathrm{d}x^2} + \frac{1}{x}\frac{\mathrm{d}f}{\mathrm{d}x} + \left(\xi_i^2 - \frac{\mu^2}{x^2}\right) f = 0 \qquad a \leqslant x \leqslant b \tag{2.4.38}$$

例如下列所示边界条件：

$$\begin{cases} f(a) = 0 \\ f'(b) = 0 \end{cases} \tag{2.4.39}$$

$f(x)$的有限 Hankel 变换有如下形式：

$$\bar{f}_{\mathrm{H}}(\xi_i) = \mathrm{H}[f(x)] = \int_a^b f(x)[J_\mu(\xi_i x)Y_\mu(\xi_i a) - J_\mu(\xi_i a)Y_\mu(\xi_i x)]\mathrm{d}x \tag{2.4.40}$$

式中：J_μ（$\xi_i x$）和 Y_μ（$\xi_i x$）分别是第一类和第二类 μ 阶 Bessel 函数。式中 ξ_i 是如下超越方程式的正根：

$$J_\mu(\xi_i a)Y_\mu'(\xi_i b) - J_\mu'(\xi_i b)Y_\mu(\xi_i a) = 0 \tag{2.4.41}$$

函数 $f(x)$的有限 Hankel 逆变换的无穷级数形式为：

$$f(x) = \frac{\pi^2}{2}\sum_{\xi_i} \frac{\xi_i^2[J_\mu'(\xi_i b)]^2 \bar{f}_H(\xi_i)[J_\mu(\xi_i x)Y_\mu(\xi_i a) - J_\mu(\xi_i a)Y_\mu(\xi_i x)]}{\{1-[\mu/(\xi_i b)]^2\}J_\mu^2(\xi_i a) - [J_\mu'(\xi_i b)]^2} \tag{2.4.42}$$

2.4.8 李氏比拟法

李氏比拟法是通过引入 Laplace 变换下的柔度系数 $V(s)$代替线弹性模型中的 $1/E$，得到 Laplace 变换下黏弹性模型的控制方程；采用与弹性模型相同的数学方法求解，得到黏弹性非饱和土固结 Laplace 变换域内的解；通过 Laplace 逆变换得到时间域内的解。

参考文献：

[1] Fredlund D G, Hasan J U. One-dimensional consolidation theory unsaturated soils [J]. Canadian Geotechnical Journal, 1979, 17 (3): 521-531.

[2] Fredlund D G, Rahardjo H. Soil Mechanics for Unsaturated Soils [M]. New York: John Wiley & Sons, 1993.

[3] Dakshanamurthy V, Fredlund D G. Moisture and air flow in an unsaturated soil [C]//Expansive Soils. ASCE, 1980: 514-532.

[4] Dakshanamurthy V, Fredlund D G, Rahardjo H. Coupled three-dimensional consolidation theory of unsaturated porous media [C]//Proc., 5th Int. Conf. on Expansive Soils. Adelaide, Australia: American Society of Civil Engineering, 1984: 99-103.

[5] 江良华. 复杂条件下非饱和土竖井地基固结特性分析 [D]. 上海：上海大学，2022.

[6] 梅国雄，夏君，梅岭. 基于不对称连续排水边界的太沙基一维固结方程及其解答 [J]. 岩土工程学报，2011，33 (1)：28-31.

[7] Gray H. Simultaneous consolidation of contiguous layers of unlike compressible soils [J]. Trans., ASCE, 1945, 110: 1327-1344.

[8] Weeks W T. Numerical inversion of Laplace transforms using Laguerre functions [J]. Journal of the ACM (JACM), 1966, 13 (3): 419-429.

[9] Stehfest H. Algorithm 368: Numerical inversion of Laplace transforms [D5] [J]. Communications of the ACM, 1970, 13 (1): 47-49.

[10] Piessens R, Poleunis F. A numerical method for the integration of oscillatory functions [J]. Bit Numerical Mathematics, 1971, 11 (3): 317-327.

[11] Durbin F. Numerical inversion of laplace transforms: an efficient improvement to dubner and abate's method [J]. Computer Journal, 1972 (4): 371-376.

[12] Crump K S. Numerical inversion of laplace transforms using a Fourier series approximation [J]. Journal of the ACM, 1976, 23 (1): 89-96.

[13] Talbot A. The accurate numerical inversion of laplace transforms [J]. Journal of the Institute of Mathematics and Its Applications, 1979, 23 (1): 97-120.

[14] Hoog F D, Knight J H, Stokes A N. An improved method for numerical inversion of Laplace Transforms [J]. SIAM Journal on Scientific and Statistical Computing, 1982, 3 (3): 357-366.

[15] Sneddon I N. Integral transform methods [M]//Methods of analysis and solutions of crack problems: Recent developments in fracture mechanics theory and methods of solving crack problems. Dordrecht: Springer Netherlands, 1973: 315-367.

第 3 章　非饱和土一维固结

3.1　引言

非饱和土固结对于理解和预测土体在工程中的变形至关重要，通常在外荷载作用下，土体中的渗流和变形仅发生在一个方向时可称之为一维固结（或单向固结）。由于气相的存在，非饱和土固结与饱和土固结截然不同。然而，要全面理解非饱和土一维固结问题并非易事，尤其是在考虑不同边界条件、不同荷载情况、初始应力随深度变化以及土体分层等复杂情况时。

在实际工程中，边界条件直接影响非饱和土一维固结过程中气、液相的消散与土体的固结行为，对于不同类边界条件下非饱和土一维固结特性的深入研究至关重要；与此同时，荷载的大小和分布方式对土体的应力状态和超孔隙压力的消散也起着关键作用，通过系统地研究不同荷载下非饱和土的固结行为，可以更好地理解土体在实际工程中受到外部荷载作用时的响应机制。此外，实际工程中经常遇到成层非饱和土固结问题，尤其是上层为非饱和土下层为饱和土情况，其气、液相渗流以及相邻土层间相互影响等非常复杂。准确模拟和预测各类情况下非饱和土的固结行为对于工程风险评估和有效的地基处理至关重要。

本章将基于第 2 章中推导所得的非饱和土一维固结控制方程，针对线性变化的初始条件、均质和混合边界条件、半渗透边界条件、统一边界条件、不同荷载下的单层非饱和土一维固结问题，考虑应力扩散和自重作用下的单层非饱和土一维特殊固结问题和考虑层间连续条件的多层非饱和土一维固结问题以及非饱和-饱和土一维固结问题进行了求解，采用 Laplace 变换、Laplace 逆变换及传递矩阵法等方法，分别得到了单层非饱和土地基一维固结、成层非饱和土地基一维固结及非饱和-饱和土地基一维固结问题的解析解及半解析解，并进行了相应的固结特性分析；采用 Laplace 变换、Laplace 逆变换及微分算子法等得到了特殊情况下单层非饱和土一维固结问题的半解析解，并进行了相应的固结特性分析。本章拟通过非饱和土一维固结的几个关键方面的研究，对非饱和土一维固结性状有较为全面的了解，以便为岩土工程实践提供更为可靠的理论支持。

3.2　单层非饱和土地基一维固结

3.2.1　一维固结基本解

3.2.1.1　计算模型

单层非饱和土一维固结简化计算模型如图 3.2.1 所示。其中，土层厚度为 H，随时间变化的均布荷载 $q(t)$ 作用于非饱和土体表面。在荷载作用下，假定非饱和土固结仅发生在

z 方向。

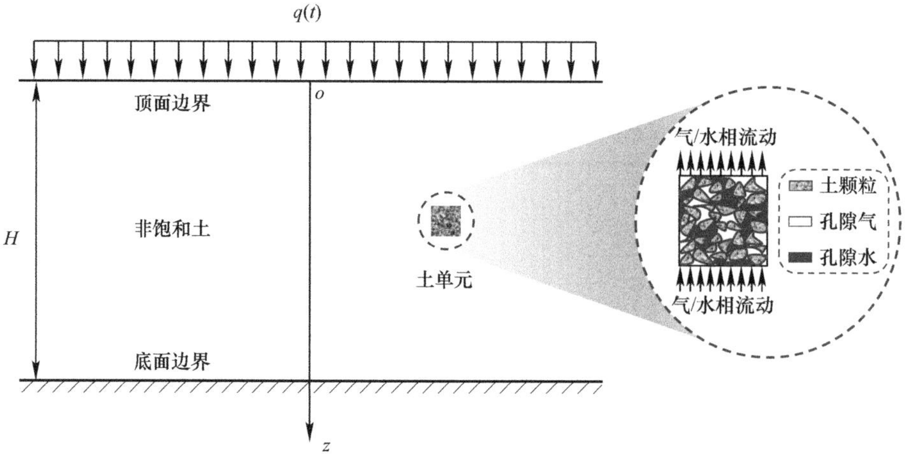

图 3.2.1 单层非饱和土一维固结模型

3.2.1.2 基本假定

基本假定同第 2.1.1 节。

3.2.1.3 控制方程

依据第 2.2.2 节推导，非饱和土一维固结控制方程如下：

$$\frac{\partial u_a}{\partial t}=-C_a\frac{\partial u_w}{\partial t}-C_v^a\frac{\partial^2 u_a}{\partial z^2}+C_\sigma^a\frac{\partial \sigma_z}{\partial t} \tag{3.2.1}$$

$$\frac{\partial u_w}{\partial t}=-C_w\frac{\partial u_a}{\partial t}-C_v^w\frac{\partial^2 u_w}{\partial z^2}+C_\sigma^w\frac{\partial \sigma_z}{\partial t} \tag{3.2.2}$$

对式（3.2.1）和式（3.2.2）进行转化可得：

$$\frac{\partial u_a}{\partial t}=A_a\frac{\partial^2 u_a}{\partial z^2}+A_w\frac{\partial^2 u_w}{\partial z^2}+A_\sigma\frac{\partial \sigma_z}{\partial t} \tag{3.2.3}$$

$$\frac{\partial u_w}{\partial t}=W_a\frac{\partial^2 u_a}{\partial z^2}+W_w\frac{\partial^2 u_w}{\partial z^2}+W_\sigma\frac{\partial \sigma_z}{\partial t} \tag{3.2.4}$$

式中：

$$A_a=-C_v^a/(1-C_wC_a) \tag{3.2.5a}$$

$$A_w=-C_aC_v^w/(1-C_wC_a) \tag{3.2.5b}$$

$$A_\sigma=(C_\sigma^a-C_aC_\sigma^w)/(1-C_wC_a) \tag{3.2.5c}$$

$$W_a=-C_wC_v^a/(1-C_wC_a) \tag{3.2.5d}$$

$$W_w=-C_v^w/(1-C_wC_a) \tag{3.2.5e}$$

$$W_\sigma=(C_\sigma^w-C_wC_\sigma^a)/(1-C_wC_a) \tag{3.2.5f}$$

3.2.1.4 Laplace 域内通解的求解

采用解耦方法对非饱和土一维固结耦合控制方程式（3.2.3）与式（3.2.4）进行解耦处理，式（3.2.3）和式（3.2.4）分别乘以任意常数 c_1 和 c_2，并相加得：

$$\frac{\partial(u_ac_1+u_wc_2)}{\partial t}-(A_ac_1+W_ac_2)\frac{\partial^2 u_a}{\partial z^2}-(A_wc_1+W_wc_2)\frac{\partial^2 u_w}{\partial z^2}=(A_\sigma c_1+W_\sigma c_2)\frac{\partial \sigma_z}{\partial t} \tag{3.2.6}$$

通过引入常量 Q，式（3.2.6）可以转换为用变量 $\phi=u_a c_1+u_w c_2$ 表示的传统的扩散方程，但常量 Q 需要满足如下关系：

$$Qc_1=A_a c_1+W_a c_2 \tag{3.2.7}$$

$$Qc_2=A_w c_1+W_w c_2 \tag{3.2.8}$$

为了使得式（3.2.7）和式（3.2.8）成立，常量 Q 必须满足如下条件：

$$(Q-A_a)(Q-W_w)-A_w W_a=0 \tag{3.2.9}$$

式（3.2.9）是一个关于 Q 的二次方程，有如下两个根 Q_1 和 Q_2：

$$Q_{1,2}=\frac{1}{2}\left[A_a+W_w\pm\sqrt{(A_a-W_w)^2+4A_w W_a}\right] \tag{3.2.10}$$

当 $Q=Q_1$ 时，关于 c_1 和 c_2 的方程式（3.2.7）和式（3.2.8）的解是 c_{11} 和 c_{21}，当 $Q=Q_2$ 时，c_1 和 c_2 的解是 c_{12} 和 c_{22}。

为了不失一般性，假定 $c_{11}=c_{22}=1$，c_{12} 和 c_{21} 可以表示为：

$$c_{12}=\frac{W_a}{Q_2-A_a} \tag{3.2.11}$$

$$c_{21}=\frac{A_w}{Q_1-W_w} \tag{3.2.12}$$

因此，式（3.2.6）可以重新表示为如下形式：

$$\frac{\partial\phi_1}{\partial t}-Q_1\left(\frac{\partial^2\phi_1}{\partial z^2}\right)=\beta_1\left(\frac{\partial\sigma_z}{\partial t}\right) \tag{3.2.13}$$

$$\frac{\partial\phi_2}{\partial t}-Q_2\left(\frac{\partial^2\phi_2}{\partial z^2}\right)=\beta_2\left(\frac{\partial\sigma_z}{\partial t}\right) \tag{3.2.14}$$

式中：

$$\phi_1=u_a+c_{21}u_w \tag{3.2.15a}$$

$$\phi_2=c_{12}u_a+u_w \tag{3.2.15b}$$

$$\beta_1=A_\sigma+c_{21}W_\sigma \tag{3.2.15c}$$

$$\beta_2=c_{12}A_\sigma+W_\sigma \tag{3.2.15d}$$

初始条件 $\phi_1(z,0)$ 和 $\phi_2(z,0)$ 相应可以表示为：

$$\phi_1(z,0)=u_a(z,0)+c_{21}u_w(z,0)=u_a^0(z)+c_{21}u_w^0(z) \tag{3.2.16}$$

$$\phi_2(z,0)=c_{12}u_a(z,0)+u_w(z,0)=c_{12}u_a^0(z)+u_w^0(z) \tag{3.2.17}$$

对式（3.2.16）和式（3.2.17）分别进行 Laplace 变换得：

$$\tilde{\phi}_1^0=\tilde{u}_a(z,0)+c_{21}\tilde{u}_w(z,0)=\tilde{u}_a^0(z)+c_{21}\tilde{u}_w^0(z) \tag{3.2.18}$$

$$\tilde{\phi}_2^0=c_{12}\tilde{u}_a(z,0)+\tilde{u}_w(z,0)=c_{12}\tilde{u}_a^0(z)+\tilde{u}_w^0(z) \tag{3.2.19}$$

对式（3.2.13）和式（3.2.14）分别进行 Laplace 变换得：

$$Q_1\left(\frac{\partial^2\tilde{\phi}_1}{\partial z^2}\right)-s\tilde{\phi}_1+\tilde{\phi}_1^0+\beta_1\tilde{\sigma}_z(s)=0 \tag{3.2.20}$$

$$Q_2\left(\frac{\partial^2\tilde{\phi}_2}{\partial z^2}\right)-s\tilde{\phi}_2+\tilde{\phi}_2^0+\beta_2\tilde{\sigma}_z(s)=0 \tag{3.2.21}$$

其中：$\tilde{\sigma}_z(s)$ 为 $\partial\sigma_z/\partial t$ 关于时间 t 进行 Laplace 变换的结果；$\tilde{\phi}_1^0=\tilde{u}_a^0(z)+c_{21}\tilde{u}_w^0(z)$，$\tilde{\phi}_2^0=c_{12}\tilde{u}_a^0(z)+\tilde{u}_w^0(z)$。

两阶常微分方程式（3.2.20）和式（3.2.21）的通解为：

$$\tilde{\phi}_1=\tilde{\phi}_1^*+C_1\mathrm{e}^{\chi_1 z}+C_2\mathrm{e}^{-\chi_1 z} \tag{3.2.22}$$

$$\tilde{\phi}_2=\tilde{\phi}_2^*+D_1\mathrm{e}^{\chi_2 z}+D_2\mathrm{e}^{-\chi_2 z} \tag{3.2.23}$$

其中：$\tilde{\phi}_1^*$ 和 $\tilde{\phi}_2^*$ 分别是式（3.2.20）和式（3.2.21）的特解；C_1、C_2、D_1 和 D_2 是由边界条件决定的任意常数，$\chi_1^2=s/Q_1$，$\chi_2^2=s/Q_2$。

由 $\tilde{\phi}_1=\tilde{u}_a+c_{21}\tilde{u}_w$ 和 $\tilde{\phi}_2=c_{12}\tilde{u}_a+\tilde{u}_w$ 求解得：

$$\tilde{u}_a=\frac{\tilde{\phi}_1-c_{21}\tilde{\phi}_2}{1-c_{12}c_{21}} \tag{3.2.24}$$

$$\tilde{u}_w=\frac{\tilde{\phi}_2-c_{12}\tilde{\phi}_1}{1-c_{12}c_{21}} \tag{3.2.25}$$

将式（3.2.22）和式（3.2.23）代入式（3.2.24）和式（3.2.25），并化简得：

$$\tilde{u}_a=\frac{\tilde{\phi}_1^*-c_{21}\tilde{\phi}_2^*}{s(1-c_{12}c_{21})}+\frac{C_1\mathrm{e}^{\chi_1 z}+C_2\mathrm{e}^{-\chi_1 z}-c_{21}D_1\mathrm{e}^{\chi_2 z}-c_{21}D_2\mathrm{e}^{-\chi_2 z}}{1-c_{12}c_{21}} \tag{3.2.26}$$

$$\tilde{u}_w=\frac{-c_{12}\tilde{\phi}_1^*+\tilde{\phi}_2^*}{s(1-c_{12}c_{21})}+\frac{-c_{12}C_1\mathrm{e}^{\chi_1 z}-c_{12}C_2\mathrm{e}^{-\chi_1 z}+D_1\mathrm{e}^{\chi_2 z}+D_2\mathrm{e}^{-\chi_2 z}}{1-c_{12}c_{21}} \tag{3.2.27}$$

对式（3.2.26）和式（3.2.27）分别求关于 z 的一阶导得：

$$\frac{\partial\tilde{u}_a}{\partial z}=\frac{\phi_{1,z}^*-c_{21}\phi_{2,z}^*}{s(1-c_{12}c_{21})}+\frac{C_1\chi_1\mathrm{e}^{\chi_1 z}-C_2\chi_1\mathrm{e}^{-\chi_1 z}-c_{21}(D_1\chi_2\mathrm{e}^{\chi_2 z}-D_2\chi_2\mathrm{e}^{-\chi_2 z})}{1-c_{12}c_{21}} \tag{3.2.28}$$

$$\frac{\partial\tilde{u}_w}{\partial z}=\frac{-c_{12}\phi_{1,z}^*+\phi_{2,z}^*}{s(1-c_{12}c_{21})}+\frac{-c_{12}(C_1\chi_1\mathrm{e}^{\chi_1 z}-C_2\chi_1\mathrm{e}^{-\chi_1 z})+D_1\chi_2\mathrm{e}^{\chi_2 z}-D_2\chi_2\mathrm{e}^{-\chi_2 z}}{1-c_{12}c_{21}} \tag{3.2.29}$$

根据以双应力变量表示的非饱和土线弹性本构关系，体应变可表示为：

$$\frac{\partial\varepsilon_v}{\partial t}=m_{1k}^s\frac{\partial(\sigma_z-u_a)}{\partial t}+m_2^s\frac{\partial(u_a-u_w)}{\partial t} \tag{3.2.30}$$

其中：$m_{1k}^s=m_{1k}^a+m_{1k}^w$，$m_2^s=m_2^a+m_2^w$。

对式（3.2.30）进行 Laplace 变换得：

$$\tilde{\varepsilon}_v(z,s)=m_{1k}^s\left(\tilde{\sigma}_z-\frac{\sigma_0}{s}-\tilde{u}_a+\frac{u_a^0}{s}\right)+m_2^s\left(\tilde{u}_a-\frac{u_a^0}{s}-\tilde{u}_w+\frac{u_w^0}{s}\right) \tag{3.2.31}$$

其中：σ_0 为初始时刻地基中的应力。

因此，对式（3.2.31）在深度范围内积分得 Laplace 域内的土层沉降：

$$\tilde{w}(s)=\int_0^H\tilde{\varepsilon}_v(z,s)\mathrm{d}z=\int_0^H\left[m_{1k}^s\left(\tilde{\sigma}_z-\frac{\sigma_0}{s}-\tilde{u}_a+\frac{u_a^0}{s}\right)+m_2^s\left(\tilde{u}_a-\frac{u_a^0}{s}-\tilde{u}_w+\frac{u_w^0}{s}\right)\right]\mathrm{d}z \tag{3.2.32}$$

式（3.2.26）、式（3.2.27）和式（3.2.32）即为单层非饱和土一维固结在 Laplace 域内关于超孔隙气压力、超孔隙水压力和土层沉降的通解。对于任意边界条件，只要代入式（3.2.26）～式（3.2.29），联立得到关于 C_1、C_2、D_1 和 D_2 的四元一次方程组，求得 C_1、C_2、D_1 和 D_2 后代入式（3.2.26）、式（3.2.27）和式（3.2.32）即可得任意边界条件下 Laplace 域内的解。

3.2.2 不同边界条件下一维固结模型解析

不同边界条件下，本节采用了不同的解析方法进行了求解。其中，在均质边界条件下我们采用了矩阵方法，这是 2008 年课题组最先用于求解非饱和土固结问题的方法。矩阵方法是利用 Laplace 变换和 Cayley-Hamilton 原理，建立顶面状态向量与任意深度处状态向量之间的传递关系。然后通过代入初始条件和边界条件，得到 Laplace 变换域内的超孔隙气压力、超孔隙水压力以及土层沉降的解[1,2]。而在其他边界条件下，我们采用了通解方法。通解方法是基于第 3.2.1 节中得出的通解，通过代入特定边界条件以求解待定系数，从而获得 Laplace 域内的超孔隙气压力、超孔隙水压力以及土层沉降的解[3]。

瞬时荷载下非饱和土一维固结耦合控制方程式，由式（3.2.1）、式（3.2.2）得：

$$\frac{\partial u_{\mathrm{a}}}{\partial t}=-C_{\mathrm{a}}\frac{\partial u_{\mathrm{w}}}{\partial t}-C_{\mathrm{v}}^{\mathrm{a}}\frac{\partial^{2}u_{\mathrm{a}}}{\partial z^{2}} \tag{3.2.33}$$

$$\frac{\partial u_{\mathrm{w}}}{\partial t}=-C_{\mathrm{w}}\frac{\partial u_{\mathrm{a}}}{\partial t}-C_{\mathrm{v}}^{\mathrm{w}}\frac{\partial^{2}u_{\mathrm{w}}}{\partial z^{2}} \tag{3.2.34}$$

转化得：

$$\frac{\partial u_{\mathrm{a}}}{\partial t}=A_{\mathrm{a}}\frac{\partial^{2}u_{\mathrm{a}}}{\partial z^{2}}+A_{\mathrm{w}}\frac{\partial^{2}u_{\mathrm{w}}}{\partial z^{2}} \tag{3.2.35}$$

$$\frac{\partial u_{\mathrm{w}}}{\partial t}=W_{\mathrm{a}}\frac{\partial^{2}u_{\mathrm{a}}}{\partial z^{2}}+W_{\mathrm{w}}\frac{\partial^{2}u_{\mathrm{w}}}{\partial z^{2}} \tag{3.3.36}$$

以上两种形式的控制方程将分别在以下不同求解方法时采用。

3.2.2.1 均质边界下非饱和土一维固结

1. 单面渗透边界下非饱和土一维固结半解析解求解

瞬时荷载情况下，对式（3.2.33）、式（3.2.34）进行 Laplace 变换，可得：

$$s\tilde{u}_{\mathrm{a}}-u_{\mathrm{a}}^{0}=-sC_{\mathrm{a}}\tilde{u}_{\mathrm{w}}+C_{\mathrm{a}}u_{\mathrm{w}}^{0}-C_{\mathrm{v}}^{\mathrm{a}}\frac{\partial^{2}\tilde{u}_{\mathrm{a}}}{\partial z^{2}} \tag{3.3.37}$$

$$s\tilde{u}_{\mathrm{w}}-u_{\mathrm{w}}^{0}=-sC_{\mathrm{w}}\tilde{u}_{\mathrm{a}}+C_{\mathrm{w}}u_{\mathrm{a}}^{0}-C_{\mathrm{v}}^{\mathrm{w}}\frac{\partial^{2}\tilde{u}_{\mathrm{w}}}{\partial z^{2}} \tag{3.3.38}$$

另由式（2.2.5）、式（2.2.8）可以推得：

$$\frac{\partial u_{\mathrm{a}}}{\partial z}=-\frac{g}{k_{\mathrm{a}}}J_{\mathrm{a}} \tag{3.3.39}$$

$$\frac{\partial u_{\mathrm{w}}}{\partial z}=-\frac{\gamma_{\mathrm{w}}}{k_{\mathrm{w}}}v_{\mathrm{w}} \tag{3.3.40}$$

对式（3.3.39）、式（3.3.40）同样采用 Laplace 变换，得：

$$\frac{\partial\tilde{u}_{\mathrm{a}}}{\partial z}=-\frac{g}{k_{\mathrm{a}}}\tilde{J}_{\mathrm{a}} \tag{3.3.41}$$

$$\frac{\partial\tilde{u}_{\mathrm{w}}}{\partial z}=-\frac{\gamma_{\mathrm{w}}}{k_{\mathrm{w}}}\tilde{v}_{\mathrm{w}} \tag{3.3.42}$$

式（3.3.41）和式（3.3.42）代入式（3.3.37）和式（3.3.38）整理后得：

$$s\tilde{u}_{\mathrm{a}}=-sC_{\mathrm{a}}\tilde{u}_{\mathrm{w}}+\frac{C_{\mathrm{v}}^{\mathrm{a}}g}{k_{\mathrm{a}}}\frac{\partial\tilde{J}_{\mathrm{a}}}{\partial z}+u_{\mathrm{a}}^{0}+C_{\mathrm{a}}u_{\mathrm{w}}^{0} \tag{3.3.43}$$

$$s\tilde{u}_{\mathrm{w}}=-sC_{\mathrm{w}}\tilde{u}_{\mathrm{a}}+\frac{C_{\mathrm{v}}^{\mathrm{w}}\gamma_{\mathrm{w}}}{k_{\mathrm{w}}}\frac{\partial\tilde{V}_{\mathrm{w}}}{\partial z}+u_{\mathrm{w}}^{0}+C_{\mathrm{w}}u_{\mathrm{a}}^{0} \tag{3.3.44}$$

重新组合得到：

$$\frac{\partial\tilde{J}_{\mathrm{a}}}{\partial z}=s\frac{k_{\mathrm{a}}}{C_{\mathrm{v}}^{\mathrm{a}}g}\tilde{u}_{\mathrm{a}}+s\frac{k_{\mathrm{a}}}{C_{\mathrm{v}}^{\mathrm{a}}g}C_{\mathrm{a}}\tilde{u}_{\mathrm{w}}-\frac{k_{\mathrm{a}}}{C_{\mathrm{v}}^{\mathrm{a}}g}(u_{\mathrm{a}}^{0}+C_{\mathrm{a}}u_{\mathrm{w}}^{0}) \tag{3.3.45}$$

$$\frac{\partial\tilde{v}_{\mathrm{w}}}{\partial z}=s\frac{k_{\mathrm{w}}}{C_{\mathrm{v}}^{\mathrm{w}}\gamma_{\mathrm{w}}}C_{\mathrm{w}}\tilde{u}_{\mathrm{a}}+s\frac{k_{\mathrm{w}}}{C_{\mathrm{v}}^{\mathrm{w}}\gamma_{\mathrm{w}}}\tilde{u}_{\mathrm{w}}-\frac{k_{\mathrm{w}}}{C_{\mathrm{v}}^{\mathrm{w}}\gamma_{\mathrm{w}}}(u_{\mathrm{w}}^{0}+C_{\mathrm{w}}u_{\mathrm{a}}^{0}) \tag{3.3.46}$$

将式（3.3.41）、式（3.3.42）、式（3.3.45）及式（3.3.46）写成矩阵形式的偏微分方程：

$$\frac{\partial\tilde{\boldsymbol{X}}}{\partial z}=\boldsymbol{A}\tilde{\boldsymbol{X}}+\boldsymbol{B} \tag{3.2.47}$$

其中：

$$\tilde{\boldsymbol{X}}(z,s)=[\tilde{u}_{\mathrm{a}}(z,s),\tilde{u}_{\mathrm{w}}(z,s),\tilde{J}_{\mathrm{a}}(z,s),\tilde{v}_{\mathrm{w}}(z,s)]^{\mathrm{T}} \tag{3.2.48a}$$

$$\boldsymbol{A}=\begin{bmatrix} 0 & 0 & -\dfrac{g}{k_{\mathrm{a}}} & 0 \\ 0 & 0 & 0 & -\dfrac{\gamma_{\mathrm{w}}}{k_{\mathrm{w}}} \\ s\dfrac{k_{\mathrm{a}}}{C_{\mathrm{v}}^{\mathrm{a}}g} & s\dfrac{k_{\mathrm{a}}C_{\mathrm{a}}}{C_{\mathrm{v}}^{\mathrm{a}}g} & 0 & 0 \\ s\dfrac{k_{\mathrm{w}}C_{\mathrm{w}}}{C_{\mathrm{v}}^{\mathrm{w}}\gamma_{\mathrm{w}}} & s\dfrac{k_{\mathrm{w}}}{C_{\mathrm{v}}^{\mathrm{w}}\gamma_{\mathrm{w}}} & 0 & 0 \end{bmatrix} \tag{3.2.48b}$$

$$\boldsymbol{B}=\begin{Bmatrix} 0 \\ 0 \\ -\dfrac{k_{\mathrm{a}}}{C_{\mathrm{v}}^{\mathrm{a}}g}(u_{\mathrm{a}}^{0}+C_{\mathrm{a}}u_{\mathrm{w}}^{0}) \\ -\dfrac{k_{\mathrm{w}}}{C_{\mathrm{v}}^{\mathrm{w}}\gamma_{\mathrm{w}}}(u_{\mathrm{w}}^{0}+C_{\mathrm{w}}u_{\mathrm{a}}^{0}) \end{Bmatrix} \tag{3.2.48c}$$

根据 Cayley-Hamilton 理论，矩阵微分方程式（3.2.47）在 Laplace 域内的一般解为：

$$\tilde{\boldsymbol{X}}(z,s)=\boldsymbol{T}(z,s)\tilde{\boldsymbol{X}}(0,s)+\boldsymbol{S}(z,s) \tag{3.2.49}$$

其中：

$$\boldsymbol{T}(z,s)=\exp[z\boldsymbol{A}(s)] \tag{3.2.50a}$$

$$\boldsymbol{S}(z,s)=\int_{0}^{z}\boldsymbol{T}(z-\zeta)\boldsymbol{B}\mathrm{d}\zeta \tag{3.2.50b}$$

矩阵 $\boldsymbol{T}(z,s)$、$\boldsymbol{S}(z,s)$ 的求解见附录 3A。解得 $\boldsymbol{T}(z,s)$、矩阵 $\boldsymbol{S}(z,s)$，代入式（3.2.49），得：

$$\begin{Bmatrix} \tilde{u}_{\mathrm{a}}(z,s) \\ \tilde{u}_{\mathrm{w}}(z,s) \\ \tilde{J}_{\mathrm{a}}(z,s) \\ \tilde{v}_{\mathrm{w}}(z,s) \end{Bmatrix} = \begin{bmatrix} T_{11} & T_{12} & T_{13} & T_{14} \\ T_{21} & T_{22} & T_{23} & T_{24} \\ T_{31} & T_{32} & T_{33} & T_{34} \\ T_{41} & T_{42} & T_{43} & T_{44} \end{bmatrix} \cdot \begin{Bmatrix} \tilde{u}_{\mathrm{a}}(0,s) \\ \tilde{u}_{\mathrm{w}}(0,s) \\ \tilde{J}_{\mathrm{a}}(0,s) \\ \tilde{v}_{\mathrm{w}}(0,s) \end{Bmatrix} + \begin{Bmatrix} S_1 \\ S_2 \\ S_3 \\ S_4 \end{Bmatrix} \tag{3.2.51}$$

由此建立了顶面状态向量与任意深度处状态向量间的传递关系。

2. 初始条件

初始孔压沿深度不变

$$u_{\mathrm{a}}(z,0)=u_{\mathrm{a}}^0,\quad u_{\mathrm{w}}(z,0)=u_{\mathrm{w}}^0 \tag{3.2.52}$$

3. 边界条件

顶面透气透水，底面不透气不透水

$$u_{\mathrm{a}}(0,t)=u_{\mathrm{w}}(0,t)=0,\quad \left.\frac{\partial u_{\mathrm{a}}(z,t)}{\partial z}\right|_{z=H}=0,\quad \left.\frac{\partial u_{\mathrm{w}}(z,t)}{\partial z}\right|_{z=H}=0 \tag{3.2.53}$$

4. 时间域内 $\tilde{u}_{\mathrm{a}}(z,s)$、$\tilde{u}_{\mathrm{w}}(z,s)$及 $\tilde{w}(s)$的解析解及半解析解求解

将初始及边界条件式（3.2.52）、式（3.2.53）代入式（3.2.51），可得 Laplace 域内超孔隙气压力 $\tilde{u}_{\mathrm{a}}(z,s)$、超孔隙水压力 $\tilde{u}_{\mathrm{w}}(z,s)$，进一步求得土层沉降 $\tilde{w}(s)$：

$$\tilde{u}_{\mathrm{a}}(z,s)=\frac{1}{\xi^2-\eta^2}\frac{1}{C_{\mathrm{v}}^{\mathrm{a}}}\begin{Bmatrix} -\left[\left(\eta^2+\dfrac{s}{C_{\mathrm{v}}^{\mathrm{a}}}\right)(u_{\mathrm{a}}^0+C_{\mathrm{a}}u_{\mathrm{w}}^0)+\dfrac{sC_{\mathrm{a}}}{C_{\mathrm{v}}^{\mathrm{w}}}(C_{\mathrm{w}}u_{\mathrm{a}}^0+u_{\mathrm{w}}^0)\right]\dfrac{\cosh[\xi(H-z)]}{\xi^2\cosh(\xi H)} \\ +\left[(u_{\mathrm{a}}^0+C_{\mathrm{a}}u_{\mathrm{w}}^0)\left(\xi^2+\dfrac{s}{C_{\mathrm{v}}^{\mathrm{a}}}\right)+\dfrac{sC_{\mathrm{a}}}{C_{\mathrm{v}}^{\mathrm{w}}}(C_{\mathrm{w}}u_{\mathrm{a}}^0+u_{\mathrm{w}}^0)\right]\dfrac{\cosh[\eta(H-z)]}{\eta^2\cosh(\eta H)} \end{Bmatrix}+\frac{u_{\mathrm{a}}^0}{s} \tag{3.2.54}$$

$$\tilde{u}_{\mathrm{w}}(z,s)=\frac{1}{\xi^2-\eta^2}\frac{1}{C_{\mathrm{v}}^{\mathrm{w}}}\begin{Bmatrix} -\left[\dfrac{sC_{\mathrm{w}}}{C_{\mathrm{v}}^{\mathrm{a}}}(u_{\mathrm{a}}^0+C_{\mathrm{a}}u_{\mathrm{w}}^0)+\left(\eta^2+\dfrac{s}{C_{\mathrm{v}}^{\mathrm{w}}}\right)(C_{\mathrm{w}}u_{\mathrm{a}}^0+u_{\mathrm{w}}^0)\right]\dfrac{\cosh[\xi(H-z)]}{\xi^2\cosh(\xi H)} \\ +\left[\dfrac{sC_{\mathrm{w}}}{C_{\mathrm{v}}^{\mathrm{a}}}(u_{\mathrm{a}}^0+C_{\mathrm{a}}u_{\mathrm{w}}^0)+(C_{\mathrm{w}}u_{\mathrm{a}}^0+u_{\mathrm{w}}^0)\left(\xi^2+\dfrac{s}{C_{\mathrm{v}}^{\mathrm{w}}}\right)\right]\dfrac{\cosh[\eta(H-z)]}{\eta^2\cosh(\eta H)} \end{Bmatrix}+\frac{u_{\mathrm{w}}^0}{s} \tag{3.2.55}$$

$$\begin{aligned}\tilde{w}(s)=&\frac{-1}{\xi^2-\eta^2}\begin{Bmatrix} \dfrac{1}{C_{\mathrm{v}}^{\mathrm{a}}}\left[(-m_{1\mathrm{k}}^{\mathrm{s}}+m_2^{\mathrm{s}})\left(\eta^2+\dfrac{s}{C_{\mathrm{v}}^{\mathrm{a}}}\right)-m_2^{\mathrm{s}}\dfrac{sC_{\mathrm{w}}}{C_{\mathrm{v}}^{\mathrm{w}}}\right](u_{\mathrm{a}}^0+C_{\mathrm{a}}u_{\mathrm{w}}^0) \\ +\dfrac{1}{C_{\mathrm{v}}^{\mathrm{w}}}\left[(-m_{1\mathrm{k}}^{\mathrm{s}}+m_2^{\mathrm{s}})\dfrac{sC_{\mathrm{a}}}{C_{\mathrm{v}}^{\mathrm{a}}}-m_2^{\mathrm{s}}\left(\eta^2+\dfrac{s}{C_{\mathrm{v}}^{\mathrm{w}}}\right)\right](C_{\mathrm{w}}u_{\mathrm{a}}^0+u_{\mathrm{w}}^0) \end{Bmatrix}\frac{\sinh(\xi H)}{\xi^3\cosh(\xi H)} \\ &+\frac{1}{\xi^2-\eta^2}\begin{Bmatrix} \dfrac{1}{C_{\mathrm{v}}^{\mathrm{a}}}\left[(-m_{1\mathrm{k}}^{\mathrm{s}}+m_2^{\mathrm{s}})\left(\xi^2+\dfrac{s}{C_{\mathrm{v}}^{\mathrm{a}}}\right)-m_2^{\mathrm{s}}\dfrac{sC_{\mathrm{w}}}{C_{\mathrm{v}}^{\mathrm{w}}}\right](u_{\mathrm{a}}^0+C_{\mathrm{a}}u_{\mathrm{w}}^0) \\ +\dfrac{1}{C_{\mathrm{v}}^{\mathrm{w}}}\left[(-m_{1\mathrm{k}}^{\mathrm{s}}+m_2^{\mathrm{s}})\dfrac{sC_{\mathrm{a}}}{C_{\mathrm{v}}^{\mathrm{a}}}-m_2^{\mathrm{s}}\left(\xi^2+\dfrac{s}{C_{\mathrm{v}}^{\mathrm{w}}}\right)\right](C_{\mathrm{w}}u_{\mathrm{a}}^0+u_{\mathrm{w}}^0) \end{Bmatrix}\frac{\sinh(\eta H)}{\eta^3\cosh(\eta H)}\end{aligned} \tag{3.2.56}$$

$\tilde{u}_a(z,s)$、$\tilde{u}_w(z,s)$及$\tilde{w}(s)$的求解过程见附录3A。其他边界条件下$\tilde{u}_a(z,s)$、$\tilde{u}_w(z,s)$及$\tilde{w}(s)$的求解也可采用以上方法。

得到了Laplace域内的解$\tilde{u}_a(z,s)$、$\tilde{u}_w(z,s)$及$\tilde{w}(s)$后，可直接进行Laplace逆变换得到时间域内的解析解，详见参考文献［1］。但经过Laplace变换后，所得到的Laplace域内的解一般形式较为复杂，大部分情况下难以直接逆变换得到解析表达式，通常采用数值方法进行逆变换。本节采用Crump数值方法对$\tilde{u}_a(z,s)$、$\tilde{u}_w(z,s)$及$\tilde{w}(s)$实施Laplace逆变换，得到超孔隙气压力、超孔隙水压力和土层沉降在时间域内的半解析解。

后续章节的求解，在求得Laplace域内的解$\tilde{u}_a(z,s)$、$\tilde{u}_w(z,s)$和$\tilde{w}(s)$后，均可采用Crump方法进行Laplace逆变换得到超孔隙气压力、超孔隙水压力和土层沉降在时间域内的解（之后各章节的介绍中只给出Laplace域内的解，Laplace逆变换部分将不再重述）。

本部分详细内容可参考文献［1］。

3.2.2.2 混合边界下非饱和土一维固结

1. 初始条件

$$u_a(z,0)=u_a^0,\quad u_w(z,0)=u_w^0 \tag{3.2.57}$$

2. 边界条件

（1）边界条件1：顶面透气不透水，底面不透气不透水

$$u_a(0,t)=0,\quad \left.\frac{\partial u_w(z,t)}{\partial z}\right|_{z=0}=0 \tag{3.2.58}$$

$$\left.\frac{\partial u_a(z,t)}{\partial z}\right|_{z=H}=0,\quad \left.\frac{\partial u_w(z,t)}{\partial z}\right|_{z=H}=0 \tag{3.2.59}$$

对边界条件1进行Laplace变换得：

$$\tilde{u}_a(0,s)=0,\quad \left.\frac{\partial \tilde{u}_w(z,s)}{\partial z}\right|_{z=0}=0 \tag{3.2.60}$$

$$\left.\frac{\partial \tilde{u}_a(z,s)}{\partial z}\right|_{z=H}=0,\quad \left.\frac{\partial \tilde{u}_w(z,s)}{\partial z}\right|_{z=H}=0 \tag{3.2.61}$$

（2）边界条件2：顶面透气不透水，底面透气透水

$$u_a(0,t)=0,\quad \left.\frac{\partial u_w(z,t)}{\partial z}\right|_{z=0}=0 \tag{3.2.62}$$

$$u_a(H,t)=0,\quad u_w(H,t)=0 \tag{3.2.63}$$

对边界条件2进行Laplace变换得：

$$\tilde{u}_a(0,s)=0,\quad \left.\frac{\partial \tilde{u}_w(z,s)}{\partial z}\right|_{z=0}=0 \tag{3.2.64}$$

$$\tilde{u}_a(H,s)=0,\quad \tilde{u}_w(H,s)=0 \tag{3.2.65}$$

3. Laplace域内的解

（1）边界条件1

将边界条件式（3.2.60）和式（3.2.61）代入通解式（3.2.26）、式（3.2.27）可得Laplace域内超孔隙压力的解：

$$\tilde{u}_a(z,s)=-\frac{a_5u_a^0\eta\cosh[\xi(z-H)]}{s\chi_1}-\frac{a_6u_a^0\xi\sinh(\xi H)\cosh[\eta(z-H)]}{s\cosh(\eta H)\chi_1}+\frac{u_a^0}{s} \tag{3.2.66}$$

$$\tilde{u}_{w}(z,s)=\frac{u_{a}^{0}\eta\cosh[\xi(z-H)]}{s\chi_{1}}+\frac{u_{a}^{0}\xi\sinh(\xi H)\cosh[\eta(z-H)]}{s\cosh(\eta H)\chi_{1}}+\frac{u_{w}^{0}}{s} \tag{3.2.67}$$

（2）边界条件 2

将边界条件式（3.2.64）和式（3.2.65）代入通解式（3.2.26）、式（3.2.27）可得 Laplace 域内超孔隙压力的解：

$$\tilde{u}_{a}(z,s)=\frac{-a_{5}\{L_{1}-\chi_{7}\sinh[\xi(z-H)]\}-a_{6}\{L_{2}+\chi_{6}\sinh[\eta(z-H)]\}}{s(a_{5}-a_{6})\chi_{8}}+\frac{u_{a}^{0}}{s} \tag{3.2.68}$$

$$\tilde{u}_{w}(z,s)=\frac{L_{1}-\chi_{7}\sinh[\xi(z-H)]+L_{2}+\chi_{6}\sinh[\eta(z-H)]}{s(a_{5}-a_{6})\chi_{8}}+\frac{u_{w}^{0}}{s} \tag{3.2.69}$$

其中：

$$\chi_{1}=a_{5}\eta\cosh(\xi H)+a_{6}\xi\sinh(\xi H) \tag{3.2.70a}$$

$$\chi_{2}=a_{5}\eta(u_{a}^{0}+a_{6}u_{w}^{0})\cosh(\eta H) \tag{3.2.70b}$$

$$\chi_{3}=a_{6}\xi(u_{a}^{0}+a_{6}u_{w}^{0})\sinh(\eta H) \tag{3.2.70c}$$

$$\chi_{4}=a_{6}\xi(u_{a}^{0}+a_{5}u_{w}^{0})\cosh(\xi H) \tag{3.2.70d}$$

$$\chi_{5}=a_{5}\eta(u_{a}^{0}+a_{5}u_{w}^{0})\sinh(\xi H) \tag{3.2.70e}$$

$$\chi_{6}=\xi[(a_{5}-a_{6})u_{a}^{0}\cosh(\xi H)-a_{5}(u_{a}^{0}+a_{6}u_{w}^{0})] \tag{3.2.70f}$$

$$\chi_{7}=\eta[(a_{5}-a_{6})u_{a}^{0}\cosh(\eta H)+a_{6}(u_{a}^{0}+a_{5}u_{w}^{0})] \tag{3.2.70g}$$

$$\chi_{8}=a_{5}\eta\cosh(\eta H)\sinh(\xi H)-a_{6}\xi\cosh(\xi H)\sinh(\eta H) \tag{3.2.70h}$$

$$L_{1}=\chi_{2}\sinh(\xi z)-\chi_{3}\cosh(\xi z) \tag{3.2.70i}$$

$$L_{2}=\chi_{4}\sinh(\eta z)-\chi_{5}\cosh(\eta z) \tag{3.2.70j}$$

本部分详细内容可参考文献［3］。

3.2.2.3 半渗透边界下非饱和土一维固结

1. 初始条件

$$u_{a}(z,0)=u_{a}^{0},\quad u_{w}(z,0)=u_{w}^{0} \tag{3.2.71}$$

2. 边界条件

（1）边界条件 1：顶面是半渗透边界，底面是不渗透边界

$$\left.\frac{\partial u_{a}(z,t)}{\partial z}\right|_{z=0}-\frac{R_{a}}{H}u_{a}(0,t)=0,\quad \left.\frac{\partial u_{w}(z,t)}{\partial z}\right|_{z=0}-\frac{R_{w}}{H}u_{w}(0,t)=0 \tag{3.2.72}$$

$$\left.\frac{\partial u_{a}(z,t)}{\partial z}\right|_{z=H}=\left.\frac{\partial u_{w}(z,t)}{\partial z}\right|_{z=H}=0 \tag{3.2.73}$$

对边界条件 1 进行 Laplace 变换：

$$\left.\frac{\partial \tilde{u}_{a}(z,s)}{\partial z}\right|_{z=0}-\frac{R_{a}}{H}\tilde{u}_{a}(0,s)=0,\quad \left.\frac{\partial \tilde{u}_{w}(z,s)}{\partial z}\right|_{z=0}-\frac{R_{w}}{H}\tilde{u}_{w}(0,s)=0 \tag{3.2.74}$$

$$\left.\frac{\partial \tilde{u}_{a}(z,s)}{\partial z}\right|_{z=H}=0,\quad \left.\frac{\partial \tilde{u}_{w}(z,s)}{\partial z}\right|_{z=H}=0 \tag{3.2.75}$$

（2）边界条件 2：顶面是半渗透边界，底面是渗透边界

$$\left.\frac{\partial u_{a}(z,t)}{\partial z}\right|_{z=0}-\frac{R_{a}}{H}u_{a}(0,t)=0,\quad \left.\frac{\partial u_{w}(z,t)}{\partial z}\right|_{z=0}-\frac{R_{w}}{H}u_{w}(0,t)=0 \tag{3.2.76}$$

$$u_{\mathrm{a}}(H,t)=0,\quad u_{\mathrm{w}}(H,t)=0 \tag{3.2.77}$$

对边界条件 2 进行 Laplace 变换得：

$$\left.\frac{\partial \widetilde{u}_{\mathrm{a}}(z,s)}{\partial z}\right|_{z=0}-\frac{R_{\mathrm{a}}}{H}\widetilde{u}_{\mathrm{a}}(0,s)=0,\quad \left.\frac{\partial \widetilde{u}_{\mathrm{w}}(z,s)}{\partial z}\right|_{z=0}-\frac{R_{\mathrm{w}}}{H}\widetilde{u}_{\mathrm{w}}(0,s)=0 \tag{3.2.78}$$

$$\widetilde{u}_{\mathrm{a}}(H,s)=0,\quad \widetilde{u}_{\mathrm{w}}(H,s)=0 \tag{3.2.79}$$

当边界条件 1 和 2 中半渗透边界系数 R_{a} 和 R_{w} 变化时，顶面边界可能存在如下情况：

(a) 当 $R_{\mathrm{a}}=R_{\mathrm{w}}\to\infty$ 时，顶面是渗透边界条件，即顶面是透水透气；

(b) 当 $R_{\mathrm{a}}\to\infty$ 和 $R_{\mathrm{w}}=0$，顶面是混合边界条件，即顶面是透气不透水；

(c) 当 $R_{\mathrm{a}}=0$ 和 $R_{\mathrm{w}}\to\infty$ 时，顶面是另一种混合边界条件，即顶面是透水不透气。

3. Laplace 域内的解

(1) 边界条件 1

将边界条件式（3.2.74）和式（3.2.75）代入通解式（3.2.26）、式（3.2.27）可得 Laplace 域内超孔隙压力的解：

$$\widetilde{u}_{\mathrm{a}}=\frac{(\chi_1+\chi_2)\cosh[x_1(H-z)]-c_{21}(\chi_3+\chi_4)\cosh[x_2(H-z)]}{s(\chi_5+\chi_6)}+\frac{u_{\mathrm{a}}^0}{s} \tag{3.2.80}$$

$$\widetilde{u}_{\mathrm{w}}=\frac{-c_{12}(\chi_1+\chi_2)\cosh[x_1(H-z)]+(\chi_3+\chi_4)\cosh[x_2(H-z)]}{s(\chi_5+\chi_6)}+\frac{u_{\mathrm{w}}^0}{s} \tag{3.2.81}$$

其中：

$$\chi_1=c_{21}R_{\mathrm{w}}u_{\mathrm{w}}^0[R_{\mathrm{a}}\cosh(x_2H)+\sinh(x_2H)x_2H] \tag{3.2.82a}$$

$$\chi_2=R_{\mathrm{a}}u_{\mathrm{a}}^0[R_{\mathrm{w}}\cosh(x_2H)+\sinh(x_2H)x_2H] \tag{3.2.82b}$$

$$\chi_3=R_{\mathrm{w}}u_{\mathrm{w}}^0[R_{\mathrm{a}}\cosh(x_1H)+\sinh(x_1H)x_1H] \tag{3.2.82c}$$

$$\chi_4=c_{12}R_{\mathrm{a}}u_{\mathrm{a}}^0[R_{\mathrm{w}}\cosh(x_1H)+\sinh(x_1H)x_1H] \tag{3.2.82d}$$

$$\chi_5=x_1H\sinh(x_1H)[(c_{12}c_{21}R_{\mathrm{a}}-R_{\mathrm{w}})\cosh(x_2H)+(c_{12}c_{21}-1)x_2H\sinh(x_2H)] \tag{3.2.82e}$$

$$\chi_6=\cosh(x_1H)[(c_{12}c_{21}-1)R_{\mathrm{a}}R_{\mathrm{w}}\cosh(x_2H)+(c_{12}c_{21}R_{\mathrm{w}}-R_{\mathrm{a}})x_2H\sinh(x_2H)] \tag{3.2.82f}$$

(2) 边界条件 2

将边界条件式（3.2.78）、式（3.2.79）代入通解式（3.2.26）、式（3.2.27）可得 Laplace 域内超孔隙压力的解：

$$\widetilde{u}_{\mathrm{a}}=\frac{\lambda_1-c_{21}\lambda_2}{s(c_{12}c_{21}-1)\lambda_3}+\frac{u_{\mathrm{a}}^0}{s} \tag{3.2.83}$$

$$\widetilde{u}_{\mathrm{w}}=\frac{-c_{12}\lambda_1+\lambda_2}{s(c_{12}c_{21}-1)\lambda_3}+\frac{u_{\mathrm{w}}^0}{s} \tag{3.2.84}$$

其中：

$$\lambda_1=\eta_1\sinh(x_1z)+\eta_2\cosh(x_1z)-\eta_3\sinh[x_1(z-H)] \tag{3.2.85a}$$

$$\lambda_2=\eta_4\sinh(x_2z)+\eta_5\cosh(x_2z)-\eta_6\sinh[x_2(z-H)] \tag{3.2.85b}$$

$$\lambda_3=\begin{Bmatrix}\sinh(x_1H)[(c_{12}c_{21}-1)R_aR_w\sinh(x_2H)-(R_a-c_{12}c_{21}R_w)x_2H\cosh(x_2H)]\\+x_1H\cosh(x_1H)[(c_{12}c_{21}R_a-R_w)\sinh(x_2H)+(c_{12}c_{21}-1)x_2H\cosh(x_2H)]\end{Bmatrix}\tag{3.2.85c}$$

$$\eta_1=(u_a^0+c_{21}u_w^0)[(c_{12}c_{21}-1)R_aR_w\sinh(x_2H)-(R_a-c_{12}c_{21}R_w)x_2H\cosh(x_2H)]\tag{3.2.85d}$$

$$\eta_2=x_1H(u_a^0+c_{21}u_w^0)[(c_{12}c_{21}R_a-R_w)\sinh(x_2H)+(c_{12}c_{21}-1)x_2H\cosh(x_2H)]\tag{3.2.85e}$$

$$\eta_3=\begin{bmatrix}(u_a^0+c_{21}u_w^0)(c_{12}c_{21}-1)R_aR_w\sinh(x_2H)-c_{21}(c_{12}u_a^0+u_w^0)(R_a-R_w)x_2H\\+(R_au_a^0+c_{21}R_wu_w^0)(c_{12}c_{21}-1)x_2H\cosh(x_2H)\end{bmatrix}\tag{3.2.85f}$$

$$\eta_4=(c_{12}u_a^0+u_w^0)[(c_{12}c_{21}-1)R_aR_w\sinh(x_1H)+(c_{12}c_{21}R_a-R_w)x_1H\cosh(x_1H)]\tag{3.2.85g}$$

$$\eta_5=x_2H(c_{12}u_a^0+u_w^0)[(c_{12}c_{21}-1)x_1H\cosh(x_1H)-(R_a-c_{12}c_{21}R_w)\sinh(x_1H)]\tag{3.2.85h}$$

$$\eta_6=\begin{bmatrix}(c_{12}u_a^0+u_w^0)(c_{12}c_{21}-1)R_aR_w\sinh(x_1H)+c_{12}(u_a^0+c_{21}u_w^0)(R_a-R_w)x_1H\\+(c_{12}R_au_a^0+R_wu_w^0)(c_{12}c_{21}-1)x_1H\cosh(x_1H)\end{bmatrix}\tag{3.2.85i}$$

本部分详细内容可参考文献［4］与文献［5］。

3.2.2.4 统一边界条件下非饱和土一维固结

1. 初始条件

$$u_a(z,0)=u_a^0,\quad u_w(z,0)=u_w^0\tag{3.2.86}$$

2. 边界条件

顶面是统一边界，底面是不渗透边界

$$a_a\frac{\partial u_a(z,t)}{\partial z}\bigg|_{z=0}-b_au_a(0,t)=0,\quad a_w\frac{\partial u_w(z,t)}{\partial z}\bigg|_{z=0}-b_wu_w(0,t)=0\tag{3.2.87}$$

$$\frac{\partial u_a(z,t)}{\partial z}\bigg|_{z=H}=0,\quad \frac{\partial u_w(z,t)}{\partial z}\bigg|_{z=H}=0\tag{3.2.88}$$

3. Laplace 域内的解

将边界条件式（3.2.87）和式（3.2.88）代入通解式（3.2.26）、式（3.2.27）可得 Laplace 域内超孔隙压力的解：

$$\tilde{u}_a(z,s)=-\frac{a_5(\chi_1-\chi_2)\cosh(\xi H-\xi z)-a_6(\chi_3-\chi_4)\cosh(\eta H-\eta z)}{\chi_5}+\frac{u_a^0}{s}\tag{3.2.89}$$

$$\tilde{u}_w(z,s)=-\frac{(\chi_1-\chi_2)\cosh(\xi H-\xi z)-(\chi_3-\chi_4)\cosh(\eta H-\eta z)}{\chi_5}+\frac{u_w^0}{s}\tag{3.2.90}$$

其中：

$$\chi_1=\cosh(\eta H)b_ab_w(u_a^0-a_6u_w^0)\tag{3.2.91a}$$

$$\chi_2=\eta\sinh(\eta H)(a_{\mathrm{w}}b_{\mathrm{a}}u_{\mathrm{a}}^0-a_6a_{\mathrm{a}}b_{\mathrm{w}}u_{\mathrm{w}}^0) \tag{3.2.91b}$$

$$\chi_3=\cosh(\xi H)b_{\mathrm{a}}b_{\mathrm{w}}(u_{\mathrm{a}}^0-a_5u_{\mathrm{w}}^0) \tag{3.2.91c}$$

$$\chi_4=\xi\sinh(\xi H)(a_{\mathrm{w}}b_{\mathrm{a}}u_{\mathrm{a}}^0-a_5a_{\mathrm{a}}b_{\mathrm{w}}u_{\mathrm{w}}^0) \tag{3.2.91d}$$

$$\chi_5=s(a_6-a_5)\begin{Bmatrix}\cosh(\xi H)[\cosh(\eta H)b_{\mathrm{a}}b_{\mathrm{w}}+\sinh(\eta H)a_{\mathrm{a}}b_{\mathrm{w}}\eta]\\+\sinh(\xi H)[\cosh(\eta H)a_{\mathrm{w}}b_{\mathrm{a}}\xi+\sinh(\eta H)]a_{\mathrm{a}}a_{\mathrm{w}}\eta\xi\end{Bmatrix} \tag{3.2.91e}$$

本部分详细内容可参考文献［6］。

3.2.2.5　不同边界条件下一维固结特性分析

本节分析所采用算例，参考文献［1］和文献［7］，具体参数取值见表3.2.1。

单层非饱和土一维固结算例参数　　表3.2.1

符号	数值	单位	符号	数值	单位
R	8.314	J/(mol·K)	k_{w}	10^{-10}	m/s
M	0.029	kg/mol	m_{1k}^{w}	-5×10^{-5}	kPa^{-1}
T	293.16	K	m_2^{w}	-2×10^{-4}	kPa^{-1}
g	9.8	$\mathrm{m/s^2}$	m_{1k}^{a}	-2×10^{-4}	kPa^{-1}
γ_{w}	9.807	$\mathrm{kN/m^3}$	m_2^{a}	1×10^{-4}	kPa^{-1}
n_0	0.50	—	q_0	100	kPa
S_{r0}	80%	—	u_{a}^0	20	kPa
H	10	m	u_{w}^0	40	kPa

注：$k_{\mathrm{a}}=10k_{\mathrm{w}}$。

1. 均质边界、混合边界及半渗透边界条件下固结特性比较分析

本节针对均质边界、混合边界及半渗透边界选用以下六种案例：

Ⅰ：顶面透气透水，底面不透气不透水

Ⅱ：顶面底面均透气透水

Ⅲ：顶面透气不透水，底面不透气不透水

Ⅳ：顶面透气不透水，底面透气透水

Ⅴ：顶面半渗透边界，底面不透气不透水

Ⅵ：顶面半渗透边界，底面透气透水

（1）不同$k_{\mathrm{a}}/k_{\mathrm{w}}$对固结的影响比较分析

为了研究具有均质、混合或半渗透边界非饱和土的一维固结特性，采用了两种类型的底面边界，即案例Ⅰ、案例Ⅲ和案例Ⅴ是底面边界为不渗透边界，案例Ⅱ、案例Ⅳ和案例Ⅵ是底面边界为渗透边界。图3.2.2显示了案例Ⅰ、案例Ⅲ和案例Ⅴ在不同$k_{\mathrm{a}}/k_{\mathrm{w}}$值下的超孔隙压力变化。可以看出，案例Ⅰ和案例Ⅲ存在相同的超孔隙气压力消散过程，但与案例Ⅰ和案例Ⅲ的结果相比，采用不同的$k_{\mathrm{a}}/k_{\mathrm{w}}$值（$k_{\mathrm{w}}$不变），案例Ⅴ的超孔隙气压力消散速度较慢，如图3.2.2（a）所示。这是因为案例Ⅰ和案例Ⅲ的边界对于气相来说是相同的，它们都是顶面可渗透，底面不可渗透的。而案例Ⅴ的顶面边界对气相是半渗透的，这将减慢消散率。此外，如图3.2.2（b）所示，案例Ⅰ、案例Ⅲ和案例Ⅴ的超孔隙水压力的消散路线随着$k_{\mathrm{a}}/k_{\mathrm{w}}$值的变化而明显不同。案例Ⅰ和案例Ⅴ的结果相比，案例Ⅰ的超孔隙水压力消散速度比案例Ⅴ快，而案例Ⅲ由于顶面和底面均不透水，所以超孔隙水压力不再像案例Ⅰ和案例Ⅴ那样消散。通常情况下，超孔隙水压力的消散过程可以分为两个阶

段，第一个消散阶段是由超孔隙气压力的消散引起的，第二个消散阶段主要由超孔隙水压力消散决定。因此，案例Ⅰ和案例Ⅲ超孔隙水压力在第一消散阶段结束时是相互接近的，但在这之后，超孔隙水压力的消散沿着不同的路线增长。

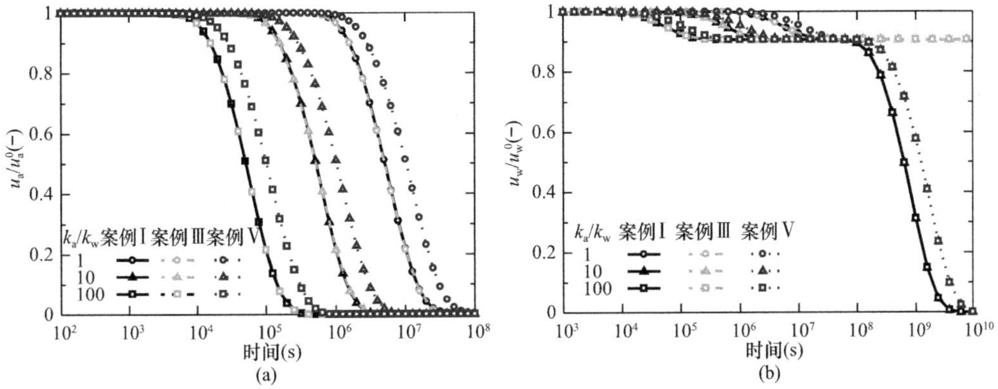

图 3.2.2　在案例Ⅰ、案例Ⅲ和案例Ⅴ的边界下，不同 k_a/k_w 值时超孔隙压力变化

（a）超孔隙气压力；（b）超孔隙水压力

图 3.2.3 展示了案例Ⅱ、案例Ⅳ和案例Ⅵ在不同 k_a/k_w 值下的超孔隙压力变化。值得注意的是，图 3.2.3（a）所示的不同 k_a/k_w 值下的超孔隙气压力的变化与图 3.2.2（a）相似，在图 3.2.2（b）和图 3.2.3（b）中可以发现超孔隙水压力消散的第一阶段也有同样的变化。由于底面边界的不同，对于案例Ⅱ、案例Ⅳ和案例Ⅵ，完成超孔隙气压力的整个消散过程和超孔隙水压力的第一个消散阶段所需的时间更短。随着超孔隙气压力消散的结束，超孔隙水压力消散过程的平台期出现，消散曲线相互交错，案例Ⅵ的超孔隙水压力消散模式介于案例Ⅱ和案例Ⅳ之间。原因是当案例Ⅱ、案例Ⅳ和案例Ⅵ的底层边界相同时，不同的顶层边界存在不同的超孔隙水压力消散途径，半渗透边界的超孔隙压力消散速率介于渗透边界和不渗透边界之间。

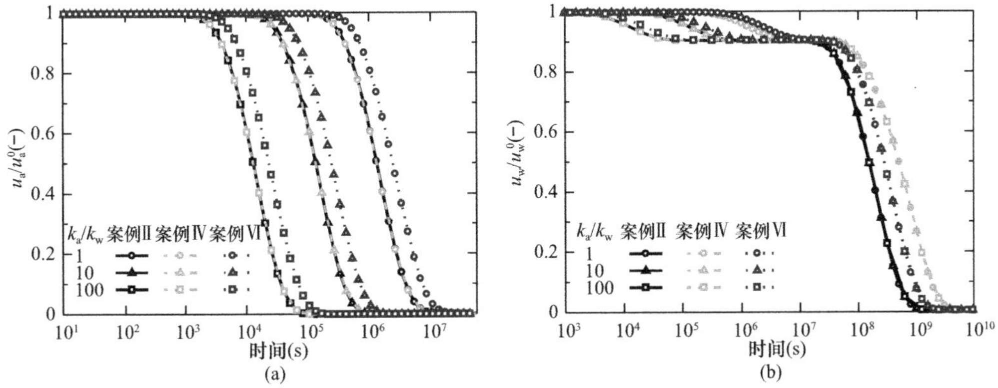

图 3.2.3　在案例Ⅱ、案例Ⅳ和案例Ⅵ的边界下，不同 k_a/k_w 值时超孔隙压力变化

（a）超孔隙气压力；（b）超孔隙水压力

图 3.2.4 展示了案例Ⅰ～Ⅵ所有边界条件下不同 k_a/k_w 值的相对沉降的变化。可以看出，相对沉降受 k_a/k_w 比值的影响很大。在超孔隙水压力结束之前，在各种边界条件下，

较大的 k_a/k_w 比值会引起较快的固结速度，案例Ⅰ～Ⅵ的固结过程因 k_a/k_w 值的改变而不同。与案例Ⅰ相比，案例Ⅴ需要更多的时间来完成固结过程，如图 3.2.4（a）所示。这是因为半渗透边界会抑制超孔隙压力的消散，延长固结时间。案例Ⅱ、案例Ⅳ和案例Ⅵ的底面为渗透边界，所以相对沉降的规律是接近的，如图 3.2.4（b）。案例Ⅳ和案例Ⅵ的相对沉降的增长模式相交，因为在超孔隙气压力消散结束前，案例Ⅳ比案例Ⅵ相对沉降快，在以超孔隙水压力消散为主的第二阶段，案例Ⅳ案例Ⅵ相对沉降慢。相对沉降的不同结果是由超孔隙压力的消散过程影响的，在图 3.2.3（b）的交叉点出现之前，超孔隙气压力的耗散主导了不同 k_a/k_w 值的相对沉降的增长，之后超孔隙水压力的消散对相对沉降的增长起着重要作用［图中 $w^*=w/(m_{1k}^{s}q_0H)$］。

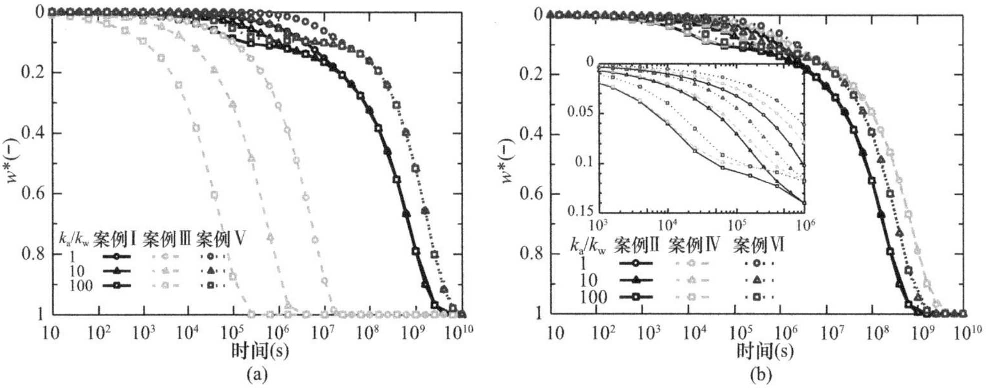

图 3.2.4　不同 k_a/k_w 值的相对沉降变化

（a）案例Ⅰ、案例Ⅲ和案例Ⅴ；（b）案例Ⅱ、案例Ⅳ和案例Ⅵ

（2）不同深度处的超孔隙压力变化

图 3.2.5 和图 3.2.6 分别显示了两类不同边界条件下不同深度处超孔隙压力的消散对比，一类是案例Ⅰ、案例Ⅲ和案例Ⅴ；另一类是案例Ⅱ、案例Ⅳ和案例Ⅵ。与图 3.2.2（a）和图 3.2.3（a）的结果类似，不同深度下，两类边界的超孔隙气压力分别沿单一曲线消散，如图 3.2.5（a）和图 3.2.6（a）所示。与案例Ⅰ和案例Ⅲ相比，案例Ⅴ的超孔隙气压力消散速度较慢。案例Ⅰ～Ⅴ的超孔隙气压力越靠近顶部边界，消散得越快，但案例Ⅵ

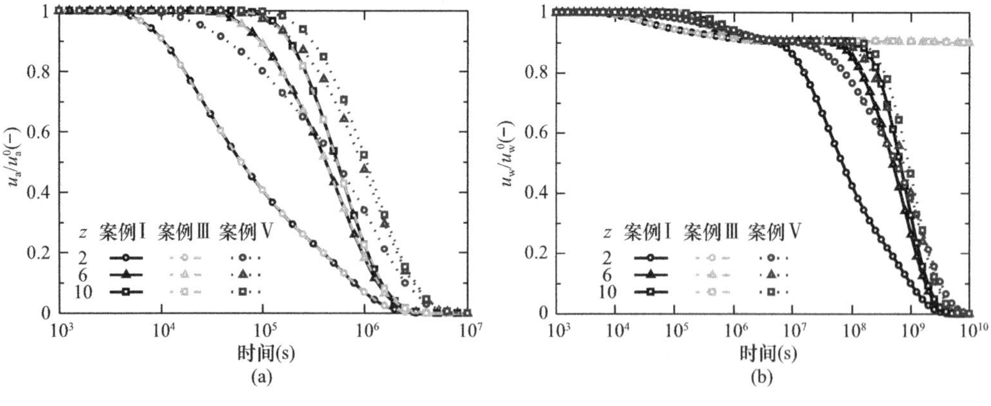

图 3.2.5　在案例Ⅰ、案例Ⅲ和案例Ⅴ的边界下，不同深度处超孔隙压力变化

（a）超孔隙气压力；（b）超孔隙水压力

中 3m 深度处的超孔隙气压力消散速度比 5m 处的慢，这是因为案例Ⅵ的顶面边界对气相是半渗透的，5m 的深度更接近底面的渗透边界。

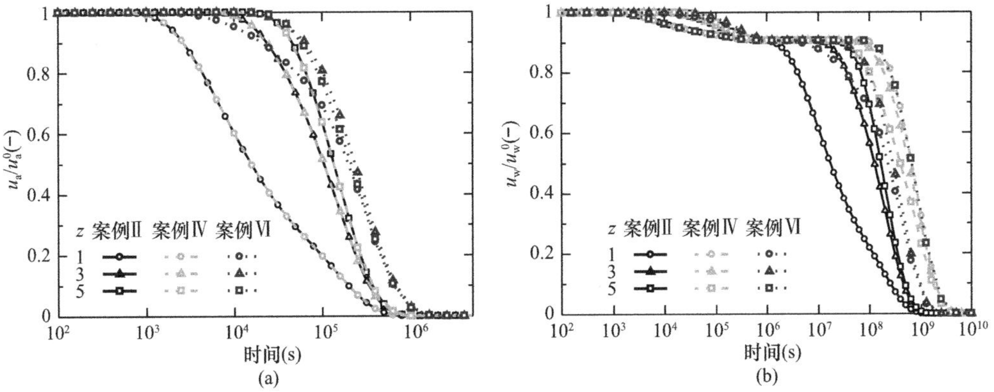

图 3.2.6 在案例Ⅱ、案例Ⅳ和案例Ⅵ的边界下，不同深度处超孔隙压力变化
(a) 超孔隙气压力；(b) 超孔隙水压力

此外，根据图 3.2.5 (b) 和图 3.2.6 (b) 所示的超孔隙水压力消散的结果，还可以发现，越靠近顶面边界，除案例Ⅲ外，案例Ⅰ、案例Ⅱ、案例Ⅴ和案例Ⅵ的超孔隙水压力消散得越快，但案例Ⅳ的变化则相反。这是因为案例Ⅳ是一个混合边界，只有底面对液相是可渗透的。案例Ⅲ的超孔隙水压力消散曲线，在超孔隙气压力消散结束后，超孔隙水压不再变化。案例Ⅵ的超孔隙水压力随不同深度的消散速度比案例Ⅱ慢，但比案例Ⅳ快。因此也说明半渗透边界会抑制超孔隙压力的消散，半渗透边界条件下的固结速度介于单面排水边界条件和双面排水边界条件之间。

(3) 超孔隙压力等时线比较分析

图 3.2.7 和图 3.2.8 展示了案例Ⅰ～Ⅵ中各种边界的超孔隙压力沿深度分布的等时线。可以看出，边界对超孔隙压力沿深度的分布有很大影响。图 3.2.7 (a) 和图 3.2.8 (a) 所示，案例Ⅴ和案例Ⅵ的半渗透边界的超孔隙气压力消散分别比案例Ⅰ、Ⅲ和案例Ⅱ、Ⅳ的消散慢一些。图 3.2.7 (b) 和图 3.2.8 (b) 所示，案例Ⅴ和案例Ⅵ的超孔隙水

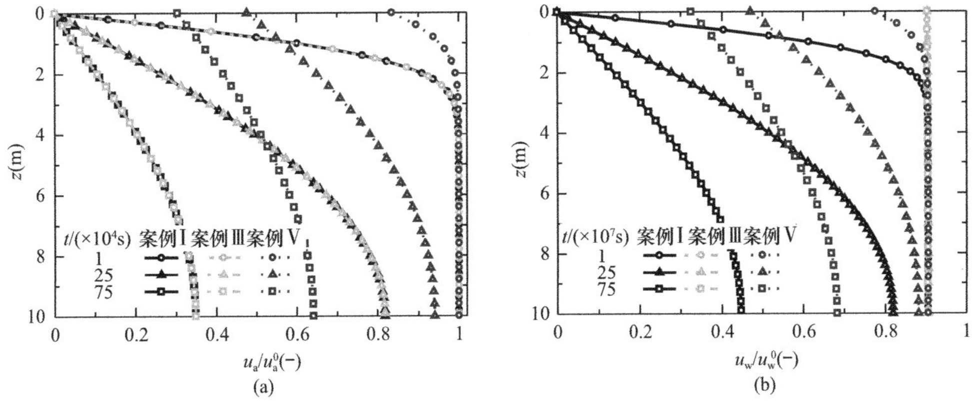

图 3.2.7 在案例Ⅰ、案例Ⅲ和案例Ⅴ的边界下，不同深度处等时线分布
(a) 超孔隙气压力；(b) 超孔隙水压力

压力等时线分别位于案例Ⅰ、Ⅲ和案例Ⅱ、Ⅳ之间。案例Ⅲ的超孔隙水压力随时间消散为一个恒定值，但比初始的超孔隙水压力小。原因是超孔隙水压力的消散第一阶段是由超孔隙气压力的消散引起的，而超孔隙水压力的减少是超孔隙气压力消散的结果。

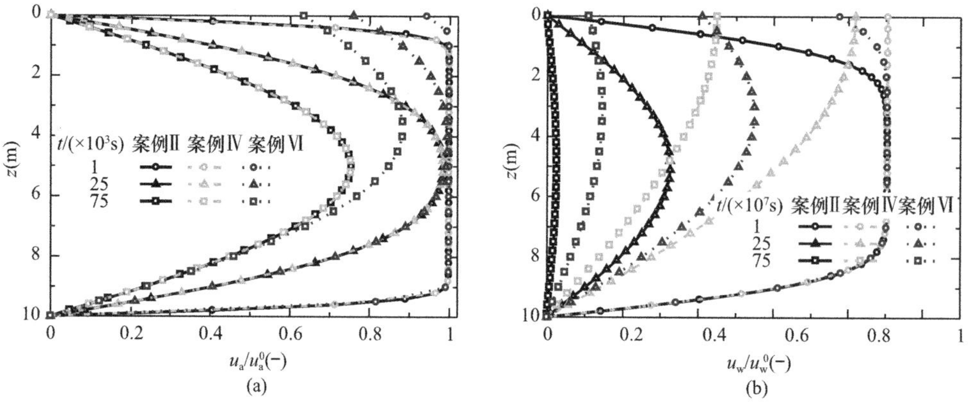

图 3.2.8　在案例Ⅱ、案例Ⅳ和案例Ⅵ的边界下，不同深度处等时线分布

(a) 超孔隙气压力；(b) 超孔隙水压力

2. 半渗透边界系数变化对固结特性的影响

图 3.2.9、图 3.2.10 分别是案例Ⅴ、Ⅵ中两种半渗透边界（案例Ⅴ-边界条件 1，案例Ⅵ-边界条件 2）下，当半渗透边界系数 $R_a=R_w$ 且变化时超孔隙气压力、超孔隙水压力随时间的变化过程。显然，半渗透边界系数对超孔隙压力的消散有明显的影响。其中，从图 3.2.9 可知，当 R_a 和 R_w 的值越小，超孔隙气压力消散越慢。比较边界条件 1 和 2 下的计算结果可以发现当 R_a 和 R_w 等值变化时，影响区域都是从 10^5s 开始的，但 R_a 和 R_w 等值变化对边界条件 1 下的结果影响更大，且边界条件 1 下的超孔隙气压力消散需要更长的时间。

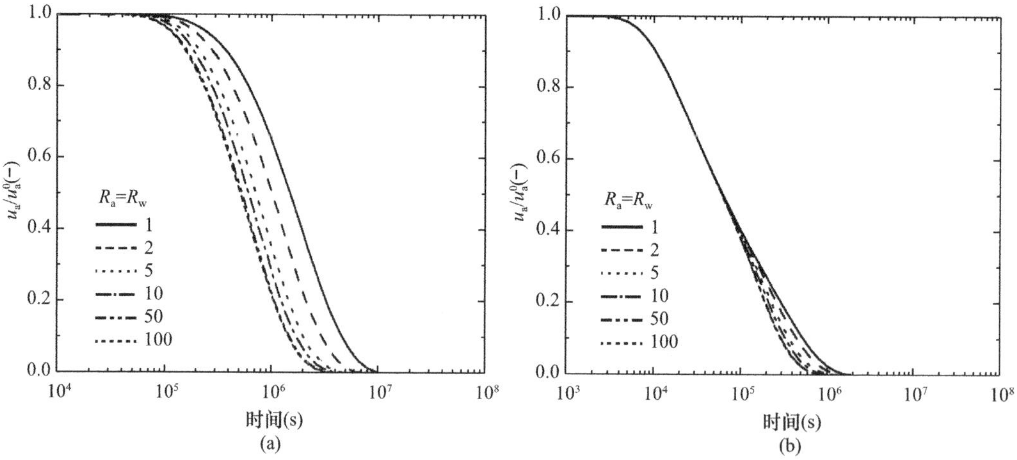

图 3.2.9　$z=8$m 处 R_a 和 R_w 等值变化时半渗透边界条件下超孔隙气压力随时间的变化规律

(a) 边界条件 1；(b) 边界条件 2

分析图 3.2.10 可以发现，当 R_a 和 R_w 共同变化时，超孔隙水压力消散曲线有两个

不同点。第一个差异点是超孔隙气压力的不同消散过程引起的，特别对于边界条件 2 下的差别更小，具体可见图 3.2.10（b）中的局部放大图；第二个差异点都是从 10^8s 开始的，但超孔隙水压力在边界条件 1 下需要更长的消散时间。类似地，当 R_a 和 R_w 的值越大，超孔隙水压力消散越快。因此，超孔隙压力的消散速度可以通过改变 R_a 和 R_w 的值来控制。

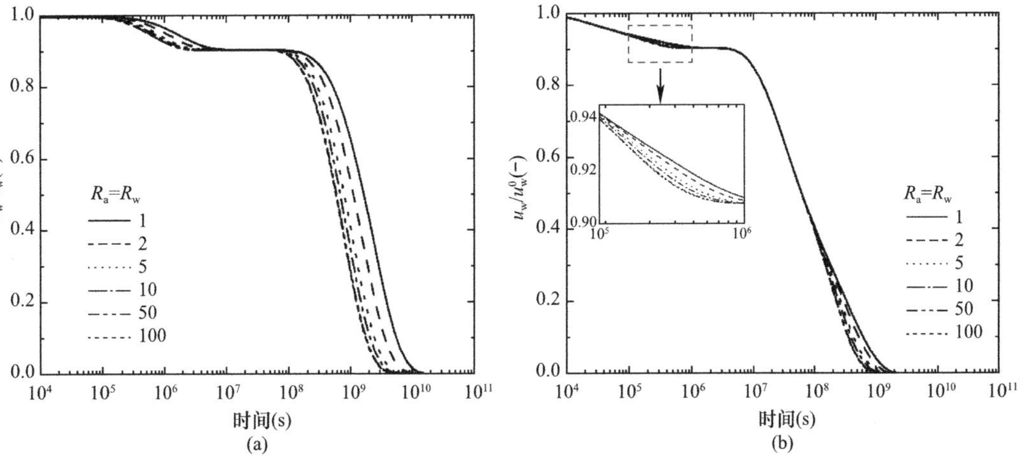

图 3.2.10　$z=8$m 处 R_a 和 R_w 等值变化时半渗透边界条件下超孔隙水压力随时间的变化规律

（a）边界条件 1；（b）边界条件 2

3. 统一边界条件中边界参数对固结特性的影响

（1）边界参数 a_w 对超孔隙压力的影响

为研究边界参数 a_w 对超孔隙压力消散规律的影响，取 $a_a=b_a=b_w=1$，a_w 从 0 增至 50（透水性由完全渗透变为近似完全不渗透）。图 3.2.11（a）和图 3.2.11（b）分别显示了超孔隙气压力和超孔隙水压力在深度 $z=5$m 处随时间的变化过程。

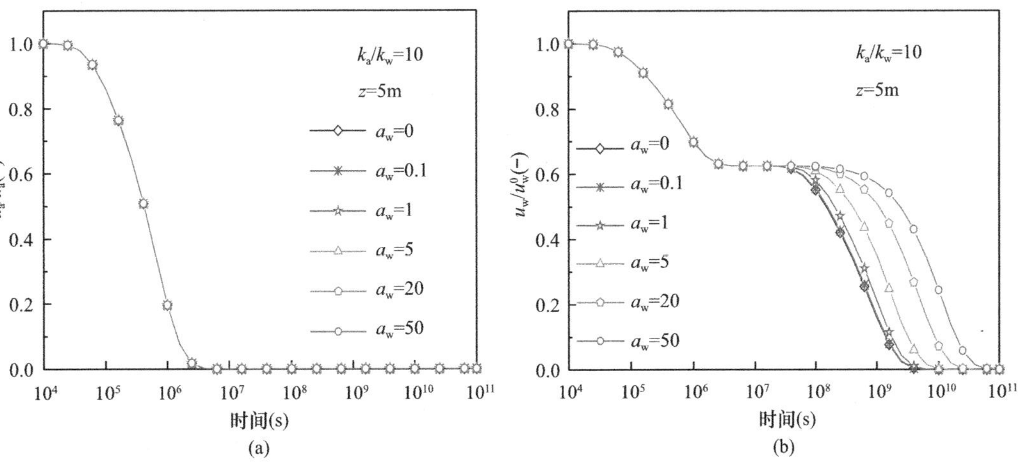

图 3.2.11　当 $z=5$m 时，a_w 变化时超孔隙压力随时间 t 的变化规律

（a）超孔隙气压力；（b）超孔隙水压力

从图 3.2.11（a）可以发现，a_w 取不同数值时超孔隙气压力消散曲线相互重合，说明

仅改变 a_w 的取值对超孔隙气压力的消散过程不产生任何影响。而从图 3.2.11（b）可知，a_w 发生变化主要影响超孔隙水压力的后期消散速率：a_w 越大，超孔隙水压力消散完成所需时间越长，表明超孔隙水压力消散速度越慢。这也说明了非饱和土固结过程中前期与后期分别由超孔隙气压力消散与超孔隙水压力消散控制。

（2）边界参数 a_a 对超孔隙压力的影响

为研究边界参数 a_a 对超孔隙压力消散规律的影响，取 $a_w=b_a=b_w=1$，a_a 从 0 增至 50（透气性由完全渗透变为近似完全不渗透），该条件下超孔隙压力在深度 $z=5\text{m}$ 处随时间 t 的变化过程如图 3.2.12（a）和图 3.2.12（b）所示。

从图 3.2.12（a）可以发现 a_a 变化对超孔隙气压力消散有明显影响，且都始于 10^5s 左右。随着 a_a 取值的增大，超孔隙气压力消散所需时间越长，即消散速度越慢。而观察图 3.2.12（b）可知 a_a 变化仅影响超孔隙水压力消散的前期，在消散后期，不同参数 a_a 对应的超孔隙水压力消散曲线相重合。因此，说明 a_a 是气相相关参数，其数值的大小直接决定着边界处超孔隙气压力的消散速度。

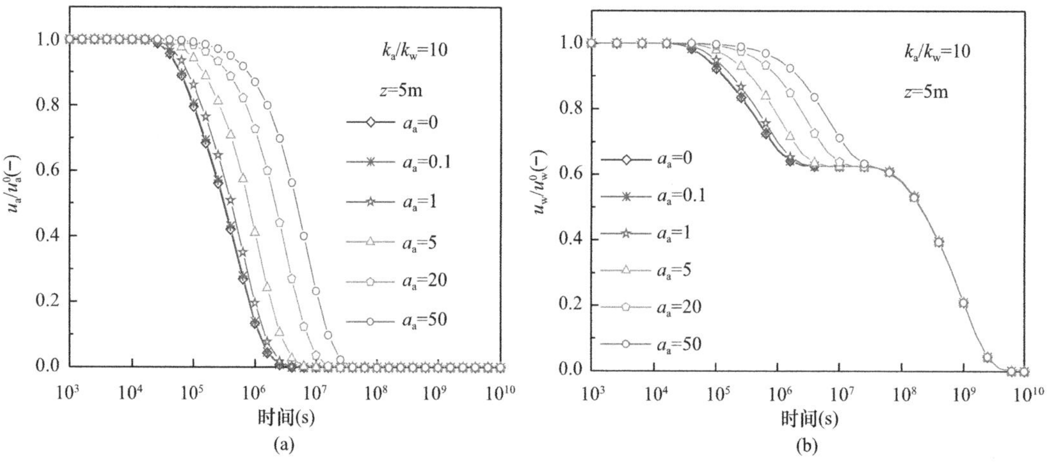

图 3.2.12　当 $z=5\text{m}$ 时，a_a 变化时超孔隙压力随时间 t 的变化规律

（a）超孔隙气压力；（b）超孔隙水压力

综上所述，随着边界参数 a_w 和 a_a 取值的增大，对应的超孔隙水压力和超孔隙气压力消散速率有所减小，表明边界处超孔隙压力消散受到的阻碍越大。该现象符合统一边界条件的定义。

（3）气相边界参数对超孔隙气压力的影响

图 3.2.13 给出了顶面完全透水假设下，即 $a_w=0$，$b_w=1$，时间 $t=6\times10^4\text{s}$ 时，气相边界参数 a_a 和 b_a 不同取值情况下超孔隙气压力随深度的变化规律。

图 3.2.13（a）是 $b_a=1$，a_a 分别取 0、0.1、1、5、20 和 50 时超孔隙气压力随深度的消散曲线；图 3.2.13（b）所示的是 $a_a=1$，b_a 分别取 0、0.1、1、5、20 和 50 时超孔隙气压力随深度的消散曲线。由图 3.2.13（a）可知，当 a_a 从 0 增至 50 时，超孔隙气压力的渗透性由完全渗透变为近似完全不渗透；由图 3.2.13（b）看出，当 b_a 从 0 增大至 50 时，超孔隙气压力的渗透性由完全不渗透变为完全渗透。对比图 3.2.13（a）和图 3.2.13（b）可知，a_a 与 b_a 对超孔隙气压力消散速率影响规律相反，即超孔隙气压力的消散速率

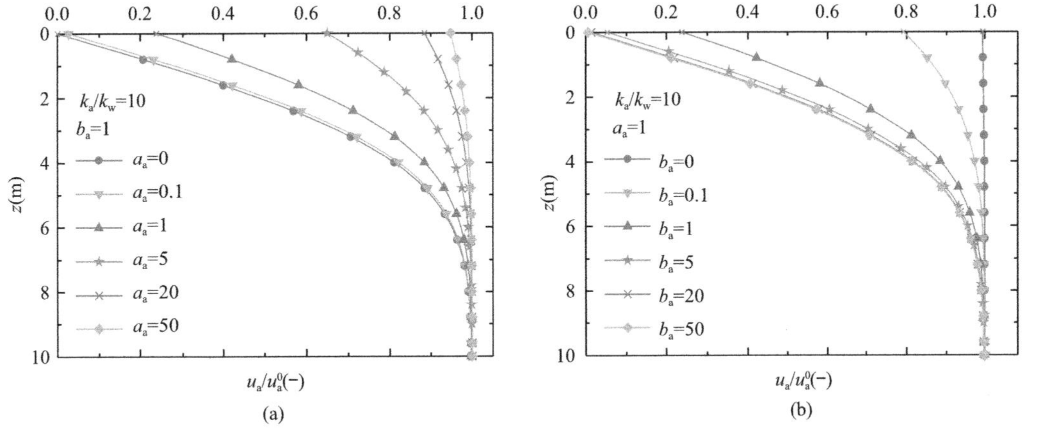

图 3.2.13　$k_a/k_w=10$ 时超孔隙气压力随深度的变化规律

(a) $b_a=1$ 时，a_a 变化；(b) $a_a=1$ 时，b_a 变化

随着 a_a 的增大而减小，随着 b_a 的增大而增大。这同样与统一边界条件定义相符。边界阻碍系数 a_a 越大说明顶面边界透气性能越差，故超孔隙气压力消散速率越慢；而边界渗透系数 b_a 越大说明顶面边界透气性能越好，故消散速率越快。除此之外，a_a 和 b_a 对超孔隙气压力消散速率影响程度也不相同。当 a_a 取值介于 0.1～50 之间时，超孔隙气压力的消散速率随着 a_a 的增大呈均匀减小的趋势；当 b_a 取值介于 0～5 之间时，超孔隙气压力消散速率随 b_a 的增大呈增大趋势，而当 $b_a \geqslant 5$ 后各消散曲线近乎重合。

(4) 液相边界参数对超孔隙水压力的影响

将顶面边界视为完全透气边界，即 $a_a=0$，$b_a=1$，分别考虑 a_w 和 b_w 对超孔隙水压力消散规律的影响。此时，时间取为固结后期 $t=1\times10^8$s，所得结果如图 3.2.14 所示。图 3.2.14 (a) 是 $b_w=1$，a_w 分别取 0、0.1、1、5、20 和 50 时超孔隙水压力随深度的变化曲线；图 3.2.14 (b) 则是 $a_w=1$，b_w 分别取 0、0.1、1、5、20 和 50 时超孔隙水压力随深度的变化曲线。

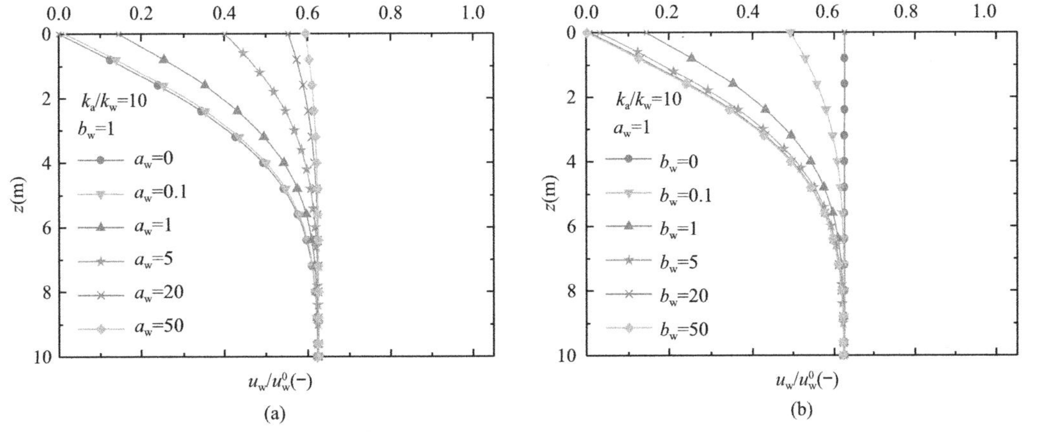

图 3.2.14　$k_a/k_w=10$ 时超孔隙水压力随深度变化规律

(a) $b_w=1$ 时，a_w 变化；(b) $a_w=1$ 时，b_w 变化

由图 3.2.14 (a) 可知，当 a_w 从 0 增至 50 时，超孔隙水压力的渗透性由完全渗透变

为近似完全不渗透；由图 3.2.14（b）看出，当 b_w 从 0 增大至 50 时，超孔隙水压力的渗透性由完全不渗透变为完全渗透。说明 a_w 和 b_w 对超孔隙水压力消散速率的影响规律相反。这同样由边界参数的定义决定。越大的 a_w 对应的边界对超孔隙水压力消散阻碍程度越大，同一深度处土层内超孔隙水压力越大；而 b_w 越大，顶面边界透水性能更佳，土层中超孔隙水压力消散得越快。同样，a_w 和 b_w 对超孔隙水压力消散速率影响程度也不相同。当 a_w 取值介于 0.1～50 之间时，超孔隙水压力的消散速率随着 a_w 的增大呈均匀减小的趋势；当 b_w 取值介于 0～5 之间时，超孔隙水压力消散速率随 b_w 的增大而增大，当 $b_w \geqslant 5$ 后各消散曲线近乎重合。

观察图 3.2.13 和图 3.2.14 可以发现，无论边界参数如何变化，当 b_a/a_a 或 b_w/a_w 的比值保持不变时，相应的超孔隙气压力或超孔隙水压力的消散路径一致，这对应了统一边界的定义。另外，此现象也说明了砂垫层的厚度和渗透系数比值等比例增大或减小并不会影响地基顶部的边界，这与半渗透边界的规律相同。

3.2.3 不同荷载作用下一维固结模型解析

3.2.3.1 控制方程及通解

根据第 2 章时变荷载下非饱和土一维固结控制方程式（2.2.18）、式（2.2.29），其 Laplace 域内的通解为式（3.2.26）、式（3.2.27）。

3.2.3.2 初始条件和边界条件

本节初始条件均为孔压沿深度不变化，边界条件为顶面透气透水，底面不透气不透水：

$$u_a(z,0)=u_a^0,\quad u_w(z,0)=u_w^0 \tag{3.2.92}$$

$$u_a(0,t)=0,\quad u_w(0,t)=0 \tag{3.2.93}$$

$$\left.\frac{\partial u_a(z,t)}{\partial z}\right|_{z=H}=0,\quad \left.\frac{\partial u_w(z,t)}{\partial z}\right|_{z=H}=0 \tag{3.2.94}$$

3.2.3.3 不同荷载作用下非饱和土一维固结通解

将式（3.2.93）、式（3.2.94）Laplace 变换后代入式（3.2.26）、式（3.2.27）可得：

$$C_1+C_2-c_{21}(D_1+D_2)+\frac{[\tilde{u}_a^0+A_\sigma\tilde{\sigma}_z(s)](1-c_{12}c_{21})}{s}=0 \tag{3.2.95}$$

$$-c_{12}(C_1+C_2)+D_1+D_2+\frac{[\tilde{u}_w^0+W_\sigma\tilde{\sigma}_z(s)](1-c_{12}c_{21})}{s}=0 \tag{3.2.96}$$

$$x_1(C_1e^{x_1H}-C_2e^{-x_1H})-c_{21}x_2(D_1e^{x_2H}-D_2e^{-x_2H})=0 \tag{3.2.97}$$

$$-c_{12}x_1(C_1e^{x_1H}-C_2e^{-x_1H})+x_2(D_1e^{x_2H}-D_2e^{-x_2H})=0 \tag{3.2.98}$$

求解四元一次方程组（3.2.95）～式（3.2.98）得：

$$C_1=-\frac{u_a^0+c_{21}u_w^0+\beta_1\tilde{\sigma}_z(s)}{s(1+e^{2x_1H})} \tag{3.2.99a}$$

$$C_2=-\frac{u_a^0+c_{21}u_w^0+\beta_1\tilde{\sigma}_z(s)}{s(1+e^{-2x_1H})} \tag{3.2.99b}$$

$$D_1=-\frac{c_{12}u_a^0+u_w^0+\beta_2\tilde{\sigma}_z(s)}{s(1+e^{2x_2H})} \tag{3.2.99c}$$

$$D_2=-\frac{c_{12}u_a^0+u_w^0+\beta_2\tilde{\sigma}_z(s)}{s(1+e^{-2x_2H})} \tag{3.2.99d}$$

将式（3.2.99a）～式（3.2.99d）代入通解得：

$$\begin{aligned}\tilde{u}_a=&\frac{a_az+b_a+A_\sigma\tilde{\sigma}_z(s)}{s}\\&+\frac{-[b_a+c_{21}b_w+\beta_1\tilde{\sigma}_z(s)]\cosh[\chi_1(H-z)]+\dfrac{a_a+c_{21}a_w}{\chi_1}\sinh(\chi_1 z)}{s\cosh(\chi_1H)(1-c_{12}c_{21})}\\&+c_{21}\left\{\frac{[c_{12}b_a+b_w+\beta_2\tilde{\sigma}_z(s)]\cosh[\chi_2(H-z)]-\dfrac{c_{12}a_a+a_w}{\chi_2}\sinh(\chi_2 z)}{s\cosh(\chi_2H)(1-c_{12}c_{21})}\right\}\end{aligned} \tag{3.2.100}$$

$$\begin{aligned}\tilde{u}_w=&\frac{a_wz+b_w+W_\sigma\tilde{\sigma}_z(s)}{s}\\&+c_{12}\left\{\frac{[b_a+c_{21}b_w+\beta_1\tilde{\sigma}_z(s)]\cosh[\chi_1(H-z)]-\dfrac{a_a+c_{21}a_w}{\chi_1}\sinh(\chi_1 z)}{s\cosh(\chi_1H)(1-c_{12}c_{21})}\right\}\\&+\frac{-[c_{12}b_a+b_w+\beta_2\tilde{\sigma}_z(s)]\cosh[\chi_2(H-z)]+\dfrac{c_{12}a_a+a_w}{\chi_2}\sinh(\chi_2 z)}{s\cosh(\chi_2H)(1-c_{12}c_{21})}\end{aligned} \tag{3.2.101}$$

将式（3.2.100）、式（3.2.101）代入式（3.2.32）得：

$$\begin{aligned}\tilde{w}(s)=&\frac{[-m_{1k}^sA_\sigma+m_2^s(A_\sigma-W_\sigma)]\tilde{\sigma}_z(s)}{s}H\\&+[m_{1k}^s-m_2^s(1+c_{12})]\frac{[u_a^0+c_{21}u_w^0+\beta_1\tilde{\sigma}_z(s)]\sinh(x_1H)}{s(1-c_{12}c_{21})\cosh(x_1H)x_1}\\&-[c_{21}m_{1k}^s-(1+c_{21})m_2^s]\frac{[c_{12}u_a^0+u_w^0+\beta_2\tilde{\sigma}_z(s)]\sinh(x_2H)}{s(1-c_{12}c_{21})\cosh(x_2H)x_2}\end{aligned} \tag{3.2.102}$$

由此，得到不同荷载作用下 Laplace 域内的通解式（3.2.100）、式（3.2.101）、式（3.2.102），只需对不同荷载实施 Laplace 变换得到 $\tilde{\sigma}_z(s)$，代入以上各式就可以得到相应荷载下 Laplace 域内超孔隙气压力、超孔隙水压力和土层沉降的解。

本部分详细内容可参考文献［8］。

3.2.3.4　不同荷载作用下非饱和土一维固结特性

本节分析所采用的算例中，其参数取值与表 3.2.1 一致，其他与荷载有关的参数取值如表 3.2.2 所示。

不同荷载下单层非饱和土一维固结荷载相关参数　　表 3.2.2

边界类型	符号	数值	单位
施工荷载	q_0	100	kPa
	a	10^{-4}	kPa/s

续表

边界类型	符号	数值	单位
指数荷载	q_0	100	kPa
	D	1	—
	b	5×10^{-4}	s^{-1}

1. 施工荷载下非饱和土一维固结特性分析

施工荷载的表达式如下：

$$q_z(t)=\begin{cases}q_0+at, & 0<t<q_0/a\\ 2q_0, & t\geqslant q_0/a\end{cases} \tag{3.2.103}$$

其中：a 代表施工荷载线性加载速率。

对式（3.2.103）实施 Laplace 变换：

$$\tilde{q}_z(s)=\begin{cases}\dfrac{q_0}{s}+\dfrac{a}{s^2}, & 0<t<q_0/a\\ 2\dfrac{q_0}{s}, & t\geqslant q_0/a\end{cases} \tag{3.2.104}$$

在本节分析中 $\sigma_z(t)=q_z(t)$，因此，式（3.2.104）代入式（3.2.100）、式（3.2.101）、式（3.2.102），就可以得到施工荷载作用下单面渗透边界条件时 Laplace 域内超孔隙气压力、超孔隙水压力和土层沉降。

图 3.2.15 是 $z=8$m 处不同线性荷载变化率 a 下超孔隙压力变化曲线，从图 3.2.15 中可以发现，逐渐变大的线性荷载加载速率导致线性荷载更快达到平台期，同时也使得超孔隙压力达到极值。当超孔隙气压力消散结束时，超孔隙水压力消散平台出现，并且在第二阶段线性荷载加载速率 a 对超孔隙水压力没有影响。

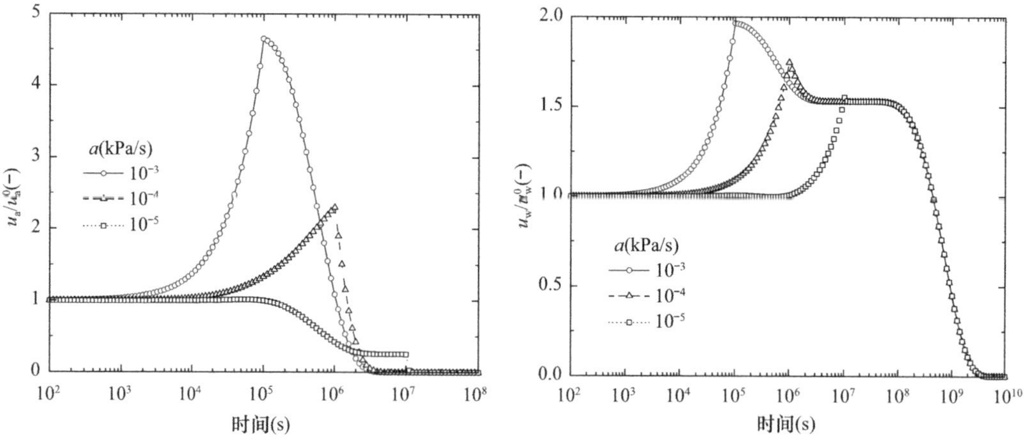

图 3.2.15 不同线性荷载变化率下 $z=8$m 处超孔隙压力随时间的变化规律

（a）超孔隙气压力；（b）超孔隙水压力

图 3.2.16（a）是当施工荷载线性变化率 $a=10^{-4}$kPa/s 时不同渗透系数比 k_a/k_w 对相对沉降 $w^*=w/(m_{1k}^s q_0 H)$ 的影响规律曲线。在固结的开始阶段，渗透系数比 k_a/k_w 变

化对相对沉降影响较小，而当时间大于 10^6s，随着 k_a/k_w 的变大（渗透系数比 k_a/k_w 的变化通过增大 k_a 实现），相对沉降也快速的变大，但最终沉降曲线沿同路径发展。

图 3.2.16（b）是当 $k_a/k_w=10$ 时施工荷载线性变化率不同时相对沉降曲线。显然，施工荷载线性加载速率越大，相对沉降在施工荷载斜坡期增长也越快，但当施工荷载达到平台期，相对沉降曲线沿着同一路径，并最终达到稳定。

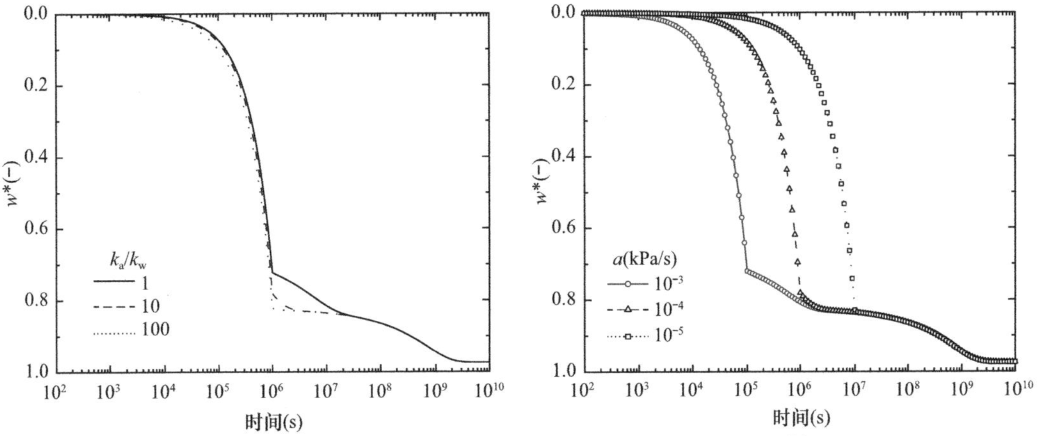

图 3.2.16　施工荷载作用下相对沉降随时间的变化规律

（a）不同的 k_a/k_w；（b）不同的施工荷载线性变化率 a

2. 指数荷载下非饱和土一维固结特性分析

指数荷载表达式如下：

$$q(t)=q_0+Dq_0(1-e^{-bt}) \tag{3.2.105}$$

其中：b 代表指数荷载加载速率；D 为指数荷载常数。

对式（3.2.105）实施 Laplace 变换：

$$\tilde{q}(s)=\frac{q_0}{s}+Dq_0\frac{b}{s(s+b)} \tag{3.2.106}$$

式（3.2.106）代入式（3.2.100）、式（3.2.101）、式（3.2.102），就可以得到指数荷载作用下单面渗透条件时 Laplace 域内超孔隙气压力、超孔隙水压力和土层沉降的解。

图 3.2.17 是指数荷载变化速率 b 取不同值时超孔隙气压力和超孔隙水压力的消散曲线。结果表明较大的指数荷载变化速率 b 会使得指数荷载较快达到稳定值，进而使超孔隙压力也更早达到最大值。当超孔隙气压力达到极值时，超孔隙水压力曲线的第一个平台期出现，而且指数荷载变化速率 b 越大，第一平台期越早开始且持续时间越长；另外，第一个平台期结束后，超孔隙水压力沿同一路径消散；最后，当超孔隙气压力消散结束时，超孔隙水压力消散曲线的第二个平台期出现，然后按相同规律完成消散。

图 3.2.18 是指数荷载作用下不同参数影响时相对沉降随时间的发展曲线。图 3.2.18（a）是指数荷载参数 $b=5\times10^{-4}\text{s}^{-1}$ 时不同 k_a/k_w 对相对沉降影响的变化曲线。通过图 3.2.18（a）可知 k_a/k_w 的值越大，沉降发展得越快，但不同 k_a/k_w 对相对沉降发展过程的影响主要集中在固结发展的中期，该阶段对应于不同 k_a/k_w 时超孔隙气压力消散曲线不同的区间。

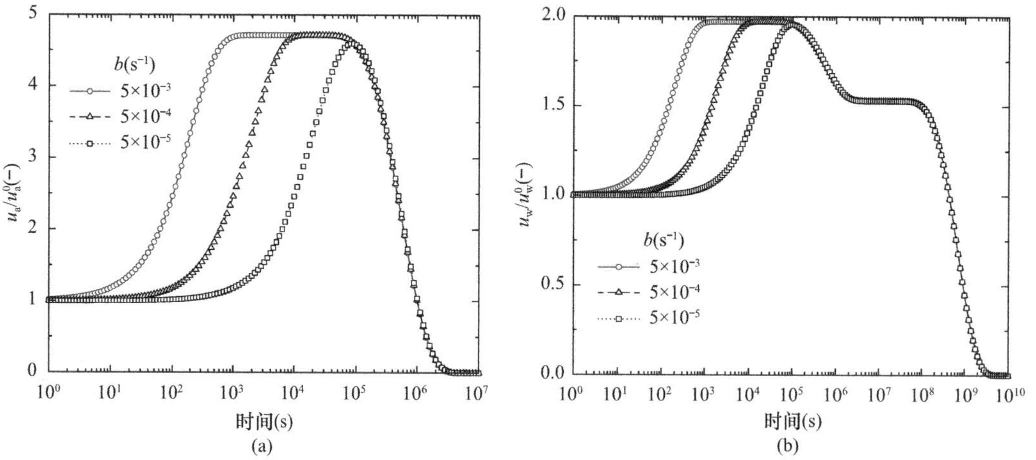

图 3.2.17　指数荷载变化率下 $z=8$m 处超孔隙压力随时间的变化规律

（a）超孔隙气压力；（b）超孔隙水压力

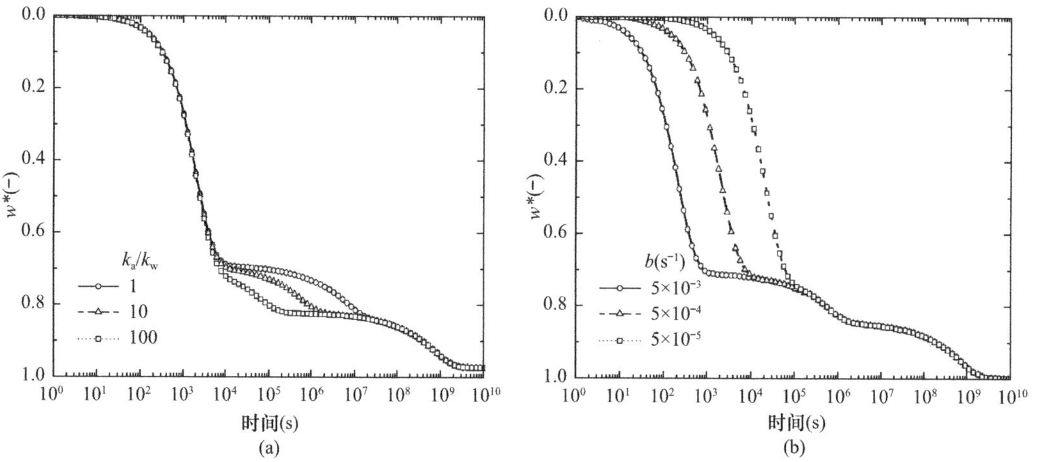

图 3.2.18　指数荷载作用下受如下参数影响时相对沉降随时间变化规律

（a）不同的 k_a/k_w；（b）不同的指数荷载参数 b

图 3.2.18（b）是 $k_a/k_w=10$ 时不同指数荷载变化系数 b 对相对沉降影响的变化曲线。显然，不同指数荷载变化系数 b 在影响超孔隙压力消散的同时，也同步地影响沉降的发展过程，指数荷载变化系数 b 越大，沉降增长越快，并且该影响区域主要在指数荷载增长区，而在平台期后，无论 k_a/k_w 值和指数荷载变化系数 b 如何变化，相对沉降曲线沿同一路径变化。

3.2.4　特殊情况下一维固结模型解析

3.2.4.1　考虑应力扩散的非饱和土一维固结

1. 计算模型

基于 Fredlund 和 Hasan（1979）提出的非饱和土一维固结理论，设计了一个考虑应力沿深度变化的单层非饱和土一维固结简化计算模型，如图 3.2.19 所示。其中，H 为单层非饱和土体的厚度，σ_T 为土体顶部的垂直总应力，σ_B 为土体底部的垂直总应力。超孔隙压力在外荷载的作用下只能沿着垂直方向（即 z 方向）进行消散。

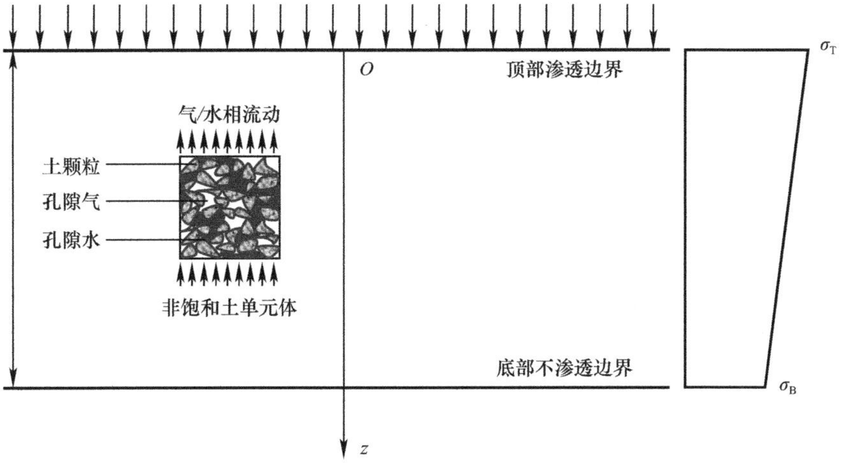

图 3.2.19　考虑初始应力沿深度变化的单层非饱和土一维固结模型

本节所考虑的随深度变化的应力是由均布在土体顶部表面的外荷载所引起的。由于在使用预压固结法处理地基问题中，需要在土体强度达到一定强度后才能施加下一级更大的荷载，以避免土体破坏的情况出现，因此，加载预压往往采用分级加载的方案。本节也同样考虑分级加载的方案，因此本节所考虑的土中应力不仅随着深度变化，也同样随着时间变化。应力随深度和时间变化的示意见图 3.2.20 和图 3.2.21。其中，$\sigma_n(z)$代表最终在第 n 级加载时的应力，表达式为 $\sigma_n(z)=\sigma_{nT}+(\sigma_{nB}-\sigma_{nT})z/H$，对应的 σ_{nT} 和 σ_{nB} 分别表示在第 n 级加载情况下顶部和底部的垂直总应力，荷载在时间 t_{2n-1} 后保持不变。初始时刻的垂直总应力 $\sigma_0(z)=0\text{kPa}$。

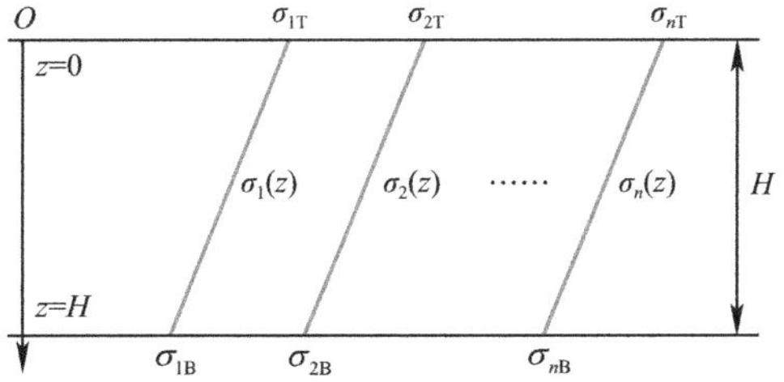

图 3.2.20　垂直总应力随深度变化的示意

需要注意的是，为简化计算，垂直总应力被假设为是随着深度线性变化的。由于本节不考虑土体的自重应力，垂直总应力由于应力扩散等原因会随着深度变化，底部的垂直总应力比顶部的小。

根据垂直总应力随着深度和时间变化的示意图，可以得出垂直总应力 $\sigma_z(z,t)$的表达式：

$$\sigma_z(z,t)=\begin{cases}\sigma_{n-1}(z)+\dfrac{t-t_{2n-2}}{t_{2n-1}-t_{2n-2}}[\sigma_n(z)-\sigma_{n-1}(z)], & t_{2n-2}\leqslant t<t_{2n-1}\\ \sigma_n(z), & t_{2n-1}\leqslant t<t_{2n}\end{cases} \tag{3.2.107}$$

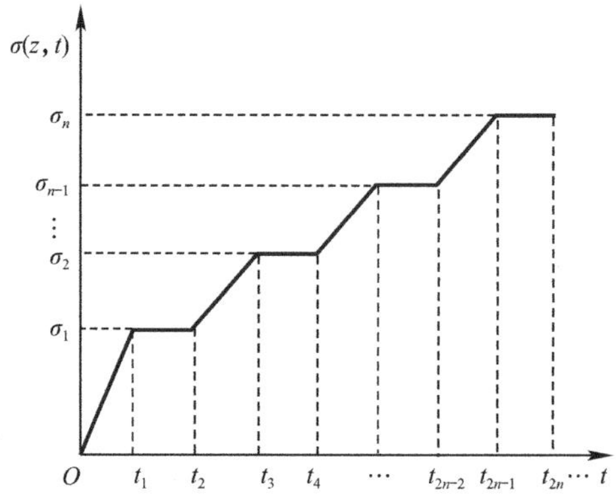

图 3.2.21　垂直总应力随着时间变化的示意

2. 控制方程

基于第 2 章推导所得控制方程，当考虑应力随深度变化时，非饱和土一维固结的控制方程为：

$$\frac{\partial u_{\mathrm{a}}}{\partial t}=-C_{\mathrm{a}}\frac{\partial u_{\mathrm{w}}}{\partial t}-C_{\mathrm{v}}^{\mathrm{a}}\frac{\partial^{2}u_{\mathrm{a}}}{\partial z^{2}}+C_{\sigma}^{\mathrm{a}}\frac{\partial\sigma_{\mathrm{z}}}{\partial t} \tag{3.2.108}$$

$$\frac{\partial u_{\mathrm{w}}}{\partial t}=-C_{\mathrm{w}}\frac{\partial u_{\mathrm{a}}}{\partial t}-C_{\mathrm{v}}^{\mathrm{w}}\frac{\partial^{2}u_{\mathrm{w}}}{\partial z^{2}}+C_{\sigma}^{\mathrm{w}}\frac{\partial\sigma_{\mathrm{z}}}{\partial t} \tag{3.2.109}$$

3. 初始条件

由于初始时刻垂直总应力为 0kPa，初始的超孔隙气压力与水压力也为 0kPa。因此，初始条件可以表示为：

$$u_{\mathrm{a}}(z,0)=u_{\mathrm{a}}^{0}=0,\quad u_{\mathrm{w}}(z,0)=u_{\mathrm{w}}^{0}=0 \tag{3.2.110}$$

4. 边界条件

顶面透气透水，底面不透气不透水：

$$u_{\mathrm{a}}(0,t)=0,\quad u_{\mathrm{w}}(0,t)=0 \tag{3.2.111}$$

$$\left.\frac{\partial u_{\mathrm{a}}(z,t)}{\partial z}\right|_{z=H}=0,\quad \left.\frac{\partial u_{\mathrm{w}}(z,t)}{\partial z}\right|_{z=H}=0 \tag{3.2.112}$$

5. Laplace 域内的解

对控制方程进行 Laplace 变换，得：

$$\tilde{u}_{\mathrm{a}}(z,s)=-\frac{C_{\mathrm{v}}^{\mathrm{w}}}{sC_{\mathrm{w}}}\frac{\partial^{2}\tilde{u}_{\mathrm{w}}(z,s)}{\partial z^{2}}-\frac{1}{C_{\mathrm{w}}}\tilde{u}_{\mathrm{w}}(z,s)+\frac{u_{\mathrm{w}}^{0}+C_{\mathrm{w}}u_{\mathrm{a}}^{0}}{sC_{\mathrm{w}}}+\frac{C_{\sigma}^{\mathrm{w}}}{sC_{\mathrm{w}}}\tilde{\sigma}_{\mathrm{z}}(z,s) \tag{3.2.113}$$

$$\tilde{u}_{\mathrm{w}}(z,s)=-\frac{C_{\mathrm{v}}^{\mathrm{a}}}{sC_{\mathrm{a}}}\frac{\partial^{2}\tilde{u}_{\mathrm{a}}(z,s)}{\partial z^{2}}-\frac{1}{C_{\mathrm{a}}}\tilde{u}_{\mathrm{a}}(z,s)+\frac{u_{\mathrm{a}}^{0}+C_{\mathrm{a}}u_{\mathrm{w}}^{0}}{sC_{\mathrm{a}}}+\frac{C_{\sigma}^{\mathrm{a}}}{sC_{\mathrm{a}}}\tilde{\sigma}_{\mathrm{z}}(z,s) \tag{3.2.114}$$

式中：$\tilde{\sigma}_{\mathrm{z}}(z,s)$——$\partial\sigma_{\mathrm{z}}(z,t)/\partial t$ 进行 Laplace 变换后的计算结果。

根据微分算子法在求解偏微分方程中的应用，通过引入微分算子 $D=\frac{\partial}{\partial z}$，式（3.2.113）和式（3.2.114）可以改写为：

$$\left(\frac{C_{\mathrm{v}}^{\mathrm{w}}}{sC_{\mathrm{w}}}D^2+\frac{1}{C_{\mathrm{w}}}\right)\tilde{u}_{\mathrm{w}}+\tilde{u}_{\mathrm{a}}=\frac{u_{\mathrm{w}}^0+C_{\mathrm{w}}u_{\mathrm{a}}^0}{sC_{\mathrm{w}}}+\frac{C_{\sigma}^{\mathrm{w}}}{sC_{\mathrm{w}}}\tilde{\sigma}_z(z,s) \tag{3.2.115}$$

$$\tilde{u}_{\mathrm{w}}+\left(\frac{C_{\mathrm{v}}^{\mathrm{a}}}{sC_{\mathrm{a}}}D^2+\frac{1}{C_{\mathrm{a}}}\right)\tilde{u}_{\mathrm{a}}=\frac{u_{\mathrm{a}}^0+C_{\mathrm{a}}u_{\mathrm{w}}^0}{sC_{\mathrm{a}}}+\frac{C_{\sigma}^{\mathrm{a}}}{sC_{\mathrm{a}}}\tilde{\sigma}_z(z,s) \tag{3.2.116}$$

式（3.2.115）和式（3.2.116）可以用矩阵表示为：

$$\begin{vmatrix}\dfrac{C_{\mathrm{v}}^{\mathrm{w}}}{sC_{\mathrm{w}}}D^2+\dfrac{1}{C_{\mathrm{w}}} & 1\\ 1 & \dfrac{C_{\mathrm{v}}^{\mathrm{a}}}{sC_{\mathrm{a}}}D^2+\dfrac{1}{C_{\mathrm{a}}}\end{vmatrix}\tilde{u}_{\mathrm{w}}=\begin{bmatrix}\dfrac{u_{\mathrm{w}}^0+C_{\mathrm{w}}u_{\mathrm{a}}^0}{sC_{\mathrm{w}}}+\dfrac{C_{\sigma}^{\mathrm{w}}}{sC_{\mathrm{w}}}\tilde{\sigma}_z(z,s) & 1\\ \dfrac{u_{\mathrm{a}}^0+C_{\mathrm{a}}u_{\mathrm{w}}^0}{sC_{\mathrm{a}}}+\dfrac{C_{\sigma}^{\mathrm{a}}}{sC_{\mathrm{a}}}\tilde{\sigma}_z(z,s) & \dfrac{C_{\mathrm{v}}^{\mathrm{a}}}{sC_{\mathrm{a}}}D^2+\dfrac{1}{C_{\mathrm{a}}}\end{bmatrix} \tag{3.2.117}$$

$$\begin{vmatrix}\dfrac{C_{\mathrm{v}}^{\mathrm{w}}}{sC_{\mathrm{w}}}D^2+\dfrac{1}{C_{\mathrm{w}}} & 1\\ 1 & \dfrac{C_{\mathrm{v}}^{\mathrm{a}}}{sC_{\mathrm{a}}}D^2+\dfrac{1}{C_{\mathrm{a}}}\end{vmatrix}\tilde{u}_{\mathrm{a}}=\begin{bmatrix}\dfrac{C_{\mathrm{v}}^{\mathrm{w}}}{sC_{\mathrm{w}}}D^2+\dfrac{1}{C_{\mathrm{w}}} & \dfrac{u_{\mathrm{w}}^0+C_{\mathrm{w}}u_{\mathrm{a}}^0}{sC_{\mathrm{w}}}+\dfrac{C_{\sigma}^{\mathrm{w}}}{sC_{\mathrm{w}}}\tilde{\sigma}_z(z,s)\\ 1 & \dfrac{u_{\mathrm{a}}^0+C_{\mathrm{a}}u_{\mathrm{w}}^0}{sC_{\mathrm{a}}}+\dfrac{C_{\sigma}^{\mathrm{a}}}{sC_{\mathrm{a}}}\tilde{\sigma}_z(z,s)\end{bmatrix} \tag{3.2.118}$$

通过计算式（3.2.117），可得：

$$\left[\left(\frac{C_{\mathrm{v}}^{\mathrm{w}}}{sC_{\mathrm{w}}}D^2+\frac{1}{C_{\mathrm{w}}}\right)\left(\frac{C_{\mathrm{v}}^{\mathrm{a}}}{sC_{\mathrm{a}}}D^2+\frac{1}{C_{\mathrm{a}}}\right)-1\right]\tilde{u}_{\mathrm{w}}=$$
$$\left\{\left[\frac{u_{\mathrm{w}}^0+C_{\mathrm{w}}u_{\mathrm{a}}^0}{sC_{\mathrm{w}}}+\frac{C_{\sigma}^{\mathrm{w}}}{sC_{\mathrm{w}}}\tilde{\sigma}_z(z,s)\right]\left(\frac{C_{\mathrm{v}}^{\mathrm{a}}}{sC_{\mathrm{a}}}D^2+\frac{1}{C_{\mathrm{a}}}\right)-\frac{u_{\mathrm{a}}^0+C_{\mathrm{a}}u_{\mathrm{w}}^0}{sC_{\mathrm{a}}}-\frac{C_{\sigma}^{\mathrm{a}}}{sC_{\mathrm{a}}}\tilde{\sigma}_z(z,s)\right\} \tag{3.2.119}$$

整理式（3.2.119），可以得到如下齐次微分方程的表达式：

$$(a_1D^4+a_2D^2+a_3)\tilde{u}_{\mathrm{w}}=0 \tag{3.2.120}$$

式中：

$$a_1=C_{\mathrm{v}}^{\mathrm{w}}C_{\mathrm{v}}^{\mathrm{a}}/(s^2C_{\mathrm{w}}C_{\mathrm{a}}) \tag{3.2.121a}$$

$$a_2=(C_{\mathrm{v}}^{\mathrm{w}}+C_{\mathrm{v}}^{\mathrm{a}})/(sC_{\mathrm{w}}C_{\mathrm{a}}) \tag{3.2.121b}$$

$$a_3=(1-C_{\mathrm{a}}C_{\mathrm{w}})/(C_{\mathrm{a}}C_{\mathrm{w}}) \tag{3.2.121c}$$

为了求得微分方程的通解，微分方程的特征根表达式如下所示：

$$\lambda_1=-\lambda_2=\sqrt{\frac{-a_2-\sqrt{(a_2)^2-4a_1a_3}}{2a_1}},\quad \lambda_3=-\lambda_4=\sqrt{\frac{-a_2+\sqrt{(a_2)^2-4a_1a_3}}{2a_1}} \tag{3.2.122}$$

则 $\tilde{u}_{\mathrm{w}}$ 的通解为：

$$\tilde{u}_{\mathrm{w}}(z,s)=C_1\mathrm{e}^{\lambda_1z}+C_2\mathrm{e}^{-\lambda_1z}+D_1\mathrm{e}^{\lambda_3z}+D_2\mathrm{e}^{-\lambda_3z} \tag{3.2.123}$$

其中：C_1、C_2、C_3 和 C_4 是与 s 有关的随机函数，可通过边界条件确定。

$\tilde{u}_{\mathrm{w}}$ 的特解可表示为：

$$\tilde{u}_{\mathrm{w}}^*=\frac{\left[\dfrac{u_{\mathrm{w}}^0+C_{\mathrm{w}}u_{\mathrm{a}}^0}{sC_{\mathrm{w}}}+\dfrac{C_{\sigma}^{\mathrm{w}}\tilde{\sigma}_z(z,s)}{sC_{\mathrm{w}}}\right]\left(\dfrac{C_{\mathrm{v}}^{\mathrm{a}}}{sC_{\mathrm{a}}}D^2+\dfrac{1}{C_{\mathrm{a}}}\right)-\dfrac{u_{\mathrm{a}}^0+C_{\mathrm{a}}u_{\mathrm{w}}^0}{sC_{\mathrm{a}}}-\dfrac{C_{\sigma}^{\mathrm{a}}\tilde{\sigma}_z(z,s)}{sC_{\mathrm{a}}}}{a_1D^4+a_2D^2+a_3} \tag{3.2.124}$$

微分算子的逆算子表达式如下：

$$\frac{1}{P(D)}e^{\lambda z}=\frac{1}{P(\lambda)}e^{\lambda z} \tag{3.2.125}$$

采用式（3.2.125），由式（3.2.124）可以得到：

$$\tilde{u}_w^*=\frac{\dfrac{u_w^0+C_w u_a^0}{sC_aC_w}+\dfrac{C_\sigma^w}{sC_aC_w}\tilde{\sigma}_z(z,s)-\left[\dfrac{u_a^0+C_a u_w^0}{sC_a}+\dfrac{C_\sigma^a}{sC_a}\tilde{\sigma}_z(z,s)\right]}{\dfrac{1}{C_aC_w}-1}$$

$$=\frac{u_w^0(C_aC_w-1)+(C_\sigma^a C_w-C_\sigma^w)\tilde{\sigma}_z(z,s)}{s(C_aC_w-1)} \tag{3.2.126}$$

因此，$\tilde{u}_w$ 的全解为：

$$\tilde{u}_w(z,s)=C_1e^{\lambda_1 z}+C_2e^{-\lambda_1 z}+D_1e^{\lambda_3 z}+D_2e^{-\lambda_3 z}+a_4 \tag{3.2.127}$$

其中：$a_4=\tilde{u}_w^*=\dfrac{u_w^0(C_aC_w-1)+(C_\sigma^a C_w-C_\sigma^w)\tilde{\sigma}_z(z,s)}{s(C_aC_w-1)}$。

将式（3.2.127）代入式（3.2.113），得：

$$\tilde{u}_a(z,s)=C_1a_5e^{\lambda_1 z}+C_2a_5e^{-\lambda_1 z}+D_1a_6e^{\lambda_3 z}+D_2a_6e^{-\lambda_3 z}+a_7 \tag{3.2.128}$$

其中：

$$a_5=\frac{-C_v^w\lambda_1^2}{sC_w}-\frac{1}{C_w} \tag{3.2.129a}$$

$$a_6=-\frac{C_v^w\lambda_3^2}{sC_w}-\frac{1}{C_w} \tag{3.2.129b}$$

$$a_7=-\frac{a_4}{C_w}+\frac{u_a^0}{s}+\frac{u_w^0}{sC_w}+\frac{C_\sigma^w\tilde{\sigma}_z(z,s)}{sC_w} \tag{3.2.129c}$$

对式（3.2.127）和式（3.2.128）关于 z 求一阶导得：

$$\frac{\partial\tilde{u}_w}{\partial z}=C_1\lambda_1e^{\lambda_1 z}-C_2\lambda_1e^{-\lambda_1 z}+D_1\lambda_3e^{\lambda_3 z}-D_2\lambda_3e^{-\lambda_3 z}+a_8 \tag{3.2.130}$$

$$\frac{\partial\tilde{u}_a}{\partial z}=C_1a_5\lambda_1e^{\lambda_1 z}-C_2a_5\lambda_1e^{-\lambda_1 z}+D_1a_6\lambda_3e^{\lambda_3 z}-D_2a_6\lambda_3e^{-\lambda_3 z}+a_9 \tag{3.2.131}$$

其中：

$$a_8=(C_\sigma^aC_w-C_\sigma^w)\tilde{\sigma}_z'(z,s)/[s(C_aC_w-1)] \tag{3.2.132a}$$

$$a_9=(C_\sigma^wC_a-C_\sigma^a)\tilde{\sigma}_z'(z,s)/[s(C_aC_w-1)] \tag{3.2.132b}$$

$\tilde{\sigma}_z'(z,s)$是$\tilde{\sigma}_z(z,s)$对 z 求一阶导的计算结果。

对边界条件式（3.2.111）、式（3.2.112）进行 Laplace 变换；

$$\tilde{u}_a(0,s)=0,\quad \tilde{u}_w(0,s)=0 \tag{3.2.133}$$

$$\left.\frac{\partial\tilde{u}_a(z,s)}{\partial z}\right|_{z=H}=0,\quad \left.\frac{\partial\tilde{u}_w(z,s)}{\partial z}\right|_{z=H}=0 \tag{3.2.134}$$

将式（3.2.127）、式（3.2.128）、式（3.2.130）和式（3.2.134）代入式（3.2.133）、式（3.2.134），求解得：

$$\widetilde{u}_{w}=\frac{b_{1}\sinh(\lambda_{1}z)+b_{2}\cosh[\lambda_{1}(H-z)]}{b_{3}}-\frac{b_{4}\sinh(\lambda_{3}z)+b_{5}\cosh[\lambda_{3}(H-z)]}{b_{6}}+a_{4} \tag{3.2.135}$$

$$\widetilde{u}_{a}=\frac{a_{5}\{b_{1}\sinh(\lambda_{1}z)+b_{2}\cosh[\lambda_{1}(H-z)]\}}{b_{3}}-\frac{a_{6}\{b_{4}\sinh(\lambda_{3}z)+b_{5}\cosh[\lambda_{3}(H-z)]\}}{b_{6}}+a_{7} \tag{3.2.136}$$

其中：

$$b_{1}=(a_{6}a_{8}-a_{9})/\lambda_{1} \tag{3.2.137a}$$

$$b_{2}=q_{w}^{0}a_{6}-q_{a}^{0} \tag{3.2.137b}$$

$$b_{3}=(a_{5}-a_{6})\cosh(\lambda_{1}H) \tag{3.2.137c}$$

$$b_{4}=(a_{5}a_{8}-a_{9})/\lambda_{3} \tag{3.2.137d}$$

$$b_{5}=q_{w}^{0}a_{5}-q_{a}^{0} \tag{3.2.137e}$$

$$b_{6}=(a_{5}-a_{6})\cosh(\lambda_{3}H) \tag{3.2.137f}$$

$$q_{w}^{0}=\frac{u_{w}^{0}}{s}+\frac{(C_{\sigma}^{a}C_{w}-C_{\sigma}^{w})\widetilde{\sigma}_{z}(0,s)}{s(C_{a}C_{w}-1)} \tag{3.2.137g}$$

$$q_{a}^{0}=\frac{u_{a}^{0}}{s}+\frac{(C_{\sigma}^{w}C_{a}-C_{\sigma}^{a})\widetilde{\sigma}_{z}(0,s)}{s(C_{a}C_{w}-1)} \tag{3.2.137h}$$

将式（3.2.135）、式（3.2.136）代入式（3.2.32）得到最终沉降解为：

$$\begin{aligned}\widetilde{w}(s)=&(m_{2}^{s}-m_{1k}^{s})\left\{\frac{a_{6}[b_{4}-b_{4}\cosh(\lambda_{3}H)-b_{5}\sinh(\lambda_{3}H)]}{b_{6}\lambda_{3}}\right.\\&\left.-\frac{a_{5}[b_{1}-b_{1}\cosh(\lambda_{1}H)-b_{2}\sinh(\lambda_{1}H)]}{b_{6}\lambda_{1}}+\frac{u_{a}^{0}H}{s}+\frac{(C_{\sigma}^{w}C_{a}-C_{\sigma}^{a})\widetilde{\sigma}_{i}(s)}{s(C_{a}C_{w}-1)}\right\}\\&-m_{2}^{s}\left[\frac{b_{4}-b_{4}\cosh(\lambda_{3}H)-b_{5}\sinh(\lambda_{3}H)}{b_{6}\lambda_{3}}-\frac{b_{1}-b_{1}\cosh(\lambda_{1}H)-b_{2}\sinh(\lambda_{1}H)}{b_{6}\lambda_{1}}\right.\\&\left.+\frac{u_{w}^{0}H}{s}+\frac{(C_{\sigma}^{a}C_{w}-C_{\sigma}^{w})\widetilde{\sigma}_{i}(s)}{s(C_{a}C_{w}-1)}\right]+\frac{m_{1k}^{s}\widetilde{\sigma}_{i}(s)}{s}+\frac{m_{2}^{s}u_{w}^{0}-(m_{2}^{s}-m_{1k}^{s})u_{a}^{0}}{s}H\end{aligned} \tag{3.2.138}$$

式中：$\widetilde{\sigma}_{i}(s)$——$\widetilde{\sigma}_{z}(z,s)$关于 z 求积分的计算结果，$\widetilde{\sigma}_{i}(s)=\int_{0}^{H}\widetilde{\sigma}_{z}(z,s)\mathrm{d}z$。

在本节中，$\widetilde{\sigma}_{z}(z,s)$的具体表达式为：

$$\widetilde{\sigma}_{z}(z,s)=\frac{\mathrm{e}^{-t_{2n-1}s}\left\{-1+\sum_{i=1}^{n}[(-1)^{i-1}\mathrm{e}^{t_{i}s}]\right\}[H\sigma_{nT}+(\sigma_{nB}-\sigma_{nT})z]}{t_{2n-1}Hs} \tag{3.2.139}$$

对 $\widetilde{\sigma}_{z}(z,s)$关于 z 求偏导得：

$$\widetilde{\sigma}_{z}'(s)=\frac{\mathrm{e}^{-t_{2n-1}s}\left\{-1+\sum_{i=1}^{n}[(-1)^{i-1}\mathrm{e}^{t_{i}s}]\right\}(\sigma_{nB}-\sigma_{nT})}{t_{2n-1}Hs} \tag{3.2.140}$$

在 $z=0$ 处：

$$\widetilde{\sigma}_z(0,s)=\frac{e^{-t_{2n-1}s}\left\{-1+\sum_{i=1}^{n}\left[(-1)^{i-1}e^{t_i s}\right]\right\}\sigma_{nT}}{t_{2n-1}s} \tag{3.2.141}$$

将式（3.2.139）～式（3.2.141）代入式（3.2.135）、式（3.2.136）和式（3.2.138），即可得到多级加载作用下考虑应力扩散的非饱和土固结过程中超孔隙水压力、超孔隙气压力和土层沉降在 Laplace 域内的解。

本部分详细内容可参考文献［9］。

3.2.4.2　考虑自重影响的非饱和土一维固结

1. 计算模型

根据非饱和土的一维固结模型，如图 3.2.22 所示，设计了一个考虑自重的非饱和土一维固结模型。总应力包括自重 σ_{cz} 和外部荷载产生的应力 σ_{ex}，土体沉积物被视为厚度为 H 的无限水平范围层。

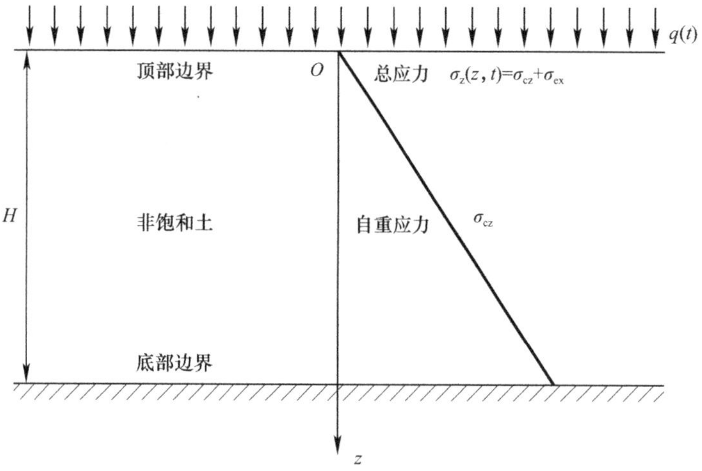

图 3.2.22　考虑自重的非饱和土一维固结模型

2. 基本假定

在第 2.2.1 节假定的基础上增加以下假定：

考虑了非饱和土中自重引起的地层静应力。

3. 控制方程

基于第 2 章推导所得的控制方程，非饱和土的一维固结的控制方程可以表示如下：

$$\frac{\partial u_w}{\partial t}=-C_w\frac{\partial u_a}{\partial t}-C_v^w\frac{\partial^2 u_w}{\partial z^2}+C_\sigma^w\frac{\partial \sigma_z}{\partial t} \tag{3.2.142}$$

$$\frac{\partial u_a}{\partial t}=-C_a\frac{\partial u_w}{\partial t}-C_v^a\frac{\partial^2 u_a}{\partial z^2}+C_\sigma^a\frac{\partial \sigma_z}{\partial t} \tag{3.2.143}$$

4. 荷载条件

在本节中，总应力包括两部分，即自重应力 σ_{cz} 和外部荷载产生的应力 σ_{ex}。可以表示为：

$$\sigma_z(z,t)=\sigma_{cz}+\sigma_{ex}=\rho g z+q(t) \tag{3.2.144}$$

式中：ρ——非饱和土的密度；

$q(t)$——外部随时间变化的荷载，该荷载施加在顶面。特别指出当 $t=0$ 时总载荷即为瞬时载荷，可以表示为：

$$\sigma_z(z,0)=\rho gz+q_0 \tag{3.2.145}$$

5. 初始条件

根据文献［10］提出的初始超孔隙压力的计算方法，初始状态下的超孔隙压力表达式如下：

$$u_a(z,0)=u_a^0=R_A\sigma(z,0)=R_A(\rho gz+q_0) \tag{3.2.146}$$

$$u_w(z,0)=u_w^0=R_W\sigma(z,0)=R_W(\rho gz+q_0) \tag{3.2.147}$$

其中：R_A 和 R_W 是计算初始条件的中间参数。

应该注意的是，外部荷载（如堆积预压）和自重应力同时影响固结并加速土体的沉降。因此，初始孔隙压力是由自重应力和外部荷载共同引起的。很难通过一个比例来区分由自重引起的初始孔隙压力和由外加荷载引起的孔隙压力。

6. 边界条件

顶面透气透水，底面不透气透水：

$$u_a(0,t)=u_w(0,t)=0 \tag{3.2.148}$$

$$\left.\frac{\partial u_a(z,t)}{\partial z}\right|_{z=H}=\left.\frac{\partial u_w(z,t)}{\partial z}\right|_{z=H}=0 \tag{3.2.149}$$

7. Laplace 域内的解

对式（3.2.142）～式（3.2.144）实施 Laplace 变换：

$$\tilde{u}_a=-\frac{C_v^w}{C_w s}\frac{\partial^2\tilde{u}_w}{\partial z^2}-\frac{1}{C_w}\tilde{u}_w+\frac{C_\sigma^w}{C_w s}[s\tilde{\sigma}_z(s)-\sigma(0)]+\frac{u_w^0+C_w u_a^0}{C_w s} \tag{3.2.150}$$

$$\tilde{u}_w=-\frac{C_v^a}{C_a s}\frac{\partial^2\tilde{u}_a}{\partial z^2}-\frac{1}{C_a}\tilde{u}_a+\frac{u_a^0+C_a u_w^0}{C_a s}+\frac{C_\sigma^a}{C_a s}[s\tilde{\sigma}_z(s)-\sigma(0)] \tag{3.2.151}$$

$$\tilde{\sigma}_z(s)=\frac{\rho gz}{s}+\tilde{q}(s) \tag{3.2.152}$$

将式（3.2.150）和式（3.2.152）关于 z 的二阶导代入式（3.2.151）中，可得：

$$b_1\frac{\partial^4\tilde{u}_w}{\partial z^4}+b_2\frac{\partial^2\tilde{u}_w}{\partial z^2}+b_3\tilde{u}_w+b_4 z+b_5\tilde{q}(s)+b_6 q_0=0 \tag{3.2.153}$$

其中：

$$b_1=C_v^a C_v^w/(s^2 C_a C_w) \tag{3.2.154a}$$

$$b_2=(C_v^a+C_v^w)/(C_a C_w s) \tag{3.2.154b}$$

$$b_3=1/(C_a C_w)-1 \tag{3.2.154c}$$

$$b_4=(C_a C_w-1)R_w\rho g/(C_a C_w s) \tag{3.2.154d}$$

$$b_5=(C_\sigma^a C_w-C_\sigma^w)/(C_w C_a) \tag{3.2.154e}$$

$$b_6=[(C_a C_w-1)R_w+C_\sigma^w-C_\sigma^a C_w]/(sC_a C_w) \tag{3.2.154f}$$

式（3.2.153）的通解可以表示为：

$$\tilde{u}_w=C_1 e^{\xi z}+C_2 e^{-\xi z}+C_3 e^{\gamma z}+C_4 e^{-\gamma z}-\frac{b_4 z+b_5\tilde{q}(s)+b_6 q_0}{b_3} \tag{3.2.155}$$

其中：

ξ 和 η 为中间变量，$\xi=\sqrt{\dfrac{-b_2-\sqrt{(b_2)^2-4b_1b_3}}{2b_1}}$，$\eta=\sqrt{\dfrac{-b_2+\sqrt{(b_2)^2-4b_1b_3}}{2b_1}}$。

表达式 $\pm\xi$ 和 $\pm\eta$ 是特征方程的四个根，对应于四阶常微分方程式（3.2.155），C_1、C_2、C_3 和 C_4 是未确定的系数，与边界条件有关。

在深度 z 上对式（3.2.155）求一阶和二阶导，可以得到：

$$\frac{\partial\tilde{u}_{\mathrm{w}}}{\partial z}=C_1\xi \mathrm{e}^{\xi z}-C_2\xi \mathrm{e}^{-\xi z}+C_3\eta \mathrm{e}^{\eta z}-C_4\eta \mathrm{e}^{-\eta z}-\frac{b_4}{b_3} \tag{3.2.156}$$

$$\frac{\partial^2\tilde{u}_{\mathrm{w}}}{\partial z^2}=C_1\xi^2 \mathrm{e}^{\xi z}+C_2\xi^2 \mathrm{e}^{-\xi z}+C_3\eta^2 \mathrm{e}^{\eta z}+C_4\eta^2 \mathrm{e}^{-\eta z} \tag{3.2.157}$$

将式（3.2.155）和式（3.2.157）代入式（3.2.150），得：

$$\tilde{u}_{\mathrm{a}}=b_7C_1\mathrm{e}^{\xi z}+b_7C_2\mathrm{e}^{-\xi z}+b_8C_3\mathrm{e}^{\eta z}+b_8C_4\mathrm{e}^{-\eta z}+b_9z+b_{10}\tilde{q}(s)+b_{11}q_0 \tag{3.2.158}$$

其中：

$$b_7=-(\xi^2C_{\mathrm{v}}^{\mathrm{w}}/s+1)/C_{\mathrm{w}} \tag{3.2.159a}$$

$$b_8=-(\eta^2C_{\mathrm{v}}^{\mathrm{w}}/s+1)/C_{\mathrm{w}} \tag{3.2.159b}$$

$$b_9=\frac{b_4}{C_{\mathrm{w}}b_3}+\frac{(R_{\mathrm{W}}+C_{\mathrm{w}}R_{\mathrm{A}})\rho g}{C_{\mathrm{w}}s}=\frac{R_{\mathrm{A}}\rho g}{s} \tag{3.2.159c}$$

$$b_{10}=(C_{\sigma}^{\mathrm{a}}-C_{\sigma}^{\mathrm{w}}C_{\mathrm{a}})/(1-C_{\mathrm{a}}C_{\mathrm{w}}) \tag{3.2.159d}$$

$$b_{11}=\frac{R_{\mathrm{A}}}{s}-\frac{C_{\sigma}^{\mathrm{a}}-C_{\sigma}^{\mathrm{w}}C_{\mathrm{a}}}{s(1-C_{\mathrm{w}}C_{\mathrm{a}})} \tag{3.2.159e}$$

式（3.2.158）在深度 z 上的一阶导可写为：

$$\frac{\partial\tilde{u}_{\mathrm{a}}}{\partial z}=b_7C_1\xi \mathrm{e}^{\xi z}-b_7C_2\xi \mathrm{e}^{-\xi z}+b_8C_3\eta \mathrm{e}^{\eta z}-b_8C_4\eta \mathrm{e}^{-\eta z}+b_9 \tag{3.2.160}$$

综上所述，式（3.2.155）和式（3.2.158）是自重应力和外力作用下非饱和土一维固结的通解。代入边界条件则可得到各种边界条件下的解。

Laplace 域内的边界条件为：

$$\tilde{u}_{\mathrm{a}}(0,s)=\tilde{u}_{\mathrm{w}}(0,s)=0 \tag{3.2.161}$$

$$\left.\frac{\partial\tilde{u}_{\mathrm{a}}(z,s)}{\partial z}\right|_{z=H}=\left.\frac{\partial\tilde{u}_{\mathrm{w}}(z,s)}{\partial z}\right|_{z=H}=0 \tag{3.2.162}$$

将式（3.2.155）、式（3.2.156）、式（3.2.158）和式（3.2.160）结合式（3.2.161）、式（3.2.162），可以得到未确定的系数 C_1、C_2、C_3 和 C_4。表示为：

$$C_1=\frac{-(b_4b_8+b_3b_9)-\xi \mathrm{e}^{-\xi H}[(b_3b_{11}+b_6b_8)q_0+(b_3b_{10}+b_5b_8)\tilde{q}(s)]}{\xi b_3(b_7-b_8)(\mathrm{e}^{\xi H}+\mathrm{e}^{-\xi H})} \tag{3.2.163a}$$

$$C_2=\frac{b_4b_8+b_3b_9-\xi \mathrm{e}^{\xi H}[(b_3b_{11}+b_6b_8)q_0+(b_3b_{10}+b_5b_8)\tilde{q}(s)]}{\xi b_3(b_7-b_8)(\mathrm{e}^{\xi H}+\mathrm{e}^{-\xi H})} \tag{3.2.163b}$$

$$C_3=\frac{b_4b_7+b_3b_9+\eta \mathrm{e}^{-\eta H}[(b_3b_{11}+b_6b_7)q_0+(b_3b_{10}+b_5b_7)\tilde{q}(s)]}{\eta b_3(b_7-b_8)(\mathrm{e}^{\eta H}+\mathrm{e}^{-\eta H})} \tag{3.2.163c}$$

$$C_4=\frac{-(b_4b_7+b_3b_9)+\eta \mathrm{e}^{\eta H}[(b_3b_{11}+b_6b_7)q_0+(b_3b_{10}+b_5b_7)\tilde{q}(s)]}{\eta b_3(b_7-b_8)(\mathrm{e}^{\xi H}+\mathrm{e}^{-\xi H})} \tag{3.2.163d}$$

将式（3.2.163a）~式（3.2.163d）代入式（3.2.155）~式（3.2.158）中，可得：

$$\tilde{u}_a=-\frac{b_7\{\phi_1\sinh(\xi z)+\xi\phi_2\cosh[\xi(H-z)]\}}{\xi\chi\cosh(\xi H)}+\frac{b_8\{\varphi_1\sinh(\eta z)+\eta\varphi_2\cosh[\eta(H-z)]\}}{\eta\chi\cosh(\eta H)}+b_9z+b_{10}\tilde{q}(s)+b_{11}q_0 \tag{3.2.164}$$

$$\tilde{u}_w=-\frac{\phi_1\sinh(\xi z)+\xi\phi_2\cosh[\xi(H-z)]}{\xi\chi\cosh(\xi H)}+\frac{\varphi_1\sinh(\eta z)+\eta\varphi_2\cosh[\eta(H-z)]}{\eta\chi\cosh(\eta H)}-\frac{b_4z+b_5\tilde{q}(s)+b_6q_0}{b_3} \tag{3.2.165}$$

其中：

$$\chi=b_3(b_7-b_8) \tag{3.2.166a}$$

$$\phi_1=b_4b_8+b_3b_9 \tag{3.2.166b}$$

$$\phi_2=(b_3b_{11}+b_6b_8)q_0+(b_3b_{10}+b_5b_8)\tilde{q}(s) \tag{3.2.166c}$$

$$\varphi_1=b_4b_7+b_3b_9 \tag{3.2.166d}$$

$$\varphi_2=(b_3b_{11}+b_6b_7)q_0+(b_3b_{10}+b_5b_7)\tilde{q}(s) \tag{3.2.166e}$$

基于 Fredlund 非饱和土固结理论，非饱和土一维应变的本构方程为：

$$\frac{\partial\varepsilon_v}{\partial t}=m_{1k}^s\frac{\partial(\sigma_z-u_a)}{\partial t}+m_2^s\frac{\partial(u_a-u_w)}{\partial t} \tag{3.2.167}$$

对式（3.2.167）进行 Laplace 变换，可以得到：

$$\tilde{\varepsilon}_v=(m_2^s-m_{1k}^s)\tilde{u}_a-m_2^s\tilde{u}_w+m_{1k}^s\tilde{\sigma}_z(z,s)+\frac{(m_{1k}^s-m_2^s)R_A+m_2^sR_W-m_{1k}^s}{s}(\rho gz+q_0) \tag{3.2.168}$$

因此，Laplace 域内沉降的积分可以表示为：

$$\tilde{w}(s)=\int_0^H\tilde{\varepsilon}_v\mathrm{d}z \tag{3.2.169}$$

将式（3.2.168）代入式（3.2.169），可得：

$$\begin{aligned}\tilde{w}(s)&=\int_0^H\left[(m_2^s-m_{1k}^s)\tilde{u}_a-m_2^s\tilde{u}_w+m_{1k}^s\tilde{\sigma}_z(z,s)+\frac{(m_{1k}^s-m_2^s)R_A+m_2^sR_W-m_{1k}^s}{s}(\rho gz+q_0)\right]\mathrm{d}z\\&=\frac{\gamma_1\{\phi_1[\cosh(\xi H)-1]+\xi\phi_2\sinh(\xi H)\}}{\xi^2\chi\cosh(\xi H)}+\frac{\gamma_2\{\varphi_1[\cosh(\eta H)-1]+\eta\varphi_2\sinh(\eta H)\}}{\eta^2\chi\cosh(\eta H)}\\&\quad+\gamma_3\tilde{q}(s)H+\gamma_4q_0H+\gamma_5\frac{H^2}{2}\end{aligned} \tag{3.2.170}$$

其中：

$$\gamma_1=m_2^s-b_7(m_2^s-m_{1k}^s) \tag{3.2.171a}$$

$$\gamma_2=b_8(m_2^s-m_{1k}^s)-m_2^s \tag{3.2.171b}$$

$$\gamma_3=b_{10}(m_2^s-m_{1k}^s)+\frac{b_5m_2^s}{b_3}+m_{1k}^s \tag{3.2.171c}$$

$$\gamma_4=\frac{b_6m_2^s}{b_3}+\frac{(m_{1k}^s-m_2^s)R_A+m_2^sR_W-m_{1k}^s}{s}+b_{11}(m_2^s-m_{1k}^s) \tag{3.2.171d}$$

$$\gamma_5=b_9(m_2^s-m_{1k}^s)+\frac{b_4m_2^s}{b_3}+[(m_{1k}^s-m_2^s)R_A+m_2^sR_W]\frac{\rho g}{s} \tag{3.2.171e}$$

式（3.2.164）、式（3.2.165）和式（3.2.170）是此边界条件下超孔隙压力及土层沉降 Laplace 域内的解。

本部分详细内容可参考文献［11］。

3.2.4.3　特殊情况下单层非饱和土一维固结特性分析

本节分析所采用算例，具体参数取值如表 3.2.1 和表 3.2.3 所示。

单层特殊情况下非饱和土一维固结相关参数　　表 3.2.3

特殊情况类型	符号	取值	单位
考虑应力扩散	σ_{2T}	100	kPa
	σ_{2B}	60	kPa
	u_a^0，u_w^0	0	kPa
	t_3	8.64×10^6s（100d）	s，d
	t_1	$1/5t_3$	s，d
	t_2	$4/5t_3$	s，d
考虑自重		见此节中详表	—

1. 考虑应力扩散的非饱和土一维固结

（1）不同荷载大小情况下考虑初始应力随深度变化的非饱和土一维固结特性

不同的荷载大小对超孔隙压力的影响是很明显的，垂直总应力越大，增减的幅度也越大（图 3.2.23）。超孔隙压力曲线与垂直总应力的增长成正比。考虑荷载随深度变化的情况下，超孔隙压力沿深度变化的曲线先增大后减小。而如果荷载不随深度变化，超孔隙压力则沿着深度单调递增，最终稳定于同一值。超孔隙压力沿深度变化的曲线与外荷载沿深度的变化有一定的相似度。本节采用的是二级加载的方案，沉降的发展曲线则也有两个明显的发展阶段。当外荷载逐渐增加时，非饱和土体的沉降也在逐渐非线性增加。而当外荷载保持不变时，沉降发展非常缓慢。随着荷载整体的增大，考虑与不考虑荷载随深度变化两种情况下的沉降差值也随之增大。通过对比，可以认为如果在实际工程中对非饱和土地基制定处理方案时忽略了垂直总应力随深度变化，则超孔隙压力值和沉降的量会被大大高估，进而影响到施工其他方面。

（2）不同加载速度下应力随深度变化的非饱和土一维固结特性

以下参数分析中，主要围绕加载速度对非饱和土固结的影响展开研究。同时，在曲线图中同时绘制出了荷载随深度变化和荷载不随深度变化两种情况下的变化曲线以凸显考虑随深度变化荷载对单层非饱和土一维固结的影响。

不同的加载速度是通过改变参数 t_3 来实现的，改变 t_3 就会改变外荷载的加载速率。从图 3.2.24 中可以看出，超孔隙压力在二级加载情况下，都连续出现了两次先增大后才减小的过程。加载速度越快，超孔隙压力达到最大值所需的时间越短，超孔隙压力值最大值也越大。虚线表示的是不考虑垂直总应力随深度变化情况下的超孔隙压力随时间变化的曲线，虚线几乎在超孔隙压力消散过程中一直是远远高于实线的。并且加载速度越大，虚线与实线之间的差距也越大。在后期，超孔隙压力都会沿着几乎同一路径进行消散。在时间 t_3 之后，不同加载速度的沉降曲线则会沿着同一路径平稳发展。由于加载速度越快，所引起的超孔隙压力越大，则导致沉降的发展也会越快。加载时间的变化几乎不改变平台

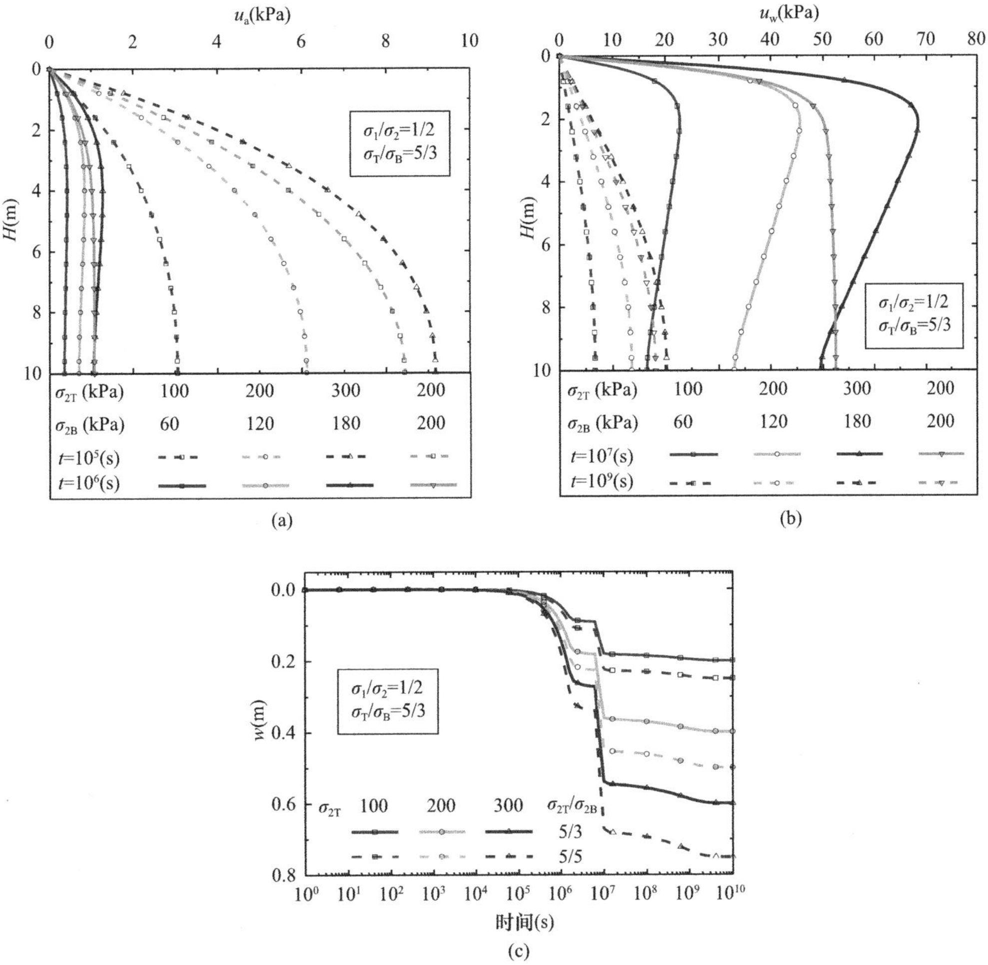

图 3.2.23　不同顶部应力下考虑应力随深度变化的变化曲线

（a）超孔隙气压力；（b）超孔隙水压力；（c）沉降

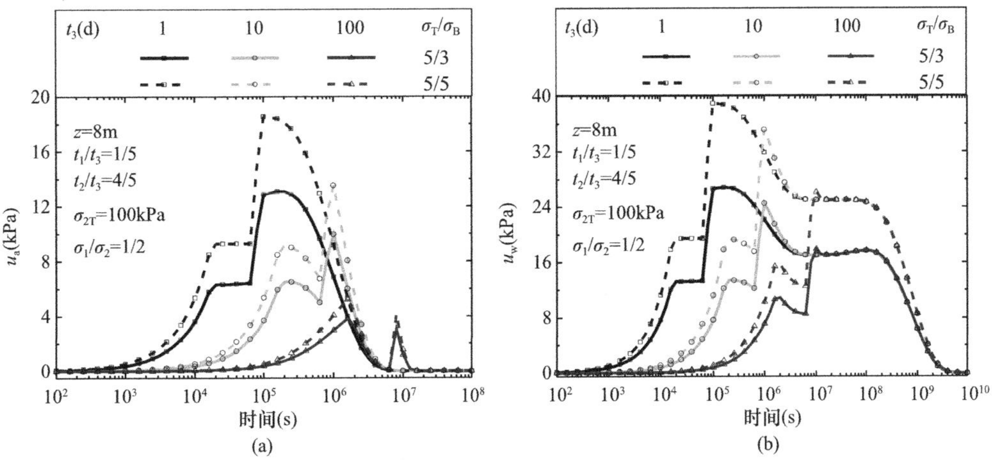

图 3.2.24　不同加载速度情况下考虑应力随深度变化的变化曲线（一）

（a）超孔隙气压力；（b）超孔隙水压力

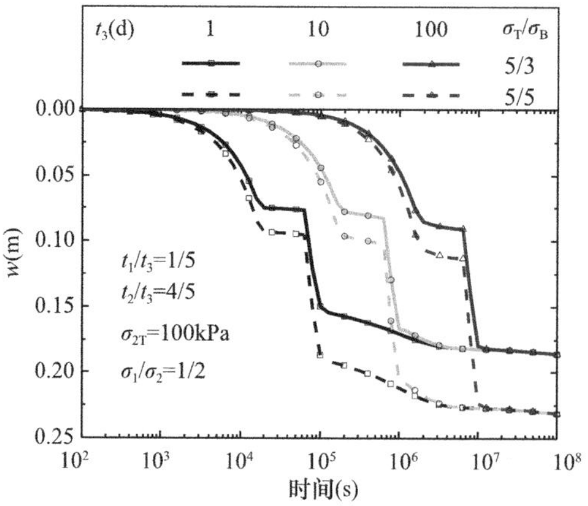

(c)

图 3.2.24　不同加载速度情况下考虑应力随深度变化的变化曲线（二）

（c）沉降

期的沉降值和最终沉降量，只会改变沉降的发展过程。对于工期要求不严格的工程而言，最好采用加载时间较长的加载方案，避免土体因快速增加的荷载而导致失稳破坏。

2. 考虑自重影响的非饱和土一维固结

(1) 不同土体密度对非饱和土一维固结的影响

图 3.2.25 显示了在不同的土体密度 ρ 值下，超孔隙气压力［图 3.2.25（a)］、超孔隙水压力［图 3.2.25（b)］和相对沉降［图 3.2.25（c)］随时间的变化。在分析中，土体密度 ρ 值采用 1.2、1.4、1.6、1.8 和 2.0g/cm^3。表 3.2.4 列出了在不同土体密度下的超孔隙压力。可以发现，相对超孔隙气/水压力开始消散后在同一时间结束。较大的密度 ρ 将降低相对超孔隙气/水压力的增长［图 3.2.25（a）和图 3.2.25（b)］，这是对应于施工荷载的上升阶段。值得注意的是，最初的超孔隙压力是随着密度 ρ 变化。因此，绝对超孔隙气/水压力随着密度 ρ 值的增加而变大。作为超孔隙压力变化的相关结果，最终的相对沉降量随着密度 ρ 的增加而增加，如图 3.2.25（c）所示。由于这里采用了不同的密度 ρ，

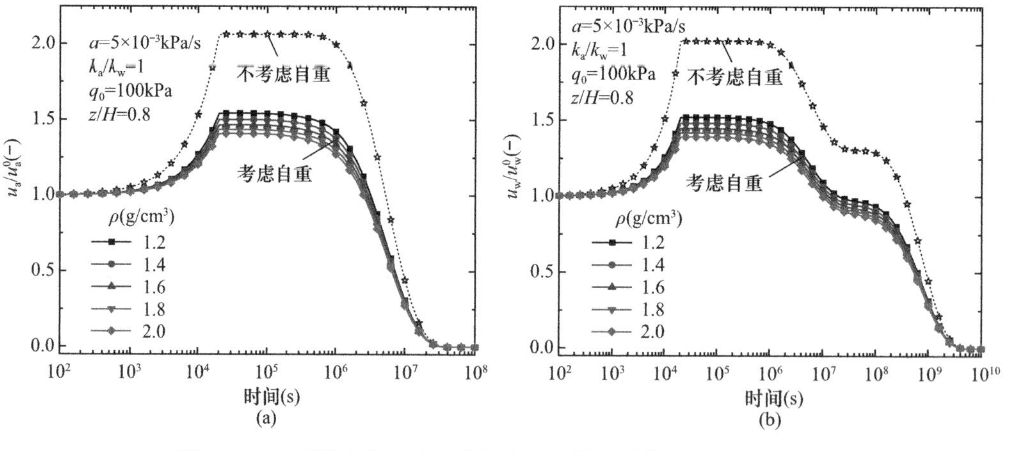

图 3.2.25　不同土体密度对非饱和土一维固结特性的影响（一）

（a）u_a/u_a^0；（b）u_w/u_w^0

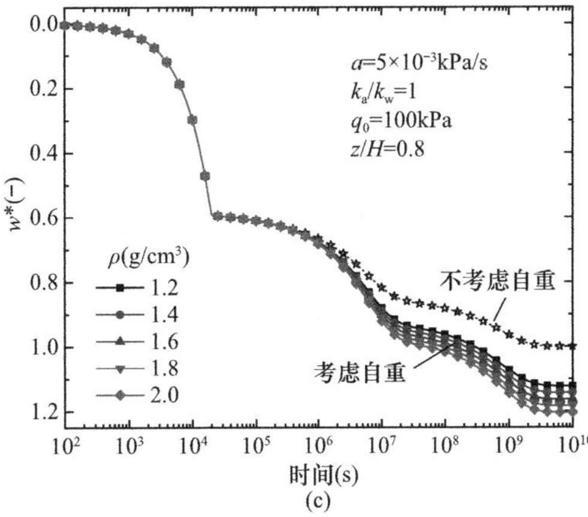

图 3.2.25　不同土体密度对非饱和土一维固结特性的影响（二）

(c) w^*

不同土体密度下的初始超孔隙压力　　表 3.2.4

ρ (g/cm^3)	0	1.2	1.4	1.6	1.8	2.0
u_a^0 (kPa)	17.42	33.82	36.55	39.28	42.01	44.75
u_w^0 (kPa)	38.03	73.82	79.78	85.75	91.71	97.68

如果忽略自重应力，相对沉降量被低估 10%～20%。

(2) 不同荷载参数对于非饱和土一维固结的影响

总应力由外部荷载和土体的自重产生。在这一部分中，将分析与外部荷载有关的参数对一维固结特性的影响。表 3.2.5 列出了在考虑和忽略土体自重的情况下，不同荷载参数下的初始超孔隙压力。图 3.2.26 显示了超孔隙气/水压力的变化和相对沉降发展。其中，k_a/k_w 的比率为 1，计算点为 $z/H=0.8$，土的密度为 1.6g/cm^3。为便于比较，荷载参数值采用 0.5×10^{-4}kPa/s、5×10^{-4}kPa/s 和 50×10^{-4}kPa/s。

考虑和不考虑土体自重时不同荷载参数下的初始超孔隙压力　　表 3.2.5

a ($\times10^{-4}$kPa/s)	50	5	0.5	50	5	0.5
ρ (g/cm^3)	0	0	0	1.6	1.6	1.6
u_a^0 (kPa)	17.42	17.42	17.42	39.28	39.28	39.28
u_w^0 (kPa)	38.03	38.03	38.03	85.75	85.75	85.75

当采用较大的参数 a 值时，施工载荷达到恒定阶段的时间就越短。随着参数 a 值的增大，可以观察到超孔隙气压力和超孔隙水压力的增加期更短［图 3.2.26 (a) 和图 3.2.26 (b)］。在增加到峰值后，超孔隙压力沿着相同的路径消散。如图 3.2.26 (c) 所示，施工荷载的加载速率只对加载期间的沉降发展有影响，但对最终相对沉降的大小没有影响。施工荷载通常用于模拟堆积预压荷载，这与本章中堆积预压荷载随时间变化的过程相对应。在相同的荷载参数下，考虑和不考虑自重应力，在沉降快速发展时期 (10^2～10^6s) 沉降差可以忽略不计，但最终的相对沉降是不同的。

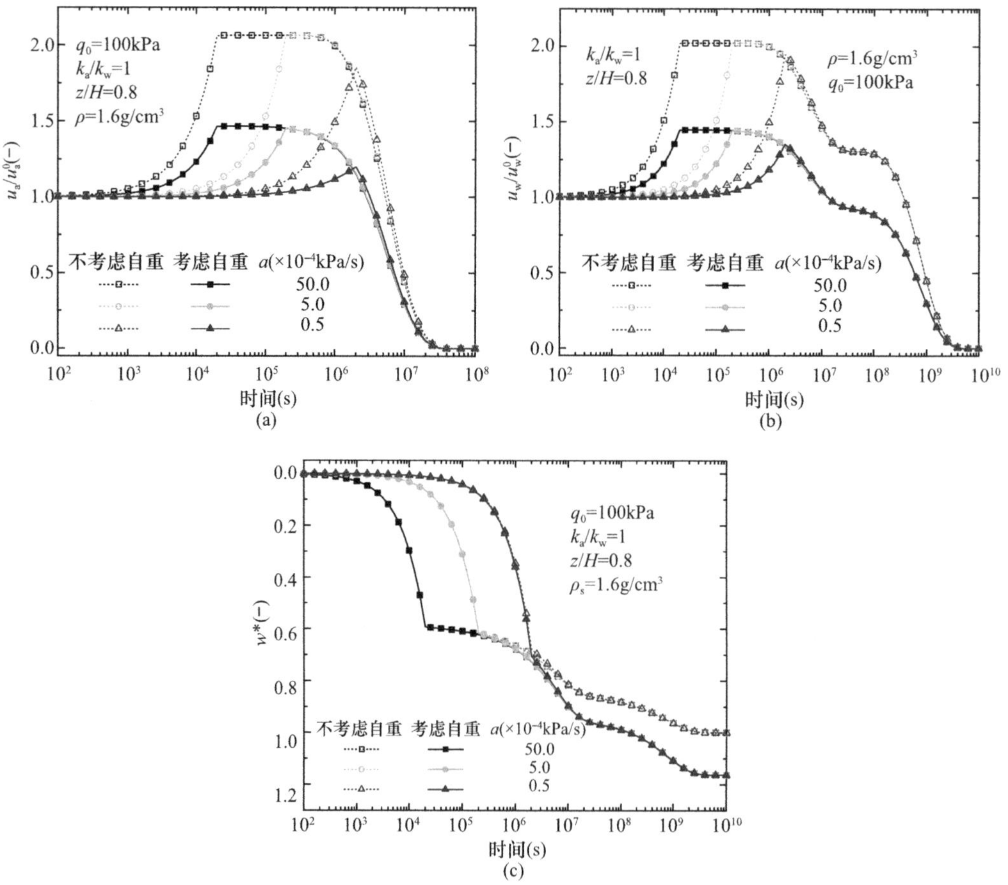

图 3.2.26 不同荷载参数 a 对非饱和土的一维固结特性的影响

(a) u_a/u_a^0；(b) u_w/u_w^0；(c) w^*

3.3 成层非饱和土地基一维固结

3.3.1 固结模型

当一总厚度为 H 的 n 层非饱和土地基，在受到大面积均布瞬时荷载 q_0 作用下，可近似认为该成层非饱和土地基的渗流和变形仅发生在竖向，它的一维固结计算简图可用图 3.3.1 表示。h_i（$i=1, 2, \cdots, n$）表示第 i 层非饱和土层的底面深度。

为通过解析方法研究成层非饱和土地基一维固结问题，除采用之前一维固结控制方程的假定外，另作如下补充：

（1）非饱和土地基为成层土且各层的土体是均质的；

（2）孔隙气和孔隙水的渗流在相邻两层的界面上满足连续条件；

（3）初始时刻产生的超孔隙压力沿竖向均布且在界面上连续。

3.3.1.1 控制方程

对于如图 3.3.1 所示的成层非饱和土地基，任意层非饱和土的一维固结控制方程可参考 Fredlund 非饱和土一维固结模型，当瞬时均布荷载作用时，第 i 层非饱和土一维固结的

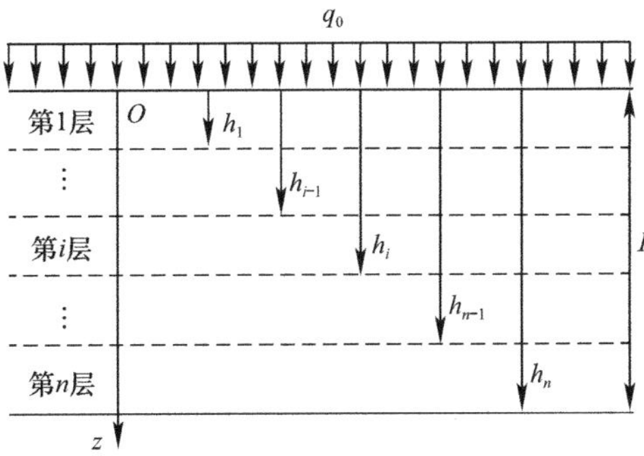

图 3.3.1 成层非饱和土一维固结模型

控制方程为：

$$\frac{\partial u_a^{(i)}}{\partial t}=-C_a^{(i)}\frac{\partial u_w^{(i)}}{\partial t}-C_v^{a(i)}\frac{\partial^2 u_a^{(i)}}{\partial z^2} \tag{3.3.1}$$

$$\frac{\partial u_w^{(i)}}{\partial t}=-C_w^{(i)}\frac{\partial u_a^{(i)}}{\partial t}-C_v^{w(i)}\frac{\partial^2 u_w^{(i)}}{\partial z^2} \tag{3.3.2}$$

式中：上标中的（i）用以表示第 i 层非饱和土层；

$$C_a^{(i)}=m_2^{a(i)}[m_{1k}^{a(i)}-m_2^{a(i)}-(1-S_{r0}^{(i)})n_0^{(i)}/(u_a^0+u_{atm})]^{-1} \tag{3.3.3a}$$

$$C_w^{(i)}=(m_{1k}^{w(i)}-m_2^{w(i)})/m_2^{w(i)} \tag{3.3.3b}$$

$$C_v^{a(i)}=k_a^{(i)}RT\{gM[(m_{1k}^{a(i)}-m_2^{a(i)})(u_a^0+u_{atm})-(1-S_{r0}^{(i)})n_0^{(i)}]\}^{-1} \tag{3.3.3c}$$

$$C_v^{w(i)}=k_w^{(i)}/(\gamma_w m_2^{w(i)}) \tag{3.3.3d}$$

3.3.1.2 初始条件及边界条件

根据基本假定（3），初始时刻的超孔隙压力为：

$$u_a^{(i)}(z,0)=u_a^0,\quad u_w^{(i)}(z,0)=u_w^0 \tag{3.3.4}$$

在渗流固结过程中，成层非饱和地基各层土的界面需满足压力相等和流量相等，即：

$$u_a^{(i)}(h_i,t)=u_a^{(i+1)}(h_i,t),\quad u_w^{(i)}(h_i,t)=u_w^{(i+1)}(h_i,t) \tag{3.3.5}$$

$$k_a^{(i)}\left.\frac{\partial u_a^{(i)}(z,t)}{\partial z}\right|_{z=h_i}=k_a^{(i+1)}\left.\frac{\partial u_a^{(i+1)}(z,t)}{\partial z}\right|_{z=h_i},\quad k_w^{(i)}\left.\frac{\partial u_w^{(i)}(z,t)}{\partial z}\right|_{z=h_i}=k_w^{(i+1)}\left.\frac{\partial u_w^{(i+1)}(z,t)}{\partial z}\right|_{z=h_i} \tag{3.3.6}$$

由外荷载作用引起的成层非饱和土地基中的超孔隙压力只能通过可渗透边界消散。在研究固结问题时，成层非饱和土地基与单层地基不同，各层间的渗流存在相互影响，其在单面渗透和双面渗透两种边界情况下的理论解不能通过改变厚度直接换算，需对不同边界情况采用严格的推导。此外，很多学者指出，可渗透边界在很多时候并不是完全理想的渗透边界，需考虑不同边界对固结过程的影响。因此，在研究成层非饱和土地基的一维固结时，考虑了三种边界情况：边界条件 1 为顶面透气透水、底面不透气不透水的单面渗透边界情况；边界条件 2 为顶面与底面均透气透水的双面渗透边界；边界条件 3 为顶面部分透气透水、底面不透气不透水的单面半渗透边界情况。它们的顶面与底面的边界条件分别为：

（1）边界条件 1

$$u_a^{(1)}(0,t)=u_w^{(1)}(0,t)=0 \tag{3.3.7}$$

$$\left.\frac{\partial u_{\mathrm{a}}^{(n)}(z,t)}{\partial z}\right|_{z=h_n}=0,\quad \left.\frac{\partial u_{\mathrm{w}}^{(n)}(z,t)}{\partial z}\right|_{z=h_n}=0 \tag{3.3.8}$$

（2）边界条件 2

$$u_{\mathrm{a}}^{(1)}(0,t)=u_{\mathrm{w}}^{(1)}(0,t)=0 \tag{3.3.9}$$

$$u_{\mathrm{a}}^{(n)}(h_n,t)=u_{\mathrm{w}}^{(n)}(h_n,t)=0 \tag{3.3.10}$$

（3）边界条件 3

$$\left.\frac{\partial u_{\mathrm{a}}^{(1)}(z,t)}{\partial z}\right|_{z=0}=\frac{R_{\mathrm{t}}}{H}u_{\mathrm{a}}^{(1)}(0,t),\quad \left.\frac{\partial u_{\mathrm{w}}^{(1)}(z,t)}{\partial z}\right|_{z=0}=\frac{R_{\mathrm{t}}}{H}u_{\mathrm{w}}^{(1)}(0,t) \tag{3.3.11}$$

$$\left.\frac{\partial u_{\mathrm{a}}^{(n)}(z,t)}{\partial z}\right|_{z=h_n}=0,\quad \left.\frac{\partial u_{\mathrm{w}}^{(n)}(z,t)}{\partial z}\right|_{z=h_n}=0 \tag{3.3.12}$$

式中：R_{t}——顶面边界的半渗透参数。

控制方程式（3.3.1）和式（3.3.2）、初始条件式（3.3.4）和层间连续条件式（3.3.5）和式（3.3.6）分别与边界条件式（3.3.7）、式（3.3.8）或式（3.3.9）、式（3.3.10）或式（3.3.11）、式（3.3.12）构成成层非饱和土一维固结的数学模型。对于不同的边界情况，当得到超孔隙压力的解后，可通过 Fredlund 给出的非饱和土本构关系，计算大面积均布瞬时荷载作用下的地基固结沉降。

3.3.2 模型求解

任意层的一维固结控制方程组式（3.3.1）和式（3.3.2）为相互耦合的关于深度 z 和时间 t 的偏微分方程组，在求解时，对任意层的控制方程使用积分变换后结合消元法思想给出 Laplace 变换域的通解：

$$\tilde{u}_{\mathrm{w}}^{(i)}(z,s)=C_1^{(i)}\mathrm{e}^{\xi^{(i)}z}z+C_2^{(i)}\mathrm{e}^{-\xi_1^{(i)}z}+C_3^{(i)}\mathrm{e}^{\xi_2^{(i)}z}+C_4^{(i)}\mathrm{e}^{-\xi_2^{(i)}z}+\frac{u_{\mathrm{w}}^0}{s} \tag{3.3.13}$$

$$\tilde{u}_{\mathrm{a}}^{(i)}(z,s)=-C_1^{(i)}a_5^{(i)}\mathrm{e}^{\xi_1^{(i)}z}-C_2^{(i)}a_5^{(i)}\mathrm{e}^{-\xi_1^{(i)}z}-C_3^{(i)}a_6^{(i)}\mathrm{e}^{\xi_2^{(i)}z}-C_4^{(i)}a_6^{(i)}\mathrm{e}^{-\xi_2^{(i)}z}+\frac{u_{\mathrm{a}}^0}{s} \tag{3.3.14}$$

式中：$C_1^{(i)}\sim C_4^{(i)}$——待定系数；

$$\xi_1^{(i)}=[-a_2^{(i)}-(a_2^{(i)2}-4a_1^{(i)}a_3^{(i)})^{1/2}]^{1/2}/(2a_1^{(i)})^{1/2} \tag{3.3.15a}$$

$$\xi_2^{(i)}=[-a_2^{(i)}+(a_2^{(i)2}-4a_1^{(i)}a_3^{(i)})^{1/2}]^{1/2}/(2a_1^{(i)})^{1/2} \tag{3.3.15b}$$

$$a_1^{(i)}=C_{\mathrm{v}}^{\mathrm{a}(i)}C_{\mathrm{v}}^{\mathrm{w}(i)}/(sC_{\mathrm{w}}^{(i)}) \tag{3.3.15c}$$

$$a_2^{(i)}=(C_{\mathrm{v}}^{\mathrm{a}(i)}+C_{\mathrm{v}}^{\mathrm{w}(i)})/C_{\mathrm{w}}^{(i)} \tag{3.3.15d}$$

$$a_3^{(i)}=s(1-C_{\mathrm{a}}^{(i)}C_{\mathrm{w}}^{(i)})/C_{\mathrm{w}}^{(i)} \tag{3.3.15e}$$

$$a_4^{(i)}=(1-C_{\mathrm{a}}^{(i)}C_{\mathrm{w}}^{(i)})u_{\mathrm{w}}^0/C_{\mathrm{w}}^{(i)} \tag{3.3.15f}$$

$$a_5^{(i)}=[C_{\mathrm{v}}^{\mathrm{w}(i)}(\xi_1^{(i)})^2+s]/(sC_{\mathrm{w}}^{(i)}) \tag{3.3.15g}$$

$$a_6^{(i)}=[C_{\mathrm{v}}^{\mathrm{w}(i)}(\xi_2^{(i)})^2+s]/(sC_{\mathrm{w}}^{(i)}) \tag{3.3.15h}$$

对于成层非饱和土的一维固结问题，当所有待定系数 $C_1^{(i)}\sim C_4^{(i)}$ 通过层间连续和边界条件给出后，结合通解式（3.3.13）和式（3.3.14）就能给出 Laplace 域内的解析解。为方便确定待定系数，本章借鉴蔡袁强等[12]提出的建立以矩阵传递关系表示待定系数之间关系的方法。在利用界面连续条件建立传递矩阵关系时，需对式（3.3.5）和式（3.3.6）

进行 Laplace 变换，变换后有：

$$\widetilde{u}_{\mathrm{a}}^{(i)}(h_i,s)=\widetilde{u}_{\mathrm{a}}^{(i+1)}(h_i,s),\quad \widetilde{u}_{\mathrm{w}}^{(i)}(h_i,s)=\widetilde{u}_{\mathrm{w}}^{(i+1)}(h_i,s) \tag{3.3.16}$$

$$k_{\mathrm{a}}^{(i)}\frac{\partial\widetilde{u}_{\mathrm{a}}^{(i)}(z,s)}{\partial z}\bigg|_{z=h_i}=k_{\mathrm{a}}^{(i+1)}\frac{\partial\widetilde{u}_{\mathrm{a}}^{(i+1)}(z,s)}{\partial z}\bigg|_{z=h_i},\quad k_{\mathrm{w}}^{(i)}\frac{\partial\widetilde{u}_{\mathrm{w}}^{(i)}(z,s)}{\partial z}\bigg|_{z=h_i}=k_{\mathrm{w}}^{(i+1)}\frac{\partial\widetilde{u}_{\mathrm{w}}^{(i+1)}(z,s)}{\partial z}\bigg|_{z=h_i} \tag{3.3.17}$$

将 Laplace 域内的通解式（3.3.13）和式（3.3.14）代入式（3.3.16）和式（3.3.17），用矩阵形式表示出其线性关系式：

$$[A^{(i)}][C^{(i)}]=[B^{(i+1)}][C^{(i+1)}] \tag{3.3.18}$$

式中：$[C^{(i)}]$ 和 $[C^{(i+1)}]$ 为第 i 和 $i+1$ 层的矩阵形式的待定系数；矩阵 $[A^{(i)}]$，$[B^{(i+1)}]$ 和 $[C^{(i)}]$ 分别为

$$[A^{(i)}]=\begin{bmatrix} e^{\xi_1^{(i)}h_i} & e^{-\xi_1^{(i)}h_i} & e^{\eta^{(i)}h_i} & e^{-\eta_i^{(i)}h_i} \\ \alpha_5^{(i)}e^{\xi_1^{(i)}h_i} & \alpha_5^{(i)}e^{-\xi_1^{(i)}h_i} & \alpha_6^{(i)}e^{\eta^{(i)}h_i} & \alpha_6^{(i)}e^{-\eta^{(i)}h_i} \\ \alpha_1^{(i)}e^{\xi_1^{(i)}h_i} & -\alpha_1^{(i)}e^{-\xi_1^{(i)}h_i} & \alpha_2^{(i)}e^{\eta^{(i)}h_i} & -\alpha_2^{(i)}e^{-\eta^{(i)}h_i} \\ \alpha_3^{(i)}e^{\xi_1^{(i)}h_i} & -\alpha_3^{(i)}e^{-\xi_1^{(i)}h_i} & \alpha_4^{(i)}e^{\eta^{(i)}h_i} & -\alpha_4^{(i)}e^{-\eta^{(i)}h_i} \end{bmatrix} \tag{3.3.19}$$

$$[B^{(i+1)}]=\begin{bmatrix} e^{\xi_1^{(i+1)}h_i} & e^{-\xi_1^{(i+1)}h_i} & e^{\eta^{(i+1)}h_i} & e^{-\eta_i^{(i+1)}h_i} \\ \alpha_5^{(i+1)}e^{\xi_1^{(i+1)}h_i} & \alpha_5^{(i+1)}e^{-\xi_1^{(i+1)}h_i} & \alpha_6^{(i+1)}e^{\eta^{(i+1)}h_i} & \alpha_6^{(i+1)}e^{-\eta^{(i+1)}h_i} \\ \alpha_1^{(i+1)}e^{\xi_1^{(i+1)}h_i} & -\alpha_1^{(i+1)}e^{-\xi_1^{(i+1)}h_i} & \alpha_2^{(i+1)}e^{\eta^{(i+1)}h_i} & -\alpha_2^{(i+1)}e^{-\eta^{(i+1)}h_i} \\ \alpha_3^{(i+1)}e^{\xi_1^{(i+1)}h_i} & -\alpha_3^{(i+1)}e^{-\xi_1^{(i+1)}h_i} & \alpha_4^{(i+1)}e^{\eta^{(i+1)}h_i} & -\alpha_4^{(i+1)}e^{-\eta^{(i+1)}h_i} \end{bmatrix} \tag{3.3.20}$$

$$[C^{(i)}]=[C_1^{(i)}\quad C_2^{(i)}\quad C_3^{(i)}\quad C_4^{(i)}]^{\mathrm{T}} \tag{3.3.21}$$

在式（3.3.19）和式（3.3.20）中，$\alpha_1^{(i)}=k_{\mathrm{w}}^{(i)}\xi_1^{(i)}$，$\alpha_2^{(i)}=k_{\mathrm{w}}^{(i)}\xi_2^{(i)}$，$\alpha_3^{(i)}=k_{\mathrm{a}}^{(i)}\xi_1^{(i)}$，$\alpha_4^{(i)}=k_{\mathrm{a}}^{(i)}\xi_2^{(i)}$。通过整理式（3.3.18），可给出任意层的待定系数与第一层待定系数的矩阵关系式：

$$[C^{(i)}]=[M^{(i)}][C^{(1)}] \tag{3.3.22}$$

式中：$[M^{(i)}]=[B^{(i)}]^{-1}[A^{(i-1)}]\cdots[B^{(2)}]^{-1}[A^{(1)}]$；

$[M^{(i)}]$ ——将任意层待定系数与第一层系数联系起来的传递矩阵。

对于一个成层非饱和土地基固结问题，当确定了第一层的待定系数后，就能借助待定系数的矩阵关系式（3.3.22）得到任意层的待定系数。换句话说，只要得到相应边界条件下的$[C^{(1)}]$，就能给出所有层的解析解。下面将确定不同边界情况下的 $[C^{(1)}]$。

（1）边界条件1

对边界条件1的式（3.3.7）和式（3.3.8）进行关于时间 t 的 Laplace 变换，并代入通解式（3.3.13）和式（3.3.14），可将它们以矩阵形式表示：

$$[1\quad 1\quad 1\quad 1][C^{(1)}]=-u_{\mathrm{w}}^0/s \tag{3.3.23}$$

$$[\alpha_5^{(1)}\quad \alpha_5^{(1)}\quad \alpha_6^{(1)}\quad \alpha_6^{(1)}][C^{(1)}]=u_{\mathrm{a}}^0/s \tag{3.3.24}$$

$$\begin{bmatrix}\xi_1^{(n)}e^{\xi_1^{(n)}h_n} & -\xi_1^{(n)}e^{-\xi_1^{(n)}h_n} & \xi_2^{(n)}e^{\xi_2^{(n)}h_n} & -\xi_2^{(n)}e^{-\xi_2^{(n)}h_n}\end{bmatrix}[C^{(n)}]=0 \tag{3.3.25}$$

$$\begin{bmatrix}a_5^{(n)}\xi_1^{(n)}e^{\xi_1^{(n)}h_n} & -a_5^{(n)}\xi_1^{(n)}e^{-\xi_1^{(n)}h_n} & a_6^{(n)}\xi_2^{(n)}e^{\xi_2^{(n)}h_n} & -a_6^{(n)}\xi_2^{(n)}e^{-\xi_2^{(n)}h_n}\end{bmatrix}[C^{(n)}]=0 \tag{3.3.26}$$

对于式（3.3.25）和式（3.3.26），将矩阵关系式（3.3.22）代入，可得到：

$$\begin{bmatrix}\xi_1^{(n)}e^{\xi_1^{(n)}h_n} & -\xi_1^{(n)}e^{-\xi_1^{(n)}h_n} & \xi_2^{(n)}e^{\xi_2^{(n)}h_n} & -\xi_2^{(n)}e^{-\xi_2^{(n)}h_n}\end{bmatrix}[M^{(n)}][C^{(1)}]=0 \tag{3.3.27}$$

$$\begin{bmatrix}a_5^{(n)}\xi_1^{(n)}e^{\xi_1^{(n)}h_n} & -a_5^{(n)}\xi_1^{(n)}e^{-\xi_1^{(n)}h_n} & a_6^{(n)}\xi_2^{(n)}e^{\xi_2^{(n)}h_n} & -a_6^{(n)}\xi_2^{(n)}e^{-\xi_2^{(n)}h_n}\end{bmatrix}[M^{(n)}][C^{(1)}]=0 \tag{3.3.28}$$

在式（3.3.13）、式（3.3.14）中，仅有第一层的待定系数为未知数，可通过这四个等式计算出$[C^{(1)}]$。为了结果表示方便，令：

$$[M^{(n)}]=\begin{bmatrix}m_{11} & m_{12} & m_{13} & m_{14}\\ m_{21} & m_{22} & m_{23} & m_{24}\\ m_{31} & m_{32} & m_{33} & m_{34}\\ m_{41} & m_{42} & m_{43} & m_{44}\end{bmatrix} \tag{3.3.29}$$

式中：$m_{11}\sim m_{44}$ 通过矩阵关系式 $[M^{(n)}]=[B^{(n)}]^{-1}[A^{(n-1)}]\cdots[B^{(2)}]^{-1}[A^{(1)}]$ 确定。

由式（3.3.23）、式（3.3.24）和式（3.3.27）～式（3.3.29），可求出第一层的 4 个待定系数 $C_1^{(1)}\sim C_4^{(1)}$：

$$C_1^{(1)}=-\frac{\chi_{12}(u_a^0+a_5^{(1)}u_w^0)+\chi_{13}(u_a^0+a_6^{(1)}u_w^0)}{(a_5^{(1)}-a_6^{(1)})\chi_{11}s} \tag{3.3.30a}$$

$$C_2^{(1)}=\frac{\chi_{12}(u_a^0+a_5^{(1)}u_w^0)+\chi_{14}(u_a^0+a_6^{(1)}u_w^0)}{(a_5^{(1)}-a_6^{(1)})\chi_{11}s} \tag{3.3.30b}$$

$$C_3^{(1)}=\frac{\chi_{15}(u_a^0+a_5^{(1)}u_w^0)-\chi_{16}(u_a^0+a_6^{(1)}u_w^0)}{(a_5^{(1)}-a_6^{(1)})\chi_{11}s} \tag{3.3.30c}$$

$$C_4^{(1)}=-\frac{\chi_{17}(u_a^0+a_5^{(1)}u_w^0)-\chi_{16}(u_a^0+a_6^{(1)}u_w^0)}{(a_5^{(1)}-a_6^{(1)})\chi_{11}s} \tag{3.3.30d}$$

式中：χ_{11}、χ_{12}、χ_{13}、χ_{14}、χ_{15}、χ_{16}、χ_{17} 见附录 3B。

（2）边界条件 2

对边界条件 2 的式（3.3.9）、式（3.3.10）进行关于时间 t 的 Laplace 变换，并代入通解式（3.3.13）和式（3.3.14），可将它们以矩阵形式表示并考虑矩阵关系式（3.3.22），得到：

$$\begin{bmatrix}1 & 1 & 1 & 1\end{bmatrix}[C^{(1)}]=-u_w^0/s \tag{3.3.31}$$

$$\begin{bmatrix}a_5^{(1)} & a_5^{(1)} & a_6^{(1)} & a_6^{(1)}\end{bmatrix}[C^{(1)}]=u_a^0/s \tag{3.3.32}$$

$$\begin{bmatrix}e^{\xi_1^{(n)}h_n} & e^{-\xi_1^{(n)}h_n} & e^{\xi_2^{(n)}h_n} & e^{-\xi_2^{(n)}h_n}\end{bmatrix}[M^{(n)}][C^{(1)}]=-u_w^0/s \tag{3.3.33}$$

$$\begin{bmatrix}a_5^{(n)}e^{\xi_1^{(n)}h_n} & a_5^{(n)}e^{-\xi_1^{(n)}h_n} & a_6^{(n)}e^{\xi_2^{(n)}h_n} & a_6^{(n)}e^{-\xi_2^{(n)}h_n}\end{bmatrix}[M^{(n)}][C^{(1)}]=u_a^0/s \tag{3.3.34}$$

由式（3.3.31）～式（3.3.34）并使用简化矩阵式（3.3.29），可求出第一层的 4 个待

定系数 $C_1^{(1)} \sim C_4^{(1)}$：

$$C_1^{(1)} = \frac{(a_5^{(n)} - a_6^{(n)})[\chi_{22}(u_a^0 + a_5^{(1)} u_w^0) + \chi_{23}(u_a^0 + a_6^{(1)} u_w^0)] + (a_5^{(1)} - a_6^{(1)})\chi_{24}}{(a_5^{(1)} - a_6^{(1)})(a_5^{(n)} - a_6^{(n)})\chi_{21} s} \tag{3.3.35a}$$

$$C_2^{(1)} = -\frac{(a_5^{(n)} - a_6^{(n)})[\chi_{22}(u_a^0 + a_5^{(1)} u_w^0) + \chi_{25}(u_a^0 + a_6^{(1)} u_w^0)] + (a_5^{(1)} - a_6^{(1)})\chi_{24}}{(a_5^{(1)} - a_6^{(1)})(a_5^{(n)} - a_6^{(n)})\chi_{21} s} \tag{3.3.35b}$$

$$C_3^{(1)} = -\frac{(a_5^{(n)} - a_6^{(n)})[\chi_{26}(u_a^0 + a_5^{(1)} u_w^0) + \chi_{27}(u_a^0 + a_6^{(1)} u_w^0)] + (a_5^{(1)} - a_6^{(1)})\chi_{28}}{(a_5^{(1)} - a_6^{(1)})(a_5^{(n)} - a_6^{(n)})\chi_{21} s} \tag{3.3.35c}$$

$$C_4^{(1)} = \frac{(a_5^{(n)} - a_6^{(n)})[\chi_{29}(u_a^0 + a_5^{(1)} u_w^0) + \chi_{27}(u_a^0 + a_6^{(1)} u_w^0)] + (a_5^{(1)} - a_6^{(1)})\chi_{28}}{(a_5^{(1)} - a_6^{(1)})(a_5^{(n)} - a_6^{(n)})\chi_{21} s} \tag{3.3.35d}$$

式中：χ_{21}、χ_{22}、χ_{23}、χ_{24}、χ_{25}、χ_{26}、χ_{27}、χ_{28}、χ_{29} 见附录 3B。

（3）边界条件 3

对边界条件 3 的式（3.3.11）和式（3.3.12）进行关于时间 t 的 Laplace 变换，并代入通解式（3.3.13）和式（3.3.14）后，可将它们以矩阵形式表示并考虑矩阵关系式（3.3.22），得到：

$$[\xi_{Rt1} \quad -\xi_{Rt2} \quad \eta_{Rt1} \quad -\eta_{Rt2}][C^{(1)}] = -R_t u_w^0/(h_n s) \tag{3.3.36}$$

$$[-a_5^{(1)}\xi_{Rt1} \quad a_5^{(1)}\xi_{Rt2} \quad -a_6^{(1)}\eta_{Rt1} \quad a_6^{(1)}\eta_{Rt2}][C^{(1)}] = R_t u_a^0/(h_n s) \tag{3.3.37}$$

$$[\xi_1^{(n)} e^{\xi_1^{(n)} h_n} \quad -\xi_1^{(n)} e^{-\xi_1^{(n)} h_n} \quad \xi_2^{(n)} e^{\xi_2^{(n)} h_n} \quad -\xi_2^{(n)} e^{-\xi_2^{(n)} h_n}][M^{(n)}][C^{(1)}] = 0 \tag{3.3.38}$$

$$[a_5^{(n)}\xi_1^{(n)} e^{\xi_1^{(n)} h_n} \quad -a_5^{(n)}\xi_1^{(n)} e^{-\xi_1^{(n)} h_n} \quad a_6^{(n)}\xi_2^{(n)} e^{\xi_2^{(n)} h_n} \quad -a_6^{(n)}\xi_2^{(n)} e^{-\xi_2^{(n)} h_n}][M^{(n)}][C^{(1)}] = 0 \tag{3.3.39}$$

式中：

$$\xi_{Rt1} = \xi_1^{(1)} - R_t/h_n \tag{3.3.40a}$$

$$\xi_{Rt2} = \xi_1^{(1)} + R_t/h_n \tag{3.3.40b}$$

$$\eta_{Rt1} = \xi_2^{(1)} - R_t/h_n \tag{3.3.40c}$$

$$\eta_{Rt2} = \xi_2^{(1)} + R_t/h_n \tag{3.3.40d}$$

由式（3.3.36）～式（3.3.39）并使用简化矩阵式（3.3.29），可求出第一层的 4 个待定系数 $C_1^{(1)} \sim C_4^{(1)}$：

$$C_1^{(1)} = \frac{R_t[-\xi_{Rt2}\chi_{33}(u_a^0 + a_5^{(1)} u_w^0) - (\eta_{Rt2}\chi_{34} + \eta_{Rt1}\chi_{35})(u_a^0 + a_6^{(1)} u_w^0)]}{h_n(a_5^{(1)} - a_6^{(1)})(\xi_{Rt2}\chi_{31} + \xi_{Rt1}\chi_{32}) s} \tag{3.3.41a}$$

$$C_2^{(1)} = \frac{R_t[-\xi_{Rt1}\chi_{33}(u_a^0 + a_5^{(1)} u_w^0) - (\eta_{Rt2}\chi_{36} + \eta_{Rt1}\chi_{37})(u_a^0 + a_6^{(1)} u_w^0)]}{h_n(a_5^{(1)} - a_6^{(1)})(\xi_{Rt2}\chi_{31} + \xi_{Rt1}\chi_{32}) s} \tag{3.3.41b}$$

$$C_3^{(1)} = \frac{R_t[(\xi_{Rt2}\chi_{37} + \xi_{Rt1}\chi_{35})(u_a^0 + a_5^{(1)} u_w^0) - \eta_{Rt2}\chi_{38}(u_a^0 + a_6^{(1)} u_w^0)]}{h_n(a_5^{(1)} - a_6^{(1)})(\xi_{Rt2}\chi_{31} + \xi_{Rt1}\chi_{32}) s} \tag{3.3.41c}$$

$$C_4^{(1)}=-\frac{R_{\mathrm{t}}[(\xi_{\mathrm{Rt2}}\chi_{36}+\xi_{\mathrm{Rt1}}\chi_{34})(u_{\mathrm{a}}^0+a_5^{(1)}u_{\mathrm{w}}^0)+\eta_{\mathrm{Rt1}}\chi_{38}(u_{\mathrm{a}}^0+a_6^{(1)}u_{\mathrm{w}}^0)]}{h_n(a_5^{(1)}-a_6^{(1)})(\xi_{\mathrm{Rt2}}\chi_{31}+\xi_{\mathrm{Rt1}}\chi_{32})s} \tag{3.3.41d}$$

式中：χ_{31}、χ_{32}、χ_{33}、χ_{34}、χ_{35}、χ_{36}、χ_{37}、χ_{38} 见附录 3B。

式（3.3.30a）～式（3.3.30d）、式（3.3.35a）～式（3.3.35d）和式（3.3.41a）～式（3.3.41d）给出了三种边界（边界条件 1、2、3）下的第一层的待定系数。对于其他土层的待定系数，只需使用矩阵表示的传递关系式（3.3.22）进行计算后即可得到。因此，对于成层非饱和土一维固结问题，在 Laplace 变换域内的超孔隙气压力和超孔隙水压力的解析解，由通解［式（3.3.13）和式（3.3.14）］、矩阵表示的传递关系式（3.3.22）和第一层待定系数组合给定。

在一维固结条件下，非饱和土地基中第 i 层的应变 $\varepsilon_{\mathrm{v}}^{(i)}$ 与净法向应力和基质吸力存在如下关系式：

$$\frac{\partial\varepsilon_{\mathrm{v}}^{(i)}}{\partial t}=m_{1\mathrm{k}}^{\mathrm{s}(i)}\frac{\partial(\sigma_{\mathrm{z}}-u_{\mathrm{a}}^{(i)})}{\partial t}+m_2^{\mathrm{s}(i)}\frac{\partial(u_{\mathrm{a}}^{(i)}-u_{\mathrm{w}}^{(i)})}{\partial t} \tag{3.3.42}$$

式中：$m_{1\mathrm{k}}^{\mathrm{s}(i)}=m_{1\mathrm{k}}^{\mathrm{a}(i)}+m_{1\mathrm{k}}^{\mathrm{w}(i)}$，$m_2^{\mathrm{s}(i)}=m_2^{\mathrm{a}(i)}+m_2^{\mathrm{w}(i)}$。

对于成层非饱和土地基，其在一维固结条件下的固结沉降可用下式计算：

$$w(t)=\sum_{i=1}^{n}\int_{h_{i-1}}^{h_i}\varepsilon_{\mathrm{v}}^{(i)}(z,t)\mathrm{d}z \tag{3.3.43}$$

式中：$w(t)$——任意时刻的成层非饱和土地基的固结沉降。

根据式（3.3.42）和式（3.3.43），固结沉降在 Laplace 域的表达式为：

$$\widetilde{w}(s)=\sum_{i=1}^{n}\int_{h_{i-1}}^{h_i}\widetilde{\varepsilon}_{\mathrm{v}}^{(i)}(z,s)\mathrm{d}z \tag{3.3.44}$$

式中：$\widetilde{\varepsilon}_{\mathrm{v}}^{(i)}(z,s)=(m_2^{\mathrm{s}(i)}-m_{1\mathrm{k}}^{\mathrm{s}(i)})(\widetilde{u}_{\mathrm{a}}^{(i)}-u_{\mathrm{a}}^0/s)-m_2^{\mathrm{s}(i)}(\widetilde{u}_{\mathrm{w}}^{(i)}-u_{\mathrm{w}}^0/s)$；

$\widetilde{w}$——w 的 Laplace 变换式；

$\widetilde{\varepsilon}_{\mathrm{v}}^{(i)}$——$\varepsilon_{\mathrm{v}}^{(i)}$ 的 Laplace 变换式。

本部分详细内容可参考文献［13～15］。

3.3.3 固结特性分析

采用算例分析两层非饱和土的一维固结特性时，参数取值参见表 3.3.1。

双层非饱和土地基参数取值　　表 3.3.1

参数	取值	单位	参数	取值	单位
$n_0^{(1)}$	0.4	—	$k_{\mathrm{w}}^{(2)}$	10^{-9}	m/s
$n_0^{(2)}$	0.5	—	$m_{1\mathrm{k}}^{\mathrm{s}(1)}$	-2.5×10^{-4}	kPa^{-1}
$S_{\mathrm{r0}}^{(1)}$	75%	—	$m_{1\mathrm{k}}^{\mathrm{s}(2)}$	-3×10^{-4}	kPa^{-1}
$S_{\mathrm{r0}}^{(2)}$	80%	—	q_0	100	kPa
H	10	m	u_{a}^0	20	kPa
h_1	5	m	u_{w}^0	40	kPa
$k_{\mathrm{w}}^{(1)}$	10^{-10}	m/s	R_{t}	5	—

注：$k_{\mathrm{a}}^{(i)}=10k_{\mathrm{w}}^{(i)}$，$m_2^{\mathrm{s}(i)}=0.4m_{1\mathrm{k}}^{\mathrm{s}(i)}$，$m_{1\mathrm{k}}^{\mathrm{w}(i)}=0.2m_{1\mathrm{k}}^{\mathrm{s}(i)}$，$m_2^{\mathrm{w}(i)}=4m_{1\mathrm{k}}^{\mathrm{w}(i)}$。

图 3.3.2（a）～图 3.3.2（c）给出不同孔隙气渗透系数比 $k_a^{(2)}/k_a^{(1)}$ 对三种边界条件下双层非饱和土中超孔隙气压力的影响。从图中可以看出，$k_a^{(2)}/k_a^{(1)}$ 取值越大时，固结过程中超孔隙气压力的消散越快；当上层土和下层土中气相渗透系数不同时，超孔隙气压力的深度分布曲线会在层间界面处分为两段曲线。

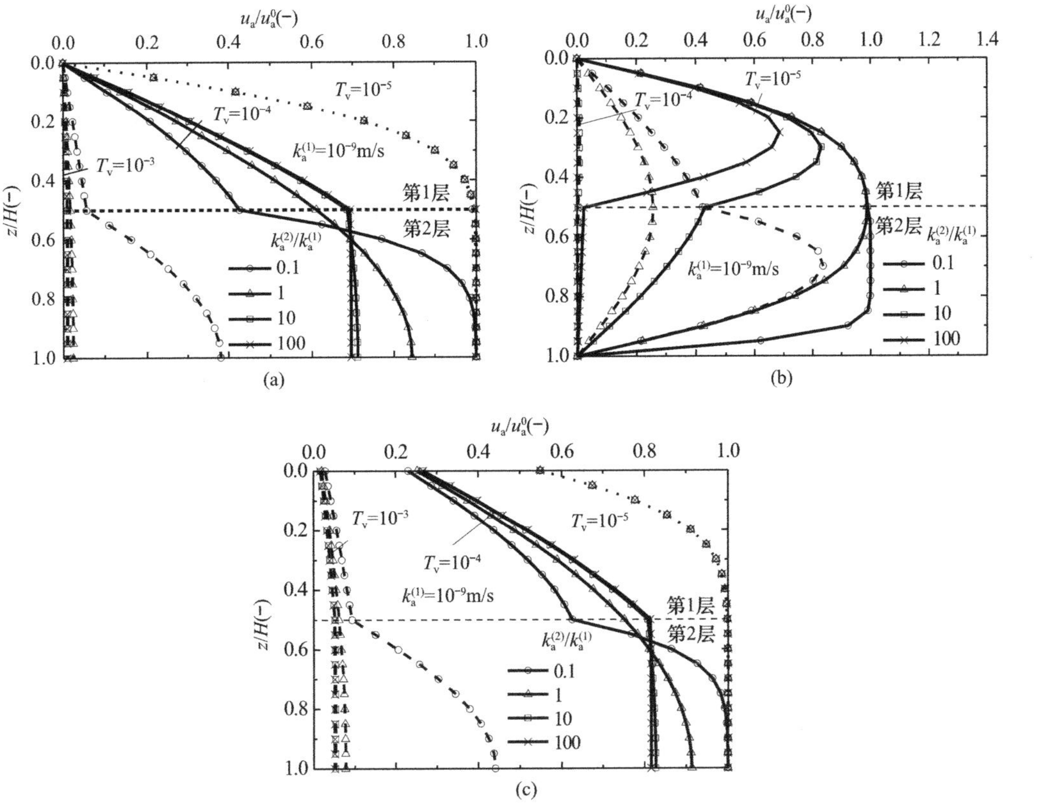

图 3.3.2　不同类边界条件下超孔隙气压力分布曲线

（a）边界条件 1；（b）边界条件 2；（c）边界条件 3

图 3.3.2（a）和图 3.3.2（c）中，$k_a^{(2)}/k_a^{(1)}$ 的变化在 $T_v=10^{-5}$ 时并未对超孔隙气压力的消散产生影响。因为在单面渗透和单面半渗透边界条件下，非饱和土层中的孔隙气仅能从顶部边界排出，$T_v=10^{-5}$ 时下层土中的超孔隙气还未开始消散。当下层非饱和土中的超孔隙气压力开始随上层非饱和土的超孔隙气压力消散后，越大的 $k_a^{(2)}/k_a^{(1)}$ 会导致上层非饱和土中超孔隙气压力越大。产生这种现象是由于 $k_a^{(2)}/k_a^{(1)}$ 越大时，第二层非饱和土的气体渗透系数越大；在双层非饱和土的固结过程中，相同时间下第二层土中将有更多的气体向上渗流，从而增加上层土中的超孔隙气压力。但这种影响存在界限，当 $k_a^{(2)}/k_a^{(1)}>10$ 时，上层低气相渗透系数的非饱和土会限制下层高气相渗透系数的非饱和土中气体的渗流，$k_a^{(2)}/k_a^{(1)}$ 的增加将不再对双层非饱和土中的超孔隙气压力消散产生明显的影响［图中 $T_v=-k_w^{(1)}t/(\gamma_w m_{1k}^{s(1)}H^2)$］。

而在图 3.3.2（b）中，由于双面渗透边界条件表示孔隙气可同时从顶面和底面边界排出，下层气相渗透系数的增大将会明显地加快双层非饱和地基的固结速率。从图 3.3.2（b）与图 3.3.2（a）和图 3.3.2（c）的比较中可以看出当下层非饱和土的孔隙气的渗透系数大于上层土时，下层土的渗流不再受上层土的低渗透性的阻碍，且会促进上层土的超孔隙气压力消散。

此外，比较图 3.3.2（a）和图 3.3.2（c）可以看出，当除顶面边界条件外的其他参数都一致时，在超孔隙气压力消散的同一时刻下，图 3.3.2（b）中的超孔隙气压力均大于图 3.3.2（a）中的超孔隙气压力。产生这一现象是因为图 3.3.2（a）对应双层非饱和土固结案例的顶面边界为理想渗透边界，超孔隙气可以从顶面边界自由排出非饱和土；而图 3.3.2（c）对应案例的顶面边界为半渗透边界，边界条件会在一定程度上阻碍非饱和土中孔隙气的渗流，这种阻碍作用的程度可以用半渗透边界参数 R_t 描述。

图 3.3.3（a）～图 3.3.3（c）给出了双层非饱和土中不同的孔隙水渗透系数比 $k_w^{(2)}/k_w^{(1)}$ 对两种边界下超孔隙水压力的影响。同样地，孔隙水的渗透系数主要体现超孔隙水在固结过程中的消散快慢；当 $k_w^{(2)}/k_w^{(1)}$ 越大时，双层非饱和土中超孔隙水压力消散越快。

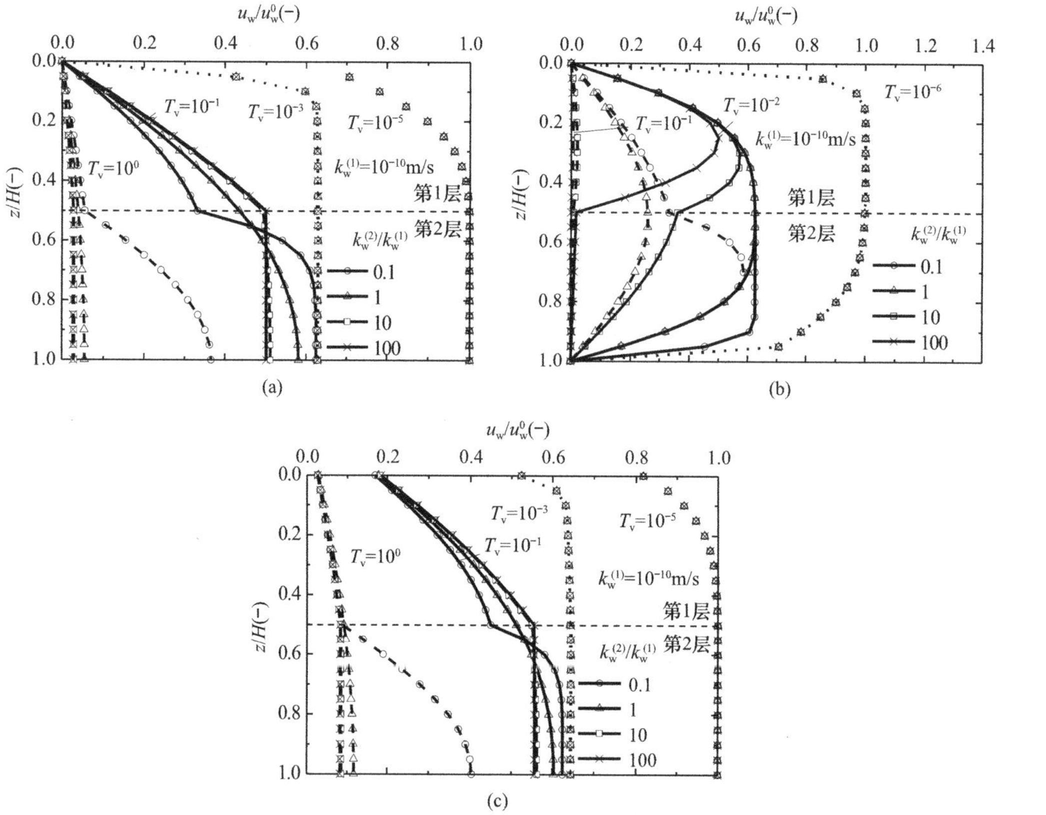

图 3.3.3　不同类边界条件下超孔隙水压力分布曲线

（a）边界条件 1；（b）边界条件 2；（c）边界条件 3

从图 3.3.3（a）～图 3.3.3（c）可以看出，三种边界条件下，下层土中的超孔隙水压力在 $T_v=10^{-3}$（单面渗透和单面半渗透）和 $T_v=10^{-6}$（双面渗透）时已经开始消散，但此时 $k_w^{(2)}/k_w^{(1)}$ 的改变未对双层非饱和土中超孔隙压力的消散产生影响。其原因在于非饱和土中超孔隙水压力的消散通常为两个阶段，当 $k_w^{(2)}/k_w^{(1)}>1$ 时，两个阶段之间有个“平台期”，且 $k_w^{(2)}/k_w^{(1)}$ 越大，“平台期”越长。第一阶段到超孔隙气压力消散为 0 结束，第二阶段在平台期结束后开始。非饱和土中超孔隙水压力在第一阶段的消散可理解为，当超孔隙气消散时，部分超孔隙水流向了原来由超孔隙气所占据的空间，从而引起了超孔隙水压力消散曲线的第一阶段由超孔隙气压力的消散控制的现象。由于超孔隙水压力消散曲线的第二阶段才能反映超孔隙水从非饱和土地基中排出，在非饱和土的固结过程中，$k_{\mathrm{w}}^{(2)}/k_{\mathrm{w}}^{(1)}$ 的变化仅对第二阶段的超孔隙水压力消散产生影响。当第二阶段的超孔隙水压力开始消散后，具有不同的液相渗透系数的两层土会导致超孔隙水压力沿深度分布曲线被界面分为两段曲线。

对比图3.3.3（a）和图3.3.3（c），同样可以观察到半渗透边界会阻碍成层非饱和土地基中的超孔隙水压力的消散。当成层非饱和土地基的超孔隙水开始由顶面边界排出时，半渗透边界条件下的成层非饱和土地基中的超孔隙水压力［图3.3.3（c）］均大于完全渗透边界条件下的成层非饱和土地基中的超孔隙水压力［图3.3.3（a）］。

此外，从图3.3.2（b）和图3.3.3（b）中，可以看出，厚度相等的双层非饱和土在双面渗透边界下的固结过程中，同一时刻成层非饱和土地基中的超孔隙压力的最大值将出现在较低渗透性的非饱和土层中，这说明较低渗透性土层中的部分超孔隙气和超孔隙水将通过较高渗透性的土层排出成层非饱和土地基，即表现出较高渗透性的土层能在一定程度上促进与之相连的较低渗透性的非饱和土层中的超孔隙压力的消散。

3.4 非饱和-饱和土地基一维固结

地下水位线将会使地基中同时存在非饱和土层和饱和土层。由于土体的固结特性与土中孔隙气和孔隙水的连续性有很大的联系，在使用解析方法研究这类非饱和-饱和土地基的固结时，需要根据土中流体的连续性将地基分层，并对不同的土层选用合适的固结模型。通常情况下，饱和度大于90％的非饱和土中的孔隙气以气泡形式存在，且孔隙气完全被孔隙水包裹，土体中的孔隙气在固结时只能随孔隙水的渗流排出，这类土体在固结过程中的渗流可考虑为单相流；饱和度小于90％的非饱和土中的孔隙气和孔隙水可近似认为是分别连续的，两种流体在固结过程中发生相互独立的渗流，这类土体在固结过程中的渗流可考虑为两相流。因此，在使用简单的解析方法分析非饱和-饱和土地基固结时，可假定土层的界面位于土体饱和度为90％处，上层为非饱和土层（双相流土层），下层为饱和土层（单相流土层），在双相流的土层采用Fredlund提出的非饱和土固结模型，在单相流的土层采用Terzaghi一维固结模型。

3.4.1 固结模型

图3.4.1展示了一个位于不透水基岩上的非饱和-饱和土地基（上层为双相流土层，下层为单相流土层），在任意大面积均布荷载 $q(t)$ 作用下的一维固结的示意图。图中 H 为双层地基的总厚度，h_1 为上层非饱和土层的厚度，z 为竖向坐标。

分析非饱和-饱和土地基一维固结时，本节采用了Terzaghi建立饱和土一维固结理论和Fredlund建立非饱和土一维固结理论的所有假定，并作如下补充：

（1）地基由两层土组成，上层为双相流的非饱和土，下层为单相流的饱和土；

（2）下层土中存在少量孔隙气，且均为气泡，两层中的孔隙气在界面处不连续；

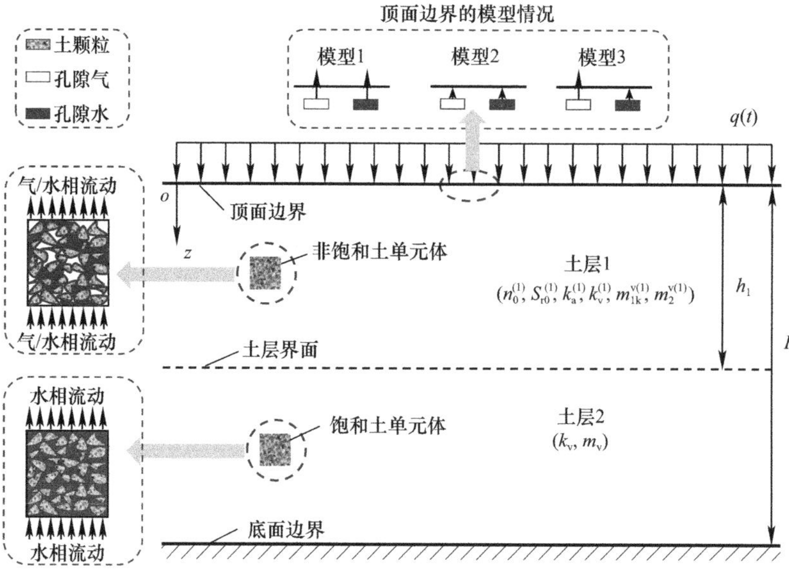

图 3.4.1　非饱和-饱和土地基一维固结模型

（3）土中总应力由外荷载引起，且沿深度保持不变；

（4）在两层土界面处，两层土中的孔隙水自由流动，上层土中的孔隙气不能流入下层。

3.4.1.1　控制方程

基于基本假设（1）、（3），Terzaghi 固结理论[16]和 Fredlund 的非饱和土固结理论[7]，上层非饱和土（土层 1）和下层饱和土（土层 2）在地表均布荷载作用下分别满足如下控制方程：

$$\frac{\partial u_a^{(1)}}{\partial t}=-C_a\frac{\partial u_w^{(1)}}{\partial t}-C_v^a\frac{\partial^2 u_a^{(1)}}{\partial z^2}+C_\sigma^a\frac{\partial \sigma_z}{\partial t} \tag{3.4.1}$$

$$\frac{\partial u_w^{(1)}}{\partial t}=-C_w\frac{\partial u_a^{(1)}}{\partial t}-C_v^w\frac{\partial^2 u_w^{(1)}}{\partial z^2}+C_\sigma^w\frac{\partial \sigma_z}{\partial t} \tag{3.4.2}$$

$$\frac{\partial u_w^{(2)}}{\partial t}=-C_v\frac{\partial^2 u_w^{(2)}}{\partial z^2}+\frac{\partial \sigma_z}{\partial t} \tag{3.4.3}$$

式中：$u_a^{(1)}$、$u_w^{(1)}$——土层 1 中的超孔隙气压力和超孔隙水压力；

$u_w^{(2)}$——土层 2 中的超孔隙水压力。

3.4.1.2　初始、边界及连续条件

顶面（$z=0$）边界为

$$u_a^{(1)}(0,t)=u_w^{(1)}(0,t)=0 \tag{3.4.4}$$

地基位于不透水的基岩上，因此非饱和-饱和土地基的底面（$z=H$）边界条件为：

$$\left.\frac{\partial u_w^{(2)}(z,t)}{\partial z}\right|_{z=H}=0 \tag{3.4.5}$$

在两层土的界面（$z=h_1$）处，上下层土中的孔隙水可自由通过界面，上层土中的孔隙气不能通过界面进入下层。因此，界面条件为：

$$u_w^{(1)}(h_1,t)=u_w^{(2)}(h_1,t) \tag{3.4.6}$$

$$k_w \left.\frac{\partial u_w^{(1)}(z,t)}{\partial z}\right|_{z=h_1} = k_v \left.\frac{\partial u_w^{(2)}(z,t)}{\partial z}\right|_{z=h_1} \tag{3.4.7}$$

$$\left.\frac{\partial u_a^{(1)}(z,t)}{\partial z}\right|_{z=h_1} = 0 \tag{3.4.8}$$

根据假设（3），初始时刻地基中任意深度处的总应力等于外荷载在初始时刻的值，因此控制方程组式（3.4.1）～式（3.4.3）的初始条件与外荷载的初始值 $q(0)$ 有关。为使本节给出的解析解更具一般性，地基中的初始超孔隙压力记为：

$$u_a^{(1)}(z,0) = u_a^0, \quad u_w^{(1)}(z,0) = u_w^0, \quad u_w^{(2)}(z,0) = q_0 \tag{3.4.9}$$

式中：u_a^0 和 u_w^0 根据经验公式计算，q_0 等于外荷载的初始值。

3.4.2 模型求解

式（3.4.1）和式（3.4.2）为耦合的控制方程组，可使用解耦思路转化为两个等价的非耦合控制方程组，且转化后的两个非耦合的控制方程形式与式（3.4.3）一致，转化后的方程组可使用与求解式（3.4.3）相同的过程给出通解。

耦合控制方程组式（3.4.1）和式（3.4.2）解耦后得到等价的方程组为：

$$\frac{\partial \varphi_1}{\partial t} = Q_1 \frac{\partial^2 \varphi_1}{\partial z^2} + Q_{\sigma 1} \frac{\partial \sigma_z}{\partial t} \tag{3.4.10}$$

$$\frac{\partial \varphi_2}{\partial t} = Q_2 \frac{\partial^2 \varphi_2}{\partial z^2} + Q_{\sigma 2} \frac{\partial \sigma_z}{\partial t} \tag{3.4.11}$$

式中：

$$\varphi_1 = u_a^{(1)} + c_{21} u_w^{(1)} \tag{3.4.12a}$$

$$\varphi_2 = c_{12} u_a^{(1)} + u_w^{(1)} \tag{3.4.12b}$$

$$Q_1 = (A_a + W_w - Q_{aw})/2 \tag{3.4.12c}$$

$$Q_2 = (A_a + W_w + Q_{aw})/2 \tag{3.4.12d}$$

$$Q_{\sigma 1} = A_\sigma + c_{21} W_\sigma \tag{3.4.12e}$$

$$Q_{\sigma 2} = c_{12} A_\sigma + W_\sigma \tag{3.4.12f}$$

$$c_{12} = W_a/(Q_2 - A_a) \tag{3.4.12g}$$

$$c_{21} = A_w/(Q_1 - W_w) \tag{3.4.12h}$$

$$Q_{aw} = \sqrt{(A_a - W_w)^2 + 4A_w W_a} \tag{3.4.12i}$$

$$A_a = -C_v^a/(1 - C_a C_w) \tag{3.4.12j}$$

$$A_w = C_a C_v^w/(1 - C_a C_w) \tag{3.4.12k}$$

$$A_\sigma = (C_\sigma^a - C_a C_\sigma^w)/(1 - C_a C_w) \tag{3.4.12l}$$

$$W_a = C_w C_v^a/(1 - C_a C_w) \tag{3.4.12m}$$

$$W_w = -C_v^w/(1 - C_a C_w) \tag{3.4.12n}$$

$$W_\sigma = -(C_w C_\sigma^a - C_\sigma^w)/(1 - C_a C_w) \tag{3.4.12o}$$

式（3.4.10）和式（3.4.11）是与式（3.4.1）和式（3.4.2）等价的偏微分方程组，且与式（3.4.3）具有相同的形式。对式（3.4.10）、式（3.4.11）和式（3.4.3）使用关于 t 的 Laplace 变换，求解得到二阶常微分方程后，并结合关系式 $\tilde{\varphi}_1 = \tilde{u}_a^{(1)} + q_{21} \tilde{u}_w^{(1)}$ 和

$\widetilde{\varphi}_2=q_{12}\widetilde{u}_{\mathrm{a}}^{(1)}+\widetilde{u}_{\mathrm{w}}^{(1)}$，可在 Laplace 域中给出对应初始条件式（3.4.9）的控制方程式（3.4.1）～式（3.4.3）的通解：

$$\widetilde{u}_{\mathrm{a}}^{(1)}(z,s)=-\frac{C_1\mathrm{e}^{\xi_1 z}+C_2\mathrm{e}^{-\xi_1 z}-c_{21}(C_3\mathrm{e}^{\xi_2 z}+C_4\mathrm{e}^{-\xi_2 z})}{c_{12}c_{21}-1}+\frac{u_{\mathrm{a}}^0+A_\sigma\widetilde{\sigma}_{\mathrm{z}}(s)}{s} \quad (3.4.13)$$

$$\widetilde{u}_{\mathrm{w}}^{(1)}(z,s)=\frac{c_{12}(C_1\mathrm{e}^{\xi_1 z}+C_2\mathrm{e}^{-\xi_1 z})-C_3\mathrm{e}^{\xi_2 z}-C_4\mathrm{e}^{-\xi_2 z}}{c_{12}c_{21}-1}+\frac{u_{\mathrm{w}}^0+W_\sigma\widetilde{\sigma}_{\mathrm{z}}(s)}{s} \quad (3.4.14)$$

$$\widetilde{u}_{\mathrm{w}}^{(2)}(z,s)=D_1\mathrm{e}^{\eta z}+D_2\mathrm{e}^{-\eta z}+\frac{\sigma_0+\widetilde{\sigma}_{\mathrm{z}}(s)}{s} \quad (3.4.15)$$

式中：$\xi_1=\sqrt{s/Q_1}$，$\xi_2=\sqrt{s/Q_2}$，$\eta=\sqrt{s/C_{\mathrm{v}}}$，$\sigma_0=q_0$；

C_1、C_2、C_3、C_4、D_1 和 D_2——六个待定系数，需根据边界和界面条件确定。

对式（3.4.4）～式（3.4.8）进行 Laplace 变换后，结合 Laplace 域中的通解式（3.4.13)～式（3.4.15）便可求解出六个待定系数。随后，将求解出的待定系数代入式（3.4.13)～式（3.4.15）可在 Laplace 域中给出非饱和-饱和土地基在任意荷载作用下的超孔隙压力的解析解：

$$\widetilde{u}_{\mathrm{a}}^{(1)}(z,s)=-\frac{\chi_{1\mathrm{D}3}-\chi_{1\mathrm{D}4}-c_{21}(\chi_{1\mathrm{D}5}-\chi_{1\mathrm{D}6})}{(c_{12}c_{21}-1)s(\chi_{1\mathrm{D}1}-\chi_{1\mathrm{D}2})}+\frac{u_{\mathrm{a}}^0+A_\sigma\widetilde{\sigma}_{\mathrm{z}}(s)}{s} \quad (3.4.16)$$

$$\widetilde{u}_{\mathrm{w}}^{(1)}(z,s)=\frac{c_{12}(\chi_{1\mathrm{D}3}-\chi_{1\mathrm{D}4})-\chi_{1\mathrm{D}5}+\chi_{1\mathrm{D}6}}{(c_{12}c_{21}-1)s(\chi_{1\mathrm{D}1}-\chi_{1\mathrm{D}2})}+\frac{u_{\mathrm{w}}^0+W_\sigma\widetilde{\sigma}_{\mathrm{z}}(s)}{s} \quad (3.4.17)$$

$$\widetilde{u}_{\mathrm{w}}^{(2)}(z,s)=-\frac{k_{\mathrm{w}}\xi_1\xi_2\chi_{1\mathrm{D}7}\cosh[\eta(z-H)]}{s(\chi_{1\mathrm{D}1}-\chi_{1\mathrm{D}2})}+\frac{\sigma_0+\widetilde{\sigma}_{\mathrm{z}}(s)}{s} \quad (3.4.18)$$

式（3.4.16)～式（3.4.18）中的 $\chi_{1\mathrm{D}1}$、$\chi_{1\mathrm{D}2}$、$\chi_{1\mathrm{D}3}$、$\chi_{1\mathrm{D}4}$、$\chi_{1\mathrm{D}5}$、$\chi_{1\mathrm{D}6}$ 和 $\chi_{1\mathrm{D}7}$ 为定义的中间参数，具体表达式见附录 3B。

在外荷载作用下，沉降表达式可以表达固结过程中地基的竖向变形情况。非饱和土-饱和土地基一维固结时的沉降计算表达式为：

$$w(t)=\int_0^{h_1}\varepsilon_{\mathrm{v}}^{(1)}(z,t)\mathrm{d}z+\int_{h_1}^{H}\varepsilon_{\mathrm{v}}^{(2)}(z,t)\mathrm{d}z \quad (3.4.19)$$

式中：$\varepsilon_{\mathrm{v}}^{(1)}$——上层非饱和土中 z 深度处 t 时刻的应变；

$\varepsilon_{\mathrm{v}}^{(2)}$——下层饱和土中 z 深度处 t 时刻的应变。

非饱和土层的 $\varepsilon_{\mathrm{v}}^{(1)}$ 和饱和土层的 $\varepsilon_{\mathrm{v}}^{(2)}$ 需根据各土层土骨架满足的本构关系计算。上层非饱和土层与下层饱和土层的土骨架本构关系分别如下：

$$\frac{\partial\varepsilon_{\mathrm{v}}^{(1)}}{\partial t}=m_{1\mathrm{k}}^{\mathrm{s}}\frac{\partial(\sigma_{\mathrm{z}}-u_{\mathrm{a}}^{(1)})}{\partial t}+m_2^{\mathrm{s}}\frac{\partial(u_{\mathrm{a}}^{(1)}-u_{\mathrm{w}}^{(1)})}{\partial t} \quad (3.4.20)$$

$$\frac{\partial\varepsilon_{\mathrm{v}}^{(2)}}{\partial t}=m_{\mathrm{v}}\frac{\partial(\sigma_{\mathrm{z}}-u_{\mathrm{w}}^{(2)})}{\partial t} \quad (3.4.21)$$

将式（3.4.20）和式（3.4.21）Laplace 变换后整理出的 $\widetilde{\varepsilon}_{\mathrm{v}}^{(1)}(z,s)$和 $\widetilde{\varepsilon}_{\mathrm{v}}^{(2)}(z,s)$代入式（3.4.19）的 Laplace 变换式后，可以得到地基固结沉降在 Laplace 域中的表达式：

$$\widetilde{w}(s)=w_{1\mathrm{D}}-m_{1\mathrm{k}}^{\mathrm{s}(1)}\int_0^{h_1}\widetilde{u}_{\mathrm{a}}^{(1)}\mathrm{d}z+m_2^{\mathrm{s}(1)}\int_0^{h_1}(\widetilde{u}_{\mathrm{a}}^{(1)}-\widetilde{u}_{\mathrm{w}}^{(1)})\mathrm{d}z-m_{\mathrm{v}}\int_0^{h_1}\widetilde{u}_{\mathrm{w}}^{(2)}\mathrm{d}z \quad (3.4.22)$$

式中：$w_{1D}=\{m_{1k}^{s(1)}[\tilde{\sigma}_z(s)+\sigma_0]h_1+m_v[\tilde{\sigma}_z(s)+\sigma_0](H-h_1)\}/s$。

本部分详细内容可参考文献［17］和文献［18］。

3.4.3 固结特性分析

采用算例分析非饱和-饱和双层土的一维固结特性时，参数取值参见表3.4.1。

非饱和土-饱和土一维固结算例参数　　表3.4.1

参数	取值	单位	参数	取值	单位
n_0	0.5	—	k_v	10^{-9}	m/s
S_{r0}	80%	—	k_w	10^{-10}	m/s
H	10	m	m_{1k}^s	-2.5×10^{-4}	kPa^{-1}
h_1	5	m	m_v	-1.25×10^{-4}	kPa^{-1}

注：$k_a=10k_w$，$m_2^s=0.4m_{1k}^s$，$m_{1k}^w=0.2m_{1k}^s$，$m_2^w=4m_{1k}^w$。

外荷载考虑瞬时荷载和施工荷载两种情况，它们的表达式分别见式（3.4.23）和式（3.4.24），参数取值为：$q_u=100kPa$，$a=10^{-5}s^{-1}$。

$$q(t)=q_uH(t) \tag{3.4.23}$$

式中：q_u——瞬时荷载的荷载取值，对于瞬时荷载，当$t=0$时，$q_u=q_0$；

$H(t)$——Heaviside函数（或称作单位阶跃函数），定义$H(0)=1$。

$$q(t)=\begin{cases}aq_ut, & 0\leqslant t\leqslant 1/a\\ q_u, & t\geqslant 1/a\end{cases} \tag{3.4.24}$$

式中：a——施工荷载加载速率；

q_u——荷载最大值。

图3.4.2给出了非饱和-饱和土地基在大面积均布瞬时荷载作用下，地基中超孔隙气压力和超孔隙水压力随时间的变化情况。从图中可以看出，当外荷载瞬时施加在地基表面后，非饱和土层中立即产生了超孔隙气压力和超孔隙水压力，饱和土层中立即产生了超孔隙水压力。在经过一段时间之后，由外荷载作用产生的超孔隙压力都逐渐消散为0。且从图3.4.2（a）和图3.4.2（b）中可以看出，对于超孔隙气和超孔隙水仅能从地基表面排

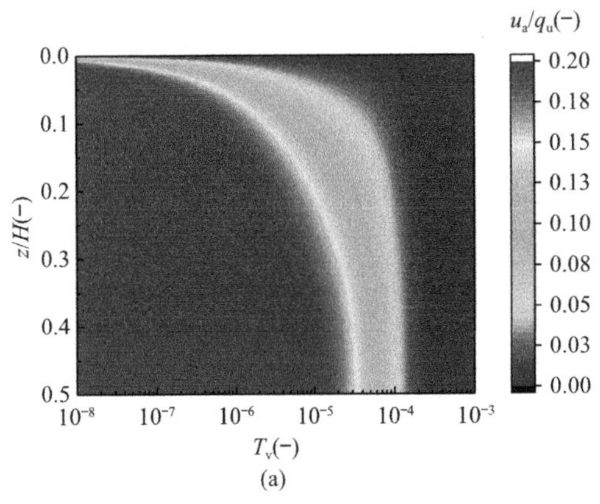

(a)

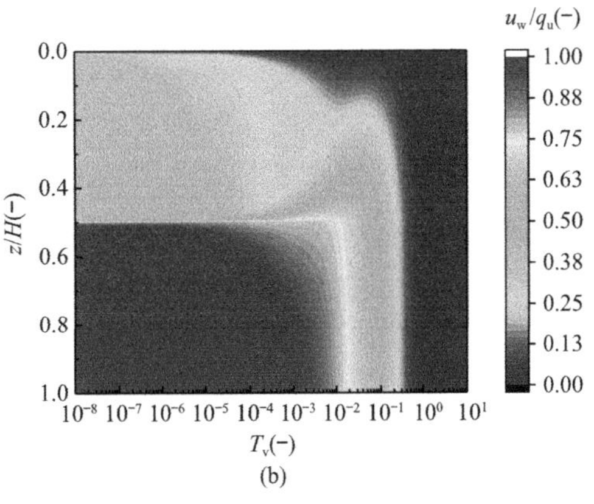

(b)

图3.4.2 瞬时荷载下超孔隙压力的消散

（a）超孔隙气压力；（b）超孔隙水压力

出的情况，非饱和-饱和地基中的超孔隙压力在 $0<z/H<0.1$ 这一区域消散最快，其他区域的超孔隙压力消散完成时间基本相同。

另外，从图 3.4.2（b）中可以看到，非饱和-饱和地基在 $0.2<z/H<0.5$ 这一深度区域的超孔隙水压力，在地基的固结过程中出现了先减小后增大的现象。产生这一现象的原因是，非饱和土层中的超孔隙气压力的消散先引起了非饱和土层中的超孔隙水压力减小，但随着下层饱和土中的超孔隙水开始渗流，饱和土层中的超孔隙水将流入非饱和土层中，非饱和土中的超孔隙水压力当即随之增大。当上层非饱和土层中的超孔隙水压力与下层饱和土层中的超孔隙水压力趋于一致后，地基中的超孔隙水压力的消散基本开始保持同步。

图 3.4.3 为非饱和-饱和地基在大面积施工荷载作用下，地基中超孔隙气压力和超孔隙水压力随时间的变化情况。与图 3.4.2 不同的是，图 3.4.3 中的超孔隙压力的演化明显存在加载和消散两个阶段。在加载阶段，荷载的逐渐施加导致超孔隙压力逐渐产生；且当荷载增加到最大值时，地基中的超孔隙压力也达到最大值。在外荷载增加到最大值并保持稳定后，地基中的超孔隙气压力迅速消散，超孔隙水压力逐渐消散。在深度方向，同样可以从图中观察到，超孔隙压力在 $0<z/H<0.1$ 这一区域消散最快，其他区域的消散完成时间基本相同，该现象与图 3.4.2 中的一致。

此外，对比图 3.4.2 和图 3.4.3 中超孔隙压力的最大值发现，饱和土层中的超孔隙水压力的最大值基本相同，而对于非饱和土层中的超孔隙压力而言，图 3.4.3 所示的最大值明显小于图 3.4.2 中所示的最大值。产生这一明显差别的原因是非饱和土中的超孔隙气压力消散很快。若超孔隙气压力开始消散的时间早于外荷载达到最大值的时间，外荷载增加产生超孔隙气压力的过程中同时伴随着超孔隙气压力的消散。

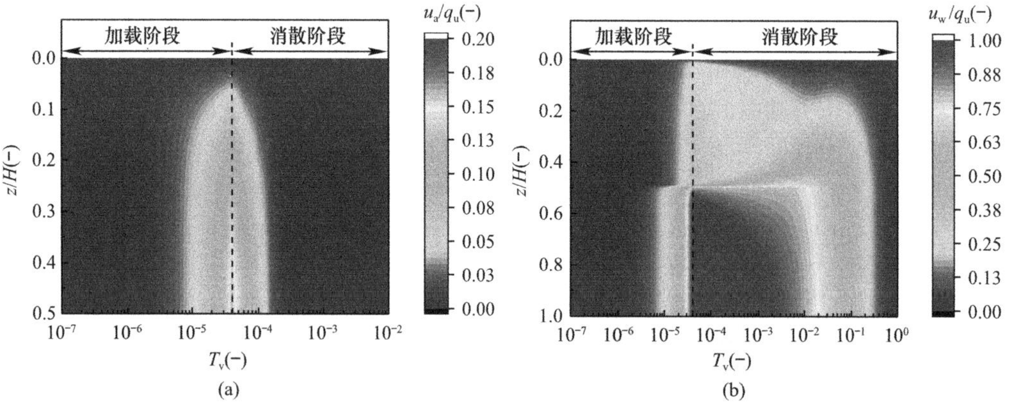

图 3.4.3 施工荷载下超孔隙压力的消散

（a）超孔隙气压力；（b）超孔隙水压力

附录

附录 3A：均质边界条件下非饱和土一维固结求解

矩阵 $\boldsymbol{T}(z,s)$、矩阵 $\boldsymbol{S}(z,s)$ 的求解

$$\widetilde{\boldsymbol{X}}(z,s)=\boldsymbol{T}(z,s)\widetilde{\boldsymbol{X}}(0,s)+\boldsymbol{S}(z,s) \tag{3A.1}$$

其中：

$$\boldsymbol{T}(z,s)=\exp[z\boldsymbol{A}(s)] \tag{3A.2a}$$

$$\boldsymbol{S}(z,s)=\int_0^z \boldsymbol{T}(z-\zeta)\boldsymbol{B}\mathrm{d}\zeta \tag{3A.2b}$$

矩阵 $\boldsymbol{T}(z,s)$、矩阵 $\boldsymbol{S}(z,s)$ 的求解如下：

$$\boldsymbol{T}=\exp[z\boldsymbol{A}(s)]=a_0\boldsymbol{I}+a_1\boldsymbol{A}+a_2\boldsymbol{A}^2+a_3A^3 \tag{3A.3}$$

其中：$\boldsymbol{I}$——四阶单位矩阵。

矩阵方程 $\boldsymbol{A}(s)$ 的特征方程是：

$$\lambda^4+\lambda^2\left(\frac{s}{C_{\mathrm{v}}^{\mathrm{w}}}+\frac{s}{C_{\mathrm{v}}^{\mathrm{a}}}\right)+s^2\left(\frac{1-C_{\mathrm{a}}C_{\mathrm{w}}}{C_{\mathrm{v}}^{\mathrm{a}}C_{\mathrm{v}}^{\mathrm{w}}}\right)=0 \tag{3A.4}$$

求解特征值如下：

令：$a=\frac{s}{C_{\mathrm{v}}^{\mathrm{w}}}+\frac{s}{C_{\mathrm{v}}^{\mathrm{a}}}$，$b=s^2\left(\frac{1-C_{\mathrm{a}}C_{\mathrm{w}}}{C_{\mathrm{v}}^{\mathrm{a}}C_{\mathrm{v}}^{\mathrm{w}}}\right)$，式（3A.4）转换为：

$$\lambda^4+a\lambda^2+b=0 \tag{3A.5}$$

解得：

$$\lambda^2=\frac{-a\pm\sqrt{a^2-4b}}{2} \tag{3A.6}$$

再令：$\alpha^2+\beta^2=-\frac{a}{2}$，$\alpha^2\beta^2=\frac{a^2-4b}{16}$，

式（3A.6）可化为如下形式：

$$\lambda^2=(\alpha^2+\beta^2)\pm\sqrt{4\alpha^2\beta^2}=(\alpha\pm\beta)^2 \tag{3A.7}$$

由韦达定理知，α^2 和 β^2 可以认为是方程

$$x^2+\frac{a}{2}x+\frac{a^2-4b}{16}=0 \tag{3A.8}$$

的两个根。解此方程，得：

$$x=\frac{-\frac{a}{2}\pm\sqrt{\frac{a^2}{4}-\frac{a^2-4b}{4}}}{2}=\frac{-\frac{a}{2}\pm\sqrt{b}}{2} \tag{3A.9}$$

即：$\alpha^2=\frac{-\frac{a}{2}+\sqrt{b}}{2}$，$\beta^2=\frac{-\frac{a}{2}-\sqrt{b}}{2}$。

再令：$\xi=\alpha+\beta$，$\eta=\alpha-\beta$，则 $\lambda=\pm\xi$，$\lambda=\pm\eta$，特征值全部求出，即：

$$\xi=\frac{-1}{C_{\mathrm{v}}^{\mathrm{a}}(a_0^2-b_0^2)a_0^2}\left[\left(b_0^2+\frac{1}{C_{\mathrm{v}}^{\mathrm{a}}}\right)(u_{\mathrm{a}}^0+C_{\mathrm{a}}u_{\mathrm{w}}^0)+\frac{C_{\mathrm{a}}}{C_{\mathrm{v}}^{\mathrm{w}}}(C_{\mathrm{w}}u_{\mathrm{a}}^0+u_{\mathrm{w}}^0)\right]\sqrt{s} \tag{3A.10}$$

$$\eta=\frac{1}{C_{\mathrm{v}}^{\mathrm{a}}(a_0^2-b_0^2)b_0^2}\left[\left(a_0^2+\frac{1}{C_{\mathrm{v}}^{\mathrm{a}}}\right)(u_{\mathrm{a}}^0+C_{\mathrm{a}}u_{\mathrm{w}}^0)+\frac{C_{\mathrm{a}}}{C_{\mathrm{v}}^{\mathrm{w}}}(C_{\mathrm{w}}u_{\mathrm{a}}^0+u_{\mathrm{w}}^0)\right]\sqrt{s} \tag{3A.11}$$

将特征值 λ_i 代替式（3A.3）中的矩阵 $\boldsymbol{A}$，所得到的方程同样成立，即有如下形式：

$$\exp(\xi z)=a_0+a_1\xi+a_2\xi^2+a_3\xi^3 \tag{3A.12}$$

$$\exp(-\xi z)=a_0-a_1\xi+a_2\xi^2-a_3\xi^3 \tag{3A.13}$$

$$\exp(\eta z)=a_0+a_1\eta+a_2\eta^2+a_3\eta^3 \tag{3A.14}$$

$$\exp(-\eta z)=a_0-a_1\eta+a_2\eta^2-a_3\eta^3 \tag{3A.15}$$

解得：

$$a_0=-\frac{\eta^2}{\xi^2-\eta^2}\cosh(\xi z)+\frac{\xi^2}{\xi^2-\eta^2}\cosh(\eta z) \tag{3A.16a}$$

$$a_1=-\frac{\eta^2}{\xi(\xi^2-\eta^2)}\sinh(\xi z)+\frac{\xi^2}{\eta(\xi^2-\eta^2)}\sinh(\eta z) \tag{3A.16b}$$

$$a_2=\frac{1}{\xi^2-\eta^2}\cosh(\xi z)-\frac{1}{\xi^2-\eta^2}\cosh(\eta z) \tag{3A.16c}$$

$$a_3=\frac{1}{\xi(\xi^2-\eta^2)}\sinh(\xi z)-\frac{1}{\eta(\xi^2-\eta^2)}\sinh(\eta z) \tag{3A.16d}$$

$$\mathbf{A}=\begin{pmatrix} 0 & 0 & -\dfrac{g}{k_a} & 0 \\ 0 & 0 & 0 & -\dfrac{\gamma_w}{k_w} \\ s\dfrac{k_a}{C_v^a g} & s\dfrac{k_a C_a}{C_v^a g} & 0 & 0 \\ s\dfrac{k_w C_w}{C_v^w \gamma_w} & s\dfrac{k_w}{C_v^w \gamma_w} & 0 & 0 \end{pmatrix} \tag{3A.16e}$$

$$\mathbf{A}^2=\begin{pmatrix} -\dfrac{s}{C_v^a} & -\dfrac{sC_a}{C_v^a} & 0 & 0 \\ -\dfrac{sC_w}{C_v^w} & -\dfrac{s}{C_v^w} & 0 & 0 \\ 0 & 0 & -\dfrac{s}{C_v^a} & -\dfrac{sC_a}{C_v^a}\dfrac{k_a}{g}\dfrac{\gamma_w}{k_w} \\ 0 & 0 & -\dfrac{sC_w}{C_v^w}\dfrac{g}{k_a}\dfrac{k_w}{\gamma_w} & -\dfrac{s}{C_v^w} \end{pmatrix} \tag{3A.16f}$$

$$\mathbf{A}^3=\begin{pmatrix} 0 & 0 & \dfrac{s}{C_v^a}\dfrac{g}{k_a} & \dfrac{sC_a}{C_v^a}\dfrac{\gamma_w}{k_w} \\ 0 & 0 & \dfrac{sC_w}{C_v^w}\dfrac{g}{k_a} & \dfrac{s}{C_v^w}\dfrac{\gamma_w}{k_w} \\ -\dfrac{k_a}{g}\dfrac{s^2}{C_v^a}\left(\dfrac{1}{C_v^a}+\dfrac{C_aC_w}{C_v^w}\right) & -s^2\dfrac{k_aC_a}{C_v^a g}\left(\dfrac{1}{C_v^a}+\dfrac{1}{C_v^w}\right) & 0 & 0 \\ -s^2\dfrac{k_wC_w}{C_v^w\gamma_w}\left(\dfrac{1}{C_v^a}+\dfrac{1}{C_v^w}\right) & -s^2\dfrac{k_w}{C_v^w\gamma_w}\left(\dfrac{1}{C_v^w}+\dfrac{C_aC_w}{C_v^a}\right) & 0 & 0 \end{pmatrix} \tag{3A.16g}$$

再将 $a_0 \sim a_3$ 和矩阵 $\boldsymbol{I}$、$\mathbf{A}$、$\mathbf{A}^2$、$\mathbf{A}^3$ 代入式（3A.3），便可获得矩阵 $\boldsymbol{T}(z,s)$，同时导出矩阵 $\boldsymbol{S}(z,s)$，即：

$$\boldsymbol{T}=\begin{pmatrix} T_{11} & T_{12} & T_{13} & T_{14} \\ T_{21} & T_{22} & T_{23} & T_{24} \\ T_{31} & T_{32} & T_{33} & T_{34} \\ T_{41} & T_{42} & T_{43} & T_{44} \end{pmatrix} \tag{3A.17}$$

其中：

$$T_{11}=-\frac{1}{\xi^2-\eta^2}\left(\eta^2+\frac{s}{C_v^a}\right)\cosh(\xi z)+\frac{1}{\xi^2-\eta^2}\left(\xi^2+\frac{s}{C_v^a}\right)\cosh(\eta z) \tag{3A.18a}$$

$$T_{12}=-\frac{1}{\xi^2-\eta^2}\frac{sC_a}{C_v^a}[\cosh(\xi z)-\cosh(\eta z)] \tag{3A.18b}$$

$$T_{13}=\frac{1}{\xi}\frac{1}{\xi^2-\eta^2}\frac{g}{k_a}\left(\eta^2+\frac{s}{C_v^a}\right)\sinh(\xi z)-\frac{1}{\eta}\frac{1}{\xi^2-\eta^2}\frac{g}{k_a}\left(\xi^2+\frac{s}{C_v^a}\right)\sinh(\eta z) \tag{3A.18c}$$

$$T_{14}=\frac{1}{(\xi^2-\eta^2)}\frac{sC_a}{C_v^a}\frac{\gamma_w}{k_w}\left[\frac{1}{\xi}\sinh(\xi z)-\frac{1}{\eta}\sinh(\eta z)\right] \tag{3A.18d}$$

$$T_{21}=-\frac{1}{\xi^2-\eta^2}\frac{sC_w}{C_v^w}[\cosh(\xi z)-\cosh(\eta z)] \tag{3A.18e}$$

$$T_{22}=-\frac{1}{\xi^2-\eta^2}\left(\eta^2+\frac{s}{C_v^w}\right)\cosh(\xi z)+\frac{1}{\xi^2-\eta^2}\left(\xi^2+\frac{s}{C_v^w}\right)\cosh(\eta z) \tag{3A.18f}$$

$$T_{23}=\frac{1}{\xi^2-\eta^2}\frac{sC_w}{C_v^w}\frac{g}{k_a}\left[\frac{1}{\xi}\sinh(\xi z)-\frac{1}{\eta}\sinh(\eta z)\right] \tag{3A.18g}$$

$$T_{24}=\frac{1}{\xi}\frac{1}{\xi^2-\eta^2}\frac{\gamma_w}{k_w}\left(\eta^2+\frac{s}{C_v^w}\right)\sinh(\xi z)-\frac{1}{\eta}\frac{1}{\xi^2-\eta^2}\frac{\gamma_w}{k_w}\left(\xi^2+\frac{s}{C_v^w}\right)\sinh(\eta z) \tag{3A.18h}$$

$$T_{31}=\frac{\xi}{\xi^2-\eta^2}\frac{k_a}{g}\left(\eta^2+\frac{s}{C_v^a}\right)\sinh(\xi z)-\frac{\eta}{\xi^2-\eta^2}\frac{k_a}{g}\left(\xi^2+\frac{s}{C_v^a}\right)\sinh(\eta z) \tag{3A.18i}$$

$$T_{32}=\frac{1}{\xi^2-\eta^2}\frac{sC_a}{C_v^a}\frac{k_a}{g}[\xi\sinh(\xi z)-\eta\sinh(\eta z)] \tag{3A.18j}$$

$$T_{33}=-\frac{1}{\xi^2-\eta^2}\left(\eta^2+\frac{s}{C_v^a}\right)\cosh(\xi z)+\frac{1}{\xi^2-\eta^2}\left(\xi^2+\frac{s}{C_v^a}\right)\cosh(\eta z) \tag{3A.18k}$$

$$T_{34}=-\frac{1}{\xi^2-\eta^2}\frac{sC_a}{C_v^a}\frac{\gamma_w}{k_w}\frac{k_a}{g}[\cosh(\xi z)-\cosh(\eta z)] \tag{3A.18l}$$

$$T_{41}=\frac{1}{\xi^2-\eta^2}\frac{k_w}{\gamma_w}\frac{sC_w}{C_v^w}[\xi\sinh(\xi z)-\eta\sinh(\eta z)] \tag{3A.18m}$$

$$T_{42}=\frac{\xi}{\xi^2-\eta^2}\frac{k_w}{\gamma_w}\left(\eta^2+\frac{s}{C_v^w}\right)\sinh(\xi z)-\frac{\eta}{\xi^2-\eta^2}\frac{k_w}{\gamma_w}\left(\xi^2+\frac{s}{C_v^w}\right)\sinh(\eta z) \tag{3A.18n}$$

$$T_{43}=-\frac{k_w}{\gamma_w}\frac{1}{\xi^2-\eta^2}\frac{sC_w}{C_v^w}\frac{g}{k_a}[\cosh(\xi z)-\cosh(\eta z)] \tag{3A.18o}$$

$$T_{44}=-\frac{1}{\xi^2-\eta^2}\left(\eta^2+\frac{s}{C_v^w}\right)\cosh(\xi z)+\frac{1}{\xi^2-\eta^2}\left(\xi^2+\frac{s}{C_v^w}\right)\cosh(\eta z) \tag{3A.18p}$$

矩阵 $\boldsymbol{T}$ 可简化为：

$$
T=\frac{1}{\xi^2-\eta^2}\begin{pmatrix}
-\left(\eta^2+\frac{s}{C_v^a}\right)\cosh(\xi z) & -\frac{sC_a}{C_v^a}\cosh(\xi z) & 0 & 0\\
-\frac{sC_w}{C_v^w}\cosh(\xi z) & -\left(\eta^2+\frac{s}{C_v^w}\right)\cosh(\xi z) & 0 & 0\\
\xi\frac{k_a}{g}\left(\eta^2+\frac{s}{C_v^a}\right)\sinh(\xi z) & \frac{sC_a}{C_v^a}\frac{k_a}{g}\xi\sinh(\xi z) & 0 & 0\\
\frac{k_w}{\gamma_w}\frac{sC_w}{C_v^w}\xi\sinh(\xi z) & \frac{k_w}{\gamma_w}\left(\eta^2+\frac{s}{C_v^w}\right)\xi\sinh(\xi z) & 0 & 0
\end{pmatrix}
$$

$$
+\frac{1}{\xi^2-\eta^2}\begin{pmatrix}
0 & 0 & \frac{g}{k_a}\left(\eta^2+\frac{s}{C_v^a}\right)\frac{\sinh(\xi z)}{\xi} & \frac{sC_a}{C_v^a}\frac{\gamma_w}{k_w}\frac{\sinh(\xi z)}{\xi}\\
0 & 0 & \frac{sC_w}{C_v^w}\frac{g}{k_a}\frac{\sinh(\xi z)}{\xi} & \left(\eta^2+\frac{s}{C_v^w}\right)\frac{\gamma_w}{k_w}\frac{\sinh(\xi z)}{\xi}\\
0 & 0 & -\left(\eta^2+\frac{s}{C_v^a}\right)\cosh(\xi z) & -\frac{sC_a}{C_v^a}\frac{\gamma_w}{k_w}\frac{k_a}{g}\cosh(\xi z)\\
0 & 0 & -\frac{k_w}{\gamma_w}\frac{g}{k_a}\frac{sC_w}{C_v^w}\cosh(\xi z) & -\left(\eta^2+\frac{s}{C_v^w}\right)\cosh(\xi z)
\end{pmatrix}
$$

$$
+\frac{1}{\xi^2-\eta^2}\begin{pmatrix}
\left(\xi^2+\frac{s}{C_v^a}\right)\cosh(\eta z) & \frac{sC_a}{C_v^a}\cosh(\eta z) & 0 & 0\\
\frac{sC_w}{C_v^w}\cosh(\eta z) & \left(\xi^2+\frac{s}{C_v^w}\right)\cosh(\eta z) & 0 & 0\\
-\eta\frac{k_a}{g}\left(\xi^2+\frac{s}{C_v^a}\right)\sinh(\eta z) & -\frac{sC_a}{C_v^a}\frac{k_a}{g}\eta\sinh(\eta z) & 0 & 0\\
-\frac{k_w}{\gamma_w}\frac{sC_w}{C_v^w}\eta\sinh(\eta z) & -\frac{k_w}{\gamma_w}\left(\xi^2+\frac{s}{C_v^w}\right)\eta\sinh(\eta z) & 0 & 0
\end{pmatrix}
$$

$$
+\frac{1}{\xi^2-\eta^2}\begin{pmatrix}
0 & 0 & -\frac{g}{k_a}\left(\xi^2+\frac{s}{C_v^a}\right)\frac{\sinh(\eta z)}{\eta} & -\frac{sC_a}{C_v^a}\frac{\gamma_w}{k_w}\frac{\sinh(\eta z)}{\eta}\\
0 & 0 & -\frac{sC_w}{C_v^w}\frac{g}{k_a}\frac{\sinh(\eta z)}{\eta} & -\left(\xi^2+\frac{s}{C_v^w}\right)\frac{\gamma_w}{k_w}\frac{\sinh(\eta z)}{\eta}\\
0 & 0 & \left(\xi^2+\frac{s}{C_v^a}\right)\cosh(\eta z) & \frac{sC_a}{C_v^a}\frac{\gamma_w}{k_w}\frac{k_a}{g}\cosh(\eta z)\\
0 & 0 & \frac{k_w}{\gamma_w}\frac{g}{k_a}\frac{sC_w}{C_v^w}\cosh(\eta z) & \left(\xi^2+\frac{s}{C_v^w}\right)\cosh(\eta z)
\end{pmatrix}
\tag{3A.19}
$$

矩阵 $\boldsymbol{S}(s)=\int_0^z\boldsymbol{T}(z-\zeta)\boldsymbol{B}(\zeta)\mathrm{d}\zeta$ ，将 T_{ij} 代入该公式，得：

$$
\boldsymbol{S}=\begin{Bmatrix} S_1 \\ S_2 \\ S_3 \\ S_4 \end{Bmatrix}=-\int_0^z \begin{Bmatrix} T_{13}\dfrac{k_\mathrm{a}}{C_\mathrm{v}^\mathrm{a} g}(u_\mathrm{a}^0+C_\mathrm{a}u_\mathrm{w}^0)+T_{14}\dfrac{k_\mathrm{w}}{C_\mathrm{v}^\mathrm{w}\gamma_\mathrm{w}}(C_\mathrm{w}u_\mathrm{a}^0+u_\mathrm{w}^0) \\ T_{23}\dfrac{k_\mathrm{a}}{C_\mathrm{v}^\mathrm{a} g}(u_\mathrm{a}^0+C_\mathrm{a}u_\mathrm{w}^0)+T_{24}\dfrac{k_\mathrm{w}}{C_\mathrm{v}^\mathrm{w}\gamma_\mathrm{w}}(C_\mathrm{w}u_\mathrm{a}^0+u_\mathrm{w}^0) \\ T_{33}\dfrac{k_\mathrm{a}}{C_\mathrm{v}^\mathrm{a} g}(u_\mathrm{a}^0+C_\mathrm{a}u_\mathrm{w}^0)+T_{34}\dfrac{k_\mathrm{w}}{C_\mathrm{v}^\mathrm{w}\gamma_\mathrm{w}}(C_\mathrm{w}u_\mathrm{a}^0+u_\mathrm{w}^0) \\ T_{43}\dfrac{k_\mathrm{a}}{C_\mathrm{v}^\mathrm{a} g}(u_\mathrm{a}^0+C_\mathrm{a}u_\mathrm{w}^0)+T_{44}\dfrac{k_\mathrm{w}}{C_\mathrm{v}^\mathrm{w}\gamma_\mathrm{w}}(C_\mathrm{w}u_\mathrm{a}^0+u_\mathrm{w}^0) \end{Bmatrix}\mathrm{d}\zeta \tag{3A.20}
$$

即：

$$
S_1=\frac{1}{(\xi^2-\eta^2)C_\mathrm{v}^\mathrm{a}}\left\{\begin{aligned}&\left[(u_\mathrm{a}^0+C_\mathrm{a}u_\mathrm{w}^0)\left(\eta^2+\frac{s}{C_\mathrm{v}^\mathrm{a}}\right)+\frac{sC_\mathrm{a}}{C_\mathrm{v}^\mathrm{w}}(C_\mathrm{w}u_\mathrm{a}^0+u_\mathrm{w}^0)\right]\frac{1}{\xi^2}[1-\cosh(\xi z)]\\ &-\left[(u_\mathrm{a}^0+C_\mathrm{a}u_\mathrm{w}^0)\left(\xi^2+\frac{s}{C_\mathrm{v}^\mathrm{a}}\right)+\frac{sC_\mathrm{a}}{C_\mathrm{v}^\mathrm{w}}(C_\mathrm{w}u_\mathrm{a}^0+u_\mathrm{w}^0)\right\}\frac{1}{\eta^2}[1-\cosh(\xi z)]\end{aligned}\right\} \tag{3A.21a}
$$

$$
S_2=\frac{1}{(\xi^2-\eta^2)C_\mathrm{v}^\mathrm{w}}\left\{\begin{aligned}&\left[\frac{sC_\mathrm{w}}{C_\mathrm{v}^\mathrm{a}}(u_\mathrm{a}^0+C_\mathrm{a}u_\mathrm{w}^0)+(C_\mathrm{w}u_\mathrm{a}^0+u_\mathrm{w}^0)\left(\eta^2+\frac{s}{C_\mathrm{v}^\mathrm{w}}\right)\right]\frac{1}{\xi^2}[1-\cosh(\xi z)]\\ &-\left[\frac{sC_\mathrm{w}}{C_\mathrm{v}^\mathrm{a}}(u_\mathrm{a}^0+C_\mathrm{a}u_\mathrm{w}^0)+(C_\mathrm{w}u_\mathrm{a}^0+u_\mathrm{w}^0)\left(\xi^2+\frac{s}{C_\mathrm{v}^\mathrm{w}}\right)\right]\frac{1}{\eta^2}[1-\cosh(\xi z)]\end{aligned}\right\} \tag{3A.21b}
$$

$$
S_3=\frac{1}{(\xi^2-\eta^2)C_\mathrm{v}^\mathrm{a}}\left\{\begin{aligned}&\left[(u_\mathrm{a}^0+C_\mathrm{a}u_\mathrm{w}^0)\left(\eta^2+\frac{s}{C_\mathrm{v}^\mathrm{a}}\right)+\frac{sC_\mathrm{a}}{C_\mathrm{v}^\mathrm{w}}(C_\mathrm{w}u_\mathrm{a}^0+u_\mathrm{w}^0)\right]\frac{\sinh(\xi z)}{\xi}\\ &-\left[(u_\mathrm{a}^0+C_\mathrm{a}u_\mathrm{w}^0)\left(\xi^2+\frac{s}{C_\mathrm{v}^\mathrm{a}}\right)+\frac{sC_\mathrm{a}}{C_\mathrm{v}^\mathrm{w}}(C_\mathrm{w}u_\mathrm{a}^0+u_\mathrm{w}^0)\right]\frac{\sinh(\eta z)}{\eta}\end{aligned}\right\} \tag{3A.21c}
$$

$$
S_4=-\frac{k_\mathrm{w}}{\gamma_\mathrm{w}}\frac{1}{(\xi^2-\eta^2)C_\mathrm{v}^\mathrm{w}}\left\{\begin{aligned}&-\left[\frac{sC_\mathrm{w}}{C_\mathrm{v}^\mathrm{a}}(u_\mathrm{a}^0+C_\mathrm{a}u_\mathrm{w}^0)+(C_\mathrm{w}u_\mathrm{a}^0+u_\mathrm{w}^0)\left(\eta^2+\frac{s}{C_\mathrm{v}^\mathrm{w}}\right)\right]\frac{1}{\xi}\sinh(\xi z)\\ &+\left[\frac{sC_\mathrm{w}}{C_\mathrm{v}^\mathrm{a}}(u_\mathrm{a}^0+C_\mathrm{a}u_\mathrm{w}^0)+(C_\mathrm{w}u_\mathrm{a}^0+u_\mathrm{w}^0)\left(\xi^2+\frac{s}{C_\mathrm{v}^\mathrm{w}}\right)\right]\frac{1}{\eta}\sinh(\xi z)\end{aligned}\right\} \tag{3A.21d}
$$

附录3B：成层地基一维固结求解中的中间参数

式（3.3.32a）～式（3.3.32d）、式（3.3.37a）～式（3.3.27d）和式（3.3.43a）～式（3.3.43d）中的中间参数分别为：

$$
\begin{aligned}\chi_{11}=&\mathrm{e}^{2(\xi_1^{(n)}+\xi_2^{(n)})h_n}[(m_{11}-m_{12})(m_{33}-m_{34})-(m_{13}-m_{14})(m_{31}-m_{32})]\\ &-\mathrm{e}^{2\xi_1^{(n)}h_n}[(m_{11}-m_{12})(m_{43}-m_{44})-(m_{13}-m_{14})(m_{41}-m_{42})]\\ &-\mathrm{e}^{2\xi_2^{(n)}h_n}[(m_{21}-m_{22})(m_{33}-m_{34})-(m_{23}-m_{24})(m_{31}-m_{32})]\\ &+[(m_{21}-m_{22})(m_{43}-m_{44})-(m_{23}-m_{24})(m_{41}-m_{42})]\end{aligned} \tag{3B.1}
$$

$$\chi_{12}=e^{2(\xi_1^{(n)}+\xi_2^{(n)})h_n}(m_{13}m_{34}-m_{14}m_{33})+(m_{23}m_{44}-m_{24}m_{43})$$
$$-e^{2\xi_1^{(n)}h_n}(m_{13}m_{44}-m_{14}m_{43})-e^{2\xi_2^{(n)}h_n}(m_{23}m_{34}-m_{24}m_{33}) \quad (3B.2)$$

$$\chi_{13}=e^{2(\xi_1^{(n)}+\xi_2^{(n)})h_n}[m_{12}(m_{33}-m_{34})-(m_{13}-m_{14})m_{32}]$$
$$+[m_{22}(m_{43}-m_{44})-(m_{23}-m_{24})m_{42}]$$
$$-e^{2\xi_1^{(n)}h_n}[m_{12}(m_{43}-m_{44})-(m_{13}-m_{14})m_{42}]$$
$$-e^{2\xi_2^{(n)}h_n}[m_{22}(m_{33}-m_{34})-(m_{23}-m_{24})m_{32}] \quad (3B.3)$$

$$\chi_{14}=e^{2(\xi_1^{(n)}+\xi_2^{(n)})h_n}[m_{11}(m_{33}-m_{34})-(m_{13}-m_{14})m_{31}]$$
$$+[m_{21}(m_{43}-m_{44})-(m_{23}-m_{24})m_{41}]$$
$$-e^{2\xi_1^{(n)}h_n}[m_{11}(m_{43}-m_{44})-(m_{13}-m_{14})m_{41}]$$
$$-e^{2\xi_2^{(n)}h_n}[m_{21}(m_{33}-m_{34})-(m_{23}-m_{24})m_{31}] \quad (3B.4)$$

$$\chi_{15}=e^{2(\xi_1^{(n)}+\xi_2^{(n)})h_n}[(m_{11}-m_{12})m_{34}-m_{14}(m_{31}-m_{32})]$$
$$+[(m_{21}-m_{22})m_{44}-m_{24}(m_{41}-m_{42})]$$
$$-e^{2\xi_1^{(n)}h_n}[(m_{11}-m_{12})m_{44}-m_{14}(m_{41}-m_{42})]$$
$$-e^{2\xi_2^{(n)}h_n}[(m_{21}-m_{22})m_{34}-m_{24}(m_{31}-m_{32})] \quad (3B.5)$$

$$\chi_{16}=e^{2(\xi_1^{(n)}+\xi_2^{(n)})h_n}(m_{11}m_{32}-m_{12}m_{31})+(m_{21}m_{42}-m_{22}m_{41})$$
$$-e^{2\xi_1^{(n)}h_n}(m_{11}m_{42}-m_{12}m_{41})-e^{2\xi_2^{(n)}h_n}(m_{21}m_{32}-m_{22}m_{31}) \quad (3B.6)$$

$$\chi_{17}=e^{2(\xi_1^{(n)}+\xi_2^{(n)})h_n}[(m_{11}-m_{12})m_{33}-m_{13}(m_{31}-m_{32})]$$
$$+[(m_{21}-m_{22})m_{43}-m_{23}(m_{41}-m_{42})]$$
$$-e^{2\xi_1^{(n)}h_n}[(m_{11}-m_{12})m_{43}-m_{13}(m_{41}-m_{42})]$$
$$-e^{2\xi_2^{(n)}h_n}[(m_{21}-m_{22})m_{33}-m_{23}(m_{31}-m_{32})] \quad (3B.7)$$

$$\chi_{21}=e^{2(\xi_1^{(n)}+\xi_2^{(n)})h_n}[(m_{11}-m_{12})(m_{33}-m_{34})-(m_{13}-m_{14})(m_{31}-m_{32})]$$
$$+e^{2\xi_1^{(n)}h_n}[(m_{11}-m_{12})(m_{43}-m_{44})-(m_{13}-m_{14})(m_{41}-m_{42})]$$
$$+e^{2\xi_2^{(n)}h_n}[(m_{21}-m_{22})(m_{33}-m_{34})-(m_{23}-m_{24})(m_{31}-m_{32})]$$
$$+(m_{21}-m_{22})(m_{43}-m_{44})-(m_{23}-m_{24})(m_{41}-m_{42}) \quad (3B.8)$$

$$\chi_{22}=e^{2(\xi_1^{(n)}+\xi_2^{(n)})h_n}(m_{14}m_{33}-m_{13}m_{34})+(m_{24}m_{43}-m_{23}m_{44})$$
$$+e^{2\xi_1^{(n)}h_n}(m_{14}m_{43}-m_{13}m_{44})+e^{2\xi_2^{(n)}h_n}(m_{24}m_{33}-m_{23}m_{34}) \quad (3B.9)$$

$$\chi_{23}=e^{2(\xi_1^{(n)}+\xi_2^{(n)})h_n}[m_{32}(m_{13}-m_{14})-(m_{33}-m_{34})m_{12}]$$
$$+[m_{42}(m_{23}-m_{24})-(m_{43}-m_{44})m_{22}]$$
$$+e^{2\xi_1^{(n)}h_n}[m_{42}(m_{13}-m_{14})-(m_{43}-m_{44})m_{12}]$$
$$+e^{2\xi_2^{(n)}h_n}[m_{32}(m_{23}-m_{24})-(m_{33}-m_{34})m_{22}] \quad (3B.10)$$

$$\begin{aligned}\chi_{24}=&\mathrm{e}^{\xi_2^{(n)}h_n}\left[\mathrm{e}^{2\xi_1^{(n)}h_n}(m_{13}-m_{14})+(m_{23}-m_{24})\right](u_{a0}+a_5^{(n)}u_{w0})\\&+\mathrm{e}^{\xi_1^{(n)}h_n}\left[\mathrm{e}^{2\xi_2^{(n)}h_n}(m_{33}-m_{34})+(m_{43}-m_{44})\right](u_{a0}+a_6^{(n)}u_{w0})\end{aligned}\tag{3B. 11}$$

$$\begin{aligned}\chi_{25}=&\mathrm{e}^{2(\xi_1^{(n)}+\xi_2^{(n)})h_n}\left[(m_{13}-m_{14})m_{31}-m_{11}(m_{33}-m_{34})\right]\\&+\left[(m_{23}-m_{24})m_{41}-m_{21}(m_{43}-m_{44})\right]\\&+\mathrm{e}^{2\xi_1^{(n)}h_n}\left[(m_{13}-m_{14})m_{41}-m_{11}(m_{43}-m_{44})\right]\\&+\mathrm{e}^{2\xi_2^{(n)}h_n}\left[(m_{23}-m_{24})m_{31}-m_{21}(m_{33}-m_{34})\right]\end{aligned}\tag{3B. 12}$$

$$\begin{aligned}\chi_{26}=&\mathrm{e}^{2(\xi_1^{(n)}+\xi_2^{(n)})h_n}\left[m_{14}(m_{31}-m_{32})-(m_{11}-m_{12})m_{34}\right]\\&+\left[m_{24}(m_{41}-m_{42})-(m_{21}-m_{22})m_{44}\right]\\&+\mathrm{e}^{2\xi_1^{(n)}h_n}\left[m_{14}(m_{41}-m_{42})-(m_{11}-m_{12})m_{44}\right]\\&+\mathrm{e}^{2\xi_2^{(n)}h_n}\left[m_{24}(m_{31}-m_{32})-(m_{21}-m_{22})m_{34}\right]\end{aligned}\tag{3B. 13}$$

$$\begin{aligned}\chi_{27}=&\mathrm{e}^{2(\xi_1^{(n)}+\xi_2^{(n)})h_n}(m_{11}m_{32}-m_{12}m_{31})+(m_{21}m_{42}-m_{22}m_{41})\\&+\mathrm{e}^{2\xi_1^{(n)}h_n}(m_{11}m_{42}-m_{12}m_{41})+\mathrm{e}^{2\xi_2^{(n)}h_n}(m_{21}m_{32}-m_{22}m_{31})\end{aligned}\tag{3B. 14}$$

$$\begin{aligned}\chi_{28}=&\mathrm{e}^{\xi_2^{(n)}h_n}\left[\mathrm{e}^{2\xi_1^{(n)}h_n}(m_{11}-m_{12})+(m_{21}-m_{22})\right](u_{a0}+a_5^{(n)}u_{w0})\\&+\mathrm{e}^{\xi_1^{(n)}h_n}\left[\mathrm{e}^{2\xi_2^{(n)}h_n}(m_{31}-m_{32})+(m_{41}-m_{42})\right](u_{a0}+a_6^{(n)}u_{w0})\end{aligned}\tag{3B. 15}$$

$$\begin{aligned}\chi_{29}=&\mathrm{e}^{2(\xi_1^{(n)}+\xi_2^{(n)})h_n}\left[m_{13}(m_{31}-m_{32})-(m_{11}-m_{12})m_{33}\right]\\&+\left[m_{23}(m_{41}-m_{42})-(m_{21}-m_{22})m_{43}\right]\\&+\mathrm{e}^{2\xi_1^{(n)}h_n}\left[m_{13}(m_{41}-m_{42})-(m_{11}-m_{12})m_{43}\right]\\&+\mathrm{e}^{2\xi_2^{(n)}h_n}\left[m_{23}(m_{31}-m_{32})-(m_{21}-m_{22})m_{33}\right]\end{aligned}\tag{3B. 16}$$

$$\begin{aligned}\chi_{31}=&\eta_{\mathrm{Rt2}}\begin{bmatrix}\mathrm{e}^{2(\xi_1^{(n)}+\xi_2^{(n)})h_n}(m_{13}m_{31}-m_{11}m_{33})+(m_{23}m_{41}-m_{21}m_{43})\\-\mathrm{e}^{2\xi_1^{(n)}h_n}(m_{13}m_{41}-m_{11}m_{43})-\mathrm{e}^{2\xi_2^{(n)}h_n}(m_{23}m_{31}-m_{21}m_{33})\end{bmatrix}\\&+\eta_{\mathrm{Rt1}}\begin{bmatrix}\mathrm{e}^{2(\xi_1^{(n)}+\xi_2^{(n)})h_n}(m_{14}m_{31}-m_{11}m_{34})+(m_{24}m_{41}-m_{21}m_{44})\\-\mathrm{e}^{2\xi_1^{(n)}h_n}(m_{14}m_{41}-m_{11}m_{44})-\mathrm{e}^{2\xi_2^{(n)}h_n}(m_{24}m_{31}-m_{21}m_{34})\end{bmatrix}\end{aligned}\tag{3B. 17}$$

$$\begin{aligned}\chi_{32}=&\eta_{\mathrm{Rt2}}\begin{bmatrix}\mathrm{e}^{2(\xi_1^{(n)}+\xi_2^{(n)})h_n}(m_{13}m_{32}-m_{12}m_{33})+(m_{23}m_{42}-m_{22}m_{43})\\-\mathrm{e}^{2\xi_1^{(n)}h_n}(m_{13}m_{42}-m_{12}m_{43})-\mathrm{e}^{2\xi_2^{(n)}h_n}(m_{23}m_{32}-m_{22}m_{33})\end{bmatrix}\\&+\eta_{\mathrm{Rt1}}\begin{bmatrix}\mathrm{e}^{2(\xi_1^{(n)}+\xi_2^{(n)})h_n}(m_{14}m_{32}-m_{12}m_{34})+(m_{24}m_{42}-m_{22}m_{44})\\-\mathrm{e}^{2\xi_1^{(n)}h_n}(m_{14}m_{42}-m_{12}m_{44})-\mathrm{e}^{2\xi_2^{(n)}h_n}(m_{24}m_{32}-m_{22}m_{34})\end{bmatrix}\end{aligned}\tag{3B. 18}$$

$$\begin{aligned}\chi_{33}=&\mathrm{e}^{2(\xi_1^{(n)}+\xi_2^{(n)})h_n}(m_{14}m_{33}-m_{13}m_{34})+(m_{24}m_{43}-m_{23}m_{44})\\&-\mathrm{e}^{2\xi_1^{(n)}h_n}(m_{14}m_{43}-m_{13}m_{44})-\mathrm{e}^{2\xi_2^{(n)}h_n}(m_{24}m_{33}-m_{23}m_{34})\end{aligned}\tag{3B. 19}$$

$$\begin{aligned}\chi_{34}=&\mathrm{e}^{2(\xi_1^{(n)}+\xi_2^{(n)})h_n}(m_{13}m_{32}-m_{12}m_{33})+(m_{23}m_{42}-m_{22}m_{43})\\&-\mathrm{e}^{2\xi_1^{(n)}h_n}(m_{13}m_{42}-m_{12}m_{43})-\mathrm{e}^{2\xi_2^{(n)}h_n}(m_{23}m_{32}-m_{22}m_{33})\end{aligned}\tag{3B. 20}$$

$$\chi_{35}=\mathrm{e}^{2(\xi_1^{(n)}+\xi_2^{(n)})h_n}(m_{14}m_{32}-m_{12}m_{34})+(m_{24}m_{42}-m_{22}m_{44})$$
$$-\mathrm{e}^{2\xi_1^{(n)}h_n}(m_{14}m_{42}-m_{12}m_{44})-\mathrm{e}^{2\xi_2^{(n)}h_n}(m_{24}m_{32}-m_{22}m_{34}) \tag{3B.21}$$
$$\chi_{36}=\mathrm{e}^{2(\xi_1^{(n)}+\xi_2^{(n)})h_n}(m_{13}m_{31}-m_{11}m_{33})+(m_{23}m_{41}-m_{21}m_{43})$$
$$-\mathrm{e}^{2\xi_1^{(n)}h_n}(m_{13}m_{41}-m_{11}m_{43})-\mathrm{e}^{2\xi_2^{(n)}h_n}(m_{23}m_{31}-m_{21}m_{33}) \tag{3B.22}$$
$$\chi_{37}=\mathrm{e}^{2(\xi_1^{(n)}+\xi_2^{(n)})h_n}(m_{14}m_{31}-m_{11}m_{34})+(m_{24}m_{41}-m_{21}m_{44})$$
$$-\mathrm{e}^{2\xi_1^{(n)}h_n}(m_{14}m_{41}-m_{11}m_{44})-\mathrm{e}^{2\xi_2^{(n)}h_n}(m_{24}m_{31}-m_{21}m_{34}) \tag{3B.23}$$
$$\chi_{38}=\mathrm{e}^{2(\xi_1^{(n)}+\xi_2^{(n)})h_n}(m_{12}m_{31}-m_{11}m_{32})+(m_{22}m_{41}-m_{21}m_{42})$$
$$-\mathrm{e}^{2\xi_1^{(n)}h_n}(m_{12}m_{41}-m_{11}m_{42})-\mathrm{e}^{2\xi_2^{(n)}h_n}(m_{22}m_{31}-m_{21}m_{32}) \tag{3B.24}$$
$$\chi_{1D1}=k_1(c_{12}c_{21}-1)\cosh(\xi_1h_1)\cosh(\xi_2h_1) \tag{3B.25}$$

式（3.4.16）～式（3.4.18）中的中间参数分别为：

$$\chi_{1D2}=k_2[\xi_1\cosh(\xi_1h_1)\sinh(\xi_2h_1)-q_{12}q_{21}\xi_2\sinh(\xi_1h_1)\cosh(\xi_2h_1)] \tag{3B.26}$$
$$\chi_{1D3}=k_2\left\langle\begin{aligned}&c_{21}[(c_{12}c_{21}-1)\cosh(\xi_2h_1)c_{p3}-c_{p2}]\xi_2\sinh(\xi_1z)\\&+c_{p1}\left\{\begin{aligned}&\xi_1\sinh(\xi_2h_1)\cosh[\xi_1(z-h_1)]\\&+c_{12}c_{21}\xi_2\cosh(\xi_2h_1)\sinh[\xi_1(z-h_1)]\end{aligned}\right\}\end{aligned}\right\rangle \tag{3B.27}$$
$$\chi_{1D4}=k_1c_{p1}\cosh(\xi_2h_1)\cosh[\xi_1(z-h_1)] \tag{3B.28}$$
$$\chi_{1D5}=k_2\left\langle\begin{aligned}&[(c_{12}c_{21}-1)\cosh(\xi_1h_1)c_{p3}+c_{12}c_{p1}]\xi_1\sinh(\xi_2z)\\&-c_{p2}\left\{\begin{aligned}&\xi_1\cosh(\xi_1h_1)\sinh[\xi_2(z-h_1)]\\&+c_{12}c_{21}\xi_2\sinh(\xi_1h_1)\cosh[\xi_2(z-h_1)]\end{aligned}\right\}\end{aligned}\right\rangle \tag{3B.29}$$
$$\chi_{1D6}=k_1(c_{12}c_{21}-1)c_{p2}\cosh(\xi_1h_1)\cosh[\xi_2(z-h_1)] \tag{3B.30}$$
$$\chi_{1D7}=\cosh(\xi_1h_1)\cosh(\xi_2h_1)(c_{12}c_{21}-1)c_{p3}-\cosh(\xi_1h_1)c_{p2}+\cosh(\xi_2h_1)c_{12}c_{p1} \tag{3B.31}$$

式中：

$$c_{p1}=u_a^0+c_{21}u_w^0+(A_\sigma+c_{21}W_\sigma)\tilde{\sigma}(s) \tag{3B.32a}$$
$$c_{p2}=c_{12}u_a^0+u_w^0+(c_{12}A_\sigma+W_\sigma)\tilde{\sigma}(s) \tag{3B.32b}$$
$$c_{p3}=\sigma_0-u_w^0-(W_\sigma-1)\tilde{\sigma}(s) \tag{3B.32c}$$
$$k_1=k_w\xi_1\xi_2\cosh[\eta(H-h_1)] \tag{3B.32d}$$
$$k_2=k_v\eta\sinh[\eta(H-h_1)] \tag{3B.32e}$$

参考文献：

[1] Qin A F, Chen G J, Tan Y W, et al. Analytical solution to one dimensional consolidation in unsaturated soils [J]. Applied Mathematics and Mechanics, 2008, 29 (10): 1329-1340.

[2] Qin A F, Sun D A, Tan Y W. Semi-analytical solution to one-dimensional consolidation in unsaturated soils [J]. Applied Mathematics and Mechanics, 2010, 31 (2): 215-226.

[3] Wang L, Sun D A, Qin A F. General semi-analytical solutions to one-dimensional consolidation for unsaturated soils [J]. Applied Mathematics and Mechanics, 2017, 38 (6): 831-850.

[4] Wang L, Sun D A, Li L Z, et al. Semi-analytical solutions to one-dimensional consolidation for unsaturated soils with symmetric semi-permeable drainage boundary [J]. Computers and Geotechnics, 2017, 89: 71-80.

[5] Wang L, Sun D A, Xu Y F. Semi-analytical solutions to one-dimensional consolidation for unsaturated soils with semi-permeable drainage boundary [J]. Applied Mathematics and Mechanics, 2017, 38 (10): 1439-1458.

[6] 秦爱芳，郑青青，江良华．统一边界条件下非饱和土一维固结理论研究 [J]. 工程力学，2024，41 (3): 63-72.

[7] Fredlund D G, Hasan J U. One-dimensional consolidation theory: unsaturated soils [J]. Canadian Geotechnical Journal, 1979, 16 (3): 521-531.

[8] Wang L, Sun D A, Qin A F, et al. Semi-analytical solution to one-dimensional consolidation for unsaturated soils with semi-permeable drainage boundary under time-dependent loading [J]. International Journal for Numerical and Analytical Methods in Geomechanics, 2017, 41 (16): 1636-1655.

[9] Shen S D, Wang L, Zhou A N, et al. One-dimensional consolidation for unsaturated soils under depth-dependent stress induced by multistage load [J]. International Journal of Geomechanics, 2022, 22 (9): 04022141.

[10] Conte E. Consolidation analysis for unsaturated soils [J]. Canadian Geotechnical Journal, 2004, 41 (4): 599-612.

[11] Wang L, Zhou A N, Xu Y F, et al. One-dimensional consolidation of unsaturated soils considering self-weight: Semi-analytical solutions [J]. Soils and Foundations, 2021, 61 (6): 1543-1554.

[12] 蔡袁强，徐长节，袁海明．任意荷载下成层黏弹性地基的一维固结 [J]. 应用数学和力学，2001，22 (3): 307-313.

[13] Li L Z, Qin A F, Jiang L H. Semianalytical solution of one-dimensional consolidation of multilayered unsaturated soils [J]. International Journal of Geomechanics, 2021, 21 (8): 06021017.

[14] Li L Z, Qin A F, Jiang L H, et al. Semianalytical solution for one-dimensional consolidation in a multilayered unsaturated soil system with exponentially time-growing permeable boundary [J]. Journal of Engineering Mechanics, 2021, 147 (5): 04021025.

[15] Li L Z, Qin A F, Jiang L H. Semi-analytical solution for the one-dimensional consolidation of multilayered unsaturated soils with semi-permeable boundary [J]. Journal of Engineering Mathematics, 2021, 130 (10): 1-17.

[16] Terzaghi K. Theoretical soil mechanics [M]. New York: John Wiley & Sons, 1943.

[17] Li L Z, Qin A F, Jiang L H. Semi-analytical solution for one-dimensional consolidation of a two-layered soil system with unsaturated and saturated conditions [J]. International Journal for Numerical and Analytical Methods in Geomechanics, 2021, 45 (15): 2284-2300.

[18] Li L Z, Qin A F, Jiang L H, et al. One-dimensional consolidation of unsaturated-saturated soil system considering pervious or impervious drainage condition induced by time-dependent loading [J]. Computers and Geotechnics, 2022, 152: 105053.

相关发表文章：

[1] Qin A F, Chen G J, Tan Y W, et al. Analytical solution to one dimensional consolidation in unsaturated soils [J]. Applied Mathematics and Mechanics, 2008, 29 (10): 1329-1340.

[2] 秦爱芳. 非饱和土一维固结的解析解及半解析解 [D]. 上海：上海大学，2009.

[3] 秦爱芳，羌锐，谈永卫，等. 非饱和土层一维固结特性分析 [J]. 岩土力学，2010，31 (6): 1891-

1896.
[4] Qin A F, Sun D A, Tan Y W. Semi-analytical solution to one-dimensional consolidation in unsaturatedsoils [J]. Applied Mathematics and Mechanics, 2010, 31 (2): 215-226.
[5] Qin A F, Sun D A, Tan Y W. Analytical solution to one-dimensional consolidation in unsaturated soils under loading varying exponentially with time [J]. Computers and Geotechnics, 2010, 37 (1-2): 233-238.
[6] 秦爱芳，阳柳平，孙德安，等. 两种边界条件下非饱和土一维固结特性分析 [J]. 上海大学学报：自然科学版，2011，17 (3)：314-319.
[7] Wang L, Sun D A, Li L Z, et al. Semi-analytical solutions to one-dimensional consolidation for unsaturated soils with symmetric semi-permeable drainage boundary [J]. Computers and Geotechnics, 2017, 89: 71-80.
[8] Wang L, Sun D A, Qin A F, et al. Semi-analytical solution to one-dimensional consolidation for unsaturated soils with semi-permeable drainage boundary under time-dependent loading [J]. International Journal for Numerical and Analytical Methods in Geomechanics, 2017, 41 (16): 1636-1655.
[9] Wang L, Sun D A, Qin A F. General semi-analytical solutions to one-dimensional consolidation for unsaturated soils [J]. Applied Mathematics and Mechanics, 2017, 38 (6): 831-850.
[10] Wang L, Sun D A, Qin A F, et al. Semi-analytical solution to one-dimensional consolidation for unsaturated soils with semi-permeable drainage boundary under time-dependent loading [J]. International Journal for Numerical and Analytical Methods in Geomechanics, 2017, 41 (16): 1636-1655.
[11] Wang L, Sun D A, Xu Y F. Semi-analytical solutions to one-dimensional consolidation for unsaturated soils with semi-permeable drainage boundary [J]. Applied Mathematics and Mechanics, 2017, 38 (10): 1439-1458.
[12] Wang L, Sun D A, Qin A F. Semi-analytical solution to one-dimensional consolidation for unsaturated soils with exponentially time-growing drainage boundary conditions [J]. International Journal of Geomechanics, 2018, 18 (2): 04017144.
[13] Wang L, Xu Y F, Xia X H, et al. Semi-analytical solutions to two-dimensional plane strain consolidation for unsaturated soils under time-dependent loading [J]. Computers and Geotechnics, 2019, 109: 144-165.
[14] Li L Z, Qin A F, Jiang L H, et al. Semianalytical solution for one-dimensional consolidation in a multilayered unsaturated soil system with exponentially time-growing permeable boundary [J]. Journal of Engineering Mechanics, 2021, 147 (5): 04021025.
[15] Wang L, Zhou A N, Xu Y F, et al. One-dimensional consolidation of unsaturated soils considering self-weight: Semi-analytical solutions [J]. Soils and Foundations, 2021, 61 (6): 1543-1554.
[16] Li L Z, Qin A F, Jiang L H. Semianalytical solution of one-dimensional consolidation of multilayered unsaturated soils [J]. International Journal of Geomechanics, 2021, 21 (8): 06021017.
[17] Li L Z, Qin A F, Jiang L H. Semi-analytical solution for the one-dimensional consolidation of multi-layered unsaturated soils with semi-permeable boundary [J]. Journal of Engineering Mathematics, 2021, 130 (10): 1-17.
[18] Li L Z, Qin A F, Jiang L H. Semi-analytical solution for one-dimensional consolidation of a two-layered soil system with unsaturated and saturated conditions [J]. International Journal for Numerical and Analytical Methods in Geomechanics, 2021, 45 (15): 2284-2300.
[19] Shen S D, Wang L, Zhou A N, et al. One-dimensional consolidation for unsaturated soils under

depth-dependent stress induced by multistage load [J]. International Journal of Geomechanics, 2022, 22 (9): 04022141.

[20] Li L Z, Qin A F, Jiang L H, et al. One-dimensional consolidation of unsaturated-saturated soil system considering pervious or impervious drainage condition induced by time-dependent loading [J]. Computers and Geotechnics, 2022, 152: 105053.

[21] 李林忠，秦爱芳，江良华. 双层非饱和土地基一维固结半解析解 [J]. 岩土工程学报，2022，44 (2): 315-323.

[22] 秦爱芳，郑青青，江良华. 统一边界条件下非饱和土一维固结理论研究 [J]. 工程力学，2024，41 (3): 63-72.

第 4 章　非饱和土平面应变固结

4.1　引言

土体固结问题中一维固结理论应用最为广泛，但在实际工程中有些固结问题，采用平面应变假设更为合适。例如，在地基处理中，通过设置竖井（如砂井、塑料排水板、透水软管等）能有效地提高排水固结速度；当长度远远大于宽度的路基、堤坝等地基的两侧纵向分布有一定间隔的砂井（或其他类型竖井）时，可将砂井等效为沿着纵向连续不间断分布的砂墙，即把原来的砂井地基转换为设置有砂墙的地基。这种砂墙地基即可以当作平面应变问题来处理分析。对于这种平面应变固结问题，水平向与竖向的排水边界条件以及施工与使用期的外荷载是影响固结过程的关键因素。因此，有必要研究其对固结特性的影响。

本章基于第 2 章推导的非饱和土平面应变固结控制方程，首先求得了非饱和土平面应变固结基本解。针对不同边界（均质、混合、半渗透、分布式边界）和不同荷载条件及特殊情况下的平面应变固结问题，分别采用 Laplace 变换、Laplace 逆变换以及级数展开等数学方法，得到了单层非饱和土平面应变固结方程的半解析解，并分析了其相应的固结特性。针对非饱和-饱和土平面应变固结问题，本章基于 Fredlund 非饱和土固结理论和 Terzaghi 经典固结理论，考虑非饱和土与饱和土之间的层间连续条件，采用非饱和土固结与饱和土固结时的基本假设，并使用消元法、Laplace 变换、Laplace 逆变换及级数展开等数学方法求得了非饱和-饱和土地基平面应变固结的半解析解，并分析了其相应固结特性。

4.2　单层非饱和土地基平面应变固结

4.2.1　平面应变固结基本解

4.2.1.1　计算模型

基于 Dakshanamurthy 和 Fredlund（1981）[1]提出的平面应变条件下非饱和土固结理论，Ho 等（2015）[2]设计了如图 4.2.1 所示的非饱和土平面应变固结计算模型。其中，在 x 方向上非饱和土体的宽度为 L，其大小由砂井之间的净距决定；在 z 方向上非饱和土体的厚度为 H，其大小取决于单层非饱和土层的厚度。随时间变化的不同荷载 $q(t)$ 作用于非饱和土体顶面，并且在荷载 $q(t)$ 的作用下，超孔隙气压力和超孔隙水压力可同时通过 x 方向和 z 方向进行消散。

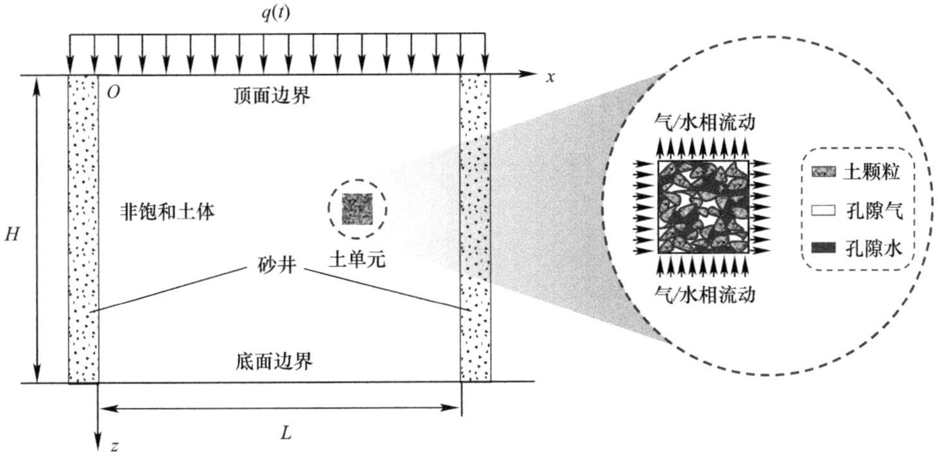

图 4.2.1　非饱和土平面应变固结模型

4.2.1.2　基本假定

平面应变条件下非饱和土固结基本假定同第 2.2.3 节。

4.2.1.3　控制方程

当施加瞬时均布荷载时，依据第 2.2.3 节可知非饱和土平面应变固结气、液相固结控制方程如下：

$$\frac{\partial u_{\mathrm{a}}}{\partial t}=-C_{\mathrm{a}}\frac{\partial u_{\mathrm{w}}}{\partial t}-C_{\mathrm{vx}}^{\mathrm{a}}\frac{\partial^{2}u_{\mathrm{a}}}{\partial x^{2}}-C_{\mathrm{vz}}^{\mathrm{a}}\frac{\partial^{2}u_{\mathrm{a}}}{\partial z^{2}} \tag{4.2.1}$$

$$\frac{\partial u_{\mathrm{w}}}{\partial t}=-C_{\mathrm{w}}\frac{\partial u_{\mathrm{a}}}{\partial t}-C_{\mathrm{vx}}^{\mathrm{w}}\frac{\partial^{2}u_{\mathrm{w}}}{\partial x^{2}}-C_{\mathrm{vz}}^{\mathrm{w}}\frac{\partial^{2}u_{\mathrm{w}}}{\partial z^{2}} \tag{4.2.2}$$

这一节中，将使用 Fourier 级数展开和 Laplace 变换来获得平面应变条件下非饱和土固结方程的通解。因为研究区域是一个二维有限矩形，且侧向边界对气相和液相是单面或双面渗透的，因此控制方程式（4.2.1）、式（4.2.2）的通解可借助 Fourier 正弦级数对 x 方向的函数展开进行求解：

$$u_{\mathrm{a}}(x,z,t)=\sum_{k=1}^{\infty}u_{\mathrm{az}}(z,t)\sin(Kx) \tag{4.2.3}$$

$$u_{\mathrm{w}}(x,z,t)=\sum_{k=1}^{\infty}u_{\mathrm{wz}}(z,t)\sin(Kx) \tag{4.2.4}$$

式中：

$u_{\mathrm{a}}(x,z,t)$，$u_{\mathrm{w}}(x,z,t)$——分别为平面应变条件下的超孔隙气压力和超孔隙水压力；

$u_{\mathrm{az}}(z,t)$，$u_{\mathrm{wz}}(z,t)$——分别为超孔隙气压力和超孔隙水压力随时间 t 和深度 z 变化的广义 Fourier 系数。

K——Fourier 级数展开后的特征值，与边界条件有关。当边界为单面渗透时，$K=(2k+1)\pi/2L$，$k=0$，1，2，…；当边界为双面渗透时，$K=k\pi/L$，$k=1$，2，3，…。

4.2.1.4　通解的求解

初始条件

$$u_{\mathrm{a}}(x,z,0)=u_{\mathrm{a}}^{0}, \quad u_{\mathrm{w}}(x,z,0)=u_{\mathrm{w}}^{0} \tag{4.2.5}$$

将式（4.2.3）、式（4.2.4）分别代入式（4.2.1）、式（4.2.2）后，进行 Laplace 变换并根据正弦函数的正交性化简得：

$$s\tilde{u}_{\mathrm{az}}(z,s)-u_{\mathrm{az}}^{0}=-C_{\mathrm{a}}[s\tilde{u}_{\mathrm{wz}}(z,s)-u_{\mathrm{wz}}^{0}]+C_{\mathrm{vx}}^{\mathrm{a}}K^{2}\tilde{u}_{\mathrm{az}}(z,s)-C_{\mathrm{vz}}^{\mathrm{a}}\frac{\partial^{2}\tilde{u}_{\mathrm{az}}(z,s)}{\partial z^{2}} \tag{4.2.6}$$

$$s\tilde{u}_{\mathrm{wz}}(z,s)-u_{\mathrm{wz}}^{0}=-C_{\mathrm{w}}[s\tilde{u}_{\mathrm{az}}(z,s)-u_{\mathrm{az}}^{0}]+C_{\mathrm{vx}}^{\mathrm{a}}K^{2}\tilde{u}_{\mathrm{wz}}(z,s)-C_{\mathrm{vz}}^{\mathrm{w}}\frac{\partial^{2}\tilde{u}_{\mathrm{wz}}(z,s)}{\partial z^{2}} \tag{4.2.7}$$

其中，u_{az}^{0} 表示 Fourier 级数展开后的 u_{a}^{0}（u_{wz}^{0} 同理），其表达式为：

当边界为单面渗透时，$u_{\mathrm{az}}^{0}=\dfrac{\int_{0}^{L}u_{\mathrm{a}}^{0}\sin\left[\frac{(2k+1)\pi}{2L}x\right]\mathrm{d}x}{\int_{0}^{L}\sin^{2}\left[\frac{(2k+1)\pi}{2L}x\right]\mathrm{d}x}=\dfrac{4u_{\mathrm{a}}^{0}}{(2k+1)\pi}$，$k=0$，1，2，…；

当边界为双面渗透时，$u_{\mathrm{az}}^{0}=\dfrac{\int_{0}^{L}u_{\mathrm{a}}^{0}\sin\left(\frac{k\pi}{L}x\right)\mathrm{d}x}{\int_{0}^{L}\sin^{2}\left(\frac{k\pi}{L}x\right)\mathrm{d}x}=\dfrac{2[1+(-1)^{1+k}]u_{\mathrm{a}}^{0}}{k\pi}$，$k=1$，2，3，…。

式（4.2.6）和式（4.2.7）可重新整理为：

$$\tilde{u}_{\mathrm{wz}}(z,s)=-\frac{C_{\mathrm{vz}}^{\mathrm{a}}}{sC_{\mathrm{a}}}\frac{\partial^{2}\tilde{u}_{\mathrm{az}}(z,s)}{\partial z^{2}}+\frac{C_{\mathrm{vx}}^{\mathrm{a}}K^{2}-s}{sC_{\mathrm{a}}}\tilde{u}_{\mathrm{az}}(z,s)+\frac{u_{\mathrm{az}}^{0}+C_{\mathrm{a}}u_{\mathrm{wz}}^{0}}{sC_{\mathrm{a}}} \tag{4.2.8}$$

$$\tilde{u}_{\mathrm{az}}(z,s)=-\frac{C_{\mathrm{vz}}^{\mathrm{w}}}{sC_{\mathrm{w}}}\frac{\partial^{2}\tilde{u}_{\mathrm{wz}}(z,s)}{\partial z^{2}}+\frac{C_{\mathrm{vx}}^{\mathrm{w}}K^{2}-s}{sC_{\mathrm{w}}}\tilde{u}_{\mathrm{wz}}(z,s)+\frac{u_{\mathrm{wz}}^{0}+C_{\mathrm{w}}u_{\mathrm{az}}^{0}}{sC_{\mathrm{w}}} \tag{4.2.9}$$

对式（4.2.9）求关于 z 的二阶导得：

$$\frac{\partial^{2}\tilde{u}_{\mathrm{az}}(z,s)}{\partial z^{2}}=-\frac{C_{\mathrm{vz}}^{\mathrm{w}}}{sC_{\mathrm{w}}}\frac{\partial^{4}\tilde{u}_{\mathrm{wz}}(z,s)}{\partial z^{4}}+\frac{C_{\mathrm{vx}}^{\mathrm{w}}K^{2}-s}{sC_{\mathrm{w}}}\frac{\partial^{2}\tilde{u}_{\mathrm{wz}}(z,s)}{\partial z^{2}} \tag{4.2.10}$$

将式（4.2.9）、式（4.2.10）代入式（4.2.8）整理得：

$$a_{1}\frac{\partial^{4}\tilde{u}_{\mathrm{wz}}(z,s)}{\partial z^{4}}+a_{2}\frac{\partial^{2}\tilde{u}_{\mathrm{wz}}(z,s)}{\partial z^{2}}+a_{3}\tilde{u}_{\mathrm{wz}}(z,s)+a_{4}=0 \tag{4.2.11}$$

其中：

$$a_{1}=C_{\mathrm{vz}}^{\mathrm{a}}C_{\mathrm{vz}}^{\mathrm{w}}/(s^{2}C_{\mathrm{a}}C_{\mathrm{w}}) \tag{4.2.12a}$$

$$a_{2}=-[C_{\mathrm{vz}}^{\mathrm{a}}(C_{\mathrm{vx}}^{\mathrm{w}}K^{2}-s)+C_{\mathrm{vz}}^{\mathrm{w}}(C_{\mathrm{vx}}^{\mathrm{a}}K^{2}-s)]/(s^{2}C_{\mathrm{a}}C_{\mathrm{w}}) \tag{4.2.12b}$$

$$a_{3}=(C_{\mathrm{vx}}^{\mathrm{a}}K^{2}-s)(C_{\mathrm{vx}}^{\mathrm{w}}K^{2}-s)/(s^{2}C_{\mathrm{a}}C_{\mathrm{w}})-1 \tag{4.2.12c}$$

$$a_{4}=(C_{\mathrm{vx}}^{\mathrm{a}}K^{2}-s)(u_{\mathrm{wz}}^{0}+C_{\mathrm{w}}u_{\mathrm{az}}^{0})/(s^{2}C_{\mathrm{a}}C_{\mathrm{w}})+(u_{\mathrm{az}}^{0}+C_{\mathrm{a}}u_{\mathrm{wz}}^{0})/(sC_{\mathrm{a}}) \tag{4.2.12d}$$

四阶常微分方程式（4.2.11）的通解为：

$$\tilde{u}_{\mathrm{wz}}(z,s)=C_{1}\mathrm{e}^{\xi z}+C_{2}\mathrm{e}^{-\xi z}+D_{1}\mathrm{e}^{\eta z}+D_{2}\mathrm{e}^{-\eta z}-\frac{a_{4}}{a_{3}} \tag{4.2.13}$$

其中：$\xi=\sqrt{-(a_{2}+\sqrt{(a_{2})^{2}-4a_{1}a_{3}})/(2a_{1})}$，$\eta=\sqrt{-(a_{2}-\sqrt{(a_{2})^{2}-4a_{1}a_{3}})/(2a_{1})}$；$C_{1}$、$C_{2}$，$D_{1}$ 和 D_{2} 是关于 z 和 s 的任意函数，具体可通过边界条件确定。

对式（4.2.13）分别关于 z 求一阶和二阶导得：

$$\frac{\partial \widetilde{u}_{wz}(z,s)}{\partial z}=C_1\xi e^{\xi z}-C_2\xi e^{-\xi z}+D_1\eta e^{\eta z}-D_2\eta e^{-\eta z} \tag{4.2.14}$$

$$\frac{\partial^2 \widetilde{u}_{wz}(z,s)}{\partial z^2}=C_1\xi^2 e^{\xi z}+C_2\xi^2 e^{-\xi z}+D_1\eta^2 e^{\eta z}+D_2\eta^2 e^{-\eta z} \tag{4.2.15}$$

将式（4.2.13）、式（4.2.15）代入式（4.2.9），求得通解为：

$$\widetilde{u}_{az}(z,s)=C_1 a_6 e^{\xi z}+C_2 a_6 e^{-\xi z}+D_1 a_7 e^{\eta z}+D_2 a_7 e^{-\eta z}+a_8 \tag{4.2.16}$$

式中：

$$a_6=[(C_{vx}^{w}K^2-s)-\xi^2 C_{vz}^{w}]/(sC_w) \tag{4.2.17a}$$

$$a_7=[(C_{vx}^{w}K^2-s)-\eta^2 C_{vx}^{w}]/(sC_w) \tag{4.2.17b}$$

$$a_8=[u_{wz}^0+C_w u_{az}^0-(C_{vx}^{w}K^2-s)a_4/a_3]/(sC_w) \tag{4.2.17c}$$

对式（4.2.16）关于 z 求一阶导得：

$$\frac{\partial \widetilde{u}_{az}(z,s)}{\partial z}=C_1\xi a_6 e^{\xi z}-C_2\xi a_6 e^{-\xi z}+D_1\eta a_7 e^{\eta z}-D_2\eta a_7 e^{-\eta z} \tag{4.2.18}$$

式（4.2.13）和式（4.2.16）分别是超孔隙水压力和超孔隙气压力在 Laplace 域内的通解；式（4.2.14）和式（4.2.18）分别是超孔隙水压力和超孔隙气压力在 Laplace 域内通解的一阶导，该一阶导将用于下一节的边界问题求解。

平面应变条件下体变本构方程为：

$$\frac{\partial \varepsilon_v}{\partial t}=(m_2^s-2m_1^s)\frac{\partial u_a}{\partial t}-m_2^s\frac{\partial u_w}{\partial t} \tag{4.2.19}$$

对式（4.2.19）采用 Laplace 变换得：

$$\widetilde{\varepsilon}_v(x,z,s)=(m_2^s-2m_1^s)\widetilde{u}_a-m_2^s\widetilde{u}_w+\frac{m_2^s u_w^0-(m_2^s-2m_1^s)u_a^0}{s} \tag{4.2.20}$$

根据式（4.2.13）、式（4.2.16）及式（4.2.20），即可得超孔隙气压力、超孔隙水压力和土层沉降在 Laplace 域内的通解 $\widetilde{u}_a(x,z,s)$，$\widetilde{u}_w(x,z,s)$，$\widetilde{w}(x,s)$为：

$$\widetilde{u}_a(x,z,s)=\sum_{k=1}^{\infty}\widetilde{u}_{az}(z,s)\sin(Kx) \tag{4.2.21}$$

$$\widetilde{u}_w(x,z,s)=\sum_{k=1}^{\infty}\widetilde{u}_{wz}(z,s)\sin(Kx) \tag{4.2.22}$$

$$\widetilde{w}(x,s)=\int_0^H\widetilde{\varepsilon}_v(x,z,s)\,dz \tag{4.2.23}$$

4.2.2 不同边界条件下平面应变固结模型解析

本节中如不特殊说明，荷载均为瞬时荷载，初始条件均假定为初始孔压沿深度不变，控制方程为：

$$\frac{\partial u_a}{\partial t}=-C_a\frac{\partial u_w}{\partial t}-C_{vx}^{a}\frac{\partial^2 u_a}{\partial x^2}-C_{vz}^{a}\frac{\partial^2 u_a}{\partial z^2} \tag{4.2.24}$$

$$\frac{\partial u_w}{\partial t}=-C_w\frac{\partial u_a}{\partial t}-C_{vx}^{w}\frac{\partial^2 u_w}{\partial x^2}-C_{vz}^{w}\frac{\partial^2 u_w}{\partial z^2} \tag{4.2.25}$$

4.2.2.1 均质边界下非饱和土平面应变固结

1. 计算模型（图 4.2.2）

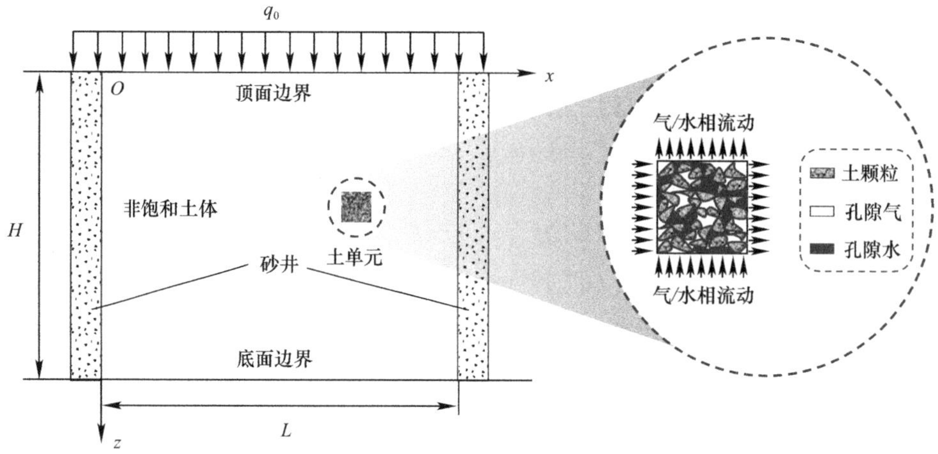

图 4.2.2 均质边界下非饱和土平面应变固结模型

2. 初始条件

$$u_a(x,z,0)=u_a^0,\quad u_w(x,z,0)=u_w^0 \tag{4.2.26}$$

3. 边界条件

边界条件 1：顶面边界透气透水（渗透），底面边界不透气不透水（不渗透），侧向边界透气透水（渗透）

$$u_a(x,0,t)=0,\quad u_w(x,0,t)=0 \tag{4.2.27}$$

$$\left.\frac{\partial u_a(x,z,t)}{\partial z}\right|_{z=H}=0,\quad \left.\frac{\partial u_w(x,z,t)}{\partial z}\right|_{z=H}=0 \tag{4.2.28}$$

$$u_a(0,z,t)=0,\quad u_w(0,z,t)=0,\quad u_a(L,z,t)=0,\quad u_w(L,z,t)=0 \tag{4.2.29}$$

边界条件 2：顶面、底面和侧向边界均透气透水（渗透）

$$u_a(x,0,t)=0,\quad u_w(x,0,t)=0 \tag{4.2.30}$$

$$u_a(x,H,t)=0,\quad u_w(x,H,t)=0 \tag{4.2.31}$$

$$u_a(0,z,t)=0,\quad u_w(0,z,t)=0,\quad u_a(L,z,t)=0,\quad u_w(L,z,t)=0 \tag{4.2.32}$$

4. 半解析解

边界条件 1：

对边界条件 1 做 Fourier 级数展开和 Laplace 变换得：

$$\tilde{u}_{az}(0,s)=0,\quad \tilde{u}_{wz}(0,s)=0 \tag{4.2.33}$$

$$\left.\frac{\partial \tilde{u}_{az}(z,s)}{\partial z}\right|_{z=H}=0,\quad \left.\frac{\partial \tilde{u}_{wz}(z,s)}{\partial z}\right|_{z=H}=0 \tag{4.2.34}$$

将式（4.2.33）、式（4.2.34）代入式（4.2.13）、式（4.2.14）、式（4.2.16）和式（4.2.18）得：

$$\tilde{u}_{az}(z,s)=-\frac{a_5\chi_1}{\cosh(\xi H)}-\frac{a_6\chi_2}{\cosh(\eta H)}+a_7 \tag{4.2.35}$$

$$\widetilde{u}_{wz}(z,s)=-\frac{\chi_1}{\cosh(\xi H)}-\frac{\chi_2}{\cosh(\eta H)}-\frac{a_4}{a_3} \tag{4.2.36}$$

其中：

$$\chi_1=\cosh[\xi(H-z)](a_3a_7+a_4a_6)/[a_3(a_5-a_6)] \tag{4.2.37a}$$

$$\chi_2=(a_3a_7-a_4a_5)\cosh[\eta(H-z)]/[a_3(a_5-a_6)] \tag{4.2.37b}$$

边界条件2：

对边界条件2做Fourier级数展开和Laplace变换得：

$$\widetilde{u}_{az}(0,s)=0,\quad \widetilde{u}_{wz}(0,s)=0 \tag{4.2.38}$$

$$\widetilde{u}_{az}(H,s)=0,\quad \widetilde{u}_{wz}(H,s)=0 \tag{4.2.39}$$

将式（4.2.38）、(4.2.39）代入式（4.2.13）、(4.2.16）得：

$$\widetilde{u}_{az}(z,s)=-\frac{a_5(\gamma_1+\gamma_2)}{\sinh(\xi H)}+\frac{a_6(\gamma_3+\gamma_4)}{\sinh(\eta H)}+a_7 \tag{4.2.40}$$

$$\widetilde{u}_{wz}(z,s)=-\frac{\gamma_1+\gamma_2}{\sinh(\xi H)}+\frac{\gamma_3+\gamma_4}{\sinh(\eta H)}-\frac{a_4}{a_3} \tag{4.2.41}$$

其中：

$$\gamma_1=(a_3a_7+a_4a_6)\sinh[\xi(H-z)]/[a_3(a_5-a_6)] \tag{4.2.42a}$$

$$\gamma_2=[a_3a_7+a_6a_4]\sinh(\xi z)/[a_3(a_5-a_6)] \tag{4.2.42b}$$

$$\gamma_3=-(a_3a_7-a_4a_5)\sinh[\eta(H-z)]/[a_3(a_5-a_6)] \tag{4.2.42c}$$

$$\gamma_4=[a_3a_7+a_5a_4]\sinh(\eta z)/[a_3(a_5-a_6)] \tag{4.2.42d}$$

将式（4.2.35）、式（4.2.36）和式（4.2.40）、式（4.2.41）分别代入式（4.2.21）、式（4.2.22），可得各自边界条件下Laplace域内的 $\widetilde{u}_a(x,z,s)$，$\widetilde{u}_w(x,z,s)$。采用Crump方法实施Laplace逆变换（同第3章），即可得各自边界条件下的超孔隙气压力、超孔隙水压力在时间域内的解。

在其他边界条件下，可先求得Fourier级数展开和Laplace变换域内的解，然后采用式（4.2.21）、式（4.2.22）及式（4.2.23）得到Laplace域内的解，并进一步可得到时间域内的解，具体过程将不再重复介绍。详细内容可参考文献［3］。

4.2.2.2 侧面半渗透边界下非饱和土平面应变固结

1. 计算模型

基于Dakshanamurthy和Fredlund（1981）[1]提出的平面应变条件下非饱和土固结理论，设计了考虑砂井涂抹效应的平面应变固结模型，如图4.2.3所示。其中，非饱和土体在 x 方向上的宽度为 L，在 z 方向上的厚度为 H。瞬时均布荷载 q_0 作用于顶面，超孔隙气压力和超孔隙水压力可同时通过 x 方向和 z 方向进行消散。

2. 初始条件

$$u_a(x,z,0)=u_a^0,\quad u_w(x,z,0)=u_w^0 \tag{4.2.43}$$

3. 边界条件

顶面边界渗透，底面边界不渗透，侧面边界均为半渗透：

$$u_a(x,0,t)=0,\quad u_w(x,0,t)=0 \tag{4.2.44}$$

$$\left.\frac{\partial u_a(x,z,t)}{\partial z}\right|_{z=H}=0,\quad \left.\frac{\partial u_w(x,z,t)}{\partial z}\right|_{z=H}=0 \tag{4.2.45}$$

$$\left.\frac{\partial u_{\mathrm{a}}(x,z,t)}{\partial x}\right|_{x=0}-\frac{R_{\mathrm{l}}}{L}u_{\mathrm{a}}(0,z,t)=0,\quad \left.\frac{\partial u_{\mathrm{w}}(x,z,t)}{\partial x}\right|_{x=0}-\frac{R_{\mathrm{l}}}{L}u_{\mathrm{w}}(0,z,t)=0 \tag{4.2.46}$$

$$\left.\frac{\partial u_{\mathrm{a}}(x,z,t)}{\partial x}\right|_{x=L}+\frac{R_{\mathrm{r}}}{L}u_{\mathrm{a}}(L,z,t)=0,\quad \left.\frac{\partial u_{\mathrm{w}}(x,z,t)}{\partial x}\right|_{x=L}+\frac{R_{\mathrm{r}}}{L}u_{\mathrm{w}}(L,z,t)=0 \tag{4.2.47}$$

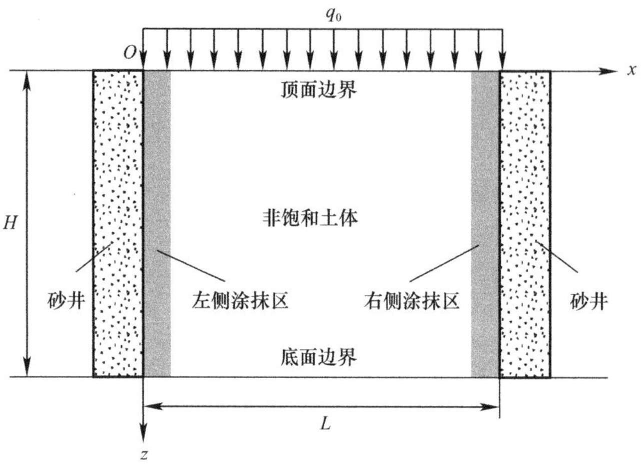

图 4.2.3　瞬时均布荷载作用下考虑砂井涂抹效应的非饱和土平面应变固结模型

4. 半解析解

采用第 4.2.2.1 节的求解方法可得到（因为此部分侧向边界半渗透，所以 Fourier 级数沿 z 方向展开）：

$$\widetilde{u}_{\mathrm{ax}}(x,s)=-\frac{\beta_1(R_{\mathrm{l}}R_{\mathrm{r}}\phi_1+L\xi\phi_3)}{\phi_5}+\frac{\beta_2(R_{\mathrm{l}}R_{\mathrm{r}}\phi_2+L\eta\phi_4)}{\phi_6}-\frac{a_4}{a_3} \tag{4.2.48}$$

$$\widetilde{u}_{\mathrm{wx}}(x,s)=-\frac{a_5\beta_1(R_{\mathrm{l}}R_{\mathrm{r}}\phi_1+L\xi\phi_3)}{\phi_5}+\frac{a_6\beta_2(R_{\mathrm{l}}R_{\mathrm{r}}\phi_2+L\eta\phi_4)}{\phi_6}+a_7 \tag{4.2.49}$$

其中：

$$\beta_1=(a_4a_6+a_3a_7)/[a_3(a_5-a_6)] \tag{4.2.50a}$$

$$\beta_2=(a_4a_5+a_3a_7)/[a_3(a_5-a_6)] \tag{4.2.50b}$$

$$\phi_1=\sinh(\xi x)+\sinh[\xi(L-x)] \tag{4.2.50c}$$

$$\phi_2=\sinh(\eta x)+\sinh[\eta(L-x)] \tag{4.2.50d}$$

$$\phi_3=R_{\mathrm{r}}\cosh(\xi x)+R_{\mathrm{l}}\cosh[\xi(L-x)] \tag{4.2.50e}$$

$$\phi_4=R_{\mathrm{r}}\cosh(\eta x)+R_{\mathrm{l}}\cosh[\eta(L-x)] \tag{4.2.50f}$$

$$\phi_5=(R_{\mathrm{l}}R_{\mathrm{r}}+L^2\xi^2)\sinh(\xi L)+L\xi(R_{\mathrm{l}}+R_{\mathrm{r}})\cosh(\xi L) \tag{4.2.50g}$$

$$\phi_6=(R_{\mathrm{l}}R_{\mathrm{r}}+L^2\eta^2)\sinh(\eta L)+L\eta(R_{\mathrm{l}}+R_{\mathrm{r}})\cosh(\eta L) \tag{4.2.50h}$$

$$a_1=C_{\mathrm{vx}}^{\mathrm{a}}C_{\mathrm{vx}}^{\mathrm{w}}/(s^2C_{\mathrm{a}}C_{\mathrm{w}}) \tag{4.2.50i}$$

$$a_2=-[C_{\mathrm{vx}}^{\mathrm{w}}(C_{\mathrm{vz}}^{\mathrm{a}}K^2-s)+C_{\mathrm{vx}}^{\mathrm{a}}(C_{\mathrm{vz}}^{\mathrm{w}}K^2-s)]/(s^2C_{\mathrm{a}}C_{\mathrm{w}}) \tag{4.2.50j}$$

$$a_3=[(C_{\mathrm{vz}}^{\mathrm{a}}K^2-s)(C_{\mathrm{vz}}^{\mathrm{w}}K^2-s)-s^2C_{\mathrm{a}}C_{\mathrm{w}}]/(s^2C_{\mathrm{a}}C_{\mathrm{w}}) \tag{4.2.50k}$$

$$a_4=[(C_{\mathrm{vz}}^{\mathrm{w}}K^2-s)(u_{\mathrm{ax}}^0+C_{\mathrm{a}}u_{\mathrm{wx}}^0)]/(s^2C_{\mathrm{a}}C_{\mathrm{w}})+(C_{\mathrm{w}}u_{\mathrm{ax}}^0+u_{\mathrm{wx}}^0)/(sC_{\mathrm{w}}) \tag{4.2.50l}$$

$$a_5=[(C_{vz}^aK^2-s)-\xi^2C_{vx}^a]/(sC_a) \tag{4.2.50m}$$

$$a_6=[(C_{vz}^aK^2-s)-\eta^2C_{vx}^a]/(sC_a) \tag{4.2.50n}$$

$$a_7=-[(C_{vz}^aK^2-s)a_4]/(sC_aa_3)+(u_{ax}^0+C_au_{wx}^0)/(sC_a) \tag{4.2.50o}$$

$$u_{ax}^0=\frac{\int_0^H u_a^0\sin\left[\frac{(2k+1)\pi}{2H}z\right]dz}{\int_0^H \sin^2\left[\frac{(2k+1)\pi}{2H}z\right]dz}=\frac{4u_a^0}{(2k+1)\pi} \tag{4.2.50p}$$

$$u_{wx}^0=\frac{\int_0^H u_w^0\sin\left[\frac{(2k+1)\pi}{2H}z\right]dz}{\int_0^H \sin^2\left[\frac{(2k+1)\pi}{2H}z\right]dz}=\frac{4u_w^0}{(2k+1)\pi} \tag{4.2.50q}$$

根据式（4.2.48）、式（4.2.49），可得 Laplace 域内 $\tilde{u}_a(x,z,s)$，$\tilde{u}_w(x,z,s)$为：

$$\tilde{u}_a(x,z,s)=\sum_{k=1}^{\infty}\tilde{u}_{ax}(x,s)\sin(Kz) \tag{4.2.51}$$

$$\tilde{u}_w(x,z,s)=\sum_{k=1}^{\infty}\tilde{u}_{wx}(x,s)\sin(Kz) \tag{4.2.52}$$

其中：$\tilde{u}_{ax}(x,s)$，$\tilde{u}_{wx}(x,s)$——分别为超孔隙气压力和超孔隙水压力随 Laplace 域变量 s 和横向位置 x 变化的广义 Fourier 系数。

进一步得到：

$$\tilde{w}(x,\ s)=\Lambda_1+(m_2^s-2m_1^s)\sum_{k=0}^{\infty}\frac{\tilde{u}_{ax}(x,s)}{K}-m_2^s\sum_{k=0}^{\infty}\frac{\tilde{u}_{wx}(x,s)}{K} \tag{4.2.53}$$

其中：

$$\Lambda_1=[m_2^su_w^0-(m_2^s-2m_1^s)u_a^0]H/s \tag{4.2.54}$$

由此得到了瞬时均布荷载作用下考虑砂井涂抹效应时 Laplace 域内非饱和土平面应变固结问题的半解析解 $\tilde{u}_a(x,z,s)$、$\tilde{u}_w(x,z,s)$和 $\tilde{w}(x,s)$。

本部分详细内容可参考文献［4］。

4.2.2.3　分布式边界下非饱和土平面应变固结

1. 计算模型

预压固结法已广泛地应用于地基处理。在这种情况下，非饱和土层的顶面一般采用砂垫层完全覆盖，以便水和气体从土体中消散，但是这样完全覆盖的设计可能会造成浪费。因此，本节针对条状分布式渗透边界下非饱和土平面应变固结给出半解析解。基于 Dakshanamurthy 和 Fredlund[1] 提出的平面应变固结理论，设计了如下考虑分布式渗透边界的非饱和土地基平面应变固结计算模型，如图 4.2.4 所示。

非饱和土体的宽度为 L，砂垫层的宽度为 L/n，n 为自然数，非饱和土体的宽度由砂井的间距决定；土体的厚度为 H。砂垫层等间距条状地铺设于非饱和土体上以形成分布式透水边界。

2. 初始条件

$$u_a(x,z,0)=u_a^0,\quad u_w(x,z,0)=u_w^0 \tag{4.2.55}$$

3. 边界条件

如图 4.2.4 所示，顶部边界被分为两部分，一部分是被覆盖的部分，被视为可渗透边界：

$$u_a(x,0,t)=0,\quad u_w(x,0,t)=0(0\leqslant x\leqslant L/n) \tag{4.2.56}$$

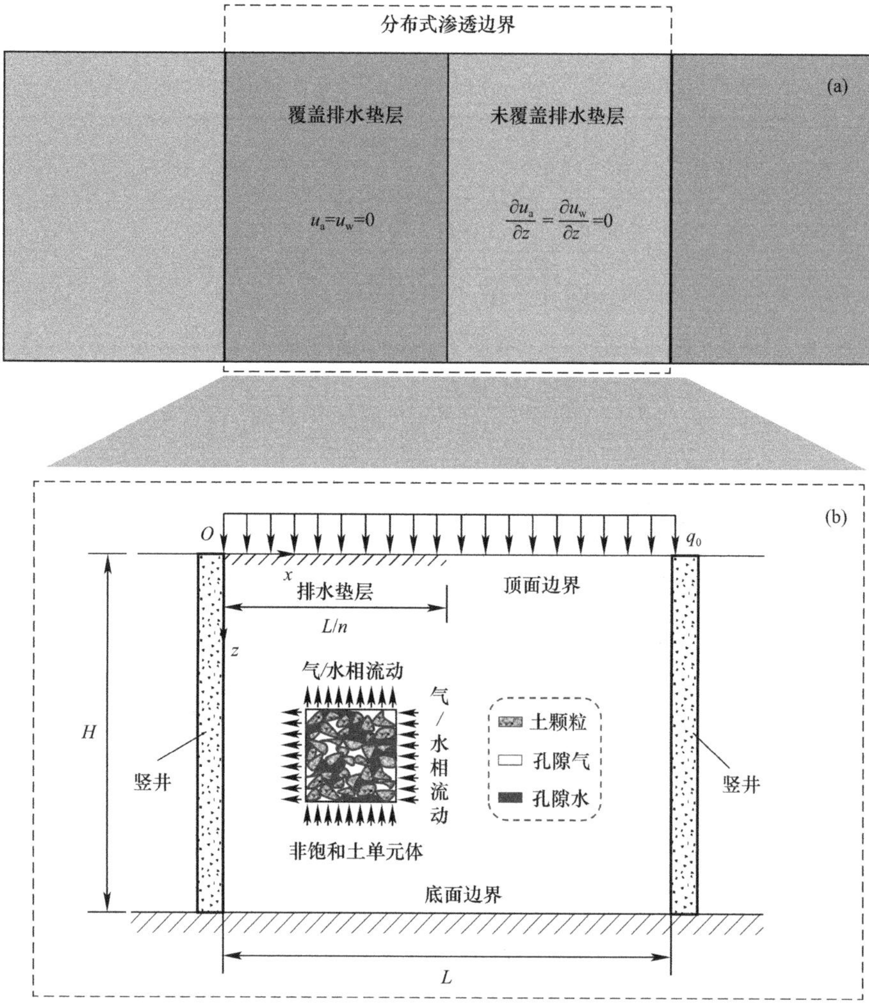

图 4.2.4 条状分布渗透边界下非饱和土平面应变固结模型

而另一部分是未覆盖的部分，由于其渗透性低，被认为是不渗透边界：

$$\left.\frac{\partial u_a(x,z,t)}{\partial z}\right|_{z=0}=0,\quad \left.\frac{\partial u_w(x,z,t)}{\partial z}\right|_{z=0}=0(L/n\leqslant x\leqslant L) \tag{4.2.57}$$

气相和液相在侧向边界是渗透的，在底面边界是不渗透的：

$$\left.\frac{\partial u_a(x,z,t)}{\partial z}\right|_{z=H}=0,\quad \left.\frac{\partial u_w(x,z,t)}{\partial z}\right|_{z=H}=0 \tag{4.2.58}$$

$$u_a(0,z,t)=u_w(0,z,t)=0,\quad u_a(L,z,t)=u_w(L,z,t)=0 \tag{4.2.59}$$

4. 半解析解

采用第 4.2.2.1 节的求解方法可得到：

$$\tilde{u}_{az}(z,s)=-\frac{\beta_1[-1+F(x)]\{\cosh[\xi(H-z)]\}}{\gamma_1}+\frac{\beta_2[-1+F(x)]\{\cosh[\eta(H-z)]\}}{\gamma_2}-\frac{a_4}{a_3} \tag{4.2.60}$$

$$\tilde{u}_{wz}(z,s)=-a_5\frac{\beta_1[-1+F(x)]\{\cosh[\xi(H-z)]\}}{\gamma_1}+a_6\frac{\beta_2[-1+F(x)]\{\cosh[\eta(H-z)]\}}{\gamma_2}+a_7 \tag{4.2.61}$$

式中：

$$\beta_1=(a_4a_6+a_3a_7)/[a_3(a_5-a_6)] \tag{4.2.62a}$$

$$\beta_2=(a_4a_5+a_3a_7)/(a_3a_5-a_6) \tag{4.2.62b}$$

$$\gamma_1=-\cosh(\xi H)+F(x)\cosh(\xi H)+F(x)\xi\sinh(\xi H) \tag{4.2.62c}$$

$$\gamma_2=-\cosh(\eta H)+F(x)\cosh(\eta H)+F(x)\eta\sinh(\eta H) \tag{4.2.62d}$$

$$a_3=[(C_{vx}^{a}K^2-s)(C_{vx}^{w}K^2-s)-s^2C_aC_w]/(s^2C_aC_w) \tag{4.2.62e}$$

$$a_4=(C_{vx}^{w}K^2-s)(u_{az}^{0}+C_wu_{wz}^{0})/(s^2C_aC_w)+(u_{wz}^{0}+C_wu_{az}^{0})/(sC_w) \tag{4.2.62f}$$

$$a_5=[(C_{vx}^{a}K^2-s)-\xi^2C_{vz}^{a}]/(sC_a) \tag{4.2.62g}$$

$$a_6=[(C_{vx}^{a}K^2-s)-\eta^2C_{vz}^{a}]/(sC_a) \tag{4.2.62h}$$

$$a_7=-a_4(C_{vx}^{a}K^2-s)/(sa_3C_a)+(u_{az}^{0}+C_au_{wz}^{0})/(sC_a) \tag{4.2.62i}$$

$$F(x)=\begin{cases}0, & 0\leqslant x\leqslant L/n\\ 1, & L/n<x\leqslant L\end{cases} \tag{4.2.62j}$$

$$u_{az}^{0}=\frac{\int_0^L u_a^0\sin\left(\frac{k\pi}{L}x\right)\mathrm{d}x}{\int_0^L \sin^2\left(\frac{k\pi}{L}x\right)\mathrm{d}x}=\frac{2[1+(-1)^{1+k}]}{k\pi}u_a^0\quad(k=1,\ 2,\ \cdots) \tag{4.2.62k}$$

$$u_{wz}^{0}=\frac{\int_0^L u_w^0\sin\left(\frac{k\pi}{L}x\right)\mathrm{d}x}{\int_0^L \sin^2\left(\frac{k\pi}{L}x\right)\mathrm{d}x}=\frac{2[1+(-1)^{1+k}]}{k\pi}u_w^0\quad(k=1,\ 2,\ \cdots) \tag{4.2.62l}$$

将式（4.2.60）、式（4.2.61）代入式（4.2.21）、式（4.2.22），可得 Laplace 域内 $\tilde{u}_a(x,z,s)$，$\tilde{u}_w(x,z,s)$。

进一步可得：

$$\begin{aligned}\tilde{w}(x,s)=&(m_2^s-2m_1^s)\left\{-\frac{a_4H}{a_3}-[-1+F(x)]\left[\frac{\sinh(H\xi)\beta_1}{\xi\gamma_1}-\frac{\sinh(H\eta)\beta_2}{\eta\gamma_2}\right]\right\}\sum_{k=1}^{\infty}\sin\left(\frac{k\pi}{L}x\right)\\&-m_2^s\left\{a_7H-[-1+F(x)]\left[\frac{a_5\sinh(H\xi)\beta_1}{\xi\gamma_1}-\frac{a_6\sinh(H\eta)\beta_2}{\eta\gamma_2}\right]\right\}\sum_{k=1}^{\infty}\sin\left(\frac{k\pi}{L}x\right)\\&+\frac{m_2^su_w^0-(m_2^s-2m_1^s)u_a^0}{s}H\end{aligned} \tag{4.2.63}$$

由此得到了瞬时均布荷载作用下条状分布式渗透边界下 Laplace 域内非饱和土平面应变固结问题的解 $\tilde{u}_a(x,z,s)$、$\tilde{u}_w(x,z,s)$和 $\tilde{w}(x,s)$。

本部分详细内容可参考文献［5］。

4.2.2.4　不同边界下单层非饱和土平面应变固结特性分析

本节分析所采用算例，具体参数取值见表 4.2.1。

不同边界条件下单层非饱和土平面应变固结算例参数 表 4.2.1

参数	数值	单位	参数	数值	单位
H	5	m	m_2^w	-2×10^{-4}	kPa^{-1}
L	2	m	m_1^a	-2×10^{-4}	kPa^{-1}
k_{wz}	1×10^{-10}	m/s	m_2^a	1×10^{-4}	kPa^{-1}
k_{az}	1×10^{-9}	m/s	q_0	100	kPa
k_{wx}	1×10^{-10}	m/s	u_a^0	20	kPa
k_{ax}	1×10^{-9}	m/s	u_w^0	40	kPa
m_1^w	-5×10^{-5}	kPa^{-1}			

1. 均质边界条件下固结特性分析

本节针对第 4.2.2.1 节所得的解进行以下参数的固结特性分析：

(1) k_x/k_z 对固结特性的影响

图 4.2.5 是单面渗透边界条件下瞬时均布荷载作用时，在 $x=1$m 和 $z=4$m 处当 k_x/k_z 变化时超孔隙压力的消散过程。在图 4.2.5 中 $k_{az}=k_{wz}=10^{-10}$m/s，k_x/k_z 比值的变化是通过改变 k_x 实现的。显然，较大的 k_x/k_z 会加快超孔隙压力消散速度。

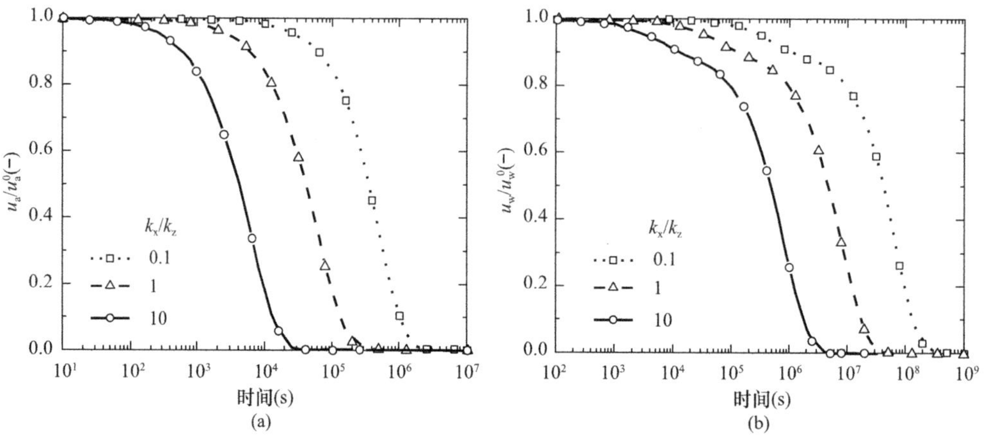

图 4.2.5 $x=1$m 和 $z=4$m 处 k_x/k_z 变化时受瞬时均布荷载作用影响的单面渗透边界条件下超孔隙压力随时间的变化规律

(a) 超孔隙气压力；(b) 超孔隙水压力

(2) 单面渗透边界条件下超孔隙压力水平分布等值线

为了研究平面应变条件下超孔隙压力的水平向分布规律，绘制了 $z=4$m 处受瞬时均布荷载作用影响的单边渗透边界条件下超孔隙压力在不同时间的水平向分布等值线，如图 4.2.6 所示。

由图 4.2.6 可以发现，不同时间时超孔隙压力水平向分布等值线呈抛物线型，当超孔隙压力消散结束时，二者都变成了水平直线。这是因为设置于两侧的砂井为超孔隙压力的消散提供了侧向渗透边界，即在 $x=0$ 和 $x=L$ 处超孔隙压力始终等于 0。

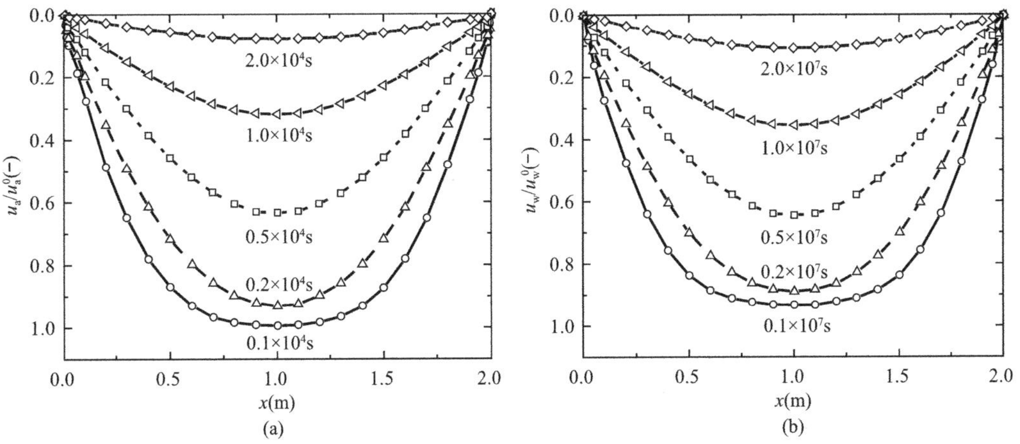

图 4.2.6 $z=4\text{m}$ 处单面渗透边界条件下超孔隙压力水平分布等值线

(a) 超孔隙气压力；(b) 超孔隙水压力

2. 侧面半渗透边界条件下固结特性分析

本节针对第 4.2.2.2 节所得的解进行以下参数的固结特性分析。

(1) R_l 和 R_r 等值变化时对固结特性影响

图 4.2.7 描述的是在 $x=1\text{m}$ 和 $z=4\text{m}$ 处，当 $k_a/k_w=10$（k_w 不变）时考虑 R_l 和 R_r 等值变化的侧向对称半渗透边界条件下超孔隙压力的消散规律。通过图 4.2.7 可以发现侧向半渗透边界参数 R_l 和 R_r 对超孔隙压力的消散过程有明显的影响，且 R_l 和 R_r 的值越小，超孔隙压力消散越慢，但当其值超过 50 时，超孔隙压力几乎按相同的路径消散，也就意味着此时侧向边界相当于完全渗透边界。

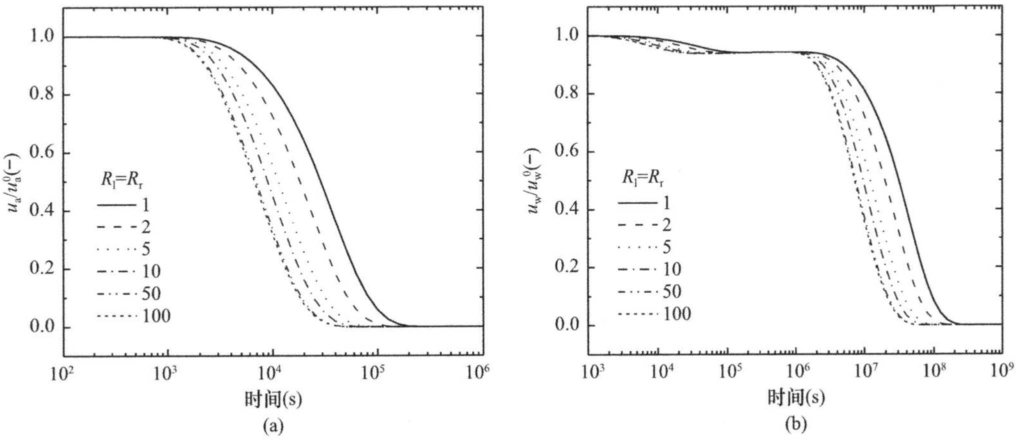

图 4.2.7 在 $x=1\text{m}$ 和 $z=4\text{m}$ 处当 R_l 和 R_r 等值变化时超孔隙压力随时间的变化规律

(a) 超孔隙气压力；(b) 超孔隙水压力

如图 4.2.7 (a) 所示，当 R_l 和 R_r 等值变化时，超孔隙气压力消散过程有明显的变化；而超孔隙水压力消散在第二阶段变化则较为明显。通过前文分析可知，超孔隙水压力消散分为两个阶段。在第一阶段，超孔隙水压力消散受超孔隙气压力消散的影响；因此，改变半渗透边界参数对超孔隙水压力消散也产生了一定的影响。

图 4.2.8 描述了侧向半渗透边界条件下当 R_l 和 R_r 等值变化时相对沉降随时间的变化规律。显然，较大的半渗透参数 R_l 和 R_r 加快了相对沉降的增长速度。当超孔隙气压力消散结束时，在相对沉降的发展曲线中出现平台期；且 R_l 和 R_r 越小，平台期越长。但当 R_l 和 R_r 的值超过 50 时，相对沉降曲线不再变化，并与侧向完全渗透边界下的固结过程一致。

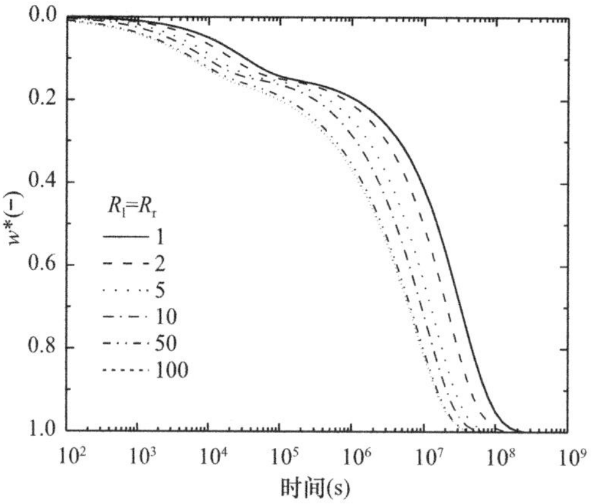

图 4.2.8 当 R_l 和 R_r 等值变化时相对沉降随时间的变化规律

(2) k_x/k_z 变化对固结特性的影响

图 4.2.9 描述的是在 $x=1$m 和 $z=4$m 处当 k_x/k_z（k_z 不变）变化时侧向为半渗透边界和均质渗透边界时（本书将均质渗透边界条件简称为 HBD）超孔隙压力随时间的变化规律，其中，侧向半渗透边界参数 $R_l=R_r=5$。

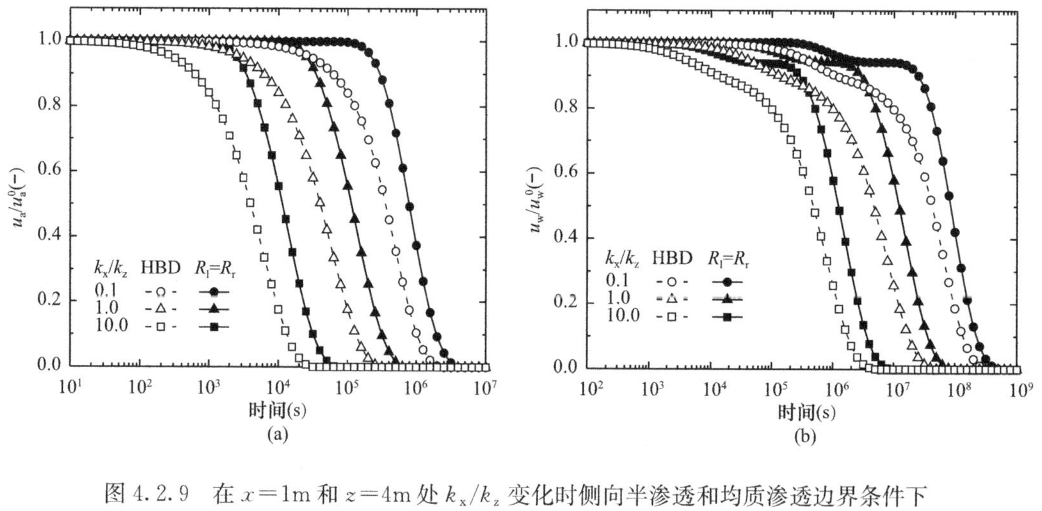

图 4.2.9 在 $x=1$m 和 $z=4$m 处 k_x/k_z 变化时侧向半渗透和均质渗透边界条件下超孔隙压力随时间的变化规律

(a) 超孔隙气压力；(b) 超孔隙水压力

分析图 4.2.9 可以发现，k_x/k_z 变化对整个超孔隙压力的消散过程都产生了明显的影响，且 k_x/k_z 越大，超孔隙压力消散越快。另外，超孔隙压力消散过程较为连续，且超孔隙水压力的消散曲线中没有出现平台期，这是由于均质渗透边界条件下超孔隙压力更容易消散。

图4.2.10所示的是当k_x/k_z变化时侧向半渗透边界和均质渗透边界条件下相对沉降随时间的变化规律。显然，图4.2.10中相对沉降发展过程是图4.2.9中超孔隙压力消散的结果，因此k_x/k_z越大，相对沉降发展越快，完成固结的时间越短。

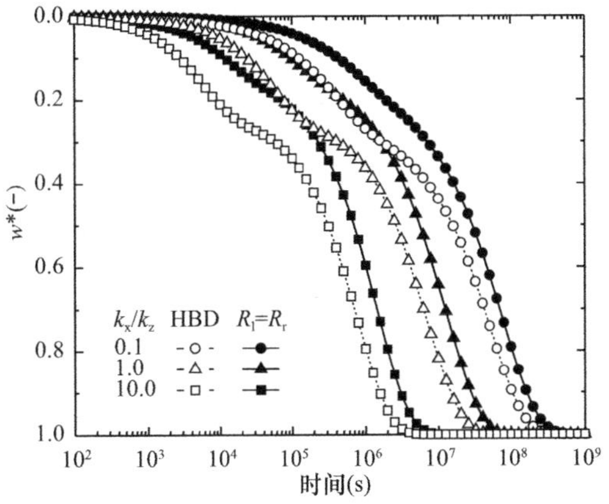

图4.2.10 当k_x/k_z变化时侧向半渗透和均质渗透边界条件下相对沉降随时间的变化规律

(3) 半渗透边界条件下不同水平位置处固结特性分析

图4.2.11是当$z=4\text{m}$和$k_a/k_w=10$时不同水平位置处侧向半渗透边界和均质渗透边界条件下超孔隙压力在不同时间的水平向分布等值线，其中侧向半渗透边界参数$R_l=R_r=5$。从图4.2.11可以发现，不同时间时超孔隙压力水平向分布等值线呈抛物线型。这是因为设置于两侧的砂井为超孔隙压力的消散提供了侧向渗透边界，即在$x=0$和$x=L$处超孔隙压力始终等于0。在时间较小的时候，靠近侧向半渗透边界的超孔隙压力快速消散，而位于中间位置的超孔隙压力还未及时消散，超孔隙压力水平向分布等值线呈抛物线

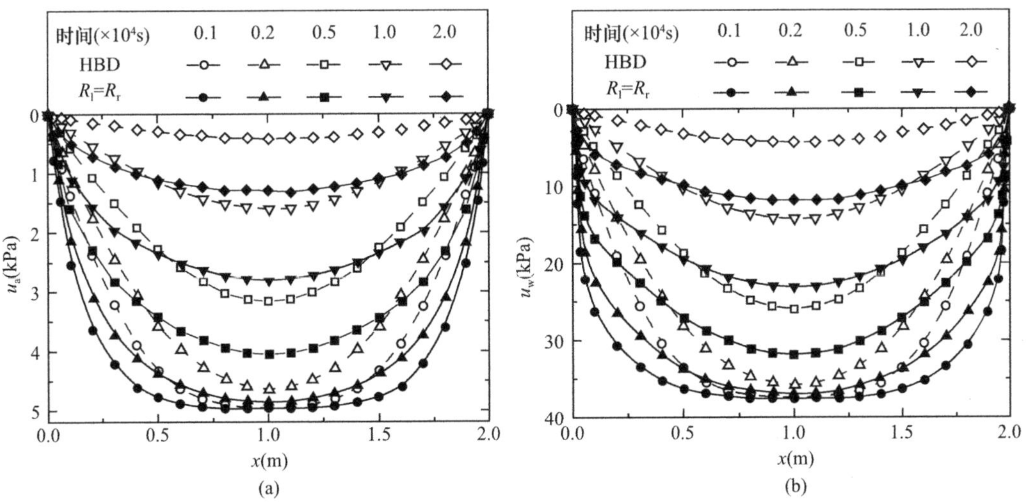

图4.2.11 当$z=4\text{m}$和$k_a/k_w=10$时不同水平位置处侧向半渗透边界和均质渗透边界条件下超孔隙压力在不同时间的水平向分布等值线

(a) 超孔隙气压力；(b) 超孔隙水压力

分布。但随着时间发展，当超孔隙压力消散结束时，超孔隙压力水平向分布等值线逐渐趋向于水平直线。

另外，对比侧向半渗透边界和均质渗透边界条件下的超孔隙压力水平向分布等值线可以发现，均质渗透边界条件下的超孔隙压力水平向分布等值线的抛物线型分布特征更明显，而且在时间较小时，中间位置的水平向线段更短，超孔隙压力水平向分布等值线趋近于一条水平线且用时也更短。这主要是由于侧向半渗透边界对超孔隙压力的消散有明显的抑制作用，导致侧向半渗透边界条件下固结完成时间更长。

3. 分布式边界条件下固结特性分析

在本节分布式边界下的固结特性分析中，土层总深度为 2m，侧向边界为渗透边界。本节针对第 4.2.2.3 节所得的解进行以下参数的固结特性分析。

（1）不同覆盖率对固结特性的影响

图 4.2.12 展示了在条状分布的渗透边界条件下，不同覆盖率时超孔隙压力的二维分布图和相对沉降随时间的变化曲线。渗透边界和不渗透边界下的区域用虚线分开。表 4.2.2 列出了不同覆盖率下不同时间时平均固结度的具体数值。

根据表 4.2.2 可知，从事地基处理的工程师可以根据实际需要，用查表法选择合适的覆盖率。$n=1$ 时，表明顶部边界是可渗透的，而且边界条件是对称的，超孔隙压力的分布也是对称的。当采用较低的覆盖率（即 n 越大）时，由于顶部渗透边界的减少，超孔隙

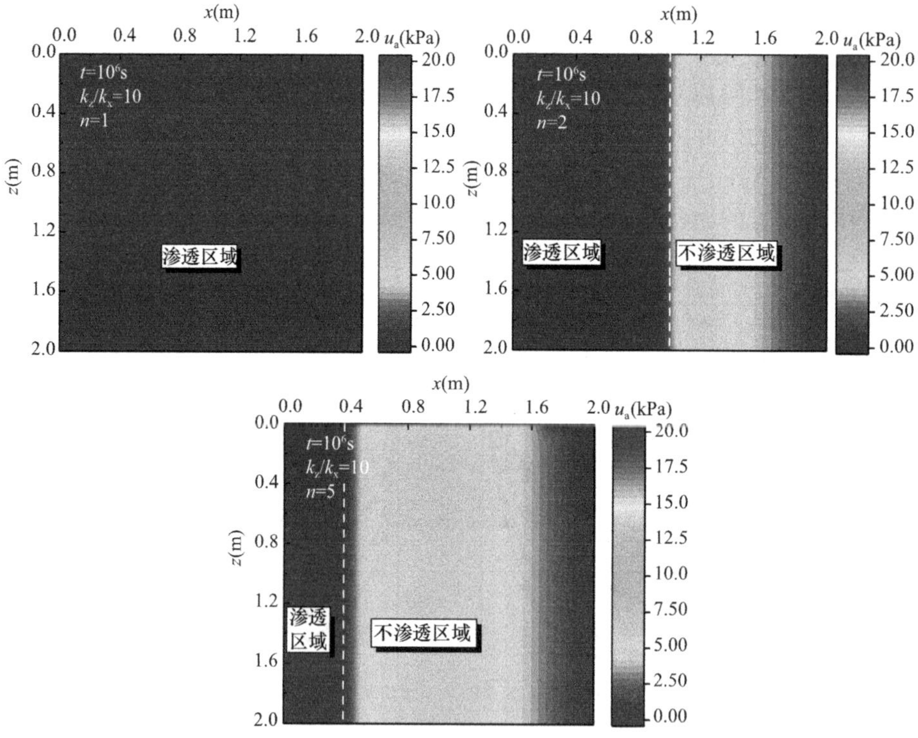

图 4.2.12 条状分布式渗透边界条件下不同覆盖率时非饱和土超孔隙压力二维分布图与相对沉降随时间的变化曲线（一）

(a) $t=10^6$ s 时不同覆盖率下超孔隙气压力二维分布图

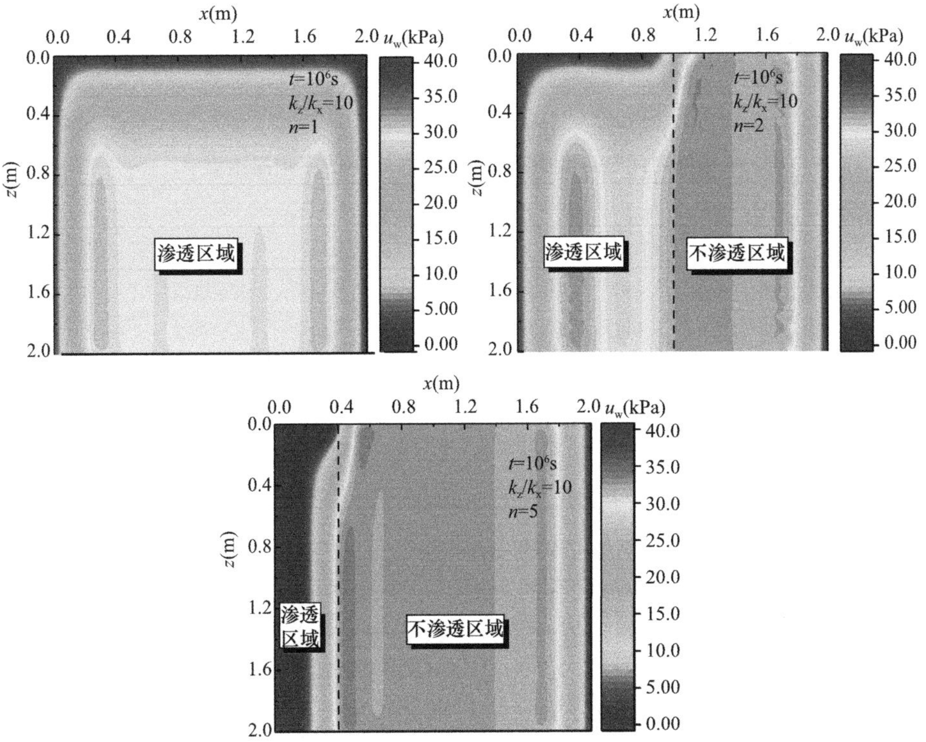

(b)

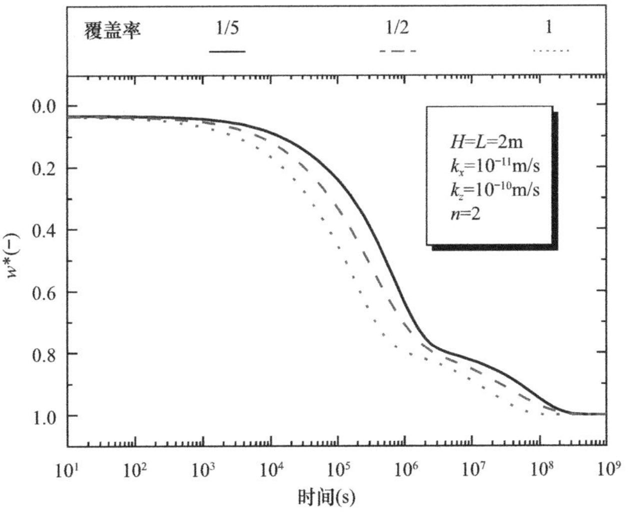

(c)

图 4.2.12 条状分布式渗透边界条件下不同覆盖率时非饱和土超孔隙压力二维分布图与相对沉降随时间的变化曲线（二）

(b) $t=10^6$s 时不同覆盖率下超孔隙水压力二维分布图；(c) 不同覆盖率下相对沉降随时间变化的曲线

压力的消散速度较慢。此外，从不同覆盖率下相对沉降随时间的变化曲线可以判断，覆盖率越低，非饱和土完成固结需要的时间越长。通过对比不同覆盖率下超孔隙压的二维分布图，在覆盖率较低的土层中，剩余的超孔隙压力值较大。而在图 4.2.12（c）中，三条曲线随着时间的推移越来越接近，这意味着覆盖率较低的沉降曲线在 10^6s 附近的发展速度较快。这一现象表明，尽管覆盖率低的边界渗透能力降低，但由于剩余的超孔隙压力较大，后期的消散速度比完全覆盖时要快。总的来说，分布式渗透边界的应用对固结完成时间的影响有限。

不同时间节点考虑不同覆盖率情况下的平均固结度　　表 4.2.2

覆盖率	时间（s）								
	10^1	10^2	10^3	10^4	10^5	10^6	10^7	10^8	10^9
1	3.69%	4.42%	7.00%	16.71%	45.22%	79.84%	89.11%	99.96%	100.00%
1/2	3.53%	3.92%	5.43%	11.97%	33.12%	70.84%	85.38%	97.20%	100.00%
1/3	3.48%	3.75%	4.88%	10.25%	27.76%	66.54%	83.73%	95.83%	100.00%
1/4	3.45%	3.66%	4.61%	9.39%	25.26%	64.71%	82.96%	95.25%	100.00%
1/5	3.44%	3.61%	4.44%	8.87%	23.91%	63.78%	82.54%	94.97%	100.00%
1/10	3.40%	3.51%	4.12%	7.85%	21.83%	62.40%	81.89%	94.58%	100.00%

（2）不同的各向异性系数对固结特性的影响

图 4.2.13 描述了在条状分布式渗透边界下，不同各向异性渗透系数比下超孔隙压力的二维分布图和相对沉降随时间的变化曲线。改变 k_z/k_x 是通过改变 k_z 实现的，k_x 保持不变。随着 k_z 值的增加，在渗透边界下方的区域内，超孔隙压力值较小且消散的速度也更快。不渗透区域下的超孔隙气压力沿横向线性减小，该区域的超孔隙气压力最大值几乎

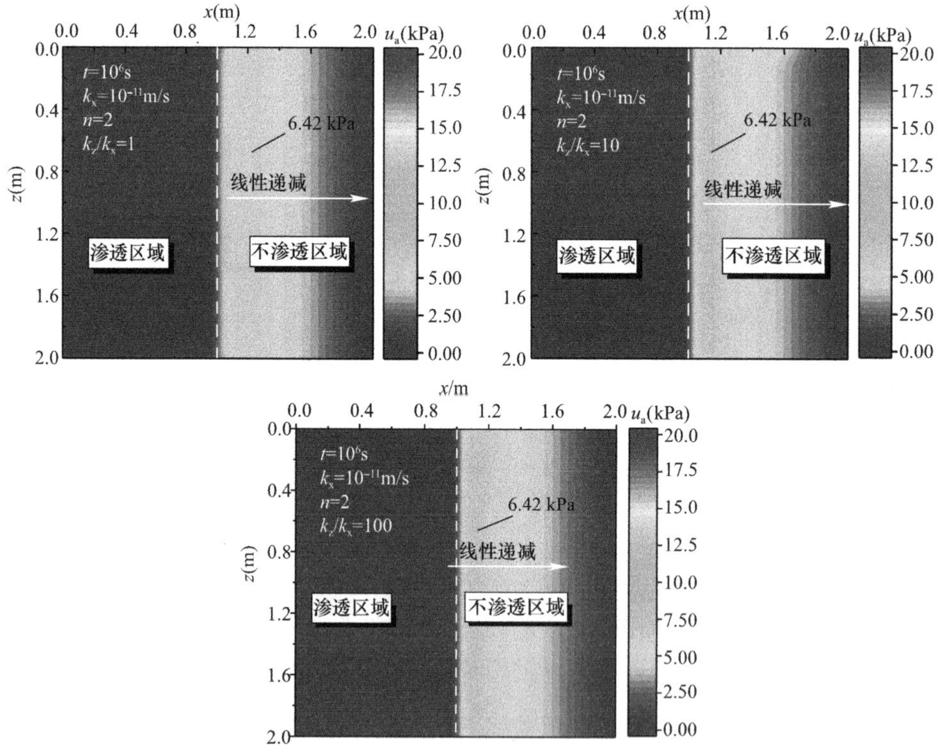

(a) t=10^{6}s时不同各向异性渗透系数比下超孔隙气压力二维图

图 4.2.13　条状分布式渗透边界条件下不同各向异性渗透系数比时非饱和土超孔隙压力二维图与相对沉降发展曲线（一）

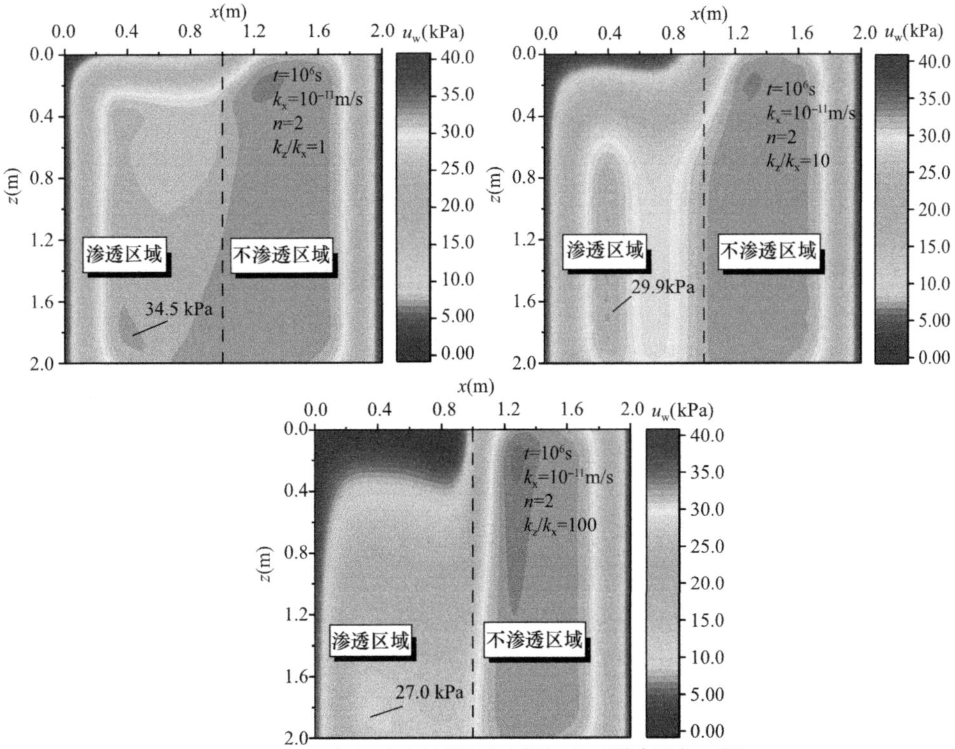

(b) t=10^6s时不同各向异性渗透系数比下超孔隙水压力二维图

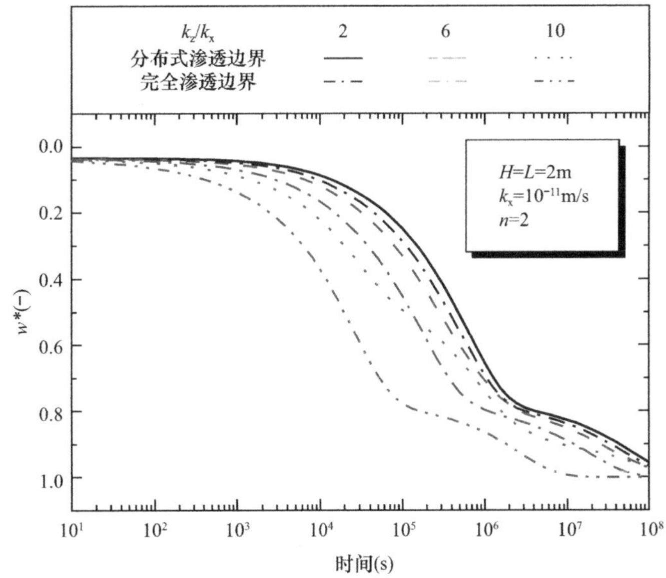

(c) 不同各向异性渗透系数比时相对沉降随时间变化的曲线

图 4.2.13　条状分布式渗透边界条件下不同各向异性渗透系数比时非饱和土超孔隙压力二维图与相对沉降发展曲线（二）

相同。随着 z 向渗透系数（k_z）增大，顶部边界条件对固结的影响变大，分布式渗透边界条件下沉降发展与均质边界条件下沉降发展差异性就更为明显。对于较小 k_z/k_x 值的沉降曲线，两种边界条件下的沉降曲线近似。当 k_z/k_x 为 10 时，两种边界条件下沉降曲线的凹凸性甚至是相反的。这是因为分布式渗透边界条件下，固结发展到一定程度的时间节点会被推迟。

4.2.3 不同荷载作用下平面应变固结模型解析

4.2.3.1 不同荷载作用下非饱和土平面应变固结方程基本解

1. 计算模型

考虑荷载作用影响时平面应变条件下非饱和土固结特性分析计算模型同图 4.2.1。

2. 控制方程

基于本书第 2 章推导所得的平面应变固结控制方程，有竖向荷载作用时，气相和液相的控制方程为式（2.2.49）、（2.2.42）：

$$\frac{\partial u_a}{\partial t}=-C_a\frac{\partial u_w}{\partial t}-C_{vx}^a\frac{\partial^2 u_a}{\partial x^2}-C_{vz}^a\frac{\partial^2 u_a}{\partial z^2}+C_\sigma^a\frac{\partial \sigma_z}{\partial t} \tag{4.2.64}$$

$$\frac{\partial u_w}{\partial t}=-C_w\frac{\partial u_a}{\partial t}-C_{vx}^w\frac{\partial^2 u_w}{\partial x^2}-C_{vz}^w\frac{\partial^2 u_w}{\partial z^2}+C_\sigma^w\frac{\partial \sigma_z}{\partial t} \tag{4.2.65}$$

3. 初始条件

$$u_a(x,z,0)=u_a^0,\quad u_w(x,z,0)=u_w^0 \tag{4.2.66}$$

4. 边界条件

顶面边界渗透，底面边界不渗透，侧面边界均渗透：

$$u_a(x,0,t)=0,\quad u_w(x,0,t)=0 \tag{4.2.67}$$

$$\left.\frac{\partial u_a(x,z,t)}{\partial z}\right|_{z=H}=0,\quad \left.\frac{\partial u_w(x,z,t)}{\partial z}\right|_{z=H}=0 \tag{4.2.68}$$

$$u_a(0,z,t)=u_a(L,z,t)=0,\quad u_w(0,z,t)=u_w(L,z,t)=0 \tag{4.2.69}$$

5. 不同荷载作用下非饱和土平面应变固结方程的通解求解

根据侧向的渗透边界条件，利用 Fourier 正弦级数沿 x 向展开的函数为：

$$u_a(x,z,t)=\sum_{k=1}^{\infty}u_{az}(z,t)\sin(Kx) \tag{4.2.70}$$

$$u_w(x,z,t)=\sum_{k=1}^{\infty}u_{wz}(z,t)\sin(Kx) \tag{4.2.71}$$

对式（4.2.70）、式（4.2.71）关于 t 求一次导得：

$$\frac{\partial u_a(x,z,t)}{\partial t}=\sum_{k=1}^{\infty}\frac{\partial u_{az}(z,t)}{\partial t}\sin(Kx) \tag{4.2.72}$$

$$\frac{\partial u_w(x,z,t)}{\partial t}=\sum_{k=1}^{\infty}\frac{\partial u_{wz}(z,t)}{\partial t}\sin(Kx) \tag{4.2.73}$$

对式（4.2.70）、式（4.2.71）关于 x 求二次导得：

$$\frac{\partial^2 u_a(x,z,t)}{\partial x^2}=-\sum_{k=1}^{\infty}u_{az}(z,t)K^2\sin(Kx) \tag{4.2.74}$$

$$\frac{\partial^2 u_w(x,z,t)}{\partial x^2}=-\sum_{k=1}^{\infty}u_{wz}(z,t)K^2\sin(Kx) \tag{4.2.75}$$

对式（4.2.70）、式（4.2.71）关于 z 求二次导得：

$$\frac{\partial^2 u_{\mathrm{a}}(x,z,t)}{\partial z^2}=\sum_{k=1}^{\infty}\frac{\partial^2 u_{\mathrm{az}}(z,t)}{\partial z^2}\sin(Kx) \tag{4.2.76}$$

$$\frac{\partial^2 u_{\mathrm{w}}(x,z,t)}{\partial z^2}=\sum_{k=1}^{\infty}\frac{\partial^2 u_{\mathrm{wz}}(z,t)}{\partial z^2}\sin(Kx) \tag{4.2.77}$$

将式（4.2.72）～式（4.2.77）代入式（4.2.64）、式（4.2.65）得：

$$\begin{aligned}\sin(Kx)\frac{\partial u_{\mathrm{az}}}{\partial t}=&-C_{\mathrm{a}}\sin(Kx)\frac{\partial u_{\mathrm{wz}}}{\partial t}+C_{\mathrm{vx}}^{\mathrm{a}}K^2\sin(Kx)u_{\mathrm{az}}\\&-C_{\mathrm{vz}}^{\mathrm{a}}\sin(Kx)\frac{\partial^2 u_{\mathrm{az}}}{\partial z^2}+C_{\sigma}^{\mathrm{a}}\frac{\partial \sigma_z}{\partial t}\end{aligned} \tag{4.2.78}$$

$$\begin{aligned}\sin(Kx)\frac{\partial u_{\mathrm{wz}}}{\partial t}=&-C_{\mathrm{w}}\sin(Kx)\frac{\partial u_{\mathrm{az}}}{\partial t}+C_{\mathrm{vx}}^{\mathrm{w}}K^2\sin(Kx)u_{\mathrm{wz}}\\&-C_{\mathrm{vz}}^{\mathrm{w}}\sin(Kx)\frac{\partial^2 u_{\mathrm{wz}}}{\partial z^2}+C_{\sigma}^{\mathrm{w}}\frac{\partial \sigma_z}{\partial t}\end{aligned} \tag{4.2.79}$$

根据正弦函数的正交性，式（4.2.78）和式（4.2.79）整理得：

$$\frac{\partial u_{\mathrm{az}}}{\partial t}=-C_{\mathrm{a}}\frac{\partial u_{\mathrm{wz}}}{\partial t}+C_{\mathrm{vx}}^{\mathrm{a}}K^2u_{\mathrm{az}}-C_{\mathrm{vz}}^{\mathrm{a}}\frac{\partial^2 u_{\mathrm{az}}}{\partial z^2}+\frac{4C_{\sigma}^{\mathrm{a}}}{(2k+1)\pi}\frac{\partial \sigma_z}{\partial t} \tag{4.2.80}$$

$$\frac{\partial u_{\mathrm{wz}}}{\partial t}=-C_{\mathrm{w}}\frac{\partial u_{\mathrm{az}}}{\partial t}+C_{\mathrm{vx}}^{\mathrm{w}}K^2u_{\mathrm{wz}}-C_{\mathrm{vz}}^{\mathrm{w}}\frac{\partial^2 u_{\mathrm{wz}}}{\partial z^2}+\frac{4C_{\sigma}^{\mathrm{a}}}{(2k+1)\pi}\frac{\partial \sigma_z}{\partial t} \tag{4.2.81}$$

然后采取第 3 章（见第 3.2.1 节）的解耦方法，可得到式（4.2.80）和式（4.2.81）在不同荷载作用下的通解为：

$$\tilde{u}_{\mathrm{az}}=C_1\mathrm{e}^{\xi z}+C_2\mathrm{e}^{-\xi z}+D_1\mathrm{e}^{\eta z}+D_2\mathrm{e}^{-\eta z}-\frac{a_4}{a_3} \tag{4.2.82}$$

$$\tilde{u}_{\mathrm{wz}}=a_5C_1\mathrm{e}^{\xi z}+a_5C_2\mathrm{e}^{-\xi z}+a_6D_1\mathrm{e}^{\eta z}+a_6D_2\mathrm{e}^{-\eta z}+a_7 \tag{4.2.83}$$

其中：

$$a_1=C_{\mathrm{vz}}^{\mathrm{a}}C_{\mathrm{vz}}^{\mathrm{w}}/(s^2C_{\mathrm{a}}C_{\mathrm{w}}) \tag{4.2.84a}$$

$$a_2=-[C_{\mathrm{vz}}^{\mathrm{w}}(C_{\mathrm{vx}}^{\mathrm{a}}K^2-s)+C_{\mathrm{vz}}^{\mathrm{a}}(C_{\mathrm{vx}}^{\mathrm{w}}K^2-s)]/(s^2C_{\mathrm{a}}C_{\mathrm{w}}) \tag{4.2.84b}$$

$$a_3=[(C_{\mathrm{vx}}^{\mathrm{a}}K^2-s)(C_{\mathrm{vx}}^{\mathrm{w}}K^2-s)-s^2C_{\mathrm{a}}C_{\mathrm{w}}]/(s^2C_{\mathrm{a}}C_{\mathrm{w}}) \tag{4.2.84c}$$

$$a_4=\frac{(C_{\mathrm{vx}}^{\mathrm{w}}K^2-s)(u_{\mathrm{az}}^0+C_{\mathrm{a}}u_{\mathrm{wz}}^0)}{s^2C_{\mathrm{a}}C_{\mathrm{w}}}+\frac{u_{\mathrm{wz}}^0+C_{\mathrm{w}}u_{\mathrm{az}}^0}{sC_{\mathrm{w}}}+\left[\frac{C_{\sigma}^{\mathrm{a}}(C_{\mathrm{vx}}^{\mathrm{w}}K^2-s)}{sC_{\mathrm{a}}}+C_{\sigma}^{\mathrm{w}}\right]\frac{4\tilde{\sigma}(s)}{sC_{\mathrm{w}}(2k+1)\pi} \tag{4.2.84d}$$

$$a_5=[(C_{\mathrm{vx}}^{\mathrm{a}}K^2-s)-\xi^2C_{\mathrm{vz}}^{\mathrm{a}}]/(sC_{\mathrm{a}}) \tag{4.2.84e}$$

$$a_6=[(C_{\mathrm{vx}}^{\mathrm{a}}K^2-s)-\eta^2C_{\mathrm{vz}}^{\mathrm{a}}]/(sC_{\mathrm{a}}) \tag{4.2.84f}$$

$$\xi=\sqrt{-(a_2+\sqrt{(a_2)^2-4a_1a_3})/(2a_1)}，\eta=\sqrt{-(a_2-\sqrt{(a_2)^2-4a_1a_3})/(2a_1)} \tag{4.2.84g}$$

$$a_7=-\frac{a_4(C_{\mathrm{vx}}^{\mathrm{a}}K^2-s)}{sa_3C_{\mathrm{a}}}+\frac{u_{\mathrm{az}}^0+C_{\mathrm{a}}u_{\mathrm{wz}}^0}{sC_{\mathrm{a}}}+\frac{4C_{\sigma}^{\mathrm{a}}}{sC_{\mathrm{a}}(2k+1)\pi}\tilde{\sigma}(s) \tag{4.2.84h}$$

$$u_{\mathrm{az}}^0=\frac{\int_0^L u_{\mathrm{a}}^0\sin\left[\frac{(2k+1)\pi}{2L}x\right]\mathrm{d}x}{\int_0^L\sin^2\left[\frac{(2k+1)\pi}{2L}x\right]\mathrm{d}x}=\frac{4u_{\mathrm{a}}^0}{(2k+1)\pi}\quad(k=0,1,2,\cdots) \tag{4.2.84i}$$

$$u_{\mathrm{wz}}^{0}=\frac{\int_{0}^{L}u_{\mathrm{w}}^{0}\sin\left[\frac{(2k+1)\pi}{2L}x\right]\mathrm{d}x}{\int_{0}^{L}\sin^{2}\left[\frac{(2k+1)\pi}{2L}x\right]\mathrm{d}x}=\frac{4u_{\mathrm{w}}^{0}}{(2k+1)\pi}\quad(k=0,\ 1,\ 2,\ \cdots)\tag{4.2.84j}$$

式中：C_1、C_2、D_1 和 D_2 是关于 z 和 s 的任意函数，具体可通过边界条件与荷载条件确定。

6. 不同荷载作用下非饱和土平面应变固结半解析解求解

对顶面和底面边界条件分别运用 Fourier 级数展开和 Laplace 变换得：

$$\tilde{u}_{\mathrm{az}}(0,s)=0,\quad \tilde{u}_{\mathrm{wz}}(0,s)=0\tag{4.2.85}$$

$$\left.\frac{\partial\tilde{u}_{\mathrm{az}}(z,s)}{\partial z}\right|_{z=H}=0,\quad \left.\frac{\partial\tilde{u}_{\mathrm{wz}}(z,s)}{\partial z}\right|_{z=H}=0\tag{4.2.86}$$

将式（4.2.85）、式（4.2.86）代入式（4.2.82）、式（4.2.83）求解得：

$$C_1=-\frac{a_4a_6+a_3a_7}{a_3(a_5-a_6)(\mathrm{e}^{\xi H}+\mathrm{e}^{-\xi H})}\mathrm{e}^{-\xi H}\tag{4.2.87}$$

$$C_2=-\frac{a_4a_6+a_3a_7}{a_3(a_5-a_6)(\mathrm{e}^{\xi H}+\mathrm{e}^{-\xi H})}\mathrm{e}^{\xi H}\tag{4.2.88}$$

$$D_1=\frac{a_4a_5+a_3a_7}{a_3(a_5-a_6)(\mathrm{e}^{\eta H}+\mathrm{e}^{-\eta H})}\mathrm{e}^{-\eta H}\tag{4.2.89}$$

$$D_2=\frac{a_4a_5+a_3a_7}{a_3(a_5-a_6)(\mathrm{e}^{\eta H}+\mathrm{e}^{-\eta H})}\mathrm{e}^{\eta H}\tag{4.2.90}$$

将式（4.2.87）～式（4.2.90）分别代入式（4.2.82）、式（4.2.83）得单面渗透边界下考虑不同荷载条件的通解：

$$\tilde{u}_{\mathrm{az}}=-\frac{(a_4a_6+a_3a_7)\cosh[\xi(H-z)]}{a_3(a_5-a_6)\cosh(\xi H)}+\frac{(a_4a_5+a_3a_7)\cosh[\eta(H-z)]}{a_3(a_5-a_6)\cosh(\eta H)}-\frac{a_4}{a_3}\tag{4.2.91}$$

$$\tilde{u}_{\mathrm{wz}}=-\frac{a_5(a_4a_6+a_3a_7)\cosh[\xi(H-z)]}{a_3(a_5-a_6)\cosh(\xi H)}+\frac{a_6(a_4a_5+a_3a_7)\cosh[\eta(H-z)]}{a_3(a_5-a_6)\cosh(\eta H)}+a_7\tag{4.2.92}$$

将式（4.2.91）和式（4.2.92）代入式（4.2.21）和式（4.2.22）可得 Laplace 域内的超孔隙气压力和超孔隙水压力。再由式（4.2.23），进一步求得：

$$\tilde{w}(x,\ s)=(m_2^{\mathrm{s}}-2m_1^{\mathrm{s}})\Lambda_1\sum_{k=1}^{\infty}\sin\left(\frac{k\pi}{L}x\right)-m_2^{\mathrm{s}}\Lambda_2\sum_{k=1}^{\infty}\sin\left(\frac{k\pi}{L}x\right)+\frac{\Lambda_3H}{s}\tag{4.2.93}$$

式中：

$$\Lambda_1=\frac{(a_4a_6H\eta)+(a_4a_5+a_3a_7)\tanh(H\eta)}{\eta a_3(a_5-a_6)}-\frac{\xi(a_4a_5H)-(a_4a_6+a_3a_7)\tanh(H\xi)}{a_3(a_5-a_6)\xi},$$

$$\Lambda_2=\frac{(a_4a_6H)\eta+a_6(a_4a_5+a_3a_7)\tanh(H\eta)}{a_3(a_5-a_6)\eta}-\frac{(a_4a_5H)\xi-a_5(a_4a_6+a_3a_7)\tanh(H\xi)}{a_3(a_5-a_6)\xi},$$

$\Lambda_3=m_2^{\mathrm{s}}u_{\mathrm{w}}^{0}-(m_2^{\mathrm{s}}-2m_1^{\mathrm{s}})u_{\mathrm{a}}^{0}+m_1^{\mathrm{s}}\tilde{\sigma}(s)$。

由此可得到单面渗透边界条件下不同荷载作用时，非饱和土平面应变固结问题在

Laplace 域内的通解 $\tilde{u}_a(x,z,s)$，$\tilde{u}_w(x,z,s)$和 $\tilde{w}(x,s)$。

本部分详细内容可参考文献［6］。

4.2.3.2　不同荷载下平面应变固结特性分析

本节分析所采用的算例，参考文献［3］，具体参数见表 3.2.2。另外，荷载参数 $a=b=5\times10^{-4}$kPa/s。

1. 施工荷载下非饱和土平面应变固结特性分析

本节中施工荷载的表达式如下：

$$q(t)=\begin{cases}q_0+at, & 0<t<q_0/a\\ 2q_0, & t\geqslant q_0/a\end{cases} \tag{4.2.94}$$

式中：q_0——初始荷载；

a——施工荷载线性变化率。

对式（4.2.94）实施 Laplace 变换，并代入 Laplace 域内的通解可得考虑施工荷载作用时平面应变条件下超孔隙气压力、超孔隙水压力和沉降的解。

图 4.2.14 是在 $x=1$m 和 $z=4$m 处当 k_x/k_z 变化（k_z 不变）时受施工荷载作用影响的超孔隙压力消散过程。在平面应变条件下超孔隙气压力和超孔隙水压力会受到侧向和竖向渗透系数比 k_x/k_z 变化的显著影响。

分析图 4.2.14 可以发现，较大的 k_x/k_z 会导致超孔隙压力消散速度更快，且有相同的影响区域，都是从 10^3s 左右开始至消散结束。在超孔隙气压力消散过程中，当 k_x/k_z 较小时，超孔隙气压力在荷载线性增长期间也呈线性增长；当 k_x/k_z 较大时，超孔隙气压力在荷载线性增长期间是快速消散的。另外在超孔隙水压力的消散过程中，由于超孔隙水压力消散开始较晚，因此无论 k_x/k_z 取何值，在荷载线性增长期间超孔隙水压力也近似呈线性增长；在荷载线性增长期结束后，超孔隙水压力分两阶段开始消散，第一阶段是由超孔隙气压力消散引起的，而第二阶段是由超孔隙水压力消散引起的。但在第一阶段和第二阶段之间存在平台期，k_x/k_z 越大，平台期越短，且当 k_x/k_z 较大时，两阶段的消散过程呈连续状态，不存在平台期。

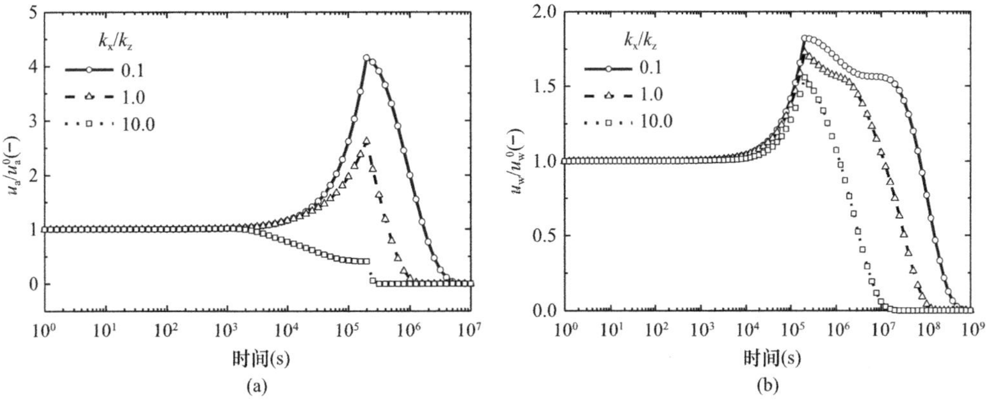

图 4.2.14　$x=1$m 和 $z=4$m 处 k_x/k_z 变化时受施工荷载影响的超孔隙压力随时间的变化规律

（a）超孔隙气压力；（b）超孔隙水压力

为了研究施工荷载参数变化对平面应变条件下非饱和土固结特性的影响，本节施工荷

载参数 a 分别取 5×10^{-3}、5×10^{-4} 和 5×10^{-5}kPa/s，渗透系数比 k_a/k_w 取 1。图 4.2.15 是 $x=1$m 和 $z=4$m 处受施工荷载参数变化影响时，平面应变条件下超孔隙压力随时间变化曲线。其中半渗透参数为 $R_a=R_w=5$。由于施工荷载由线性增长期和稳定期两部分组成，因此超孔隙压力的消散过程也分别与这两个时期对应。在施工荷载线性增长期，当荷载增长系数 a 较大时，荷载增长期较短，且较快达到荷载稳定期，对应的超孔隙气压力在开始消散之前也呈线性增长，并在荷载稳定期开始消散；反之，当荷载增长系数 a 较小时，荷载增长期较长，且较慢达到荷载稳定期，超孔隙气压力在荷载稳定期开始前已经开始消散，并没有出现与荷载增长期对应的超孔隙气压力变大的现象。但对于超孔隙水压力而言，在荷载增长较慢的情况下，荷载增加产生的超孔隙水压力大于其消散。所以超孔隙水压力消散曲线都明显地分为线性增长区和消散区，并且荷载增长系数 a 越大，超孔隙水压力越早达到极值，且极值越大。达到极值后，当荷载增长系数 a 较大时，超孔隙水压力的消散曲线中间会出现平台期，而当荷载增长系数 a 较小时，超孔隙水压力的消散曲线不会出现平台期，最后各消散曲线沿同一路径变化。

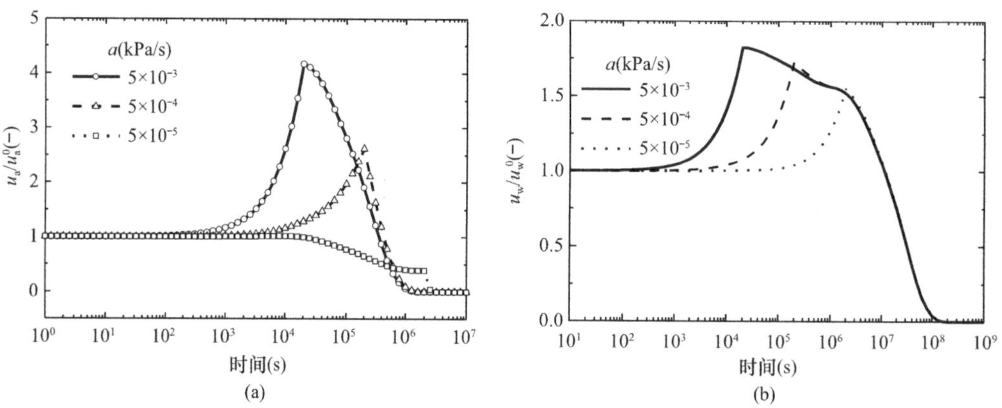

图 4.2.15　$x=1$m 和 $z=4$m 处 $k_a/k_w=1$ 时施工荷载参数 a 对半渗透边界条件下超孔隙压力消散影响

(a) 超孔隙气压力；(b) 超孔隙水压力

图 4.2.16 (a) 是当 $a=5\times10^{-4}$kPa/s 和 k_a/k_w 变化（k_w 不变）时平面应变条件下受施工荷载作用影响的相对沉降随时间变化曲线。由于图 4.2.16 (a) 中的相对沉降发展过程是超孔隙气压力和超孔隙水压力消散的结果。因此，仅改变 k_a/k_w 比值对相对沉降发展过程与超孔隙压力消散有相同的影响区域和影响规律。即 k_a/k_w 越大，相对沉降发展越快。另外，由于 k_a/k_w 的变化是由增大 k_a 实现的，所以 k_a/k_w 变化仅会在超孔隙气压力的消散影响区内对相对沉降发展产生影响。图 4.2.16 (b) 是当 $a=5\times10^{-4}$kPa/s 和 k_x/k_z 变化（k_w 不变）时平面应变条件下受施工荷载作用影响的相对沉降随时间发展曲线。类似于图 4.2.16 (a) 的结果，由于图 4.2.16 (b) 中的相对沉降发展过程是图 4.2.14 中超孔隙气压力和超孔隙水压力消散的结果。由于平面应变条件下固结过程主要受到侧向渗透边界条件的影响，因此当 k_x 变化时，超孔隙压力和相对沉降也会发生明显变化。即 k_x/k_z 越大，相对沉降发展越快，且在整个超孔隙压力消散过程中都有明显变化，直至最终沉降结束。

图 4.2.16 (c) 是当 $k_a/k_w=10$ 和荷载参数 a 变化时平面应变条件下受施工荷载作用

影响的相对沉降随时间发展曲线。同样地，作为线性荷载系数变化条件下超孔隙压力消散的结果，线性荷载系数变化对相对沉降发展过程的影响区域主要在施工荷载线性增长区间。由于线性荷载系数变化 a 越大，施工荷载增长期越短，因此对应的相对沉降发展也越快；当施工荷载达到稳定期后，与超孔隙水压力消散过程类似，相对沉降也沿同一路径发展。

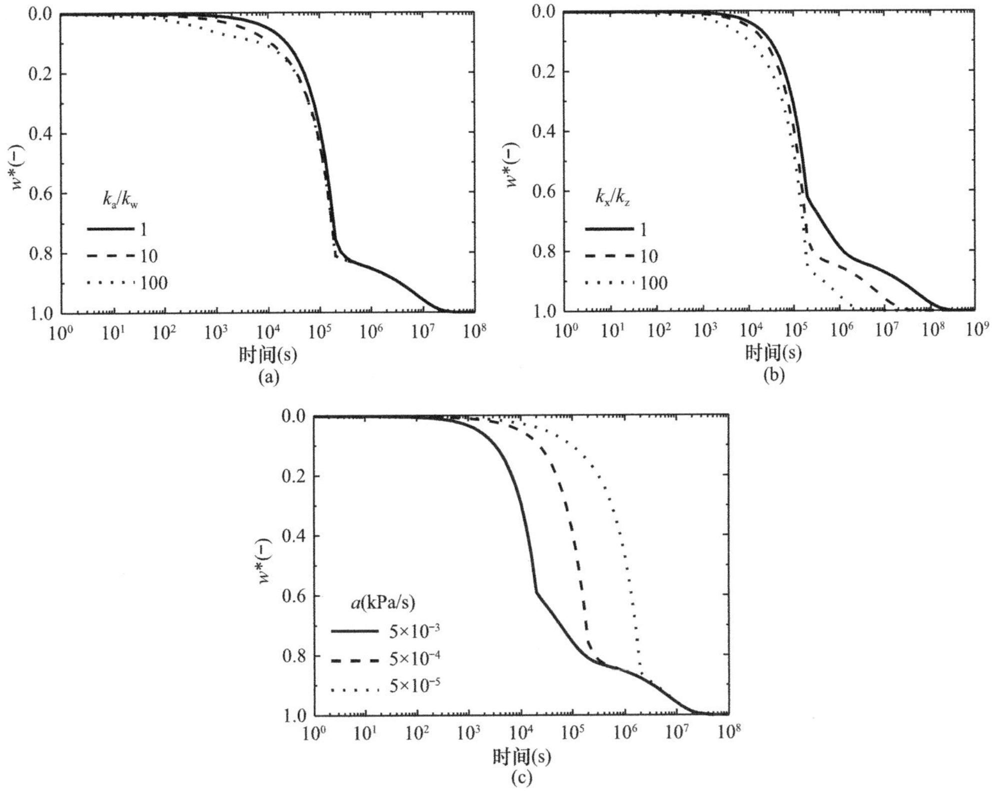

图 4.2.16　施工荷载作用下相对沉降随时间的变化规律

(a) 不同的 k_a/k_w；(b) 不同的 k_x/k_z；(c) 不同的指数荷载参数 a

2. 指数荷载作用下非饱和土平面应变固结特性分析

指数荷载表达式如下：

$$q(t)=q_0+Dq_0(1-e^{-bt}) \tag{4.2.95}$$

式中：q_0——初始荷载；

D——指数荷载大小影响系数；

b——指数荷载速率影响系数。

对式（4.2.95）实施 Laplace 变换，并代入到 Laplace 域内的通解可得指数荷载作用平面应变条件下超孔隙气压力、超孔隙水压力和沉降的解。

图 4.2.17 是 $x=1$m 和 $z=4$m 处 k_x/k_z 变化时指数荷载作用下的超孔隙压力随时间的变化规律，可以发现 k_x/k_z 越大，超孔隙压力消散越快；但施工荷载的特点是在固定时间达到稳定值，而指数荷载虽然增长较快且无限接近于稳定值，但达到稳定值的时间点比施工荷载的晚。因此，与施工荷载作用下的固结特性不同的是，在指数荷载的增长期超孔隙压力都呈增长趋势，k_x/k_z 越大，超孔隙压力达到的极值越小。

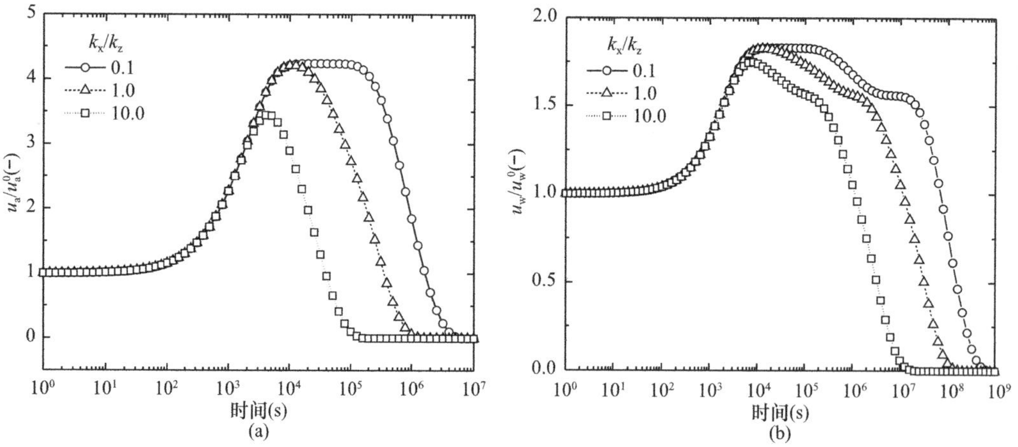

图 4.2.17　$x=1$m 和 $z=4$m 处 k_x/k_z 变化（k_z 不变）时受指数荷载影响的超孔隙压力随时间的变化规律

（a）超孔隙气压力；（b）超孔隙水压力

对比图 4.2.18（a）和图 4.2.15（a）可以发现变化参数（a 和 b）主要影响超孔隙气压力的增长过程，与施工荷载作用下的固结特性相比，指数荷载作用下超孔隙气压力在荷载指数增长期也都呈指数增长，b 越大，越早达到极值，且超孔隙气压力消散之前会出现平台期。对比图 4.2.18（b）和图 4.2.15（b）可以发现，参数（a 和 b）越大，超孔隙水压力越早开始消散；另外，由于超孔隙水压力消散开始得较早，所以当 b 较大时，在超孔隙水压力消散曲线中出现两个明显的平台期，第一个平台期是在超孔隙水压力达到极值至超孔隙水压力继续消散之间出现的，第二个平台期是在超孔隙气压力消散结束至超孔隙水压力继续消散之间出现。指数荷载参数 b 仅影响第一个平台期，且指数荷载参数 b 越大，超孔隙水压力越早达到极值，第一个平台期越长。

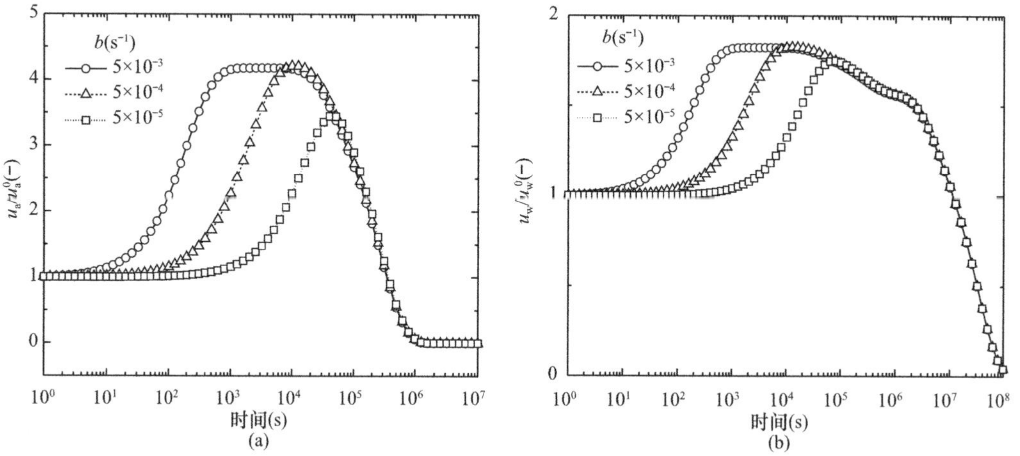

图 4.2.18　$x=1$m 和 $z=4$m 处 $k_a/k_w=1$ 时指数荷载参数 b 变化

对半渗透边界条件下超孔隙压力随时间的影响规律

（a）超孔隙气压力；（b）超孔隙水压力

对比图 4.2.16 和图 4.2.19 可以发现，参数（k_a/k_w、k_x/k_z 和 a 或 b）变化越大，相对沉降越早开始增长。k_a/k_w 的变化对相对沉降仅在超孔隙气压力的消散区域内产生影响；

k_x/k_z 的变化对相对沉降在整个超孔隙压力的消散过程内都产生影响，且 k_x/k_z 越大，越早达到最终沉降。b 的变化仅在荷载增长区域对相对沉降的发展产生影响，但当超孔隙水压力按同一路径消散时，相对沉降的增长过程也沿同一路径发展。

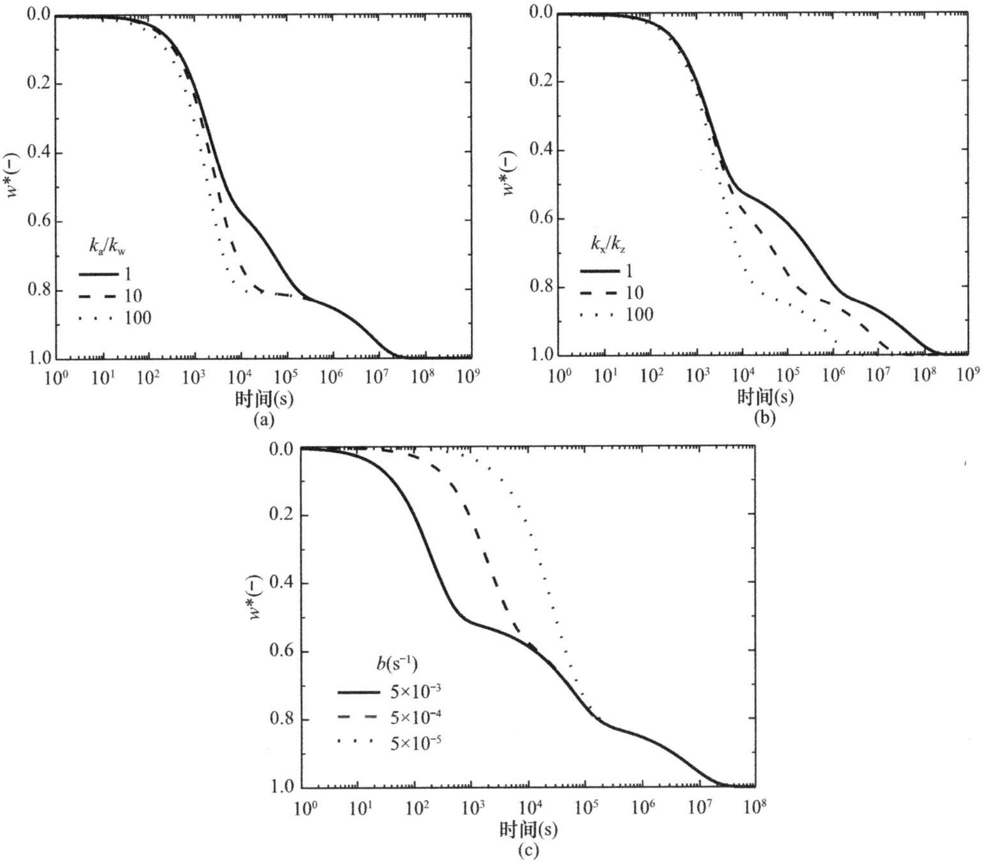

图 4.2.19　指数荷载作用下相对沉降随时间的变化规律

(a) 不同的 k_a/k_w；(b) 不同的 k_x/k_z；(c) 不同的指数荷载参数 b

4.2.4　特殊情况下平面应变固结模型解析

4.2.4.1　考虑应力扩散效应的非饱和土平面应变固结解析求解

1. 计算模型

根据 Dakshanamurthy 和 Fredlund (1980)[1] 的非饱和土平面应变固结理论，考虑应力沿深度变化的非饱和土地基平面应变固结计算模型如图 4.2.20 所示。其中，σ_T 为土体顶面的垂直总应力，σ_B 为土体底面的垂直总应力。

2. 控制方程

基于本书第 2 章推导所得平面应变控制方程，考虑应力沿深度变化的控制方程为：

$$\frac{\partial u_a}{\partial t}=-C_a\frac{\partial u_w}{\partial t}-C_{vx}^a\frac{\partial^2 u_a}{\partial x^2}-C_{vz}^a\frac{\partial^2 u_a}{\partial z^2}+C_\sigma^a\frac{\partial\sigma(z,t)}{\partial t}\tag{4.2.96}$$

$$\frac{\partial u_w}{\partial t}=-C_w\frac{\partial u_a}{\partial t}-C_{vx}^w\frac{\partial^2 u_w}{\partial x^2}-C_{vz}^w\frac{\partial^2 u_w}{\partial z^2}+C_\sigma^w\frac{\partial\sigma(z,t)}{\partial t}\tag{4.2.97}$$

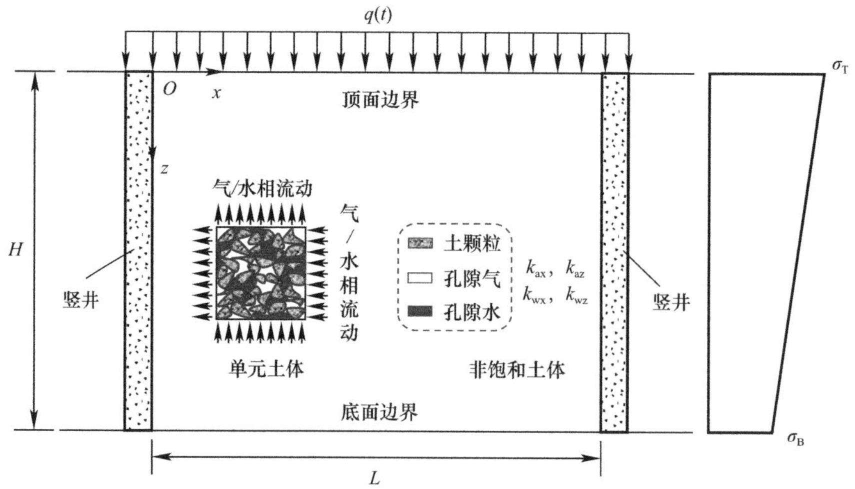

图 4.2.20　考虑应力扩散效应的非饱和土平面应变固结模型

3. 初始条件

初始的超孔隙气压力与超孔隙水压力为 0kPa（荷载见图 3.2.21），可以表示为：

$$u_a(x,z,0)=u_a^0=0,\quad u_w(x,z,0)=u_w^0=0 \tag{4.2.98}$$

4. 边界条件

顶面边界渗透，底面边界不渗透，侧向边界均渗透：

$$u_a(x,0,t)=0,\quad u_w(x,0,t)=0 \tag{4.2.99}$$

$$\left.\frac{\partial u_a(x,z,t)}{\partial z}\right|_{z=H}=0,\quad \left.\frac{\partial u_w(x,z,t)}{\partial z}\right|_{z=H}=0 \tag{4.2.100}$$

$$u_a(0,z,t)=u_w(0,z,t),\quad u_a(L,z,t)=u_w(L,z,t)=0 \tag{4.2.101}$$

5. 半解析解

根据侧向渗透边界条件，利用 Fourier 正弦级数在 x 方向对 u_a 和 u_w 进行级数展开，同第 4.2.3 节式（4.2.70）、式（4.2.71）；对式（4.2.70）、式（4.2.71）求关于 t 的一阶导，得式（4.2.72）、式（4.2.73）；求关于 x 的二阶导得式（4.2.74）、式（4.2.75）；求关于 z 的二阶导得式（4.2.76）、式（4.2.77）。

将式（4.2.70）～式（4.2.77）代入式（4.2.96）、式（4.2.97），进行整理得：

$$\begin{aligned}\sum_{k=1}^{\infty}\frac{\partial u_{az}(z,t)}{\partial t}\sin(Kx)=&-C_a\sum_{k=1}^{\infty}\frac{\partial u_{wz}(z,t)}{\partial t}\sin(Kx)+C_{vx}^a\sum_{k=1}^{\infty}u_{az}(z,t)K^2\sin(Kx)\\&-C_{vz}^a\sum_{k=1}^{\infty}\frac{\partial^2 u_{az}(z,t)}{\partial z^2}\sin(Kx)+C_\sigma^a\frac{\partial\sigma(z,t)}{\partial t}\end{aligned} \tag{4.2.102}$$

$$\begin{aligned}\sum_{k=1}^{\infty}\frac{\partial u_{wz}(z,t)}{\partial t}\sin(Kx)=&-C_w\sum_{k=1}^{\infty}\frac{\partial u_{az}(z,t)}{\partial t}\sin(Kx)+C_{vx}^w\sum_{k=1}^{\infty}u_{wz}(z,t)K^2\sin(Kx)\\&-C_{vz}^w\sum_{k=1}^{\infty}\frac{\partial^2 u_{wz}(z,t)}{\partial z^2}\sin(Kx)+C_\sigma^w\frac{\partial\sigma(z,t)}{\partial t}\end{aligned} \tag{4.2.103}$$

根据三角函数的正交性，对式（4.2.102）、式（4.2.103）进行简化得：

$$\frac{\partial u_{az}}{\partial t}=-C_a\frac{\partial u_{wz}}{\partial t}+C_{vx}^aK^2u_{az}-C_{vz}^a\frac{\partial^2 u_{az}}{\partial z^2}+C_\sigma^a\frac{2[1+(-1)^{k+1}]\sigma(z,t)}{k\pi} \tag{4.2.104}$$

$$\frac{\partial u_{\mathrm{wz}}}{\partial t}=-C_{\mathrm{w}}\frac{\partial u_{\mathrm{az}}}{\partial t}+C_{\mathrm{vx}}^{\mathrm{w}}K^{2}u_{\mathrm{wz}}-C_{\mathrm{vz}}^{\mathrm{w}}\frac{\partial^{2}u_{\mathrm{wz}}}{\partial z^{2}}+C_{\sigma}^{\mathrm{w}}\frac{2[1+(-1)^{k+1}]\sigma(z,t)}{k\pi}\tag{4.2.105}$$

对式（4.2.104）和式（4.2.105）采取第 3 章（见第 3.2.1 节）提到的解耦方法可得最终解为：

$$\begin{aligned}\tilde{u}_{\mathrm{az}}=&a_{5}\frac{\mathrm{e}^{\xi H}b_{1}-b_{2}}{2b_{3}}\mathrm{e}^{\xi(z-H)}-a_{5}\frac{\mathrm{e}^{\xi H}(b_{1}+\mathrm{e}^{\xi H}b_{2})}{2b_{3}}\mathrm{e}^{-\xi(z+H)}\\&-a_{6}\frac{\mathrm{e}^{\eta H}b_{4}-b_{5}}{2b_{6}}\mathrm{e}^{\eta(z-H)}+a_{6}\frac{\mathrm{e}^{\eta H}(b_{4}+\mathrm{e}^{\eta H}b_{5})}{2b_{6}}\mathrm{e}^{-\eta(z+H)}+a_{7}\end{aligned}\tag{4.2.106}$$

$$\begin{aligned}\tilde{u}_{\mathrm{wz}}=&\frac{\mathrm{e}^{\xi H}b_{1}-b_{2}}{2b_{3}}\mathrm{e}^{\xi(z-H)}-\frac{\mathrm{e}^{\xi H}(b_{1}+\mathrm{e}^{\xi H}b_{2})}{2b_{3}}\mathrm{e}^{-\xi(z+H)}\\&-\frac{\mathrm{e}^{\eta H}b_{4}-b_{5}}{2b_{6}}\mathrm{e}^{\eta(z-H)}+\frac{\mathrm{e}^{\eta H}(b_{4}+\mathrm{e}^{\eta H}b_{5})}{2b_{6}}\mathrm{e}^{-\eta(z+H)}-\frac{a_{4}}{a_{3}}\end{aligned}\tag{4.2.107}$$

式中：

$$a_{1}=C_{\mathrm{vz}}^{\mathrm{a}}C_{\mathrm{vz}}^{\mathrm{w}}/(s^{2}C_{\mathrm{a}}C_{\mathrm{w}})\tag{4.2.108a}$$

$$a_{2}=[C_{\mathrm{vz}}^{\mathrm{a}}(s-C_{\mathrm{vx}}^{\mathrm{w}}K^{2})+(s-C_{\mathrm{vx}}^{\mathrm{a}}K^{2})C_{\mathrm{vz}}^{\mathrm{w}}]/(s^{2}C_{\mathrm{a}}C_{\mathrm{w}})\tag{4.2.108b}$$

$$a_{3}=[(s-C_{\mathrm{vx}}^{\mathrm{a}}K^{2})(s-C_{\mathrm{vx}}^{\mathrm{w}}K^{2})-s^{2}C_{\mathrm{a}}C_{\mathrm{w}}]/(s^{2}C_{\mathrm{a}}C_{\mathrm{w}})\tag{4.2.108c}$$

$$a_{4}=\frac{(C_{\mathrm{vx}}^{\mathrm{a}}K^{2}-s)(u_{\mathrm{wz}}^{0}+C_{\mathrm{w}}u_{\mathrm{az}}^{0})}{s^{2}C_{\mathrm{a}}C_{\mathrm{w}}}+\frac{u_{\mathrm{az}}^{0}+C_{\mathrm{a}}u_{\mathrm{wz}}^{0}}{sC_{\mathrm{a}}}\frac{(C_{\mathrm{vx}}^{\mathrm{a}}K^{2}-s)C_{\sigma}^{\mathrm{w}}+sC_{\mathrm{w}}C_{\sigma}^{\mathrm{a}}}{s^{2}C_{\mathrm{a}}C_{\mathrm{w}}}\frac{2[1+(-1)^{k+1}]\tilde{\sigma}(z,s)}{k\pi}\tag{4.2.108d}$$

$$\xi=\sqrt{(-a_{2}-\sqrt{(a_{2})^{2}-4a_{1}a_{3}})/(2a_{1})},\quad\eta=\sqrt{(-a_{2}+\sqrt{(a_{2})^{2}-4a_{1}a_{3}})/(2a_{1})}\tag{4.2.108e}$$

$$a_{5}=(C_{\mathrm{vx}}^{\mathrm{w}}K^{2}-s)/(sC_{\mathrm{w}})-C_{\mathrm{vz}}^{\mathrm{w}}\xi^{2}/(sC_{\mathrm{w}})\tag{4.2.108f}$$

$$a_{6}=(C_{\mathrm{vx}}^{\mathrm{w}}K^{2}-s)/(sC_{\mathrm{w}})-C_{\mathrm{vz}}^{\mathrm{w}}\eta^{2}/(sC_{\mathrm{w}})\tag{4.2.108g}$$

$$a_{7}=\frac{a_{4}(s-C_{\mathrm{vx}}^{\mathrm{w}}K^{2})}{sC_{\mathrm{w}}a_{3}}+\frac{u_{\mathrm{wz}}^{0}+C_{\mathrm{w}}u_{\mathrm{az}}^{0}}{sC_{\mathrm{w}}}+\frac{C_{\sigma}^{\mathrm{w}}}{sC_{\mathrm{w}}}\frac{2[1+(-1)^{k+1}]\tilde{\sigma}(z,s)}{k\pi}\tag{4.2.108h}$$

$$a_{8}=-\frac{(C_{\mathrm{vx}}^{\mathrm{a}}K^{2}C_{\sigma}^{\mathrm{w}}-sC_{\sigma}^{\mathrm{w}}+sC_{\mathrm{w}}C_{\sigma}^{\mathrm{a}})\dfrac{2[1+(-1)^{k+1}]\tilde{\sigma}'(s)}{k\pi}}{(s-C_{\mathrm{vx}}^{\mathrm{a}}K^{2})(s-C_{\mathrm{vx}}^{\mathrm{w}}K^{2})-s^{2}C_{\mathrm{a}}C_{\mathrm{w}}}\tag{4.2.108i}$$

$$a_{9}=-\frac{(C_{\mathrm{vx}}^{\mathrm{w}}K^{2}C_{\mathrm{w}}^{\mathrm{a}}-sC_{\sigma}^{\mathrm{a}}+sC_{\mathrm{a}}C_{\mathrm{a}}^{\mathrm{w}})\dfrac{2[1+(-1)^{k+1}]\tilde{\sigma}'(s)}{k\pi}}{(s-C_{\mathrm{vx}}^{\mathrm{a}}K^{2})(s-C_{\mathrm{vx}}^{\mathrm{w}}K^{2})-s^{2}C_{\mathrm{a}}C_{\mathrm{w}}}\tag{4.2.108j}$$

$$\begin{aligned}a_{4}^{\mathrm{T}}=&\frac{(C_{\mathrm{vx}}^{\mathrm{a}}K^{2}-s)(u_{\mathrm{wz}}^{0}+C_{\mathrm{w}}u_{\mathrm{az}}^{0})}{s^{2}C_{\mathrm{a}}C_{\mathrm{w}}}+\frac{u_{\mathrm{az}}^{0}+C_{\mathrm{a}}u_{\mathrm{wz}}^{0}}{sC_{\mathrm{a}}}\\&+\frac{(C_{\mathrm{vx}}^{\mathrm{a}}K^{2}-s)C_{\sigma}^{\mathrm{w}}+sC_{\mathrm{w}}C_{\sigma}^{\mathrm{a}}}{s^{2}C_{\mathrm{a}}C_{\mathrm{w}}}\frac{2[1+(-1)^{k+1}]\tilde{\sigma}(0,s)}{k\pi}\end{aligned}\tag{4.2.108k}$$

$$a_{3}^{\mathrm{T}}=a_{3}\tag{4.2.108l}$$

$$a_{7}^{\mathrm{T}}=\frac{a_{4}^{\mathrm{T}}(s-C_{\mathrm{vx}}^{\mathrm{w}}K^{2})}{sC_{\mathrm{w}}a_{3}^{\mathrm{T}}}+\frac{u_{\mathrm{wz}}^{0}+C_{\mathrm{w}}u_{\mathrm{az}}^{0}}{sC_{\mathrm{w}}}+\frac{C_{\sigma}^{\mathrm{w}}}{sC_{\mathrm{w}}}\frac{2[1+(-1)^{k+1}]\tilde{\sigma}(0,s)}{k\pi}\tag{4.2.108m}$$

$$b_{1}=a_{3}^{\mathrm{T}}a_{6}a_{8}-a_{3}^{\mathrm{T}}a_{9}\tag{4.2.108n}$$

$$b_2 = a_4^{\mathrm{T}} a_6 \xi + a_3^{\mathrm{T}} a_7^{\mathrm{T}} \xi \tag{4.2.108o}$$

$$b_3 = a_3^{\mathrm{T}} (a_5 - a_6) \xi \cosh(\xi H) \tag{4.2.108p}$$

$$b_4 = a_3^{\mathrm{T}} a_5 a_8 - a_3^{\mathrm{T}} a_9 \tag{4.2.108q}$$

$$b_5 = a_4^{\mathrm{T}} a_5 \eta + a_3^{\mathrm{T}} a_7^{\mathrm{T}} \eta \tag{4.2.108r}$$

$$b_6 = a_3^{\mathrm{T}} (a_5 - a_6) \eta \cosh(\eta H) \tag{4.2.108s}$$

$$u_{\mathrm{az}}^0 = \frac{\int_0^L u_{\mathrm{a}}^0 \sin\left(\frac{k\pi}{L}x\right) \mathrm{d}x}{\int_0^L \sin^2\left(\frac{k\pi}{L}x\right) \mathrm{d}x} = \frac{2[1+(-1)^{1+k}]u_{\mathrm{a}}^0}{k\pi} \tag{4.2.108t}$$

$$u_{\mathrm{wz}}^0 = \frac{\int_0^L u_{\mathrm{w}}^0 \sin\left(\frac{k\pi}{L}x\right) \mathrm{d}x}{\int_0^L \sin^2\left(\frac{k\pi}{L}x\right) \mathrm{d}x} = \frac{2[1+(-1)^{1+k}]u_{\mathrm{w}}^0}{k\pi} \tag{4.2.108u}$$

将式（4.2.106）和式（4.2.107）代入式（4.2.21）和式（4.2.22）后，再由式（4.2.23），可进一步求得：

$$\begin{aligned}\tilde{w}(x,\ s) = &(m_2^{\mathrm{s}} - 2m_1^{\mathrm{s}}) \sum_{k=1}^{\infty} \sin\left(\frac{k\pi}{L}x\right) (a_5\gamma_1\lambda_1 - a_5\gamma_2\lambda_2 - a_6\gamma_3\lambda_3 + a_6\gamma_4\lambda_4 + a_{7i}) \\ &- m_2^{\mathrm{s}} \sum_{k=1}^{\infty} \sin\left(\frac{k\pi}{L}x\right) \left(\gamma_1\lambda_1 - \gamma_2\lambda_2 - \gamma_3\lambda_3 + \gamma_4\lambda_4 - \frac{a_{4i}}{a_{3i}}\right) \\ &+ \frac{m_2^{\mathrm{s}} u_{\mathrm{w}}^0 - (m_2^{\mathrm{s}} - 2m_1^{\mathrm{s}}) u_{\mathrm{a}}^0}{s} H + \frac{m_1^{\mathrm{s}}}{s} \tilde{\sigma}_i(s)\end{aligned} \tag{4.2.109}$$

其中：$\sigma_i(s)$——$\sigma(z,s)$关于 z 求积分的计算结果。中间变量的表达式如下：

$$\gamma_1 = \mathrm{e}^{\xi H} b_1 - b_2/(2b_3),\ \gamma_2 = \mathrm{e}^{\xi H}(b_1 + \mathrm{e}^{\xi H} b_2)/(2b_3) \tag{4.2.110a}$$

$$\gamma_3 = \mathrm{e}^{\eta H} b_4 - b_5/(2b_6),\ \gamma_4 = \mathrm{e}^{\eta H}(b_4 + \mathrm{e}^{\eta H} b_5)/(2b_6) \tag{4.2.110b}$$

$$\lambda_1 = (1 - \mathrm{e}^{-\xi H})/\xi,\ \lambda_2 = \mathrm{e}^{-2\xi H}(-1 + \mathrm{e}^{\xi H})/\xi \tag{4.2.110c}$$

$$\lambda_3 = (1 - \mathrm{e}^{-\eta H})/\eta,\ \lambda_4 = \mathrm{e}^{-2\eta H}(-1 + \mathrm{e}^{\eta H})/\eta \tag{4.2.110d}$$

$$\begin{aligned}a_{4i} = &\left[\frac{(C_{\mathrm{vx}}^{\mathrm{a}} K^2 - s)(u_{\mathrm{wz}}^0 + C_{\mathrm{w}} u_{\mathrm{az}}^0)}{s^2 C_{\mathrm{a}} C_{\mathrm{w}}} + \frac{u_{\mathrm{az}}^0 + C_{\mathrm{a}} u_{\mathrm{wz}}^0}{s C_{\mathrm{a}}}\right] H \\ &+ \frac{(C_{\mathrm{vx}}^{\mathrm{a}} K^2 - s) C_\sigma^{\mathrm{w}} + s C_{\mathrm{w}} C_\sigma^{\mathrm{a}}}{s^2 C_{\mathrm{a}} C_{\mathrm{w}}} \frac{2[1+(-1)^{k+1}]\tilde{\sigma}'(s)}{k\pi}\end{aligned} \tag{4.2.110e}$$

$$a_{3i} = a_3 \tag{4.2.110f}$$

$$a_{7i} = \frac{a_{4i}(s - C_{\mathrm{vx}}^{\mathrm{w}} K^2)}{s C_{\mathrm{w}} a_{3i}} + \frac{u_{\mathrm{wz}}^0 + C_{\mathrm{w}} u_{\mathrm{az}}^0}{s C_{\mathrm{w}}} H + \frac{C_\sigma^{\mathrm{w}}}{s C_{\mathrm{w}}} \frac{2[1+(-1)^{k+1}]\tilde{\sigma}'(s)}{k\pi} \tag{4.2.110g}$$

由此可得考虑初始应力随深度变化时，非饱和土平面应变固结过程中超孔隙水压力、超孔隙气压力和沉降在 Laplace 域内的解。

本部分详细内容可参考文献［7］。

4.2.4.2 特殊情况下单层非饱和土平面应变固结特性分析

1. 不同加载时间对固结特性影响

本节所考虑的荷载采用二级施加的方案（图 3.2.21），采用的参数见表 4.2.3。

考虑应力沿深度变化的非饱和土地基平面应变固结算例参数　　表 4.2.3

参数	取值	单位	参数	取值	单位
H	10	m	σ_{2T}	100	kPa
k_{ax}	10^{-10}	m/s	σ_{2B}	60	kPa
k_{wx}	10^{-10}	m/s	u_a^0	0	kPa
k_{az}	10^{-10}	m/s	u_w^0	0	kPa
k_{wz}	10^{-10}	m/s			

在参数分析中，围绕外荷载和非饱和土体的物理参数，针对不同的加载速度、底部应力变化对非饱和土平面应变固结的影响展开研究。在本节中，以二维云图的形式展现了超孔隙压力同时随着时间和深度变化的规律。在沉降曲线图中同时绘制出了应力随深度变化和应力不随深度变化两种情况下的沉降发展曲线，以凸显考虑随深度变化的初始应力对非饱和土平面应变固结特性的影响。

图 4.2.21 和图 4.2.22 分别是不同加载速率下考虑初始应力随深度变化时超孔隙气压力和超孔隙水压力消散的二维云图。由于加载速度越快，当荷载加载到最大值时非饱和土固结完成程度越低，因此图（b）中出现的超孔隙压力最大值较图（a）中的更大。另外，由于超孔隙气压力消散的速度比超孔隙水压力的要快，加载速度较慢的情况下，当荷载达到最大值时超孔隙气压力消散完成的程度较高，因此超孔隙气压力最大值较小，这也使得加载速度较快时的超孔隙气压力最大值是加载速度较慢情况下最大值的 8 倍左右。对于超孔隙水压力，虽然两种情况下最大值的差距没有超孔隙气压力的差距那么悬殊，但也接近 9kPa。

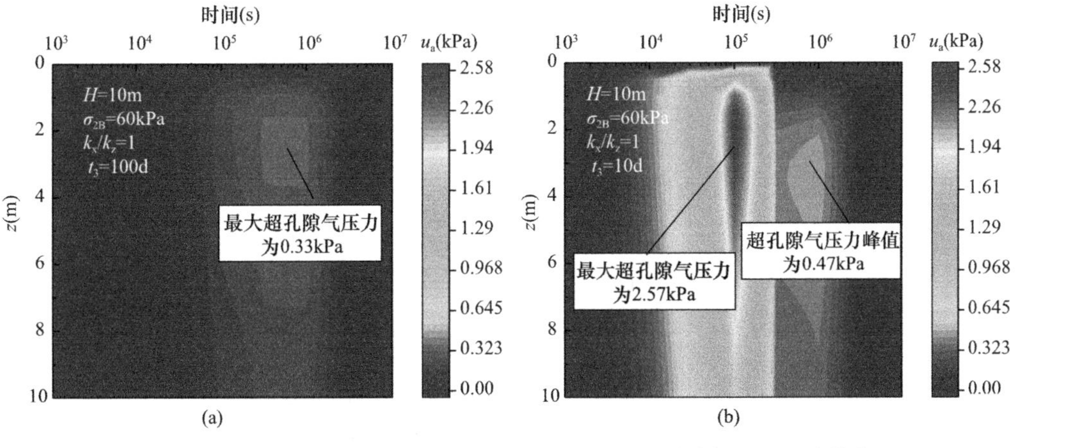

图 4.2.21　不同加载速率下考虑应力随深度变化时超孔隙气压力二维分布图

（a）t_3=100d；（b）t_3=10d

从二维图中还可以清晰地看出，在随深度变化初始应力的作用下，超孔隙压力同样沿着深度变化。由于土体顶面是完全渗透边界，底部是完全不渗透边界，且底部应力比顶部应力小，因此超孔隙压力在深度方向的变化是先增大后减小的。从超孔隙压力随时间的变化规律上来看，不论外荷载加载速度的快慢如何，超孔隙压力完成消散的时间是不变的。但是当加载速度较快时，在 10^5s 左右荷载达到第一个平台期，超孔隙气压力出现最大值。

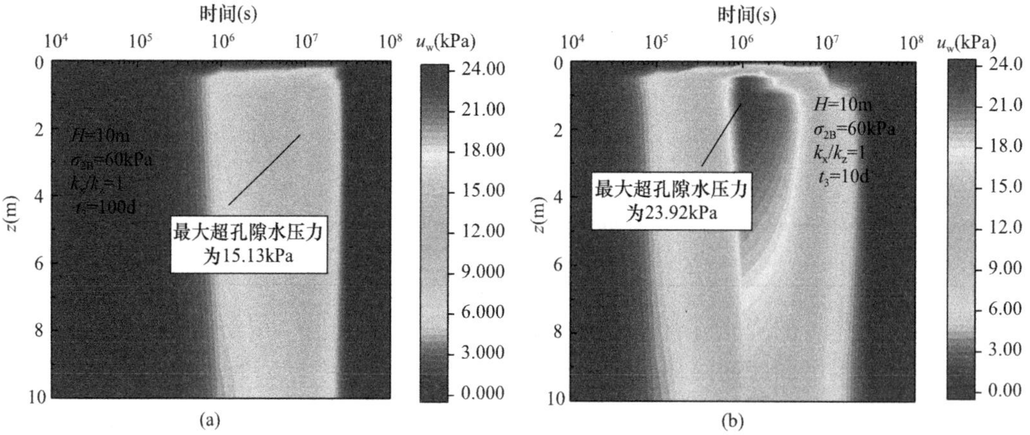

图 4.2.22　不同加载速率下考虑应力随深度变化时超孔隙水压力二维分布图

(a) t_3=100d；(b) t_3=10d

在 10^6 s 左右，即荷载达到第二个平台期的时间，则再次出现了一个峰值。而超孔隙水压力则只在荷载达到第二个平台期时才出现最大值。而在一维固结中，超孔隙气压力和水压力均在 t_3 时才出现一次最大值，而且最大值比平面应变固结中的最大值更大。产生这种现象的原因在于土体两侧的排水砂井缩短了气相和液相的渗流路径，加快了超孔隙压力消散。

图 4.2.23 是不同加载时间下考虑随深度变化荷载作用时的沉降发展曲线。沉降发展曲线在二级加载情况下也出现了两个平台期。加载的速度越快，沉降发展的速度越快，出现平台期的时间越早，第一次平台期的沉降量越小。当沉降达到第二次平台期，荷载达到最大值时，不同加载速度下的沉降曲线几乎沿着同一路径发展。总体而言，加载速度的变化只影响沉降的发展快慢，但最终的沉降量是相同的。

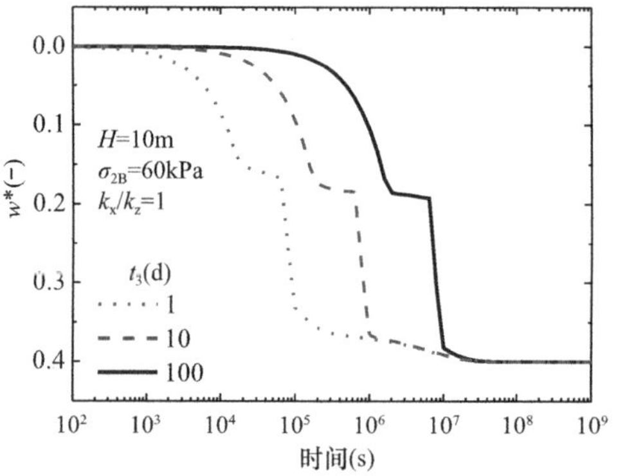

图 4.2.23　不同加载速率下考虑应力随深度变化时的沉降发展曲线

2. 不同底部应力大小对固结特性影响

图 4.2.24 和图 4.2.25 分别是不同底部应力下考虑初始应力随深度变化时超孔隙气压力和超孔隙水压力消散二维图。

为了比较底部应力大小对超孔隙压力的影响，根据图 4.2.21 与图 4.2.22，本部分超孔隙气压力分析中 t_3 取 10d，超孔隙水压力分析中 t_3 取 100d。改变底部应力大小其实也改变了初始应力沿深度变化的规律。当底部应力与顶部应力相同时，初始应力不沿深度变化。从二维图中可以看出，初始应力沿深度变化的规律影响着超孔隙压力随深度分布的规律。当底部应力与顶部应力相同时超孔隙压力最大值要大于底部应力较小情况下的最大值。将具有较高超孔隙压力值的区域划分出来大致可以得到一个类似于四边形的区域（见图 4.2.24 和图 4.2.25 中虚线划出的区域）。初始应力不随深度变化情况下，在 10^6s 附近，从图 4.2.25（b）中可以明显地看出靠近土体底部处的超孔隙压力随着时间增加逐渐增大，较高超孔隙压力值的区域逐渐向下扩散。而此种情况下的超孔隙压力最大值出现在 10^7s 时土体的 2～4m 处，随着超孔隙压力的消散，在此之后超孔隙压力逐渐变小。考虑初始应力随深度变化的情况下，应力沿深度线性减小，越接近土体底部的超孔隙压力也逐渐减小，具有较高超孔隙压力值区域较小。

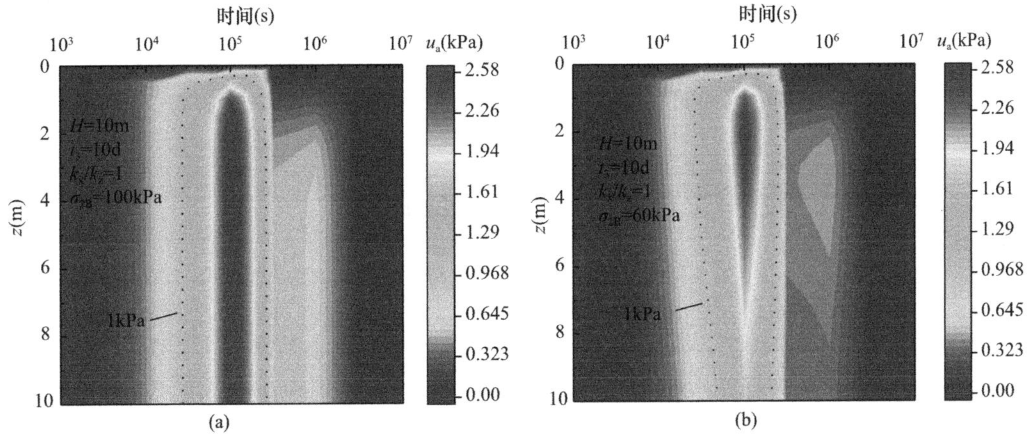

图 4.2.24　不同底部应力下考虑应力随深度变化时的超孔隙气压力二维分布图

（a）σ_{2B}＝100kPa；（b）σ_{2B}＝60kPa

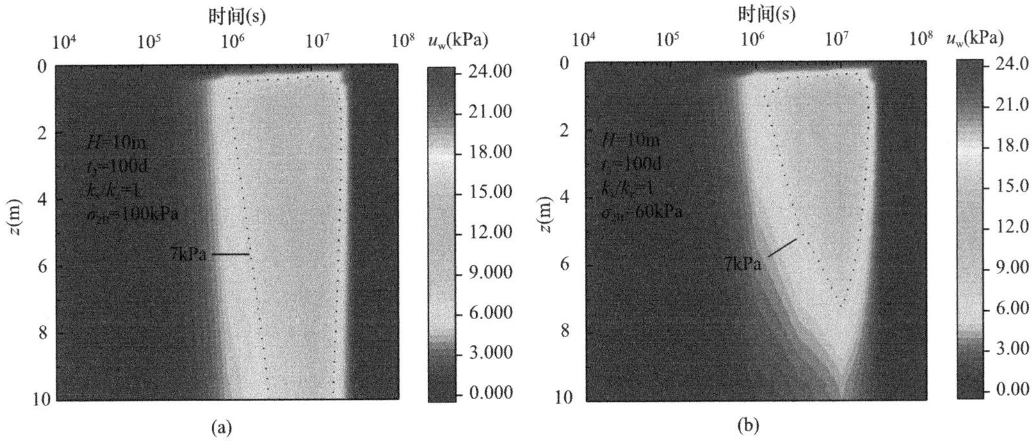

图 4.2.25　不同底部应力下考虑应力随深度变化时的超孔隙水压力二维分布图

（a）σ_{2B}＝100kPa；（b）σ_{2B}＝60kPa

图 4.2.26 展示了不同底部应力下考虑随深度变化荷载作用时沉降发展曲线。从图中可以直观地看出，当底部应力较大时，土体产生的沉降量也较大。改变底部应力并不会改变沉降发展的时间。对于实际工程而言，如果忽略了初始应力沿深度变化的特点，

例如底部应力为顶部应力的 60%时，那么实际的沉降量将比预计的沉降量要小 25%左右。

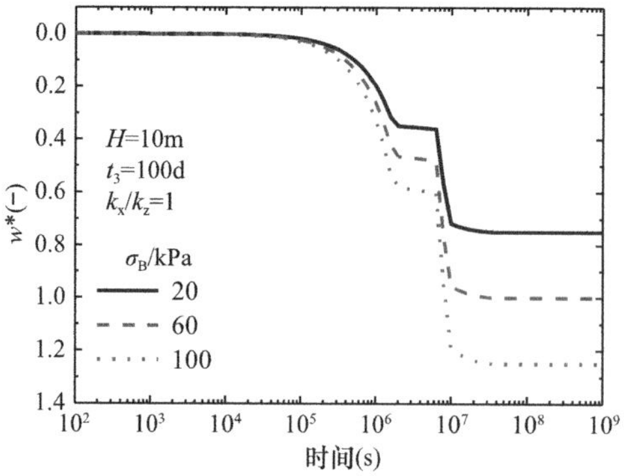

图 4.2.26　不同底部应力下考虑应力随深度变化时的沉降发展曲线

4.3　非饱和土-饱和土地基平面应变固结

4.3.1　固结模型

图 4.3.1 展示了一个位于不透水基岩上的非饱和土-饱和土地基（上层为双相流土层，下层为单相流土层），在任意大面积均布荷载 $q(t)$作用下的平面应变固结模型的示意图。图中 L 为地基的宽度，H 为双层地基的总厚度，h_1 为上层非饱和土层的厚度，x 为水平向坐标，z 为竖向坐标。

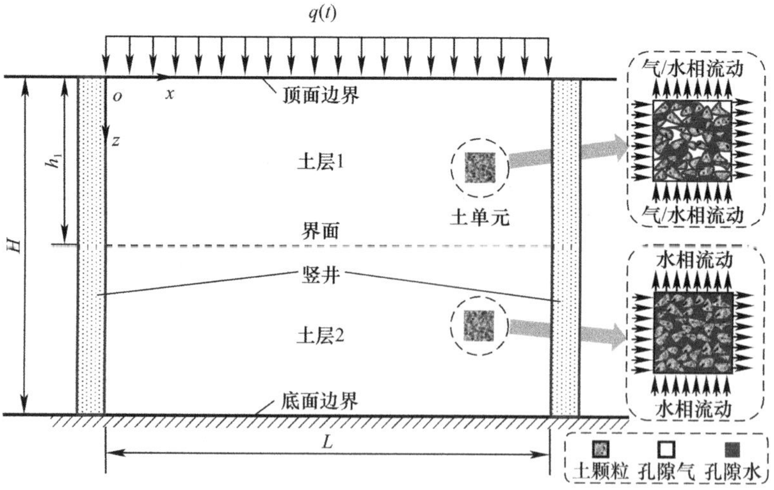

图 4.3.1　非饱和土-饱和土地基平面应变固结模型

4.3.1.1　基本假设

为使用解析方法研究非饱和土-饱和土地基平面应变固结，本节采用了传统研究非饱和土固结和饱和土固结时的基本假设，并作如下补充：

（1）地基由一层均质的非饱和土层和一层均质的饱和土层组成；

（2）饱和土中存在少量孔隙气且完全被孔隙水包裹；

（3）饱和土层中的毛细区域很薄，忽略该区域中流体的压缩性；

（4）在两层土界面处，两层土中的孔隙水自由流动，上层土中的孔隙气不能流入下层；

（5）土体为各向同性且渗透系数各向异性；

（6）地基的顶面边界和两个侧向边界均为理想透水边界。

4.3.1.2　控制方程

基于基本假设及 Fredlund 非饱和土固结理论和 Terzaghi 固结理论[8]，上层非饱和土（土层 1）与下层饱和土（土层 2）在任意均布荷载作用下分别满足如下控制方程：

$$\frac{\partial u_{a}^{(1)}}{\partial t}=-C_{a}\frac{\partial u_{w}^{(1)}}{\partial t}-C_{vx}^{a}\frac{\partial^{2}u_{a}^{(1)}}{\partial x^{2}}-C_{vz}^{a}\frac{\partial^{2}u_{a}^{(1)}}{\partial z^{2}}+C_{\sigma}^{a}\frac{\partial\sigma_{z}}{dt} \tag{4.3.1}$$

$$\frac{\partial u_{w}^{(1)}}{\partial t}=-C_{w}\frac{\partial u_{a}^{(1)}}{\partial t}-C_{vx}^{w}\frac{\partial^{2}u_{w}^{(1)}}{\partial x^{2}}-C_{vz}^{w}\frac{\partial^{2}u_{w}^{(1)}}{\partial z^{2}}+C_{\sigma}^{w}\frac{\partial\sigma_{z}}{dt} \tag{4.3.2}$$

$$\frac{\partial u_{w}^{(2)}}{\partial t}=-C_{vx}\frac{\partial^{2}u_{w}^{(2)}}{\partial x^{2}}-C_{vz}\frac{\partial^{2}u_{w}^{(2)}}{\partial z^{2}}+\frac{\partial\sigma_{z}}{dt} \tag{4.3.3}$$

式中：$C_{vx}=k_{h}/(\gamma_{w}m_{v2})$，$C_{vz}=k_{v}/(\gamma_{w}m_{v})$，$k_{h}$、$k_{v}$ 和 m_{v} 的定义分别为

k_{h}——饱和土在 x 方向的渗透系数；

k_{v}——饱和土在 z 方向的渗透系数；

m_{v}——平面应变固结时饱和土的体积压缩系数。

如图 4.3.1 所示的非饱和土-饱和土地基平面应变固结模型，顶面（$z=0$）、底面（$z=H$）和侧向（$x=0$ 和 $x=L$）边界条件分别表示为：

$$u_{a}^{(1)}(x,0,t)=u_{w}^{(1)}(x,0,t)=0 \tag{4.3.4}$$

$$\left.\frac{\partial u_{w}^{(2)}(x,z,t)}{\partial z}\right|_{z=H}=0 \tag{4.3.5}$$

$$u_{a}^{(1)}(0,z,t)=u_{w}^{(1)}(0,z,t)=u_{w}^{(2)}(0,z,t)=0 \tag{4.3.6}$$

$$u_{a}^{(1)}(L,z,t)=u_{w}^{(1)}(L,z,t)=u_{w}^{(2)}(L,z,t)=0 \tag{4.3.7}$$

在两层土的界面（$z=h_{1}$）处，上下层土中的孔隙水可自由通过界面，上层土中的孔隙气不能通过界面进入下层。因此，连续条件为：

$$u_{w}^{(1)}(x,h_{1},t)=u_{w}^{(2)}(x,h_{1},t) \tag{4.3.8}$$

$$k_{w}\left.\frac{\partial u_{w}^{(1)}(x,z,t)}{\partial z}\right|_{z=h_{1}}=k_{v}\left.\frac{\partial u_{w}^{(2)}(x,z,t)}{\partial z}\right|_{z=h_{1}} \tag{4.3.9}$$

$$\left.\frac{\partial u_{a}^{(1)}(x,z,t)}{\partial z}\right|_{z=h_{1}}=0 \tag{4.3.10}$$

初始时刻地基中任意深度处的总应力等于外荷载在初始时刻的值，因此控制方程组式（4.3.1）～式（4.3.3）的初始条件与外荷载的初始值 $q(0)$ 有关。为使本节给出的解析解更具一般性，地基中的初始超孔隙压力记为：

$$u_{a}^{(1)}(x,z,0)=u_{a}^{0},\quad u_{w}^{(1)}(x,z,0)=u_{w}^{0},\quad u_{w}^{(2)}(x,z,0)=q_{0} \tag{4.3.11}$$

4.3.2　模型求解

在求解控制方程式（4.3.1）～式（4.3.3）的解时，考虑将偏微分方程转化为常微分

方程，以便求解。与一维条件下的控制方程相比，因变量超孔隙压力除与自变量 z 和 t 有关外，还与自变量 x 相关。若通过某一数学方法消除关于自变量 x 的限制后，即可方便采用第 3 章的求解思路推导出解析表达式。

本节分析的平面应变固结模型在 x 方向上均为第一类边界条件，根据边界条件，可借助 Fourier 正弦级数展开表示出与侧向边界式（4.3.6）～式（4.3.7）对应的控制方程式（4.3.1）～式（4.3.3）的解的形式，即：

$$u_{\mathrm{a}}^{(1)}(x,z,t)=\sum_{k=1}^{\infty}u_{\mathrm{az}}^{(1)}(z,t)\sin(Kx) \tag{4.3.12}$$

$$u_{\mathrm{w}}^{(1)}(x,z,t)=\sum_{k=1}^{\infty}u_{\mathrm{wz}}^{(1)}(z,t)\sin(Kx) \tag{4.3.13}$$

$$u_{\mathrm{w}}^{(2)}(x,z,t)=\sum_{k=1}^{\infty}u_{\mathrm{wz}}^{(2)}(z,t)\sin(Kx) \tag{4.3.14}$$

式中：$K=k\pi/L(k=0,1,2,\cdots)$，$u_{\mathrm{az}}^{(1)}(z,t)$、$u_{\mathrm{wz}}^{(1)}(z,t)$ 和 $u_{\mathrm{wz}}^{(2)}(z,t)$ 为满足控制方程式（4.3.1）～式（4.3.3）的随时间 t 和竖向位置 z 变化的广义 Fourier 系数。

在控制方程求解之前，同样考虑先采用解耦方法，将非饱和土层的耦合控制方程组式（4.3.1）、式（4.3.2）转化为两个非耦合的控制方程。与式（4.3.1）～式（4.3.2）等价的两个控制方程为：

$$\frac{\partial\varphi_1}{\partial t}=Q_{\mathrm{h1}}\frac{\partial^2\varphi_1}{\partial x^2}+Q_{\mathrm{v1}}\frac{\partial^2\varphi_1}{\partial z^2}+Q_{\sigma1}\frac{\mathrm{d}\sigma_z}{\mathrm{d}t} \tag{4.3.15}$$

$$\frac{\partial\varphi_2}{\partial t}=Q_{\mathrm{h2}}\frac{\partial^2\varphi_2}{\partial x^2}+Q_{\mathrm{v2}}\frac{\partial^2\varphi_2}{\partial z^2}+Q_{\sigma2}\frac{\mathrm{d}\sigma_z}{\mathrm{d}t} \tag{4.3.16}$$

式中：

$$\varphi_1=u_{\mathrm{a}}^{(1)}+c_{21}u_{\mathrm{w}}^{(1)} \tag{4.3.17a}$$

$$\varphi_2=c_{12}u_{\mathrm{a}}^{(1)}+u_{\mathrm{w}}^{(1)} \tag{4.3.17b}$$

$$Q_{\mathrm{h1}}=(A_{\mathrm{h}}^{\mathrm{a}}+W_{\mathrm{h}}^{\mathrm{w}}-Q_{\mathrm{h}}^{\mathrm{aw}})/2 \tag{4.3.17c}$$

$$Q_{\mathrm{h2}}=(A_{\mathrm{h}}^{\mathrm{a}}+W_{\mathrm{h}}^{\mathrm{w}}+Q_{\mathrm{h}}^{\mathrm{aw}})/2 \tag{4.3.17d}$$

$$Q_{\mathrm{v1}}=(A_{\mathrm{v}}^{\mathrm{a}}+W_{\mathrm{v}}^{\mathrm{w}}-Q_{\mathrm{v}}^{\mathrm{aw}})/2 \tag{4.3.17e}$$

$$Q_{\mathrm{v2}}=(A_{\mathrm{v}}^{\mathrm{a}}+W_{\mathrm{v}}^{\mathrm{w}}+Q_{\mathrm{v}}^{\mathrm{aw}})/2 \tag{4.3.17f}$$

$$Q_{\sigma1}=A_{\sigma}^{\mathrm{a}}+c_{21}W_{\sigma}^{\mathrm{w}} \tag{4.3.17g}$$

$$Q_{\sigma2}=c_{12}A_{\sigma}^{\mathrm{a}}+W_{\sigma}^{\mathrm{w}} \tag{4.3.17h}$$

$$c_{12}=W_{\mathrm{h}}^{\mathrm{a}}/(Q_{\mathrm{h2}}-A_{\mathrm{h}}^{\mathrm{a}})=W_{\mathrm{v}}^{\mathrm{a}}/(Q_{\mathrm{v2}}-A_{\mathrm{v}}^{\mathrm{a}}) \tag{4.3.17i}$$

$$c_{21}=A_{\mathrm{h}}^{\mathrm{w}}/(Q_{\mathrm{h1}}-W_{\mathrm{h}}^{\mathrm{w}})=A_{\mathrm{v}}^{\mathrm{w}}/(Q_{\mathrm{v1}}-W_{\mathrm{v}}^{\mathrm{w}}) \tag{4.3.17j}$$

$$Q_{\mathrm{h}}^{\mathrm{aw}}=\sqrt{(A_{\mathrm{h}}^{\mathrm{a}}-W_{\mathrm{h}}^{\mathrm{w}})^2+4A_{\mathrm{h}}^{\mathrm{w}}W_{\mathrm{h}}^{\mathrm{a}}} \tag{4.3.17k}$$

$$Q_{\mathrm{v}}^{\mathrm{aw}}=\sqrt{(A_{\mathrm{v}}^{\mathrm{a}}-W_{\mathrm{v}}^{\mathrm{w}})^2+4A_{\mathrm{v}}^{\mathrm{w}}W_{\mathrm{v}}^{\mathrm{a}}} \tag{4.3.17l}$$

$$A_{\mathrm{h}}^{\mathrm{a}}=-C_{\mathrm{vx}}^{\mathrm{a}}/(1-C_{\mathrm{a}}C_{\mathrm{w}}) \tag{4.3.17m}$$

$$A_{\mathrm{h}}^{\mathrm{w}}=C_{\mathrm{a}}C_{\mathrm{vx}}^{\mathrm{w}}/(1-C_{\mathrm{a}}C_{\mathrm{w}}) \tag{4.3.17n}$$

$$A_{\mathrm{v}}^{\mathrm{a}}=-C_{\mathrm{vz}}^{\mathrm{a}}/(1-C_{\mathrm{a}}C_{\mathrm{w}}) \tag{4.3.17o}$$

$$A_{\mathrm{v}}^{\mathrm{w}}=C_{\mathrm{a}}C_{\mathrm{vz}}^{\mathrm{w}}/(1-C_{\mathrm{a}}C_{\mathrm{w}}) \tag{4.3.17p}$$

$$W_{\mathrm{h}}^{\mathrm{a}}=C_{\mathrm{w}}C_{\mathrm{vx}}^{\mathrm{a}}/(1-C_{\mathrm{a}}C_{\mathrm{w}}) \tag{4.3.17q}$$

$$W_{\mathrm{h}}^{\mathrm{w}}=-C_{\mathrm{vx}}^{\mathrm{w}}/(1-C_{\mathrm{a}}C_{\mathrm{w}}) \tag{4.3.17r}$$

$$W_{\mathrm{v}}^{\mathrm{a}}=C_{\mathrm{w}}C_{\mathrm{vz}}^{\mathrm{a}}/(1-C_{\mathrm{a}}C_{\mathrm{w}}) \tag{4.3.17s}$$

$$W_{\mathrm{v}}^{\mathrm{w}}=-C_{\mathrm{vz}}^{\mathrm{w}}/(1-C_{\mathrm{a}}C_{\mathrm{w}}) \tag{4.3.17t}$$

对式（4.3.15）、式（4.3.16）、式（4.3.3）利用式（4.3.12）～式（4.3.14）进行级数展开并根据正弦函数的正交性可以给出：

$$\frac{\partial\varphi_{1\mathrm{z}}}{\partial t}=-Q_{\mathrm{h1}}K^{2}\varphi_{1\mathrm{z}}+Q_{\mathrm{v1}}\frac{\partial^{2}\varphi_{1\mathrm{z}}}{\partial z^{2}}+q_{\sigma1}\frac{2[1-(-1)^{k}]}{k\pi}\frac{\partial\sigma_{\mathrm{z}}}{\partial t} \tag{4.3.18}$$

$$\frac{\partial\varphi_{2\mathrm{z}}}{\partial t}=-Q_{\mathrm{h2}}K^{2}\varphi_{2\mathrm{z}}+Q_{\mathrm{v2}}\frac{\partial^{2}\varphi_{2\mathrm{z}}}{\partial z^{2}}+q_{\sigma2}\frac{2[1-(-1)^{k}]}{k\pi}\frac{\partial\sigma_{\mathrm{z}}}{\partial t} \tag{4.3.19}$$

$$\frac{\partial u_{\mathrm{wz}}^{(2)}}{\partial t}=C_{\mathrm{h}}K^{2}u_{\mathrm{wz}}^{(2)}-C_{\mathrm{v}}\frac{\partial^{2}u_{\mathrm{wz}}^{(2)}}{\partial z^{2}}+\frac{2[1-(-1)^{k}]}{k\pi}\frac{\partial\sigma_{\mathrm{z}}}{\partial t} \tag{4.3.20}$$

式中：

$$\varphi_{1\mathrm{z}}=u_{\mathrm{az}}^{(1)}+c_{21}u_{\mathrm{wz}}^{(1)} \tag{4.3.21a}$$

$$\varphi_{2\mathrm{z}}=c_{12}u_{\mathrm{az}}^{(1)}+u_{\mathrm{wz}}^{(1)} \tag{4.3.21b}$$

分别对式（4.3.18）～式（4.3.20）进行关于 t 的 Laplace 变换，得到关于自变量 z 的二阶常微分方程。求解常微分方程，并结合关系式 $\tilde{\varphi}_{1\mathrm{z}}=\tilde{u}_{\mathrm{az}}^{(1)}+c_{21}\tilde{u}_{\mathrm{wz}}^{(1)}$ 和 $\tilde{\varphi}_{2\mathrm{z}}=c_{12}\tilde{u}_{\mathrm{az}}^{(1)}+\tilde{u}_{\mathrm{wz}}^{(1)}$，可给出 $\tilde{u}_{\mathrm{az}}^{(1)}$、$\tilde{u}_{\mathrm{wz}}^{(1)}$ 和 $\tilde{u}_{\mathrm{wz}}^{(2)}$ 的通解：

$$\tilde{u}_{\mathrm{az}}^{(1)}=-\frac{C_{1}\mathrm{e}^{\sqrt{a_{1}}z}+C_{2}\mathrm{e}^{-\sqrt{a_{1}}z}-q_{21}(C_{3}\mathrm{e}^{\sqrt{a_{3}}z}+C_{4}\mathrm{e}^{-\sqrt{a_{3}}z})+a_{2}/a_{1}-c_{21}a_{4}/a_{3}}{c_{12}c_{21}-1} \tag{4.3.22}$$

$$\tilde{u}_{\mathrm{wz}}^{(1)}=\frac{q_{12}(C_{1}\mathrm{e}^{\sqrt{a_{1}}z}+C_{2}\mathrm{e}^{-\sqrt{a_{1}}z})-(C_{3}\mathrm{e}^{\sqrt{a_{3}}z}+C_{4}\mathrm{e}^{-\sqrt{a_{3}}z})+c_{12}a_{2}/a_{1}-a_{4}/a_{3}}{c_{12}c_{21}-1} \tag{4.3.23}$$

$$\tilde{u}_{\mathrm{wz}}^{(2)}=D_{1}\mathrm{e}^{\sqrt{a_{5}}z}+D_{2}\mathrm{e}^{-\sqrt{a_{5}}z}+\frac{a_{6}}{a_{5}} \tag{4.3.24}$$

式中，C_1、C_2、C_3、C_4、D_1 和 D_2 为六个待定系数，需根据 z 方向边界和界面条件确定；其他中间变量分别表示为：

$$a_{1}=(s+Q_{\mathrm{h1}}K^{2})/Q_{\mathrm{v1}} \tag{4.3.25a}$$

$$a_{2}=2[1-(-1)^{k}][\varphi_{1}^{0}+Q_{\mathrm{q1}}\tilde{\sigma}_{\mathrm{z}}(s)]/(k\pi Q_{\mathrm{v1}}) \tag{4.3.25b}$$

$$a_{3}=(s+Q_{\mathrm{h2}}K^{2})/Q_{\mathrm{v2}} \tag{4.3.25c}$$

$$a_{4}=2[1-(-1)^{k}][\varphi_{2}^{0}+Q_{\mathrm{q2}}\tilde{\sigma}_{\mathrm{z}}(s)]/(k\pi Q_{\mathrm{v2}}) \tag{4.3.25d}$$

$$a_{5}=-(s-C_{\mathrm{h}}K^{2})/C_{\mathrm{v}} \tag{4.3.25e}$$

$$a_{6}=-2[1-(-1)^{k}][\sigma_{\mathrm{z0}}+\tilde{\sigma}_{\mathrm{z}}(s)]/(k\pi C_{\mathrm{v}}) \tag{4.3.25f}$$

$$\varphi_{1}^{0}=u_{\mathrm{a}}^{0}+c_{21}u_{\mathrm{w}}^{0} \tag{4.3.25g}$$

$$\varphi_{2}^{0}=c_{12}u_{\mathrm{a}}^{0}+u_{\mathrm{w}}^{0} \tag{4.3.25h}$$

式中：$\tilde{\sigma}_{\mathrm{z}}(s)$ ——荷载项 $D_{\mathrm{t}}^{1}\sigma_{\mathrm{z}}(t)$的 Laplace 变换；

σ_{z0}——初始时刻地基中由外荷载引起的附加应力。

在利用通解式（4.3.22）～式（4.3.24）求解本节固结模型的解答时，需将式（4.3.4）、式（4.3.5）、式（4.3.8）～式（4.3.10）转化为：

$$\widetilde{u}_{az}^{(1)}(0,s)=0,\quad \widetilde{u}_{wz}^{(1)}(0,s)=0,\quad \left.\frac{d\widetilde{u}_{wz}^{(2)}(z,s)}{dz}\right|_{z=H}=0 \tag{4.3.26}$$

$$\left.\frac{d\widetilde{u}_{az}^{(1)}(z,s)}{dz}\right|_{z=h_1}=0 \tag{4.3.27}$$

$$\widetilde{u}_{wz}^{(1)}(h_1,s)=\widetilde{u}_{wz}^{(2)}(h_1,s),\quad k_{wz}\left.\frac{d\widetilde{u}_{wz}^{(1)}(z,s)}{dz}\right|_{z=h_1}=k_v\left.\frac{d\widetilde{u}_{wz}^{(2)}(z,s)}{dz}\right|_{z=h_1} \tag{4.3.28}$$

根据式（4.3.22）～式（4.3.24）和式（4.3.26）～式（4.3.28），可推导出以 $\widetilde{u}_{az}^{(1)}$、$\widetilde{u}_{wz}^{(1)}$ 和 $\widetilde{u}_{wz}^{(2)}$ 表示的解析表达式：

$$\widetilde{u}_{az}^{(1)}(z,s)=\frac{k_1(\chi_{2D3}-c_{21}\chi_{2D4})-k_2(\chi_{2D5}+c_{21}\chi_{2D6}-\chi_{2D7}-c_{21}\chi_{2D8})}{(c_{12}c_{21}-1)(\chi_{2D1}-\chi_{2D2})}-(a_2/a_1-c_{21}a_4/a_3)/(c_{12}c_{21}-1) \tag{4.3.29}$$

$$\widetilde{u}_{wz}^{(1)}(z,s)=-\frac{k_1(c_{12}\chi_{2D3}-\chi_{2D4})-k_2(c_{12}\chi_{2D5}+\chi_{2D6}-c_{12}\chi_{2D7}-\chi_{2D8})}{(c_{12}c_{21}-1)(\chi_{2D1}-\chi_{2D2})}+(c_{12}a_2/a_1-a_4/a_3)/(c_{12}c_{21}-1) \tag{4.3.30}$$

$$\widetilde{u}_{wz}^{(2)}(z,s)=\frac{k_{wz}\sqrt{a_1}\sqrt{a_3}\chi_{2D9}\cosh[\sqrt{a_5}(z-H)]}{\chi_1-\chi_2}+a_6/a_5 \tag{4.3.31}$$

式（4.3.29）～式（4.3.31）中，χ_{2D1}、χ_{2D2}、χ_{2D3}、χ_{2D4}、χ_{2D5}、χ_{2D6}、χ_{2D7}、χ_{2D8} 和 χ_{2D9} 为中间参数，详细表达式见附录 4A。

根据式（4.3.12）～式（4.3.14），可在 Laplace 域中给出：

$$\widetilde{u}_{a}^{(1)}(x,z,s)=\sum_{k=1}^{\infty}\widetilde{u}_{az}^{(1)}(z,s)\sin(Kx) \tag{4.3.32}$$

$$\widetilde{u}_{w}^{(1)}(x,z,s)=\sum_{k=1}^{\infty}\widetilde{u}_{wz}^{(1)}(z,s)\sin(Kx) \tag{4.3.33}$$

$$\widetilde{u}_{w}^{(2)}(x,z,s)=\sum_{k=1}^{\infty}\widetilde{u}_{wz}^{(2)}(z,s)\sin(Kx) \tag{4.3.34}$$

平面应变固结条件下，非饱和土-饱和土地基的沉降计算表达式为：

$$w(x,t)=\int_0^{h_1}\varepsilon_v^{(1)}(x,z,t)dz+\int_{h_1}^{H}\varepsilon_v^{(2)}(x,z,t)dz \tag{4.3.35}$$

式中：$\varepsilon_v^{(1)}$——上层非饱和土(x,z)处 t 时刻的应变；

$\varepsilon_v^{(2)}$——下层饱和土(x,z)处 t 时刻的应变。

非饱和土层的 $\varepsilon_v^{(1)}$ 和饱和土层的 $\varepsilon_v^{(2)}$ 需根据各土骨架满足的本构关系计算。上层非饱和土层与下层饱和土层的土骨架的本构关系分别如下：

$$\frac{\partial\varepsilon_v^{(1)}}{\partial t}=m_1^s\frac{\partial(\sigma_{m2}-u_a^{(1)})}{\partial t}+m_2^s\frac{\partial(u_a^{(1)}-u_w^{(1)})}{\partial t} \tag{4.3.36}$$

$$\frac{\partial\varepsilon_v^{(2)}}{\partial t}=m_v\frac{\partial(\sigma_{m2}-u_w^{(2)})}{\partial t} \tag{4.3.37}$$

将式（4.3.36）和式（4.3.37）进行 Laplace 变换后，将整理出的 $\widetilde{\varepsilon}_v^{(1)}$ 和 $\widetilde{\varepsilon}_v^{(2)}$ 代入

式（4.3.35）的 Laplace 变换式，可以得到地基固结沉降在 Laplace 域中的表达式：

$$\tilde{w}(x,s)=\sum_{k=1}^{\infty}\sin(k\pi x/L)\widetilde{W}(s)+m_{\mathrm{v}}[\sigma_{z0}+\tilde{\sigma}_{z}(s)](H-h_{1})/s$$
$$+[m_{2}^{s}u_{\mathrm{w}}^{0}-(m_{2}^{s}-m_{1}^{s})u_{\mathrm{a}}^{0}+m_{1}^{s}\tilde{\sigma}_{z}(s)]h_{1}/s \tag{4.3.38}$$

式中：$\widetilde{W}(s)=(m_{2}^{s}-m_{1}^{s})\int_{0}^{h_1}\tilde{u}_{\mathrm{az}}^{(1)}\mathrm{d}z-m_{2}^{s}\int_{0}^{h_1}\tilde{u}_{\mathrm{wz}}^{(1)}\mathrm{d}z-m_{\mathrm{v}}\int_{h_1}^{H}\tilde{u}_{\mathrm{wz}}^{(2)}\mathrm{d}z$。

具体内容可参考文献［9］。

4.3.3　固结特性分析

在水平方向上，$x/L=0.5$ 处可以看作水平方向上的对称轴，此处的固结相对较慢，而离对称轴越远，固结速度越快；在竖直方向上，两层土的界面 $z/H=0.5$ 处可以反映出上下两层土中的超孔隙水压力渗流在固结过程中的相互作用。因此，在进行参数敏感性分析时，本节将考察 $(x/L,z/H)=(0.5,0.5)$ 位置处的超孔隙压力消散。采用算例分析非饱和土-饱和双层土的固结特性时，参数取值参见表 4.3.1，外荷载使用式（3.4.23）和式（3.4.24）表示的瞬时荷载和施工荷载。

平面应变条件下非饱和土-饱和土固结算例参数　　表 4.3.1

参数	取值	单位	参数	取值	单位
n_0	0.5	—	k_{v}	10^{-9}	m/s
S_{r0}	80%	—	k_{wz}	10^{-10}	m/s
H	5	m	m_1^s	-2.5×10^{-4}	kPa^{-1}
h_1	2.5	m	m_{v}	-1.25×10^{-4}	kPa^{-1}
L	2	m	q_{u}	100	kPa

注：$k_{\mathrm{az}}=10k_{\mathrm{wz}}$，$m_2^s=0.4m_1^s$，$m_1^w=0.2m_1^s$，$m_2^w=4m_1^w$。

定义平面应变固结模型中土层的各向渗透系数比（水平方向的渗透系数和竖直方向的渗透系数比）为 k_x/k_z（$k_x/k_z=k_{\mathrm{ax}}/k_{\mathrm{az}}=k_{\mathrm{wx}}/k_{\mathrm{wz}}=k_{\mathrm{h}}/k_{\mathrm{v}}$），当 $k_x/k_z=1$ 时为各向同性渗透性，当 $k_x/k_z\neq1$ 时为各向异性渗透性。在分析 k_x/k_z 取不同值（k_z 不变）对非饱和-饱和土平面应变固结模型中固结行为的影响时，k_x/k_z 分别选择 0、0.5、1、2、3、4 和 5。在这 7 种 k_x/k_z 取值的情况中，$k_x/k_z=0$ 的情况表示孔隙气和孔隙水在水平方向均无渗流，这种情况与一维固结情况等价。此处需要针对 $k_x/k_z=0$ 情况下的程序说明的是，在程序计算中直接输入 $k_x/k_z=0$ 时，程序中部分表达式存在分母为 0 情况，这将导致程序无法计算出准确结果。因此，程序中对于这种假设水平方向无渗流的情况，取 $k_x/k_z=10^{-6}$，这种情况下的计算结果也将与第 3 章给出的解析表达式的计算结果比较。

非饱和土-饱和土在 $(x/L,z/H)=(0.5,0.5)$ 位置处，瞬时荷载和施工荷载两种工况下的超孔隙气压力在 k_x/k_z 取不同值时的时程曲线见图 4.3.2 和图 4.3.3。从图中可以看到，不论是在瞬时荷载还是在施工荷载的工况下，当 k_x/k_z 的取值越大时，超孔隙气压力消散更快；但当 k_x/k_z 增加到 2 后，k_x/k_z 增加对提高超孔隙气压力消散的能力在逐渐减弱。

非饱和土-饱和双层土在 $(x/L,z/H)=(0.5,0.5)$ 位置处，瞬时荷载和施工荷载两种工况下的超孔隙水压力在 k_x/k_z 取不同值时的时变曲线见图 4.3.4 和图 4.3.5。从图中

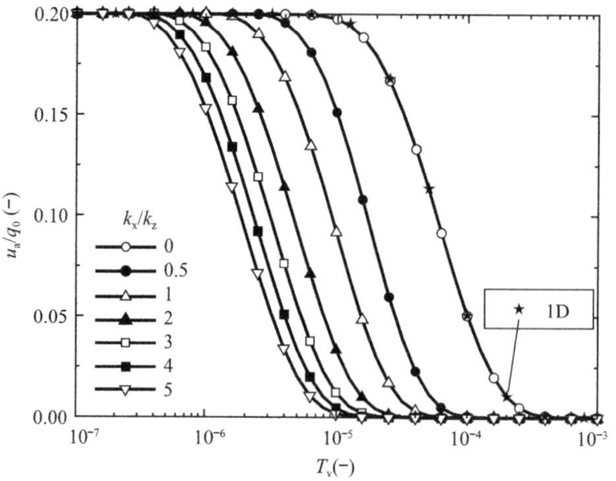

图 4.3.2　不同 k_x/k_z 对瞬时荷载下非饱和土-饱和土在 $(x/L,z/H)=(0.5,0.5)$ 处超孔隙气压力消散的影响

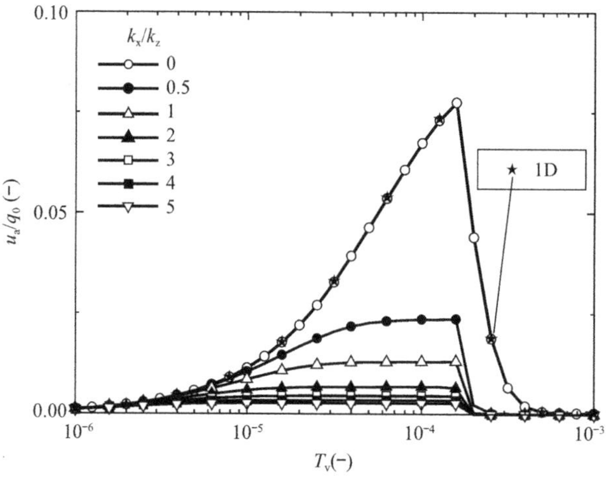

图 4.3.3　不同 k_x/k_z 对施工荷载下非饱和土-饱和土在 $(x/L,z/H)=(0.5,0.5)$ 处超孔隙气压力随时间变化的影响

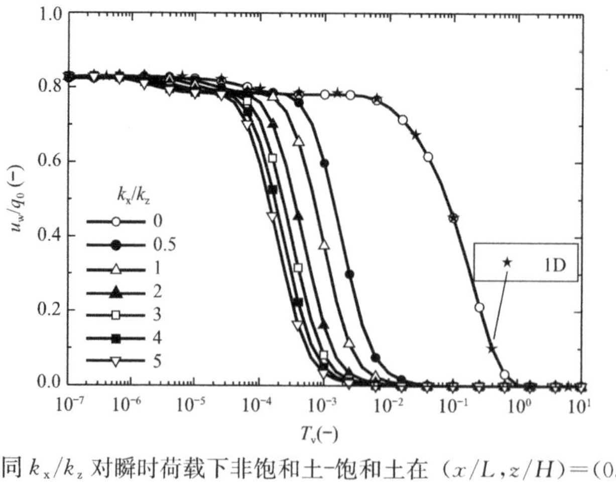

图 4.3.4　不同 k_x/k_z 对瞬时荷载下非饱和土-饱和土在 $(x/L,z/H)=(0.5,0.5)$ 处超孔隙水压力消散的影响

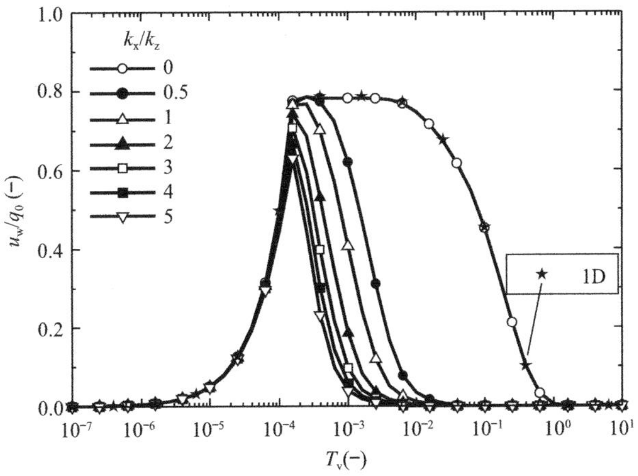

图 4.3.5　不同 k_x/k_z 对施工荷载下非饱和土-饱和土在 $(x/L, z/H)=(0.5, 0.5)$ 处超孔隙水压力消散的影响

可以看到，在瞬时荷载和施工荷载两种工况下，k_x/k_z 的取值对超孔隙水压力随时间变化曲线的影响与对超孔隙气压力的影响趋势一致。$k_x/k_z=0$ 为取值最小的情况，这种情况下超孔隙水压力消散最慢；当 k_x/k_z 取值越大时，超孔隙水压力消散越快。

附录 4A：非饱和土-饱和土平面应变固结模型求解过程中的中间参数

式 (4.3.56)～式 (4.3.58) 中的中间参数 χ_{2D1}、χ_{2D2}、χ_{2D3}、χ_{2D4}、χ_{2D5}、χ_{2D6}、χ_{2D7}、χ_{2D8} 和 χ_{2D9} 的具体表达式为：

$$\chi_{2D1}=k_1\cosh(\sqrt{a_1}h_1)\cosh(\sqrt{a_3}h_1) \tag{4A.1}$$

$$\chi_{2D2}=k_2[\sqrt{a_1}\cosh(\sqrt{a_1}h_1)\sinh(\sqrt{a_3}h_1)-c_{12}c_{21}\sqrt{a_3}\sinh(\sqrt{a_1h_1})\cosh(\sqrt{a_3}h_1)] \tag{4A.2}$$

$$\chi_{2D3}=a_2/a_1\cosh(\sqrt{a_3}h_1)\cosh[\sqrt{a_1}(z-h_1)] \tag{4A.3}$$

$$\chi_{2D4}=a_4/a_3\cosh(\sqrt{a_1}h_1)\cosh[\sqrt{a_3}(z-h_1)] \tag{4A.4}$$

$$\chi_{2D5}=a_2/a_1\left\{\begin{aligned}&\sqrt{a_1}\sinh(\sqrt{a_3}h_1)\cosh[\sqrt{a_1}(z-h_1)]\\&+c_{12}c_{21}\sqrt{a_3}\cosh(\sqrt{a_3}h_1)\sinh[\sqrt{a_1}(z-h_1)]\end{aligned}\right\} \tag{4A.5}$$

$$\chi_{2D6}=a_4/a_3\left\{\begin{aligned}&\sqrt{a_1}\cosh(\sqrt{a_1}h_1)\sinh[\sqrt{a_3}(z-h_1)]\\&+c_{12}c_{21}\sqrt{a_3}\sinh(\sqrt{a_1}h_1)\cosh[\sqrt{a_3}(z-h_1)]\end{aligned}\right\} \tag{4A.6}$$

$$\chi_{2D7}=c_{21}\sqrt{a_3}\left\{\begin{aligned}&[c_{12}a_2/a_1-(c_{12}c_{21}-1)a_6/a_5]\cosh(\sqrt{a_3}h_1)\\&-a_4/a_3[\cosh(\sqrt{a_3}h_1)-1]\end{aligned}\right\}\sinh(\sqrt{a_1}z) \tag{4A.7}$$

$$\chi_{2D8}=\sqrt{a_1}\left\{\begin{aligned}&[a_4/a_3+(c_{12}c_{21}-1)a_6/a_5]\cosh(\sqrt{a_1}h_1)\\&-c_{12}a_2/a_1[\cosh(\sqrt{a_1}h_1)-1]\end{aligned}\right\}\sinh(\sqrt{a_3}z) \tag{4A.8}$$

$$\begin{aligned}\chi_{2D9}=&c_{12}a_2/a_1[\cosh(\sqrt{a_1}h_1)-1]\cosh(\sqrt{a_3}h_1)\\&-a_4/a_3\cosh(\sqrt{a_1}h_1)[\cosh(\sqrt{a_3}h_1)-1]\\&-(c_{12}c_{21}-1)a_6/a_5\cosh(\sqrt{a_1}h_1)\cosh(\sqrt{a_3}h_1)\end{aligned} \tag{4A.9}$$

式中：

$$k_1 = k_{wz}(c_{12}c_{21} - 1)\sqrt{a_1}\sqrt{a_3}\cosh[\sqrt{a_5}(H - h_1)] \tag{4A.10}$$

$$k_2 = k_v\sqrt{a_5}\sinh[\sqrt{a_5}(H - h_1)] \tag{4A.11}$$

参考文献：

[1] Dakshanamurthy V，Fredlund D G. A mathematical model for predicting moisture flow in an unsaturated soil under hydraulic and temperature gradients [J]. Water Resources Research，1981，17 (3)：714-722.

[2] Ho L，Fatahi B，Khabbaz H. A closed form analytical solution for two-dimensional plane strain consolidation of unsaturated soil stratum [J]. International Journal for Numerical and Analytical Methods in Geomechanics，2015，39 (15)：1665-1692.

[3] 汪磊. 一维及两维条件下非饱和土固结特性研究 [D]. 上海：上海大学，2017.

[4] Wang L，Xu Y F，Xia X H，et al. Semi-analytical solutions of two-dimensional plane strain consolidation in unsaturated soils subjected to the lateral semipermeable drainage boundary [J]. International Journal for Numerical and Analytical Methods in Geomechanics，2019，43 (17)：2628-2651.

[5] Shen S D，Wang L，Zhou A N，et al. Two-dimensional plane strain consolidation for unsaturated soils with a strip-shaped distributed permeable boundary [J]. Computers and Geotechnics，2021，137：104273.

[6] Wang L，Xu Y F，Xia X H，et al. Semi-analytical solutions to two-dimensional plane strain consolidation for unsaturated soils under time-dependent loading [J]. Computers and Geotechnics，2019，109：144-165.

[7] Wang L，Shen S D，Li T Y，et al. Two-dimensional plane strain consolidation of unsaturated soils considering the depth-dependent stress [J]. Journal of Rock Mechanics and Geotechnical Engineering，2023，15 (6)：1603-1614.

[8] Terzaghi K. Theoretical soil mechanics [M]. New York：John Wiley & Sons，1943.

[9] Li L Z，Qin A F，Jiang L H，et al. Simplified mathematical modeling to plane strain consolidation considering unsaturated and saturated conditions for ground with anisotropic permeability [J]. Computers and Geotechnics，2023，154：105150.

相关发表文章

[1] Wang L，Xu Y F，Xia X H，et al. Semi-analytical solutions of two-dimensional plane strain consolidation in unsaturated soils subjected to the lateral semipermeable drainage boundary [J]. International Journal for Numerical and Analytical Methods in Geomechanics，2019，43 (17)：2628-2651.

[2] Wang L，Xu Y F，Xia X H，et al. Semi-analytical solutions to two-dimensional plane strain consolidation for unsaturated soils under time-dependent loading [J]. Computers and Geotechnics，2019，109：144-165.

[3] Shen S D，Wang L，Zhou A N，et al. Two-dimensional plane strain consolidation for unsaturated soils with a strip-shaped distributed permeable boundary [J]. Computers and Geotechnics，2021，137：104273.

[4] Wang L，Shen S D，Li T Y，et al. Two-dimensional plane strain consolidation of unsaturated soils-considering the depth-dependent stress [J]. 2023，15 (6)：1603-1614.

[5] Li L Z，Qin A F，Jiang L H，et al. Simplified mathematical modeling to plane strain consolidation considering unsaturated and saturated conditions for ground with anisotropic permeability [J]. Computers and Geotechnics，2023，154：105150.

第 5 章　非饱和土轴对称固结

5.1　引言

地基处理工程中常采用竖井（如砂井、塑料排水板、透水软管等）联合堆载预压加速地基固结，通常可将竖井地基固结简化为轴对称固结问题进行研究。实际工程中，大多位于浸润线以上的压实土、浅层换填土，以及部分沿海表层软土、内陆湖相（或河相）沉积软土等都属于非饱和土（赵健，2013）[1]。

竖井地基轴对称固结问题中，通常考虑两种变形假设：竖向自由应变和竖向等应变（Barron，1948）[2]。其中自由应变假设是指竖井地基内同一深度处土体单元的竖向变形相互独立，地基变形沿着水平向呈现规律性变化；等应变假设是指竖井地基中同一深度处土体单元的竖向变形都相同，竖井地基在同一深度处的竖向位移完全相同。

工程中，竖井周围的原状土体在施工过程中会因受到扰动，导致渗透性减弱产生“涂抹”效应；另一方面，在使用期间，所采用竖井材料会对气、液相的流动产生阻碍作用，即“井阻”作用。竖井地基的施工荷载以及使用期间的外荷载通常是随时间变化的；因此，固结过程也会受到时变荷载的影响。此外，工程中竖井地基上、下边界渗透性通常介于渗透与不渗透之间；且由于实际土层的复杂性，地基上、下界面渗透性很难完全一致，通常处于不对称情况。因此，在非饱和土轴对称固结理论研究中对于上述因素的考虑将有利于提高所研究理论的实用性，并为非饱和区域基础设施的设计、施工和运营维护提供理论保障。

本章分别在等应变和自由应变假设下，针对不同边界条件、外部荷载及是否考虑井阻作用、涂抹效应等工况，采用不同方法求解相关数学模型，并进行固结特性分析。

5.2　等应变假设下非饱和土地基轴对称固结

5.2.1　考虑井阻和涂抹作用的轴对称固结模型解析

5.2.1.1　计算模型

图 5.2.1 为非饱和土竖井地基固结计算模型简图，对单个竖井及其影响范围内的土体（即单井模型）进行研究，轴对称模型内各点处气、液相沿径、竖向分别向竖井和边界方向渗流。其中，H 为非饱和土竖井地基土层厚度；r_e 为竖井影响区半径，r_s 为涂抹区半径，r_w 为竖井半径。气、液相在土体水平方向的渗透系数分别为 k_{ar}、k_{wr}，在竖向的渗透系数分别为 k_{az}、k_{wz}。假定施工扰动对竖向渗透性无影响（Ho 和 Fatahi，2018）[3]，气、液相在涂抹区水平方向的渗透系数分别为 k_{as}、k_{ws}。竖井材料在竖向的气、液相渗透系数分别

为 k_{ad}、k_{wd}。此外，非饱和土竖井地基的底面（$z=H$）以及影响区外边界（$r=r_e$）处，均假定为完全不渗透边界，顶面（$z=0$）为完全渗透边界。假设荷载作用下竖井地基内初始超孔隙压力沿深度均布分布。q_0 为地基表面大面积瞬时均布的竖向荷载；r、z 分别为非饱和土竖井地基计算模型简图中径向坐标和竖向坐标。

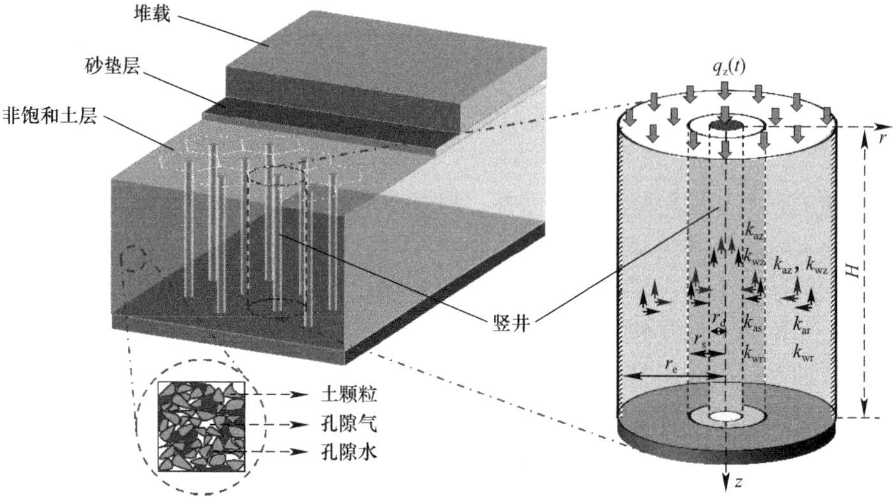

图 5.2.1　考虑井阻作用和涂抹效应的非饱和土竖井地基固结模型

5.2.1.2　基本假定

本节基本假定与 Fredlund 非饱和土一维固结理论[4]假定相同，另补充假定如下：

（1）等应变条件成立，即竖井地基中无侧向变形，且同一深度平面上任一点的垂直变形相等；

（2）土体的体积变化系数和气、液相渗透系数均保持常数；

（3）固结中发生的应变为小应变；

（4）考虑井阻作用与涂抹效应。

5.2.1.3　控制方程

基于等应变假设，应力-应变本构方程如下：

$$\frac{\partial(V_w/V_0)}{\partial t}=\frac{\partial\varepsilon_w}{\partial t}=m_{1ax}^{w}\frac{\partial[(\sigma_r+\sigma_z+\sigma_\theta)/3-\bar{u}_a]}{\partial t}+m_{2ax}^{w}\frac{\partial(\bar{u}_a-\bar{u}_w)}{\partial t} \quad (5.2.1)$$

$$\frac{\partial(V_a/V_0)}{\partial t}=\frac{\partial\varepsilon_a}{\partial t}=m_{1ax}^{a}\frac{\partial[(\sigma_r+\sigma_z+\sigma_\theta)/3-\bar{u}_a]}{\partial t}+m_{2ax}^{a}\frac{\partial(\bar{u}_a-\bar{u}_w)}{\partial t} \quad (5.2.2)$$

参考第 2.2.4 节非饱和土轴对称固结控制方程推导，可以得到瞬时均布荷载作用下非饱和土竖井地基在固结过程中超孔隙气压力、超孔隙水压力的控制方程为：

$$\frac{\partial\bar{u}_a}{\partial t}=-C_a\frac{\partial\bar{u}_w}{\partial t}-C_v^a\left(\frac{\partial^2 u_a}{\partial r^2}+\frac{1}{r}\frac{\partial u_a}{\partial r}\right)-C_{vz}^a\frac{\partial^2\bar{u}_a}{\partial z^2} \quad (5.2.3)$$

$$\frac{\partial\bar{u}_w}{\partial t}=-C_w\frac{\partial\bar{u}_a}{\partial t}-C_v^w\left(\frac{\partial^2 u_w}{\partial r^2}+\frac{1}{r}\frac{\partial u_w}{\partial r}\right)-C_{vz}^w\frac{\partial^2\bar{u}_w}{\partial z^2} \quad (5.2.4)$$

式中：

$$\bar{u}_{a}=\frac{\int_{r_{w}}^{r_{s}}u_{as}2\pi r\mathrm{d}r+\int_{r_{s}}^{r_{e}}u_{ar}2\pi r\mathrm{d}r}{\pi[(r_{e})^{2}-(r_{w})^{2}]} \tag{5.2.5}$$

$$\bar{u}_{w}=\frac{\int_{r_{w}}^{r_{s}}u_{ws}2\pi r\mathrm{d}r+\int_{r_{s}}^{r_{e}}u_{wr}2\pi r\mathrm{d}r}{\pi[(r_{e})^{2}-(r_{w})^{2}]} \tag{5.2.6}$$

$\bar{u}_a$、$\bar{u}_w$——等应变条件下径向平均超孔隙气压力和超孔隙水压力；

u_{as}、u_{ws}——涂抹区非饱和土内超孔隙气压力和超孔隙水压力；

u_{ar}、u_{wr}——未扰动区非饱和土内超孔隙气压力和超孔隙水压力。

5.2.1.4 初始条件和边界条件

根据图 5.2.1 中考虑径-竖向渗流非饱和土竖井地基固结模型，基于径向涂抹区与未扰动区边界处（$r=r_s$）超孔隙压力连续。有：

$$u_{a}(r,z,0)=u_{a}^{0},\quad u_{w}(r,z,0)=u_{w}^{0} \tag{5.2.7}$$

$$u_{as}(r_{w},z,t)=u_{ad}(z,t),\quad u_{ws}(r_{w},z,t)=u_{wd}(z,t) \tag{5.2.8}$$

$$\left.\frac{\partial u_{as}(r,z,t)}{\partial r}\right|_{r=r_{w}}+\frac{r_{w}k_{ad}}{2k_{as}}\frac{\partial^{2}u_{ad}(z,t)}{\partial z^{2}}=0;\quad \left.\frac{\partial u_{ws}(r,z,t)}{\partial r}\right|_{r=r_{w}}+\frac{r_{w}k_{wd}}{2k_{ws}}\frac{\partial^{2}u_{wd}(z,t)}{\partial z^{2}}=0 \tag{5.2.9}$$

$$u_{as}(r_{s},z,t)=u_{ar}(r_{s},z,t),\quad u_{ws}(r_{s},z,t)=u_{wr}(r_{s},z,t) \tag{5.2.10}$$

$$\left.\frac{\partial u_{ar}(r,z,t)}{\partial r}\right|_{r=r_{e}}=0;\quad \left.\frac{\partial u_{wr}(r,z,t)}{\partial r}\right|_{r=r_{e}}=0 \tag{5.2.11}$$

$$u_{a}(r,0,t)=u_{ad}(0,t)=0,\quad u_{w}(r,0,t)=u_{wd}(0,t)=0 \tag{5.2.12}$$

$$\left.\frac{\partial u_{a}(r,z,t)}{\partial z}\right|_{z=H}=\left.\frac{\partial u_{ad}(z,t)}{\partial z}\right|_{z=H}=0;\quad \left.\frac{\partial u_{w}(r,z,t)}{\partial z}\right|_{z=H}=\left.\frac{\partial u_{wd}(z,t)}{\partial z}\right|_{z=H}=0 \tag{5.2.13}$$

式中：u_{ad}、u_{wd}——竖井中超孔隙气压力和超孔隙水压力。

5.2.1.5 半解析求解

整理式（5.2.3）与式（5.2.4），分别在涂抹区与未扰动区对变量 r 进行两次积分并结合边界条件式（5.2.8）、式（5.2.10）、式（5.2.11），则在 $r\in[r_w,\ r_s]$，有：

$$u_{as}=\frac{1}{2}\left[(r_{e})^{2}\ln\left(\frac{r}{r_{w}}\right)-\frac{r^{2}-(r_{w})^{2}}{2}\right]\frac{1}{C_{vs}^{a}}\left(C_{a}\frac{\partial\bar{u}_{w}}{\partial t}+\frac{\partial\bar{u}_{w}}{\partial t}+C_{vz}^{w}\frac{\partial^{2}\bar{u}_{a}}{\partial z^{2}}\right)+u_{ad} \tag{5.2.14}$$

$$u_{ws}=\frac{1}{2}\left[(r_{e})^{2}\ln\left(\frac{r}{r_{w}}\right)-\frac{r^{2}-(r_{w})^{2}}{2}\right]\frac{1}{C_{vs}^{w}}\left(C_{w}\frac{\partial\bar{u}_{a}}{\partial t}+\frac{\partial\bar{u}_{w}}{\partial t}+C_{vz}^{w}\frac{\partial^{2}\bar{u}_{w}}{\partial z^{2}}\right)+u_{wd} \tag{5.2.15}$$

在 $r\in[r_s,r_e]$，有：

$$u_{ar}=\frac{1}{2}\left[(r_{e})^{2}\ln\left(\frac{r}{r_{w}}\right)-\frac{r^{2}-(r_{w})^{2}}{2}\right]\frac{1}{C_{vr}^{a}}\left(C_{a}\frac{\partial\bar{u}_{w}}{\partial t}+\frac{\partial\bar{u}_{w}}{\partial t}+C_{vz}^{w}\frac{\partial^{2}\bar{u}_{a}}{\partial z^{2}}\right)+A \tag{5.2.16}$$

$$u_{wr}=\frac{1}{2}\left[(r_{e})^{2}\ln\left(\frac{r}{r_{w}}\right)-\frac{r^{2}-(r_{w})^{2}}{2}\right]\frac{1}{C_{vr}^{w}}\left(C_{w}\frac{\partial\bar{u}_{a}}{\partial t}+\frac{\partial\bar{u}_{w}}{\partial t}+C_{vz}^{w}\frac{\partial^{2}\bar{u}_{w}}{\partial z^{2}}\right)+W \tag{5.2.17}$$

式中，S 为涂抹区半径与竖井半径比，$S=r_s/r_w$，A 和 W 为中间变量。

$$A=\frac{1}{2}\left[(r_e)^2\ln S-\frac{(r_s)^2-(r_w)^2}{2}\right]\frac{1}{C_{vs}^{a}}\left(C_a\frac{\partial\bar{u}_w}{\partial t}+\frac{\partial\bar{u}_w}{\partial t}+C_{vz}^{w}\frac{\partial^2\bar{u}_a}{\partial z^2}\right)+u_{ad} \tag{5.2.18a}$$

$$W=\frac{1}{2}\left[(r_e)^2\ln S-\frac{(r_s)^2-(r_w)^2}{2}\right]\frac{1}{C_{vs}^{w}}\left(C_w\frac{\partial\bar{u}_a}{\partial t}+\frac{\partial\bar{u}_w}{\partial t}+C_{vz}^{w}\frac{\partial^2\bar{u}_w}{\partial z^2}\right)+u_{wd} \tag{5.2.18b}$$

将式（5.2.14）～式（5.2.17）代入式（5.2.5）、式（5.2.6）中，得：

$$\bar{u}_a=\frac{(r_e)^2F_a}{2C_{vr}^{a}}\left(\frac{\partial\bar{u}_a}{\partial t}+C_a\frac{\partial\bar{u}_w}{\partial t}+C_{vz}^{a}\frac{\partial^2\bar{u}_a}{\partial z^2}\right)+u_{ad} \tag{5.2.19}$$

$$\bar{u}_w=\frac{(r_e)^2F_w}{2C_{vr}^{w}}\left(C_w\frac{\partial\bar{u}_a}{\partial t}+\frac{\partial\bar{u}_w}{\partial t}+C_{vz}^{w}\frac{\partial^2\bar{u}_w}{\partial z^2}\right)+u_{wd} \tag{5.2.20}$$

式中：
$$F_a=\frac{N^2}{N^2-1}\left[\left(\ln\frac{N}{S}-\frac{3}{4}-\frac{S^4}{4N^4}+\frac{S^2}{N^2}\right)+\alpha_a\left(\frac{S^4-1}{4N^4}-\frac{S^2-1}{N^2}+\ln S\right)\right] \tag{5.2.21a}$$

$$F_w=\frac{N^2}{N^2-1}\left[\left(\ln\frac{N}{S}-\frac{3}{4}-\frac{S^4}{4N^4}+\frac{S^2}{N^2}\right)+\alpha_w\left(\frac{S^4-1}{4N^4}-\frac{S^2-1}{N^2}+\ln S\right)\right] \tag{5.2.21b}$$

α_a、α_w——气、液相涂抹系数，$\alpha_a=k_{ar}/k_{as}$，$\alpha_w=k_{wr}/k_{ws}$；

N——影响区半径与竖井半径比，$N=r_e/r_w$。

采用 Fourier 正弦级数展开，并引入中间变量解耦技术；然后，根据三角函数正交性（具体过程可见附录 5A）可求得：

$$\bar{u}_a=\frac{1}{q_{12}q_{21}-1}\sum_{m=1}^{\infty}\left[-\Omega_{a1}\exp(Q_1t)+\Omega_{a2}\exp(Q_2t)\right]\sin\left(\frac{M}{H}z\right) \tag{5.2.22}$$

$$\bar{u}_w=\frac{1}{q_{12}q_{21}-1}\sum_{m=1}^{\infty}\left[\Omega_{w2}\exp(Q_1t)-\Omega_{w1}\exp(Q_2t)\right]\sin\left(\frac{M}{H}z\right) \tag{5.2.23}$$

式中：Ω_{a1}、Ω_{a2}、Ω_{w1}、Ω_{w2} 为中间变量；

$$\Omega_{a1}=2(u_a^0\chi_w+q_{21}\chi_a u_w^0)/(M\chi_w) \tag{5.2.24a}$$

$$\Omega_{a2}=2q_{21}(q_{12}u_a^0\chi_w+\chi_a u_w^0)/(M\chi_w) \tag{5.2.24b}$$

$$\Omega_{w1}=2(q_{12}\chi_w u_a^0+\chi_a u_w^0)/(M\chi_a) \tag{5.2.24c}$$

$$\Omega_{w2}=2q_{12}(\chi_w u_a^0+\chi_a q_{21}u_w^0)/(M\chi_a) \tag{5.2.24d}$$

$$\chi_a=1+M^2/(H^2\rho_a) \tag{5.2.24e}$$

$$\chi_w=1+M^2/(H^2\rho_w) \tag{5.2.24f}$$

对上述解析解进行编程可开展相关参数分析，即可分析井阻作用与涂抹效应相关参数对非饱和土竖井地基固结特性的影响。

本部分详细内容可参考文献［6］。

5.2.1.6 井阻因子和涂抹系数对固结特性影响

本节分析所采用算例，参考非饱和土固结理论相关文献（Qin 等，2010；Qin 等，

2020)[5,6]，具体参数取值见表 5.2.1。

考虑井阻和涂抹作用非饱和土竖井地基算例参数　　表 5.2.1

参数	数值	单位	参数	数值	单位
H	5	m	m_{2ax}^{w}	-2×10^{-4}	kPa^{-1}
r_w	0.2	m	m_{1ax}^{a}	-2×10^{-4}	kPa^{-1}
r_s	0.6	m	m_{2ax}^{a}	1×10^{-4}	kPa^{-1}
r_e	1.8	m	q_0	100	kPa
k_{wr}	1×10^{-10}	m/s	u_a^0	20	kPa
m_{1ax}^{w}	-5×10^{-5}	kPa^{-1}	u_w^0	40	kPa

注：$k_{ar}=10k_{wr}$，$k_{az}=10k_{wz}$，$k_{as}=10k_{ws}$，$k_{ws}=k_{wr}/3$，$k_{wz}=k_{wr}/5$。

根据所得解，分析瞬时均布荷载下井阻因子对非饱和土竖井地基固结的影响。针对气、液相井阻因子中所包含变量，本着单一变量原则，通过调整竖井渗透系数与未扰动区渗透系数之比 k_{ad}/k_{ar}、k_{wd}/k_{wr}（假设 k_{ar}、k_{wr} 保持恒定）和竖井半径 r_w（假设竖井影响范围 r_e 保持不变）以控制气、液相井阻因子 G_a、G_w 进行分析。

图 5.2.2 显示了 $z=0.5H$ 处，$\bar{u}_a$ 与 $\bar{u}_w$ 消散曲线在不同气、液相井阻因子（仅改变竖井内材料的渗透系数 k_{aw}、k_{ww}）时随时间变化规律及其与忽略井阻作用（计算时取 $G_a=G_w=0.001$）时的对比，其中时间因子 $T_v=-k_{wr}t/[\gamma_w m_{1ax}^{s}(r_e)^2]$。通过比较不同气、液相井阻因子时超孔隙压力消散曲线和忽略井阻作用（G_a、$G_w\rightarrow0$）时的消散曲线，可以得知井阻作用阻碍了超孔隙压力的消散；且随着井阻因子的增加，固结时间延长。此外，通过与忽略井阻作用的消散曲线对比可知，当井阻因子小于或等于 1 时，井阻作用对于超孔隙压力消散的影响较小。因此，当井阻因子小于 1 时，建议忽略非饱和土竖井地基中井阻作用的影响。

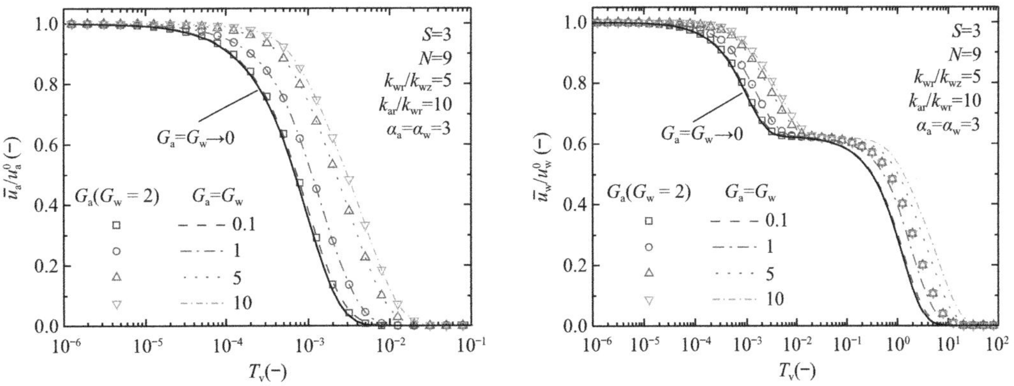

图 5.2.2　不同 G_a、G_w 下超孔隙压力消散曲线
（a）超孔隙气压力；（b）超孔隙水压力

图 5.2.3 为不同井径比 N 对 $\bar{u}_a$、$\bar{u}_w$ 消散的影响。由图可知，井径比越小，井阻因子越大，井阻作用越强，$\bar{u}_a$、$\bar{u}_w$ 消散越慢。由此，在实际工程中，可以根据现场地基土特性，为降低井阻作用可选用合适的竖井材料和竖井半径。

图 5.2.4 为 $z=0.5H$ 处，$\bar{u}_a$ 与 $\bar{u}_w$ 的消散曲线在不同气、液相涂抹系数（仅改变涂

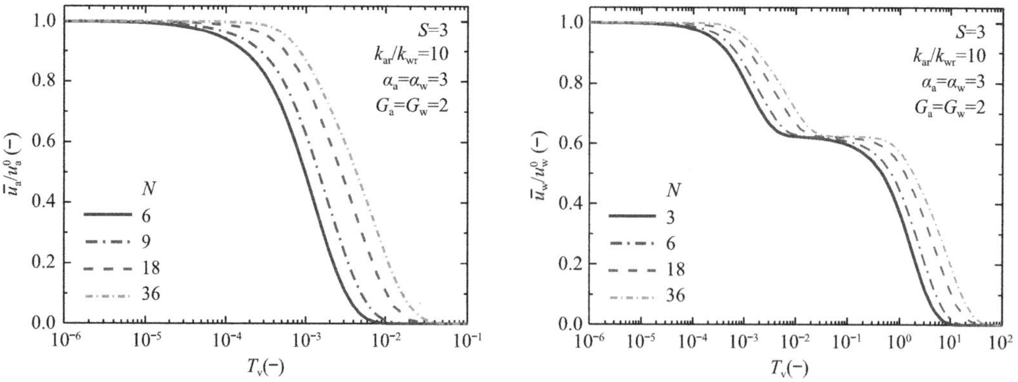

(a)　　(b)

图 5.2.3　不同 N 下超孔隙压力消散曲线

(a) 超孔隙气压力；(b) 超孔隙水压力

抹区渗透系数 k_{as}、k_{ws}）时随时间变化规律。相关参数取值如图 5.2.4 中标注所示。由图 5.2.4 可知，不同气、液相涂抹系数对非饱和土竖井地基中超孔隙压力消散的影响与图 5.2.2 中不同气、液相井阻因子的影响相似：在其他参数保持不变的情况下，液相涂抹系数的改变（假定恒定或与气相涂抹系数一同增大）对于超孔隙气压力的消散无影响。而从图 5.2.4 (b) 超孔隙水压力消散曲线可知，在初始超孔隙气压力未消散结束前；上述规律与气相消散规律保持一致；而当超孔隙气压力消散完后，所产生变化规律与图 5.2.2 (b) 中完全相同。从本质上来讲，说明涂抹效应与井阻作用均对非饱和土竖井地基固结产生了阻碍作用；不同的是两者所作用的机理与方式有所不同。

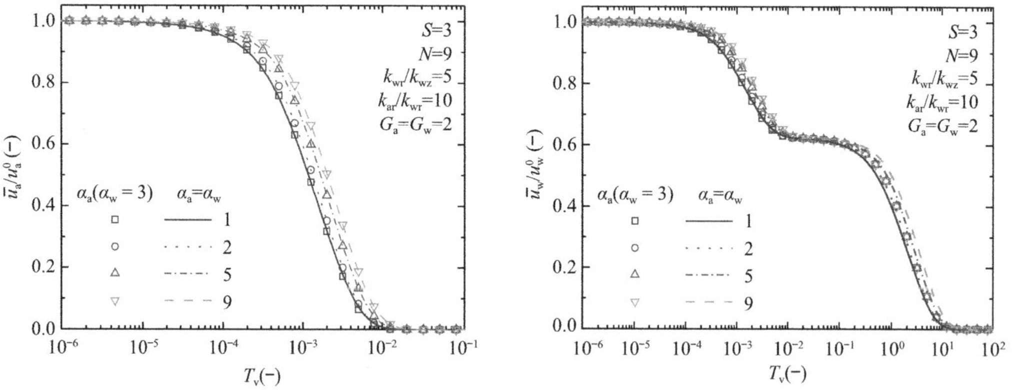

(a)　　(b)

图 5.2.4　不同 α_a、α_w 影响下超孔隙压力消散曲线

(a) 超孔隙气压力；(b) 超孔隙水压力

图 5.2.5 是 $z=0.5H$ 处，不同涂抹区半径与竖井半径之比 S（竖井半径 r_w 不变，改变涂抹区半径 r_s）下，$\bar{u}_a$、$\bar{u}_w$ 的消散曲线图。未扰动区径向液相渗透系数取 $k_{wr}=1\times10^{-10}$m/s，其他未标注参数与图 5.2.3、图 5.2.4 保持一致。由图 5.2.5 中消散曲线可以看出，随着涂抹区半径的增加，S 也随着增加，$\bar{u}_a$、$\bar{u}_w$ 的消散减慢；并且随着 S 值的增大，阻碍作用越小。这说明涂抹区半径与竖井半径比 S 与井径比 N 对非饱和土竖井地基固结的影响类似，均随着数值的增大，对超孔隙压力消散的阻碍越明显。

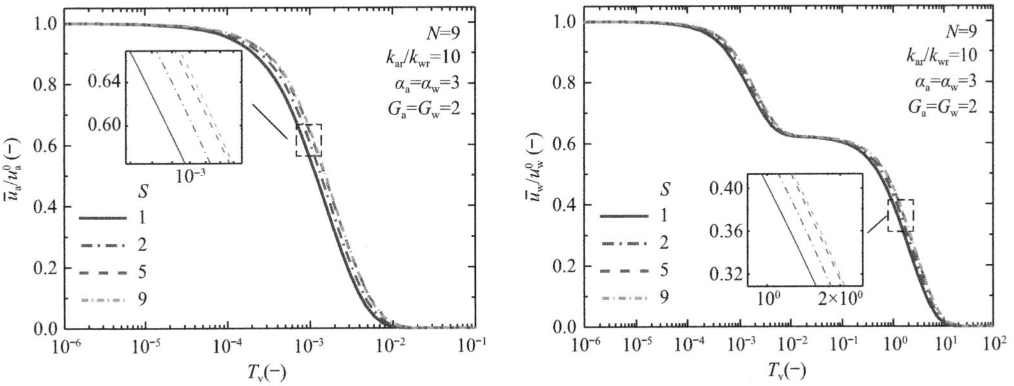

(a)　　　　　　　　　　　　(b)

图 5.2.5　不同 S 影响下超孔隙压力消散曲线

（a）超孔隙气压力；（b）超孔隙水压力

5.2.2　不同边界条件下轴对称固结模型解析

本节根据第 2.2.4 节所推导非饱和土竖井地基轴对称固结控制方程，结合初始条件以及不同类边界条件，运用本征函数法、边界条件齐次化处理、Fourier 级数展开等方法，推导出瞬时均布荷载下非饱和土竖井地基轴对称固结解析解或半解析解。然后，通过算例分析了不同边界参数对固结特性影响。

5.2.2.1　连续渗透边界下非饱和土竖井地基固结解析解

在所建立轴对称固结控制方程基础上，考虑到实际工程中土层边界多介于完全渗透与完全不渗透之间，引入连续渗透边界，推导得到瞬时均布荷载下考虑径、竖向渗流的非饱和土竖井地基等应变固结解析解。

1. 计算模型

非饱和土竖井地基轴对称固结计算模型参考图 5.2.2。需要说明的是竖井地基顶部、底部均假定为连续渗透边界，且不考虑井阻作用与涂抹效应。

2. 基本假设

本节基本假设与第 5.2.1 节基本相同，不同之处如下：

（1）竖井地基顶部与底部均假定为连续渗透边界；

（2）不考虑竖井井阻作用；

（3）不考虑因施工扰动所引起的涂抹效应。

3. 控制方程

本节瞬时荷载下考虑径、竖向渗流的非饱和土竖井地基，在固结过程中超孔隙气压力与超孔隙水压力的控制方程如式（5.2.3）、式（5.2.4）所示。

4. 初始条件和边界条件

$$u_a(r,z,0)=u_a^0,\quad u_w(r,z,0)=u_w^0 \tag{5.2.25}$$

$$u_a(r_w,z,t)=0,\quad u_w(r_w,z,t)=0 \tag{5.2.26}$$

$$\left.\frac{\partial u_a(r,z,t)}{\partial r}\right|_{r=r_e}=0;\quad \left.\frac{\partial u_w(r,z,t)}{\partial r}\right|_{r=r_e}=0 \tag{5.2.27}$$

$$u_a(r,0,t)=u_a^0 e^{-b_1 t},\quad u_w(r,0,t)=u_w^0 e^{-b_2 t} \tag{5.2.28}$$

$$u_a(r,H,t)=u_a^0 e^{-c_1 t},\quad u_w(r,H,t)=u_w^0 e^{-c_2 t} \tag{5.2.29}$$

式中，b_1、c_1 与 b_2、c_2 分别为非饱和土竖井地基上下界面的气、液相界面参数。在工程实例中，可将孔压传感器安置在非饱和土竖井地基上、下界面处；采集数据并获得孔压和时间的关系，然后通过反演的方法获得具体界面参数值。

由式（5.2.28）、式（5.2.29）可知，连续渗透边界能严格满足边界的初始条件，也能反映上下界面渗透能力在固结过程中呈现单调递减状态的总体趋势。当 b_1、c_1、b_2、$c_2\to 0$ 时，可退化为双面完全不渗透边界（ITIB）；而当 b_1、c_1、b_2、$c_2\to\infty$时，可退化为双面完全渗透边界（PTPB）。而当选取合适界面参数时，也可得到具有不对称渗透性能的边界情况，如上边界完全渗透下边界完全不渗透（PTIB）、上边界半渗透下边界完全不渗透（STIB）、上下边界均半渗透（STSB）等。

5. 解析求解

将控制方程式（5.2.3）、式（5.2.4）重新整理，对变量 r 积分并结合边界条件后，代入平均超孔隙压力表达式可得：

$$\bar{u}_a=A\left(C_a\frac{\partial\bar{u}_w}{\partial t}+\frac{\partial\bar{u}_a}{\partial t}+C_{vz}^a\frac{\partial^2\bar{u}_a}{\partial z^2}\right) \tag{5.2.30}$$

$$\bar{u}_w=W\left(C_w\frac{\partial\bar{u}_a}{\partial t}+\frac{\partial\bar{u}_w}{\partial t}+C_{vz}^w\frac{\partial^2\bar{u}_w}{\partial z^2}\right) \tag{5.2.31}$$

式中：

$$A=(r_e)^2F/(2C_{vr}^a) \tag{5.2.32a}$$

$$W=(r_e)^2F/(2C_{vr}^w) \tag{5.2.32b}$$

$$F=N^2/(N^2-1)[\ln N+1/N^2-1/(4N^4)-3/4] \tag{5.2.32c}$$

式中，N 为影响区半径与竖井半径比，$N=r_e/r_w$。

为求解上述齐次偏微分方程组，采用非齐次边界条件齐次化、本征函数展开法，并结合解耦技术（具体求解过程见附录5B）可得：

$$\bar{u}_a=\sum_{j=1}^{\infty}\omega_j(t)\sin\frac{J}{H}z+\frac{H-z}{H}u_a^0 e^{-b_1 t}+\frac{z}{H}u_a^0 e^{-c_1 t} \tag{5.2.33}$$

$$\bar{u}_w=\sum_{j=1}^{\infty}\xi_j(t)\sin\frac{J}{H}z+\frac{H-z}{H}u_w^0 e^{-b_2 t}+\frac{z}{H}u_w^0 e^{-c_2 t} \tag{5.2.34}$$

式中：

$$\omega_j(t)=(q_{21}\Phi_2-\Phi_1)/(q_{12}q_{21}-1) \tag{5.2.35a}$$

$$\xi_j(t)=(q_{12}\Phi_1-\Phi_2)/(q_{12}q_{21}-1) \tag{5.2.35b}$$

式（5.2.33）、式（5.2.34）即瞬时均布荷载下考虑连续渗透边界条件的非饱和土竖井地基等应变固结解析解。

本部分详细内容可参考文献［7］。

5.2.2.2 统一边界条件下非饱和土竖井地基固结半解析解

根据第2.2.4节所推导轴对称固结控制方程，假定竖井地基顶部为统一边界，底部为不渗透边界，其他条件均与第5.2.2.1节相同。推导得到考虑径、竖向组合渗流与涂抹作用的非饱和土竖井地基固结半解析解。

1. 控制方程

在固结过程中超孔隙气压力与超孔隙水压力的控制方程如式（5.2.3）、式（5.2.4）所示。

2. 初始条件和边界条件

$$u_a(r,z,0)=u_a^0,\quad u_w(r,z,0)=u_w^0 \tag{5.2.36}$$

$$u_{as}(r_w,z,t)=0,\quad u_{ws}(r_w,z,t)=0 \tag{5.2.37}$$

$$u_{as}(r_s,z,t)=u_a(r_s,z,t),\quad u_{ws}(r_s,z,t)=u_w(r_s,z,t) \tag{5.2.38}$$

$$\left.\frac{\partial u_a(r,z,t)}{\partial r}\right|_{r=r_e}=0;\quad \left.\frac{\partial u_w(r,z,t)}{\partial r}\right|_{r=r_e}=0 \tag{5.2.39}$$

$$a_a\left.\frac{\partial u_a(r,z,t)}{\partial z}\right|_{z=0}-b_a u_a(r,0,t)=0,\quad a_w\left.\frac{\partial u_w(r,z,t)}{\partial z}\right|_{z=0}-b_w u_w(r,0,t)=0 \tag{5.2.40}$$

$$\left.\frac{\partial u_a(r,z,t)}{\partial z}\right|_{z=H}=0;\quad \left.\frac{\partial u_w(r,z,t)}{\partial z}\right|_{z=H}=0 \tag{5.2.41}$$

式中，a_a、b_a、a_w、b_w 分别为代表顶面统一边界气相阻碍系数、气相渗透系数、液相阻碍系数、液相渗透系数。

3. 半解析解

运用 Laplace 变换，引入中间变量解耦技术等方法进行求解，可以得到统一边界条件下非饱和土竖井地基轴对称固结半解析解。

$$\tilde{\bar{u}}_a=\frac{\tilde{\bar{\Phi}}_1^*-p_{21}\tilde{\bar{\Phi}}_2^*}{1-p_{12}p_{21}}+\frac{\mu_1-p_{21}\mu_2}{\rho} \tag{5.2.42}$$

$$\tilde{\bar{u}}_w=\frac{\tilde{\bar{\Phi}}_2^*-p_{12}\tilde{\bar{\Phi}}_1^*}{1-p_{12}p_{21}}+\frac{\mu_2-p_{12}\mu_1}{\rho} \tag{5.2.43}$$

式中，$\tilde{\bar{\Phi}}_1^*$ 与 $\tilde{\bar{\Phi}}_2^*$ 分别为 Laplace 域内与 $\tilde{\bar{u}}_a$、$\tilde{\bar{u}}_w$ 有关的中间变量。

$$\tilde{\bar{\Phi}}_1^*=\tilde{\bar{u}}_a+q_{21}\tilde{\bar{u}}_w,\ \tilde{\bar{\Phi}}_2^*=q_{12}\tilde{\bar{u}}_a+\tilde{\bar{u}}_w, \tag{5.2.44a}$$

$$\eta_1=1+e^{2H\chi_1},\ \eta_2=1+e^{2H\chi_2},\ \eta_3=e^{2H\chi_1}-1,\ \eta_4=e^{2H\chi_2}-1 \tag{5.2.44b}$$

$$\left.\begin{aligned}
\beta_1&=a_1b_2p_{21}\chi_2(\tilde{\bar{\Phi}}_2^*-p_{12}\tilde{\bar{\Phi}}_1^*)\eta_4\\
\beta_2&=b_1\left[a_2\chi_2\left(\tilde{\bar{\Phi}}_1^*-p_{21}\tilde{\bar{\Phi}}_2^*\right)\eta_4-b_2(p_{12}p_{21}-1)\tilde{\bar{\Phi}}_1^*\eta_2\right]\\
\beta_3&=a_2b_1p_{12}\chi_1\left(\tilde{\bar{\Phi}}_1^*-p_{21}\tilde{\bar{\Phi}}_2^*\right)\eta_3\\
\beta_4&=-b_2\left[a_1\chi_1\left(p_{12}\tilde{\bar{\Phi}}_1^*-\tilde{\bar{\Phi}}_2^*\right)\eta_3+b_1(p_{12}p_{21}-1)\tilde{\bar{\Phi}}_2^*\eta_1\right]\\
\beta_5&=a_1[a_2\chi_1\chi_2\eta_3\eta_4(p_{12}p_{21}-1)-b_2(\chi_1\eta_2\eta_3-p_{12}p_{21}\chi_2\eta_1\eta_4)]\\
\beta_6&=b_1[b_2\eta_1\eta_2(p_{12}p_{21}-1)+a_2(p_{12}p_{21}\chi_1\eta_2\eta_3-\chi_2\eta_1\eta_4)]
\end{aligned}\right\} \tag{5.2.44c}$$

$$\mu_1=(\beta_1+\beta_2)[e^{\chi_1 z}+e^{\chi_1(2H-z)}],\ \mu_2=(\beta_3+\beta_4)[e^{\chi_2 z}+e^{\chi_2(2H-z)}] \tag{5.2.44d}$$

$$\rho=(1-p_{12}p_{21})(\beta_5+\beta_6) \tag{5.2.44e}$$

本部分详细内容可参考文献［8］。

5.2.2.3 半渗透边界条件下非饱和土竖井地基固结半解析解

考虑竖井地基表面砂垫层对上边界渗透性的影响，假定地基顶面为半渗透边界，底面为完全不渗透边界。求解该问题的解答，相应数学模型表示如下：

1. 控制方程

在固结过程中超孔隙气压力与超孔隙水压力的控制方程如式（5.2.3)、式（5.2.4）所示。

2. 初始条件和边界条件

$$u_a(r,z,0)=u_a^0,\quad u_w(r,z,0)=u_w^0 \tag{5.2.45}$$

$$u_{as}(r_w,z,t)=0,\quad u_{ws}(r_w,z,t)=0 \tag{5.2.46}$$

$$u_{as}(r_s,z,t)=u_{ar}(r_s,z,t),\quad u_{ws}(r_s,z,t)=u_{wr}(r_s,z,t) \tag{5.2.47}$$

$$\left.\frac{\partial u_a(r,z,t)}{\partial r}\right|_{r=r_e}=0,\quad \left.\frac{\partial u_w(r,z,t)}{\partial r}\right|_{r=r_e}=0 \tag{5.2.48}$$

$$\left.\frac{\partial u_a(r,z,t)}{\partial z}\right|_{z=0}-\frac{R_a}{H}u_a(r,0,t)=0,\quad \left.\frac{\partial u_w(r,z,t)}{\partial z}\right|_{z=0}-\frac{R_w}{H}u_w(r,0,t)=0 \tag{5.2.49}$$

$$\left.\frac{\partial u_a(r,z,t)}{\partial z}\right|_{z=H}=0,\quad \left.\frac{\partial u_w(r,z,t)}{\partial z}\right|_{z=H}=0 \tag{5.2.50}$$

式中，R_a 和 R_w 分别为气相半渗透系数和液相半渗透系数。

3. 解析解

采用 Fourier 级数展开与中间变量解耦技术，得到半渗透边界下非饱和土竖井地基轴对称固结解析解。

$$\bar{u}_a=\frac{1}{q_{12}q_{21}-1}\sum_{m=1}^{\infty}[-\Omega_{a1}e^{Q_1 t}+\Omega_{a2}e^{Q_2 t}]\left[\frac{M}{R_v}\cos\left(\frac{M}{H}z\right)+\sin\left(\frac{M}{H}z\right)\right] \tag{5.2.51}$$

$$\bar{u}_w=\frac{1}{q_{12}q_{21}-1}\sum_{m=1}^{\infty}[\Omega_{w2}e^{Q_1 t}-\Omega_{w1}e^{Q_2 t}]\left[\frac{M}{R_v}\cos\left(\frac{M}{H}z\right)+\sin\left(\frac{M}{H}z\right)\right] \tag{5.2.52}$$

式中：

$$\Omega_{a1}=4R_v(1-\cos M)(u_a^0+q_{21}u_w^0)/\{M[2R_v+(1-\cos 2M)]\} \tag{5.2.53a}$$

$$\Omega_{a2}=4q_{21}R_v(1-\cos M)(q_{12}u_a^0+u_w^0)/\{M[2R_v+(1-\cos 2M)]\} \tag{5.2.53b}$$

$$\Omega_{w1}=4R_v(1-\cos M)(q_{12}u_a^0+u_w^0)/\{M[2R_v+(1-\cos 2M)]\} \tag{5.2.53c}$$

$$\Omega_{w2}=4q_{12}R_v(1-\cos M)(u_a^0+q_{21}u_w^0)/\{M[2R_v+(1-\cos 2M)]\} \tag{5.2.53d}$$

本部分详细内容可参考文献［9］。

基于上述不同边界条件下非饱和土竖井地基轴对称固结问题的解答，运用算例，分析不同边界参数对固结特性的影响。算例中，竖井地基有关几何参数和物理参数取值与5.2.1节一致，其他与边界有关参数需说明如表5.2.2所示。

5.2.2.4 不同边界下界面参数对固结的影响

1. 连续渗透边界界面参数对固结的影响

基于连续渗透边界条件下的解析解，图5.2.6给出了上下边界取不同界面参数时非饱

非饱和土竖井地基不同边界相关参数　　表 5.2.2

边界类型	特殊工况	参数数值	单位
连续渗透边界	双面完全不渗透（ITIB）	$b_1=c_1=10^{-6}$ $b_2=c_2=10^{-9}$	s^{-1}
	双面完全渗透（PTPB）	$b_1=c_1=10^{2}$ $b_2=c_2=10^{-2}$	s^{-1}
	上边界完全渗透下边界完全不渗透（PTIB）	$b_1=10^{2}$，$b_2=10^{-2}$ $c_1=10^{-6}$，$c_2=10^{-9}$	s^{-1}
	上边界半渗透下边界完全不渗透（STIB）	$b_1=2\times10^{-5}$，$b_2=10^{-8}$ $c_1=10^{-6}$，$c_2=10^{-9}$	s^{-1}
	双面半渗透（STSB）	$b_1=c_1=2\times10^{-5}$ $b_2=c_2=2\times10^{-8}$	s^{-1}
统一边界	上边界完全渗透下边界完全不渗透	$a_a=a_w=0$，$b_a=b_w=1$	—
	上边界半渗透下边界完全不渗透	$0<a_a$，$a_w<\infty$ $0<b_a$，$b_w<\infty$	—
	双面完全不渗透	$a_a=a_w=1$，$b_a=b_w=0$	—
半渗透边界	上边界完全渗透下边界完全不渗透	$R_v=0$	—
	上边界半渗透下边界完全不渗透	$R_v=\infty$	—
	双面完全不渗透	$0<R_v<\infty$	—

和土竖井地基，在固结过程中平均超孔隙气压力和平均超孔隙水压力分别在 $t=2\times10^4$ s 和 $t=2\times10^7$ s 时沿深度方向的分布。

从图 5.2.6 可以看出，随着界面参数（即 b_1、c_1、b_2、c_2）值的增加，非饱和土竖井地基的上下边界实现了从完全不渗透到完全渗透的转变。观察图 5.2.6（a）和（b）中 $k_{wr}/k_{wz}=1$ 时 ITIB、STIB 和 PTIB 边界假设下孔压分布曲线。当上边界渗透性假设由完全不渗透转为完全渗透时，压力消散曲线在深度小于 z_1 时有所不同；而由完全不渗透转为半渗透时，两者曲线在深度小于 z_2（$z_2<z_1$）时才产生差异。而在图 5.2.6（c）和（d）中，当 $k_{wr}/k_{wz}=5$，$z_1=z_2=0.5H$ 时，对比超孔隙压力的分布可知：当径、竖向渗透系数比小于一定值时，竖向渗流对于非饱和土竖井地基超孔隙压力消散的影响较为明显。而从图 5.2.6（a）和（b）中 $z_1>z_2$ 时可发现：上界面透水透气性能愈强，竖向渗流在深度方向对超孔隙压力消散的影响越大。此外，将 STSB 与 STIB 边界假设下孔压消散曲线进行对比，发现仅改变上边界界面参数 b_2 时，只有平均超孔隙水压力发生变化。

2. 统一边界界面参数对非饱和土竖井地基固结的影响

基于统一边界条件下的半解析解，图 5.2.7 给出了在顶面完全透水（即 $a_w=0$，$b_w=-1$）假设下，$k_a/k_w=10$ 时，边界参数 a_a 和 b_a 取不同值对非饱和竖井地基中平均超孔隙气压力随深度变化的影响。

图 5.2.7（a）为 $b_a=1$，a_a 分别取 0、0.1、1、5、20 和 50 时超孔隙气压力随深度的消散曲线；图 5.2.7（b）为 $a_a=1$，b_a 分别取 0、0.1、1、5、20 和 50 时孔隙气压力随深度的消散曲线。由图 5.2.7（a）可知，当 a_a 从 0 增至 50 时，超孔隙气压力的渗透性由完全渗透变为完全不渗透；由图 5.2.7（b）看出，当 b_a 从 0 增大至 50 时，超孔隙气压力

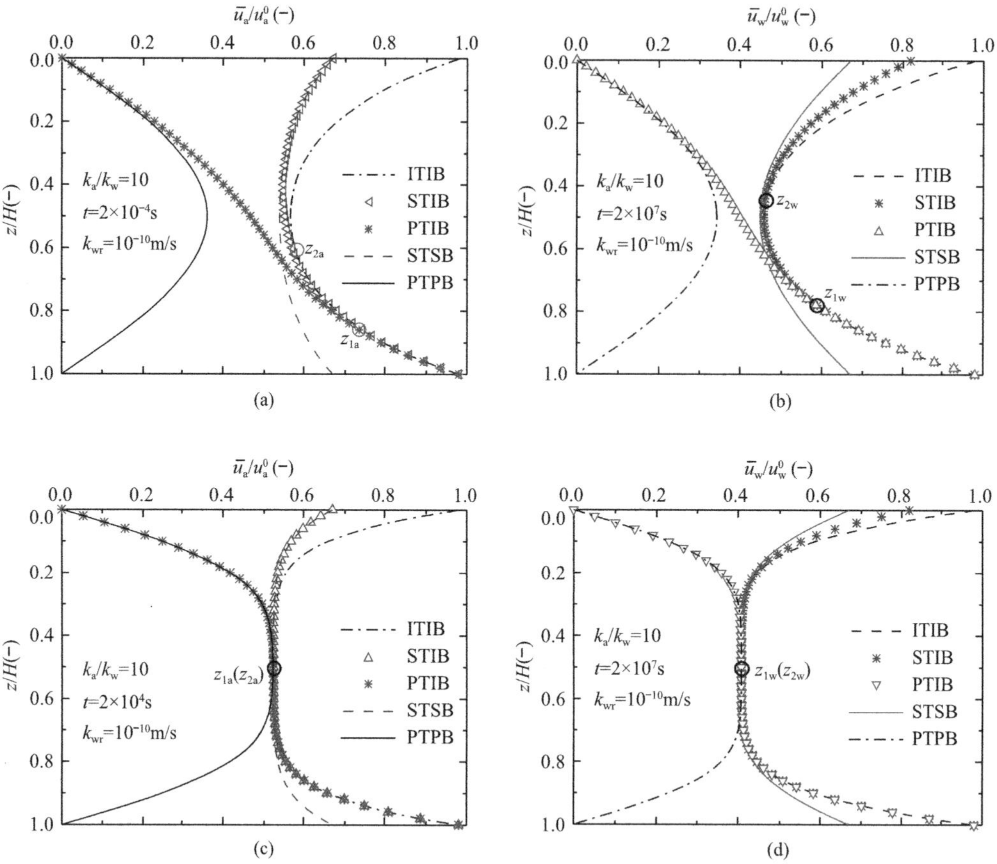

图 5.2.6 $\bar{u}_a$ 与 $\bar{u}_w$ 在不同界面参数和径、竖向渗透系数比时沿深度压力分布

(a) $k_{wr}/k_{wz}=1$ 时 z/H-$\bar{u}_a/u_a^0$ 曲线；(b) $k_{wr}/k_{wz}=1$ 时 z/H-$\bar{u}_w/u_w^0$ 曲线；

(c) $k_{wr}/k_{wz}=5$ 时 z/H-$\bar{u}_a/u_a^0$ 曲线；(d) $k_{wr}/k_{wz}=5$ 时 z/H-$\bar{u}_w/u_w^0$ 曲线

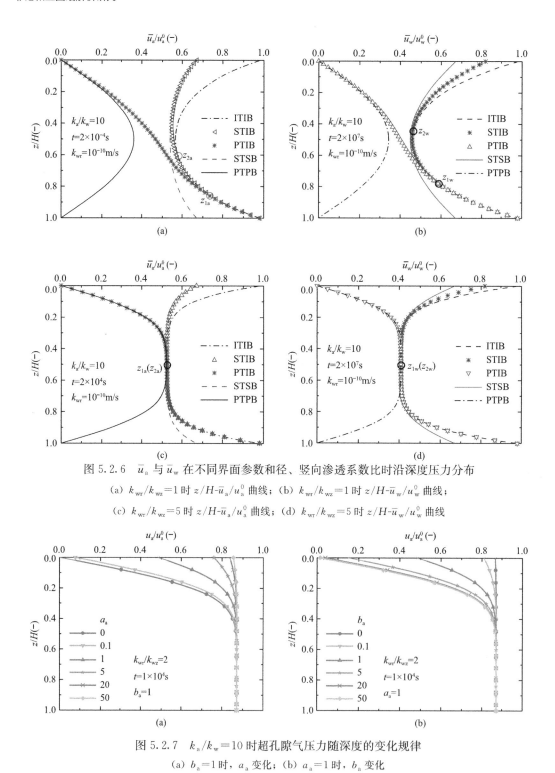

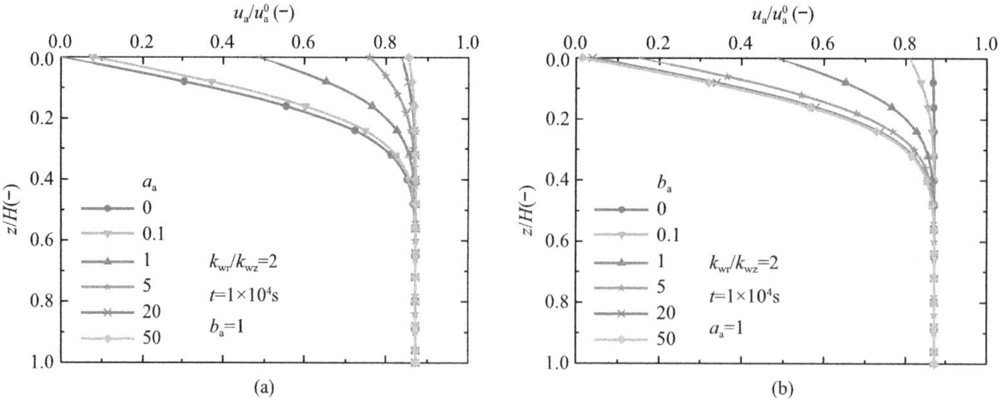

图 5.2.7 $k_a/k_w=10$ 时超孔隙气压力随深度的变化规律

(a) $b_a=1$ 时，a_a 变化；(b) $a_a=1$ 时，b_a 变化

的渗透性由完全不渗透变为完全渗透。对比图 5.2.7 (a) 和 (b) 可知，a_a 与 b_a 对超孔隙气压力消散速率影响规律不相同，即超孔隙气压力的消散速率随着 a_a 的增大而减小，随着 b_a 的增大而增大；表明 a_a 与 b_a 对超孔隙气压力消散速率影响完全相反。因此，可以

将边界参数 a_a 视为透气阻力系数，将参数 b_a 视为透气系数。透气阻力系数 a_a 越大说明顶面边界渗透阻力越大，表现为透气性能越差，故超孔隙气压力消散速率越小；而 b_a 越大说明此时顶面边界透气性能越好，更有利于超孔隙气压力消散，故消散速率更快。

3. 半渗透边界参数对固结特性的影响

为讨论半渗透边界条件对考虑涂抹效应的非饱和土竖井地基固结的影响，通过改变顶面边界的气、液相半渗透系数 R_a 和 R_w，在本节分析中令 $R_a=R_w=R_v$ 并探讨其对固结特性的影响。

如图 5.2.8 所示为 $z=0.5H$ 处，不同半渗透系数取值下径向平均超孔隙气压力 $\bar{u}_a$ 和超孔隙水压力 $\bar{u}_w$ 随时间消散曲线，并绘制了顶面半渗透边界退化至完全渗透边界（$R_v\to\infty$，计算时取值 $R_v=10^8$）的消散曲线。非涂抹区液相径向渗透系数取值 $k_{wr}=1\times10^{-10}$m/s，其他相关参数如图 5.2.8 所示，未说明参数与前文保持一致。

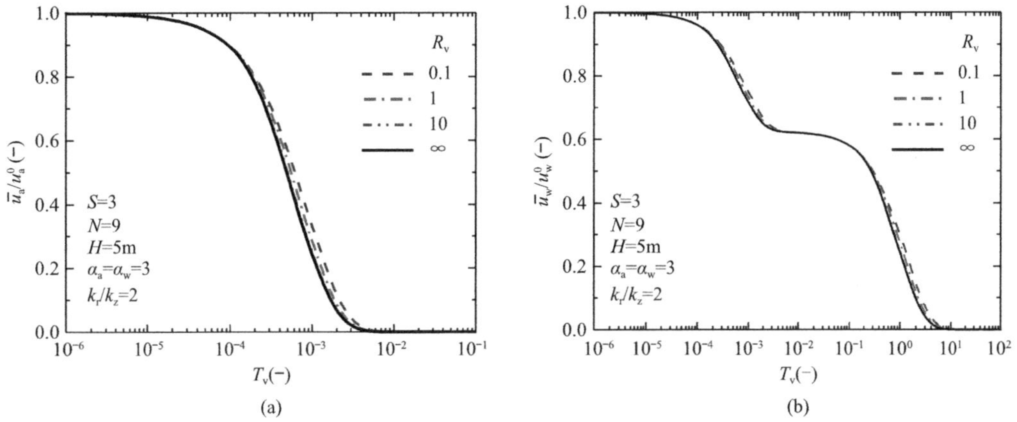

图 5.2.8　不同半渗透系数影响下超孔隙压力消散曲线

（a）超孔隙气压力；（b）超孔隙水压力

由图 5.2.8 可以看出，半渗透系数对超孔隙压力的消散过程有一定的影响。具体地，半渗透系数越大，边界渗透性逐渐增强，超孔隙压力消散越快。据图 5.2.8（a）显示，不同半渗透系数 R_v 下的超孔隙气压力于同一时刻开始消散，并同时完成消散。而消散过程中，$\bar{u}_a$ 的消散速率随着半渗透系数的增大而加快。由图 5.2.8（b）可知，超孔隙水压力的消散曲线可以分为两个阶段，且具有“平台期”。其出现主要是由于超孔隙气压力的消散而引起的，并且当超孔隙气压力消散结束后超孔隙水压力需要一段时间平衡直至下一阶段的继续消散。在第一阶段，随着 R_v 的减小，$\bar{u}_w$ 消散减慢，并同时达到“平台期”。对比图 5.2.8（a）和（b）发现，“平台期”的起始时刻恰是 $\bar{u}_a$ 消散结束的时刻。“平台期”后的第二阶段，$\bar{u}_w$ 继续于相同时间开始消散，消散规律随 R_v 的变化与第一阶段一致。与单面渗透边界相比，半渗透边界减慢了超孔隙压力的消散，增加了非饱和土竖井地基固结时间。

值得注意的是，半渗透系数大于 10 时，顶面半渗透边界对于超孔隙压力的消散影响较小，与完全渗透边界的消散曲线基本一致。因此，当 $R_v\geqslant10$ 时，建议非饱和土竖井地基的顶面边界假定为完全渗透边界，即忽略顶面边界的半渗透性。

5.3 自由应变假设下非饱和土地基轴对称固结

5.3.1 考虑径、竖向渗流的轴对称固结模型解析

本节依据第 2.2.4 节所推导非饱和土竖井地基轴对称固结控制方程，结合初始条件及边界条件，采用分离变量法、引入中间变量解耦技术等，推导得到时变荷载下非饱和土竖井地基轴对称固结解析解。然后运用算例分析不同渗透系数比（气-液相渗透系数比、径-竖向渗透系数比）、不同深度下地基固结特性。

5.3.1.1 计算模型

本节同时考虑径、竖向渗流的竖井地基固结模型如图 5.3.1 所示，竖井半径为 r_w，土层厚度为 H。采用一个土单元来描述竖井地基中的气相与液相在土体径向与竖向的渗流，k_{ar} 与 k_{az} 分别为土体孔隙中气相在径向与竖向的渗流；k_{wr} 和 k_{wz} 分别为土体孔隙中液相在径向与竖向的渗流。假设竖井地基在边界 $r=r_w$，$z=0$ 以及 $z=H$ 处完全透水，在边界 $r=r_e$ 处完全不透水。q_0 为地基表面的竖向瞬时荷载；r、z 分别为非饱和土竖井地基计算模型简图中径向坐标和竖向坐标。

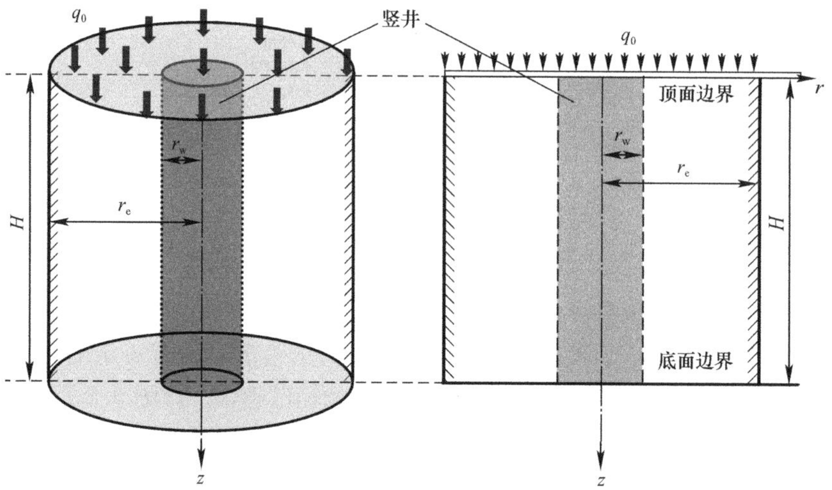

图 5.3.1 瞬时均布荷载作用下非饱和土砂井地基轴对称固结模型

5.3.1.2 基本假定

本节基本假设与第 5.2.1 节不同之处如下：

（1）满足竖向自由应变假设；

（2）忽略井阻作用与涂抹效应。

5.3.1.3 控制方程

根据第 2.2.4 节非饱和土轴对称固结控制方程推导，可得到瞬时均布荷载下考虑径、竖向渗流的非饱和土竖井地基固结控制方程如下：

$$\frac{\partial u_a}{\partial t}=-C_a\frac{\partial u_w}{\partial t}-C_{vr}^a\left(\frac{\partial^2 u_a}{\partial r^2}+\frac{1}{r}\frac{\partial u_a}{\partial r}\right)-C_{vz}^a\frac{\partial^2 u_a}{\partial z^2} \tag{5.3.1}$$

$$\frac{\partial u_{\mathrm{w}}}{\partial t}=-C_{\mathrm{w}}\frac{\partial u_{\mathrm{a}}}{\partial t}-C_{\mathrm{vr}}^{\mathrm{w}}\left(\frac{\partial^2 u_{\mathrm{w}}}{\partial r^2}+\frac{1}{r}\frac{\partial u_{\mathrm{w}}}{\partial r}\right)-C_{\mathrm{vz}}^{\mathrm{w}}\frac{\partial^2 u_{\mathrm{w}}}{\partial z^2} \tag{5.3.2}$$

5.3.1.4　初始条件和边界条件

$$u_{\mathrm{a}}(r,z,0)=u_{\mathrm{a}}^0,\quad u_{\mathrm{w}}(r,z,0)=u_{\mathrm{w}}^0 \tag{5.3.3}$$

$$u_{\mathrm{a}}(r_{\mathrm{w}},z,t)=0,\quad u_{\mathrm{w}}(r_{\mathrm{w}},z,t)=0 \tag{5.3.4}$$

$$\left.\frac{\partial u_{\mathrm{a}}(r,z,t)}{\partial r}\right|_{r=r_{\mathrm{e}}}=0,\quad \left.\frac{\partial u_{\mathrm{w}}(r,z,t)}{\partial r}\right|_{r=r_{\mathrm{e}}}=0 \tag{5.3.5}$$

$$u_{\mathrm{a}}(r,0,t)=0,\quad u_{\mathrm{w}}(r,0,t)=0 \tag{5.3.6}$$

$$u_{\mathrm{a}}(r,H,t)=0,\quad u_{\mathrm{w}}(r,H,t)=0 \tag{5.3.7}$$

5.3.1.5　解析解求解

参考第 2.3.6 节引入中间变量解耦技术，对式（5.3.1）、式（5.3.2）进行解耦可得：

$$\frac{\partial \Phi_1}{\partial t}-Q_{\mathrm{r1}}\left(\frac{\partial^2 \Phi_1}{\partial r^2}+\frac{1}{r}\frac{\partial \Phi_1}{\partial r}\right)-Q_{\mathrm{z1}}\frac{\partial^2 \Phi_1}{\partial z^2}=0 \tag{5.3.8}$$

$$\frac{\partial \Phi_2}{\partial t}-Q_{\mathrm{a2}}\left(\frac{\partial^2 \Phi_2}{\partial r^2}+\frac{1}{r}\frac{\partial \Phi_2}{\partial r}\right)-Q_{\mathrm{z2}}\frac{\partial^2 \Phi_2}{\partial z^2}=0 \tag{5.3.9}$$

式中：

$$A_{\mathrm{ar}}=-C_{\mathrm{vr}}^{\mathrm{a}}/(1-C_{\mathrm{a}}C_{\mathrm{w}}),\ A_{\mathrm{wr}}=C_{\mathrm{a}}C_{\mathrm{vr}}^{\mathrm{w}}/(1-C_{\mathrm{a}}C_{\mathrm{w}}) \tag{5.3.10a}$$

$$A_{\mathrm{az}}=-C_{\mathrm{vz}}^{\mathrm{a}}/(1-C_{\mathrm{a}}C_{\mathrm{w}}),\ A_{\mathrm{wz}}=C_{\mathrm{a}}C_{\mathrm{vz}}^{\mathrm{w}}/(1-C_{\mathrm{a}}C_{\mathrm{w}}) \tag{5.3.10b}$$

$$W_{\mathrm{ar}}=C_{\mathrm{w}}C_{\mathrm{vr}}^{\mathrm{a}}/(1-C_{\mathrm{a}}C_{\mathrm{w}}),\ W_{\mathrm{wr}}=-C_{\mathrm{vr}}^{\mathrm{w}}/(1-C_{\mathrm{a}}C_{\mathrm{w}}) \tag{5.3.10c}$$

$$W_{\mathrm{az}}=C_{\mathrm{w}}C_{\mathrm{vz}}^{\mathrm{a}}/(1-C_{\mathrm{a}}C_{\mathrm{w}}),\ W_{\mathrm{wz}}=-C_{\mathrm{vz}}^{\mathrm{w}}/(1-C_{\mathrm{a}}C_{\mathrm{w}}) \tag{5.3.10d}$$

$$Q_{\mathrm{r1,2}}=[A_{\mathrm{ar}}+W_{\mathrm{wr}}+\sqrt{(A_{\mathrm{ar}}-W_{\mathrm{wr}})^2+4A_{\mathrm{wr}}W_{\mathrm{ar}}}]/2 \tag{5.3.10e}$$

$$Q_{\mathrm{z1,2}}=[A_{\mathrm{az}}+W_{\mathrm{wz}}\mp\sqrt{(A_{\mathrm{az}}-W_{\mathrm{wz}})^2+4A_{\mathrm{wz}}W_{\mathrm{az}}}]/2 \tag{5.3.10f}$$

$$q_{12}=W_{\mathrm{ra}}/(Q_{2\mathrm{r}}-A_{\mathrm{ra}}),\ q_{21}=A_{\mathrm{wz}}/(Q_{\mathrm{r1}}-W_{\mathrm{wr}}) \tag{5.3.10g}$$

$$\Phi_1=u_{\mathrm{a}}+q_{21}u_{\mathrm{w}},\ \Phi_2=q_{12}u_{\mathrm{a}}+u_{\mathrm{w}} \tag{5.3.10h}$$

运用分离变量法，分别对变量 $\Phi_1(r,z,t)$、$\Phi_2(r,z,t)$进行展开可以得到：

$$\Phi_1(r,z,t)=\sum_{m=1}^{\infty}\sum_{n=1}^{\infty}\Phi_{1mn}(r,z,t)=\sum_{m=1}^{\infty}\sum_{n=1}^{\infty}T_{1mn}(t)R_m(r)Z_n(z) \tag{5.3.11}$$

$$\Phi_2(r,z,t)=\sum_{m=1}^{\infty}\sum_{n=1}^{\infty}\Phi_{2mn}(r,z,t)=\sum_{m=1}^{\infty}\sum_{n=1}^{\infty}T_{2mn}(t)R_m(r)Z_n(z) \tag{5.3.12}$$

其中，$Z_n(z)$，$R_m(r)$，$T_{1mn}(t)$和 $T_{2mn}(t)$分别为与竖向渗流、径向渗流及时间有关的本征函数。

将式（5.3.11)、(5.3.12）代入式（5.3.8)、(5.3.9）后进行整理可得：

$$\frac{T_{1mn}'(t)}{T_{1mn}(t)}-Q_{\mathrm{r1}}\left[\frac{R_m''(r)}{R_m(r)}+\frac{1}{r}\frac{R_m'(r)}{R_m(r)}\right]-Q_{\mathrm{z1}}\frac{Z_n''(z)}{Z_n(z)}=0 \tag{5.3.13}$$

$$\frac{T_{2mn}'(t)}{T_{2mn}(t)}-Q_{\mathrm{r2}}\left[\frac{R_m''(r)}{R_m(r)}+\frac{1}{r}\frac{R_m'(r)}{R_m(r)}\right]-Q_{\mathrm{z2}}\frac{Z_n''(z)}{Z_n(z)}=0 \tag{5.3.14}$$

令本征函数 $R_m(r)$的特征值为$-\lambda_m$，本征函数 $Z_n(z)$的特征值为$-\upsilon_n$。根据分离变量法，式（5.3.13)、式（5.3.14）可以分别写为如下线性常微分方程特征值问题：

$$Z_n''(z)+\upsilon_n Z_n(z)=0 \tag{5.3.15}$$

$$R_m''(r)+rR_m'(r)+\lambda_m r^2 R_m(r)=0 \tag{5.3.16}$$

$$T_{1mn}'(t)+(Q_{r1}\lambda_m+Q_{z1}\upsilon_n)T_{1mn}(t)=0 \tag{5.3.17}$$

$$T_{2mn}'(t)+(Q_{r2}\lambda_m+Q_{z2}\upsilon_n)T_{2mn}(t)=0 \tag{5.3.18}$$

式中：$\upsilon_n=(n\pi/H)^2$；

$Z_n''(z)$——本征函数 $Z_n(z)$ 对 z 的二阶导数；

$R_m'(r)$ 与 $R_m''(r)$——分别为本征函数 $R_m(r)$ 对 r 的一阶导数与二阶导数；

$T_{1mn}'(t)$ 与 $T_{2mn}'(t)$——分别为本征函数 $T_{1mn}(t)$ 与 $T_{2mn}(t)$ 对 t 的一阶导数。

将初始条件和边界条件代入可得：

$$u_a=\sum_{m=1}^{\infty}\sum_{n=1}^{\infty}\sin\left(\frac{n\pi}{H}z\right)D_m\left(\frac{\mu_m}{r_w}r\right)T_a(t) \tag{5.3.19}$$

$$u_w=\sum_{m=1}^{\infty}\sum_{n=1}^{\infty}\sin\left(\frac{n\pi}{H}z\right)D_m\left(\frac{\mu_m}{r_w}r\right)T_w(t) \tag{5.3.20}$$

式中，μ_m 为 $J_0(\mu_m)Y_1(N\mu_m)-Y_0(\mu_m)J_1(N\mu_m)=0$ 的零点，N 为井径比，且 $N=r_e/r_w$，$n=1, 2, 3, \cdots$；$\lambda_m=(\mu_m/r_w)^2$，$m=1, 2, 3, \cdots$；$J_0(\mu_m r/r_w)$ 和 $Y_0(\mu_m r/r_w)$ 分别为第一类和第二类零阶贝塞尔函数；$J_1(\mu_m r/r_w)$ 和 $Y_1(\mu_m r/r_w)$ 分别为第一类和第二类一阶贝塞尔函数。此外，

$$D_m\left(\frac{\mu_m}{r_w}r\right)=J_0\left(\frac{\mu_m}{r_w}r\right)Y_1(\varepsilon\mu_m)-J_1(\varepsilon\mu_m)Y_0\left(\frac{\mu_m}{r_w}r\right) \tag{5.3.21}$$

$$T_a(t)=\frac{4\alpha_n X_m}{n\gamma_m\mu_m(q_{12}q_{21}-1)\pi}\begin{bmatrix}e^{-(Q_{r2}\lambda_m+Q_{z2}\upsilon_n)t}q_{21}(q_{12}u_a^0+u_w^0)\\-e^{-(Q_{r1}\lambda_m+Q_{z1}\upsilon_n)t}(u_a^0+q_{21}u_w^0)\end{bmatrix} \tag{5.3.22}$$

$$T_w(t)=\frac{4\alpha_n X_m}{n\gamma_m\mu_m(q_{12}q_{21}-1)\pi}\begin{bmatrix}e^{-(Q_{r1}\lambda_m+Q_{z1}\upsilon_n)t}q_{12}(u_a^0+q_{21}u_w^0)\\-e^{-(Q_{r2}\lambda_m+Q_{z2}\upsilon_n)t}(q_{12}u_a^0+u_w^0)\end{bmatrix} \tag{5.3.23}$$

$$X_m=(r_w)^2[J_1(N\mu_m)Y_1(\mu_m)-J_1(\mu_m)Y_1(N\mu_m)] \tag{5.3.24}$$

$$\gamma_m=(r_e)^2\begin{bmatrix}J_0(N\mu_m)Y_1(N\mu_m)\\-J_1(N\mu_m)Y_0(N\mu_m)\end{bmatrix}^2-(r_w)^2\begin{bmatrix}J_0(\mu_m)Y_1(N\mu_m)\\-J_1(N\mu_m)Y_0(\mu_m)\end{bmatrix}^2-\left(\frac{X_m}{r_w}\right)^2 \tag{5.3.25}$$

本部分详细内容可参考文献［13］。

5.3.1.6 固结特性分析

本节分析所采用算例，具体参数取值见表 5.2.1。针对非饱和土竖井地基固结过程中径向渗透系数与竖向渗透系数比值 k_r/k_z（即 k_{ar}/k_{az} 或 k_{wr}/k_{wz}）对超孔隙压力消散和超孔隙压力随着深度变化的影响进行研究。其中，根据 Fredlund 非饱和土一维固结理论对初始超孔隙气压力与超孔隙水压力进行计算。进行算例分析时，孔隙气与孔隙水竖向渗透系数保持不变（即 $k_{az}=10^{-9}$m/s，$k_{wz}=10^{-10}$m/s）。

图 5.3.2 对比了不同径、竖向渗透系数比值 k_r/k_z（即 k_{ar}/k_{az} 或 k_{wr}/k_{wz}）下超孔隙压力在 $r=1$m，$z=2.5$m 处随时间因子的消散。其中取 $k_r/k_z=0.1$、1、5、10 和 20 进行算例分析。从图 5.3.2 可以看出，在不同 k_r/k_z 下超孔隙压力消散曲线几乎有着相同的形状；并且 k_r/k_z 越大，曲线越靠左，即超孔隙压力消散越快。

需要指出的是，产生该现象的原因是不同渗透系数比值 k_r/k_z 不会改变孔隙气压力和孔隙水压力之间的相对大小，而是共同改变两者的大小，所以 k_r/k_z 的增大使得超孔隙压

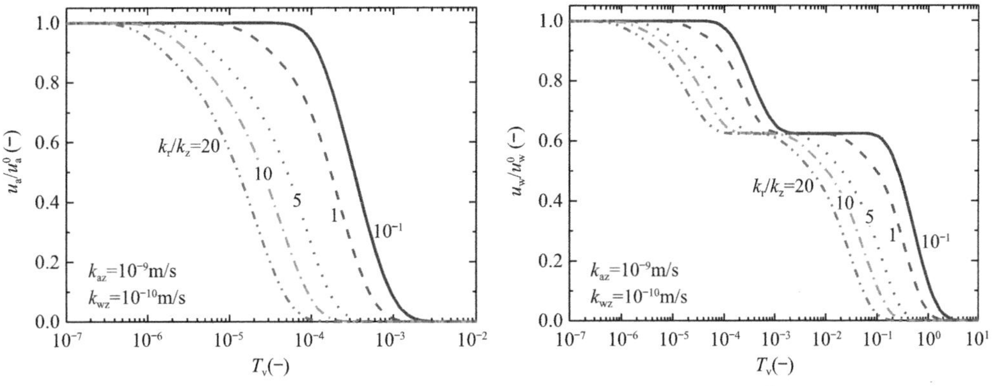

(a)　　　　　　　　(b)

图 5.3.2　不同 k_r/k_z 下超孔隙压力消散对比

(a) 超孔隙气压力；(b) 超孔隙水压力

力消散曲线中任一点的消散状态同时发生改变。

如图 5.3.3 所示，对于超孔隙气压力取时间点 $t=1\times10^3$s、2×10^3s、5×10^3s、1×10^4s、2×10^4s、5×10^4s 以及 1×10^5s 时的分布进行对比；对于超孔隙水压力取 $t=1\times10^3$s、5×10^3s、2×10^4s、5×10^4s、1×10^5s、1×10^6s、5×10^6s、2×10^7s 以及 5×10^7s 时的分布进行对比。从图 5.3.3 (a) 可看出，超孔隙压力在越接近透水边界（$0<z/H<0.2$ 和 $0.8<z/H<1$）的地方消散越快，且在 $z=0$m 和 $z=5$m 处超孔隙压力为 0，与实际情况相符。

特别地，在图 5.3.3 (a) 中，当 $t<1\times10^4$s 时，超孔隙气压力沿着深度的变化曲线存在与横轴（u_a/u_a^0）垂直的部分。这是因为竖井地基中渗流以径向为主要部分，因此超孔隙压力在同一半径处沿着一定深度（$z=0.5H$ 附近）呈均匀分布。随后，该现象随着时间的变化（$t>1\times10^4$s 后）会变得越来越不明显。另外，如图 5.3.3 (b) 所示，超孔隙水压力沿着深度的变化也存在两个阶段，第一阶段（$t<1\times10^5$s 时）超孔隙水压力随着时间的消散仍然会受到超孔隙气压力消散的影响。在此阶段，当 $u_w/u_w^0>0.6$ 时的消散与超孔隙水压力消散规律相同。当时间在 1×10^5s 与 1×10^6s 之间时，超孔隙气压力消散逐渐结束，超孔隙水压力沿深度方向出现等孔压情况。但是当 $t>1\times10^6$s 时的第二阶段，随

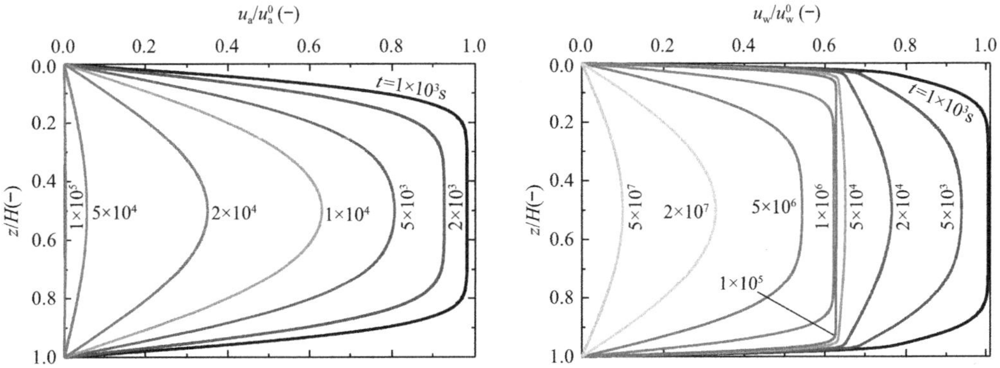

(a)　　　　　　　　(b)

图 5.3.3　超孔隙压力在不同时间沿深度消散对比

(a) 超孔隙气压力；(b) 超孔隙水压力

着超孔隙气压力消散的结束，超孔隙水压力的消散不再受到超孔隙气压力消散的影响，消散曲线与图5.3.2中的消散规律相同，该现象的解释与前文相同。

5.3.2 均质和混合边界条件下轴对称固结模型解析

在非饱和土固结过程中，孔隙水和孔隙气排出的难易程度不同，往往存在气体较水能更快排出的现象。本节针对此特点，采用Laplace变换与有限Hankel变换，研究了均质与混合边界条件下非饱和土地基的轴对称固结特性。

5.3.2.1 计算模型

基于Dakshanamurthy和Fredlund非饱和土轴对称固结模型，本节考虑了四种不同的顶面和底面边界条件，给出均质和混合边界条件下非饱和土自由应变固结计算模型。

5.3.2.2 基本假定

本节除模型上下边界渗透性假定与第5.3.1节不同外，其他完全一致。

5.3.2.3 控制方程

根据第2.24节所推导非饱和土轴对称固结控制方程，可以得到瞬时荷载 q_0 作用下非饱和土竖井地基固结过程中超孔隙气压力、超孔隙水压力的控制方程如下：

$$\frac{\partial u_a}{\partial t}=-C_a\frac{\partial u_w}{\partial t}-C_{vr}^a\left(\frac{\partial^2 u_a}{\partial r^2}+\frac{1}{r}\frac{\partial u_a}{\partial r}\right)-C_{vz}^a\frac{\partial^2 u_a}{\partial z^2} \tag{5.3.26}$$

$$\frac{\partial u_w}{\partial t}=-C_w\frac{\partial u_a}{\partial t}-C_{vr}^w\left(\frac{\partial^2 u_w}{\partial r^2}+\frac{1}{r}\frac{\partial u_w}{\partial r}\right)-C_{vz}^w\frac{\partial^2 u_w}{\partial z^2} \tag{5.3.27}$$

5.3.2.4 初始和边界条件

$$u_a(r,z,0)=u_a^0,\quad u_w(r,z,0)=u_w^0 \tag{5.3.28}$$

$$u_a(r_w,z,t)=0,\quad u_w(r_w,z,t)=0 \tag{5.3.29}$$

$$\left.\frac{\partial u_a(r,z,t)}{\partial r}\right|_{r=r_e}=0,\quad \left.\frac{\partial u_w(r,z,t)}{\partial r}\right|_{r=r_e}=0 \tag{5.3.30}$$

竖向边界考虑不同情况，具体如下：

（1）边界一：顶面透气透水，底面不透气不透水（均质边界条件）

$$u_a(r,0,t)=0,\quad u_w(r,0,t)=0 \tag{5.3.31}$$

$$\left.\frac{\partial u_a(r,z,t)}{\partial z}\right|_{z=H}-0,\quad \left.\frac{\partial u_w(r,z,t)}{\partial z}\right|_{z=H}=0 \tag{5.3.32}$$

（2）边界二：顶面透气透水，底面透气透水（均质边界条件）

$$u_a(r,0,t)=0,\quad u_w(r,0,t)=0 \tag{5.3.33}$$

$$u_a(r,H,t)=0,\quad u_w(r,H,t)=0 \tag{5.3.34}$$

（3）边界三：顶面透气不透水，底面不透气不透水（混合边界条件）

$$u_a(r,0,t)=0,\quad \left.\frac{\partial u_w(r,z,t)}{\partial z}\right|_{z=H}=0 \tag{5.3.35}$$

$$\left.\frac{\partial u_a(r,z,t)}{\partial z}\right|_{z=H}=0,\quad \left.\frac{\partial u_w(r,z,t)}{\partial z}\right|_{z=H}=0 \tag{5.3.36}$$

（4）边界四：顶面透气不透水，底面透气透水（混合边界条件）

$$u_a(r,0,t)=0,\quad \left.\frac{\partial u_w(r,z,t)}{\partial z}\right|_{z=0}=0 \tag{5.3.37}$$

$$u_a(r,H,t)=0,\quad u_w(r,H,t)=0 \tag{5.3.38}$$

5.3.2.5　半解析求解

对控制方程式（5.3.26）和式（5.3.27）进行有限 Hankel 变换和 Laplace 变换（Huang 等，2022）[10]可以得到：

$$\tilde{u}_{a,H}=-\frac{C_{vz}^{w}}{sC_w}\frac{\partial^2\tilde{u}_{w,H}}{\partial z^2}-\frac{s-(\lambda_n)^2C_{vr}^{w}}{sC_w}\tilde{u}_{w,H}+\frac{u_{w,H}^{0}+C_w u_{a,H}^{0}}{sC_w} \tag{5.3.39}$$

$$\tilde{u}_{w,H}=-\frac{C_{vz}^{a}}{sC_a}\frac{\partial^2\tilde{u}_{a,H}}{\partial z^2}-\frac{s-(\lambda_n)^2C_{vr}^{a}}{sC_a}\tilde{u}_{a,H}+\frac{u_{a,H}^{0}+C_a u_{w,H}^{0}}{sC_a} \tag{5.3.40}$$

式中：$\tilde{u}_{a,H}$ 和 $\tilde{u}_{w,H}$——分别为对超孔隙气压力和超孔隙水压力进行有限 Hankel 变换和 Laplace 变换后的结果；

$u_{a,H}^{0}$ 和 $u_{w,H}^{0}$——分别为初始超孔隙气压力和初始超孔隙水压力进行有限 Hankel 变换后的结果，且

$$u_{a,H}^{0}=\int_{r_w}^{r_e}u_a^0B_0(\lambda_n r)r\mathrm{d}r,\quad u_{w,H}^{0}=\int_{r_w}^{r_e}u_w^0B_0(\lambda_n r)r\mathrm{d}r \tag{5.3.41}$$

$$B_0(\lambda_n r)=J_0(\lambda_n r)Y_0(\lambda_n r_w)-J_0(\lambda_n r_w)Y_0(\lambda_n r) \tag{5.3.42}$$

式中，λ_n 为超越方程 $J_0(\lambda_n r_w)Y_1(\lambda_n r_e)-J_1(\lambda_n r_e)Y_0(\lambda_n r_w)=0$ 的正根；$J_0(\lambda_n r_w)$和 $Y_0(\lambda_n r_w)$分别是零阶第一和第二类贝塞尔函数在 $r=r_w$ 处的值；$J_1(\lambda_n r_e)$和 $Y_1(\lambda_n r_e)$分别是一阶第一和第二类贝塞尔函数在 $r=r_e$ 处的值。

经过代入整理可得

$$\tilde{u}_{a,H}=Ab_1e^{\xi z}+Bb_1e^{-\xi z}+Cb_2e^{\eta z}+Db_2e^{-\eta z}+b_3 \tag{5.3.43}$$

$$\tilde{u}_{w,H}=Ae^{\xi z}+Be^{-\xi z}+Ce^{\eta z}+De^{-\eta z}-\frac{a_4}{a_3} \tag{5.3.44}$$

其中：

$$\xi=\sqrt{\left(-a_2+\sqrt{(a_2)^2-4a_1a_3}\right)/2a_1},\quad \eta=\sqrt{\left(-a_2-\sqrt{(a_2)^2-4a_1a_3}\right)/2a_1} \tag{5.3.45a}$$

$$a_1=C_{vz}^{a}C_{vz}^{w},\quad a_2=C_{vz}^{a}(s-\lambda_n^2C_{vr}^{w})+C_{vz}^{w}(s-\lambda_n^2C_{vr}^{a}) \tag{5.3.45b}$$

$$a_3=(s-\lambda_n^2C_{vr}^{w})(s-\lambda_n^2C_{vr}^{a})-s^2C_aC_w \tag{5.3.45c}$$

$$a_4=(sC_aC_w-s+\lambda_n^2C_{vr}^{a})u_{w,H}^{0}+\lambda_n^2C_{vr}^{a}C_wu_{a,H}^{0} \tag{5.3.45d}$$

$$b_1=(\lambda_n^2C_{vr}^{w}-\xi^2C_{vz}^{w}-s)/(sC_w),\quad b_2=(\lambda_n^2C_{vr}^{w}-\eta^2C_{vz}^{w}-s)/(sC_w) \tag{5.3.45e}$$

$$b_3=(s-\lambda_n^2C_{vr}^{w})a_4/(sC_wa_3)+(u_{w,H}^{0}+C_wu_{a,H}^{0})/(sC_w) \tag{5.3.45f}$$

A、B、C、D 是由边界条件定义的函数。

对竖向边界条件做有限 Hankel 变换和 Laplace 变换，然后分别在以下边界条件下得到 A、B、C 和 D 的解。

（1）边界一：顶面透气透水，底面不透气不透水

$$A_1=\frac{-(a_4b_2+a_3b_3)}{a_3(b_1-b_2)(1+e^{2\xi H})} \tag{5.3.46}$$

$$B_1=\frac{-(a_4b_2+a_3b_3)e^{2\xi H}}{a_3(b_1-b_2)(1+e^{2\xi H})} \tag{5.3.47}$$

$$C_1=\frac{a_4b_1+a_3b_3}{a_3(b_1-b_2)(1+e^{2\xi H})} \tag{5.3.48}$$

$$D_1=\frac{(a_4b_1+a_3b_3)e^{2\eta H}}{a_3(b_1-b_2)(1+e^{2\xi H})} \tag{5.3.49}$$

代入式（5.3.43)、式（5.3.44)，并进行有限 Hankel 函数的逆变换可得此条件下超孔隙压力在 Laplace 域内的解为：

$$\tilde{u}_a=\sum_{n=1}^{\infty}\frac{-\frac{b_1\phi_{11}\cosh[\xi(H-z)]}{\cosh(\xi H)}+\frac{b_2\phi_{12}\cosh[\eta(H-z)]}{\cosh(\eta H)}+b_3}{B_0^2(\lambda_n r)}B_0(\lambda_n r) \tag{5.3.50}$$

$$\tilde{u}_w=\sum_{n=1}^{\infty}\frac{-\frac{\phi_{11}\cosh[\xi(H-z)]}{\cosh(\xi H)}+\frac{\phi_{12}\cosh[\eta(H-z)]}{\cosh(\eta H)}-\frac{a_4}{a_3}}{B_0^2(\lambda_n r)}B_0(\lambda_n r) \tag{5.3.51}$$

其中：

$$\phi_{11}=(a_4b_2+a_3b_3)/[a_3(b_1-b_2)] \tag{5.3.52a}$$

$$\phi_{12}=(a_4b_1+a_3b_3)/[a_3(b_1-b_2)] \tag{5.3.52b}$$

(2）边界二：顶面透气排水，底面透气排水

$$A_2=\frac{-(a_4b_2+a_3b_3)}{a_3(b_1-b_2)(1+e^{\xi H})} \tag{5.3.53}$$

$$B_2=\frac{-(a_4b_2+a_3b_3)e^{\xi H}}{a_3(b_1-b_2)(1+e^{\xi H})} \tag{5.3.54}$$

$$C_2=\frac{a_4b_1+a_3b_3}{a_3(b_1-b_2)(1+e^{\xi H})} \tag{5.3.55}$$

$$D_2=\frac{(a_4b_1+a_3b_3)e^{\eta H}}{a_3(b_1-b_2)(1+e^{\xi H})} \tag{5.3.56}$$

同理可得

$$\tilde{u}_a=\sum_{n=1}^{\infty}\frac{\frac{b_1\phi_{21}[e^{\eta(H-z)}+e^{z\eta}]}{1+e^{\eta H}}-\frac{b_2\phi_{22}[e^{\xi(H-z)}+e^{z\xi}]}{1+e^{\xi H}}+b_3}{B_0^2(\lambda_n r)}B_0(\lambda_n r) \tag{5.3.57}$$

$$\tilde{u}_w=\sum_{n=1}^{\infty}\frac{\frac{\phi_{21}[e^{\eta(H-z)}+e^{z\eta}]}{1+e^{\eta H}}-\frac{\phi_{22}[e^{\xi(H-z)}+e^{z\xi}]}{1+e^{\xi H}}-\frac{a_4}{a_3}}{B_0^2(\lambda_n r)}B_0(\lambda_n r) \tag{5.3.58}$$

其中：

$$\phi_{21}=\phi_{11}=(a_4b_2+a_3b_3)/[a_3(b_1-b_2)] \tag{5.3.59a}$$

$$\phi_{22}=\phi_{12}=(a_4b_1+a_3b_3)/[a_3(b_1-b_2)] \tag{5.3.59b}$$

(3）边界三：顶面透气不排水，底面不透气不排水

$$A_3=-\frac{b_3e^{-(\eta+\xi)H}(e^{2\eta H}-1)\eta}{4[b_1\eta\cosh(\xi H)\sinh(\eta H)-b_2\xi\cosh(\eta H)\sinh(\xi H)]} \tag{5.3.60}$$

$$B_3=-\frac{b_3e^{\xi H}\eta}{2[b_1\eta\cosh(\xi H)-b_2\xi\cosh(\eta H)\sinh(\xi H)]} \tag{5.3.61}$$

$$C_3=\frac{b_3\mathrm{e}^{-(\eta+\xi)H}(\mathrm{e}^{2\xi H}-1)\xi}{4[b_1\eta\cosh(\xi H)\sinh(\eta H)-b_2\xi\cosh(\eta H)\sinh(\xi H)]} \tag{5.3.62}$$

$$D_3=-\frac{b_3\mathrm{e}^{\eta H}\xi}{2[b_2\xi\cosh(\eta H)-b_1\eta\cosh(\xi H)\sinh(\eta H)]} \tag{5.3.63}$$

同理可得

$$\tilde{u}_{\mathrm{a}}=\sum_{n=1}^{\infty}\frac{b_1\phi_{31}\mathrm{e}^{\eta z-(\eta+\xi)H}+b_2\phi_{32}\mathrm{e}^{\eta(H-z)}+b_3}{B_0^2(\lambda_n r)}B_0(\lambda_n r) \tag{5.3.64}$$

$$\tilde{u}_{\mathrm{w}}=\sum_{n=1}^{\infty}\frac{\phi_{31}\mathrm{e}^{\eta z-(\eta+\xi)H}+\phi_{32}\mathrm{e}^{\eta(H-z)}-\dfrac{a_4}{a_3}}{B_0^2(\lambda_n r)}B_0(\lambda_n r) \tag{5.3.65}$$

其中：

$$\phi_{31}=b_3\xi(\mathrm{e}^{2\xi H}-1)/\{4[b_1\eta\cosh(\xi H)\sinh(\eta H)-b_2\xi\cosh(\eta H)\sinh(\xi H)]\} \tag{5.3.66a}$$

$$\phi_{32}=-b_3\xi/\{2[b_2\xi\cosh(\eta H)-b_1\xi\coth(\xi H)\sinh(\eta H)]\} \tag{5.3.66b}$$

（4）边界四：顶面透气不排水，底面透气排水

$$A_4=\frac{\mathrm{e}^{-\eta H}\{\tau_1+2a_4b_1b_2\mathrm{e}^{(\eta-\xi)H}\eta+\nu_1+\mathrm{e}^{-\xi H}[\kappa_1+o_1(\mathrm{e}^{\xi H}\xi+\mathrm{e}^{(\xi+\eta)H}\xi+\eta-\mathrm{e}^{\eta H}\eta)]\}}{4a_3(b_1-b_2)\psi} \tag{5.3.67}$$

$$B_4=\frac{\mathrm{e}^{-\eta H}\{\tau_1-2a_4b_1b_2\mathrm{e}^{(\xi+\eta)H}\eta+\nu_1+\kappa_1+o_1[\mathrm{e}^{\eta H}\xi+\mathrm{e}^{(\xi+\eta)H}\eta+\xi-\mathrm{e}^{\xi H}\eta]\}}{4a_3(b_1-b_2)\psi} \tag{5.3.68}$$

$$C_4=\frac{\mathrm{e}^{-\xi H}\{\tau_2+2a_4b_1b_2\mathrm{e}^{(\xi-\eta)H}\xi+\nu_2-\mathrm{e}^{-\eta H}[\kappa_2+o_2(\mathrm{e}^{\xi H}\xi-\mathrm{e}^{(2\xi+\eta)H}\eta-\xi+\mathrm{e}^{\xi H}\eta)]\}}{4a_3(b_1-b_2)\psi} \tag{5.3.69}$$

$$D_4=\frac{\mathrm{e}^{-\xi H}\{\tau_2-2a_4b_1b_2\mathrm{e}^{(\xi+\eta)H}\xi+\nu_2-[\kappa_2+o_2(\mathrm{e}^{\eta H}\xi-\mathrm{e}^{(\xi+\eta)H}\xi-\eta-\mathrm{e}^{\xi H}\eta)]\}}{4a_3(b_1-b_2)\psi} \tag{5.3.70}$$

其中：

$$\tau_1=a_4(b_2)^2(\mathrm{e}^{2\eta H}-1)\xi,\quad \tau_2=a_4(b_1)^2(\mathrm{e}^{2\xi H}-1)\eta \tag{5.3.71a}$$

$$\kappa_1=-a_3b_1b_3(\mathrm{e}^{2\eta H}-1)(\mathrm{e}^{\xi H}-1)\eta,\quad \kappa_2=a_3b_2b_3(\mathrm{e}^{2\xi H}+1)(\mathrm{e}^{\eta H}-1)\xi \tag{5.3.71b}$$

$$o_1=a_3b_2b_3(\mathrm{e}^{\eta H}-1),\quad o_2=a_3b_1b_3(\mathrm{e}^{\xi H}-1) \tag{5.3.71c}$$

$$\nu_1=a_4b_1b_2(\mathrm{e}^{2\eta H}+1)\eta,\quad \nu_2=a_4b_1b_2(\mathrm{e}^{2\xi H}+1)\xi \tag{5.3.71d}$$

$$\psi=\eta b_1\cosh(\eta H)\sinh(\xi H)-\xi b_2\cosh(\xi H)\sinh(\eta H) \tag{5.3.71e}$$

同理可得

$$\tilde{u}_{\mathrm{a}}=\sum_{n=1}^{\infty}\frac{(b_1\phi_{41}+b_2\phi_{42})/\psi+b_3}{B_0^2(\lambda_n r)}B_0(\lambda_n r) \tag{5.3.72}$$

$$\tilde{u}_{\mathrm{w}}=\sum_{n=1}^{\infty}\frac{(\phi_{41}+\phi_{42})/\psi-a_4/a_3}{B_0^2(\lambda_n r)}B_0(\lambda_n r) \tag{5.3.73}$$

其中：

$$\phi_{41}=\phi_{11}\chi_1+\eta(b_2\phi_{12}\chi_3+b_3\chi_2) \tag{5.3.74a}$$

$$\phi_{42}=-\phi_{11}\sinh[(H-z)\eta]+\phi_{12}\chi_4+b_3\xi\chi_5 \tag{5.3.74b}$$

$$\chi_1=b_2\xi\cosh(z\xi)\sinh(H\eta)-b_1\eta\cosh(H\eta)\sinh(z\xi) \tag{5.3.74c}$$

$$\chi_2=\cosh(H\xi)\cosh(H\eta)\sinh(z\xi)-\cosh(z\xi)\cosh(H\eta)\sinh(H\xi) \tag{5.3.74d}$$

$$\chi_3=\cosh(H\xi)\sinh(z\xi)-\cosh(z\xi)\sinh(H\eta) \tag{5.3.74e}$$

$$\chi_4=b_1\eta\cosh(z\eta)\sinh(H\xi)-b_2\xi\cosh(H\xi)\sinh(z\eta) \tag{5.3.74f}$$

$$\chi_5=\cosh(H\xi)\sinh[(H-z)\eta] \tag{5.3.74g}$$

最后，根据 Crump 法编制程序实现 Laplace 逆变换，得到上述四种边界下的超孔隙气压力和超孔隙水压力在时域内的解。

本部分详细内容可参考文献［10］。

5.3.2.6　均质和混合边界条件下非饱和土竖井地基固结特性分析

基于以上得到的半解析解，运用算例，分析上述不同边界中边界参数对非饱和土竖井地基轴对称固结的影响。算例中，参数取值参考非饱和土固结相关文献［5］和文献［10］（Qin 等，2010；Huang 等，2022），具体见表 5.2.1。基于以上得到的解，分析不同边界条件对固结的影响，研究了不同深度处超孔隙压力的分布特征。

如图 5.3.4 所示，三种不同深度处超孔隙压力消散完成所需时间是相同的。当深度为 1m 时，此时最接近顶面，气体最容易被排出，即最先开始消散。从图 5.3.4（b）可以看出，在第二阶段，边界一在不同深度处的超孔隙水压力的消散形态与第一阶段相似，而边界三的超孔隙水压力消散曲线合并为一条。这是因为当顶面和底面边界对液相都不渗透时，任何深度处的孔隙水都需向中心竖井渗流，而它们距中心竖井的距离都是相等的。这一现象验证了边界条件在超孔隙水压力消散的第二阶段中起着主导作用，这也是本节从不同边界条件研究其对固结影响的意义所在。

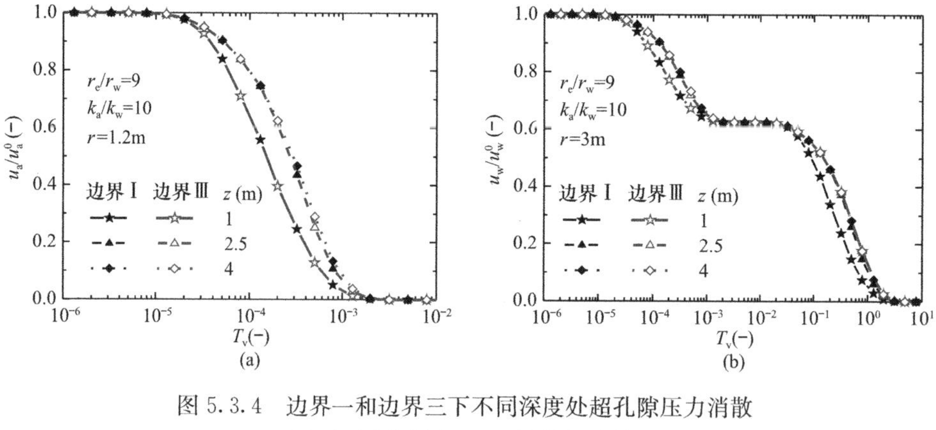

图 5.3.4　边界一和边界三下不同深度处超孔隙压力消散

（a）超孔隙气压力；（b）超孔隙水压力

如图 5.3.5 所示，当深度为 1m 和 4m 时，边界二和边界四下超孔隙气压力沿着相同的消散曲线消散，这与边界一和边界三不同。这是因为边界二和边界四的顶面和底面边界对气相都是渗透的，$z=1$m 和 $z=4$m 分别距顶面和底面边界的距离相同。当深度达到

2.5m 时，距顶部和底部表面的距离比其他两个深度都要长，需要更长的时间，因此速率最慢。边界四的超孔隙水压力在第二阶段从两条线变为三条线。这是因为顶部边界对液相是不渗透的，底部边界对液相是渗透的，所以靠近底面的水会更容易排出。这与均质边界的情况不同。从图 5.3.4 和图 5.3.5 的最终固结时间来看，当研究因素为深度时，边界二的固结速率最快。

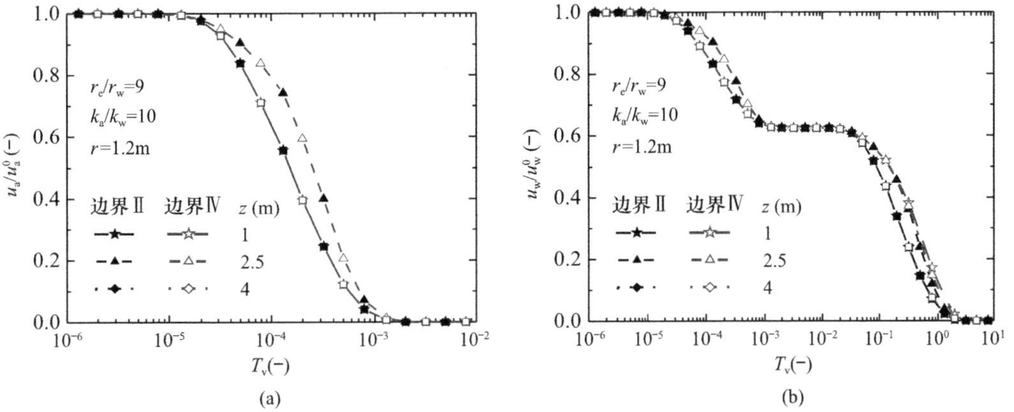

图 5.3.5　边界二和边界四下不同深度处超孔隙压力的消散

（a）超孔隙气压力；（b）超孔隙水压力

5.3.3　自由应变与等应变假定下轴对称固结模型对比

5.3.3.1　超孔隙压力时空分布规律

本节以第 5.3.2 节中上边界完全渗透、下边界完全不渗透竖井地基为研究对象，描述自由应变假设下，非饱和土轴对称固结过程中某一时刻的超孔隙压力空间分布。图 5.3.6 为非饱和土轴对称固结过程中某一时刻超孔隙压力分布。从图中可以明显看出，在上边界（$z=0$）与径向内边界（$r=r_w$）处，超孔隙压力迅速消散至零，这与上述边界处完全渗透假定相符。自由应变假定下，可得知竖井地基内任意点处超孔隙压力；此外，通过超孔隙压力的消散云图，可明显观察到径、竖向渗流的耦合作用。

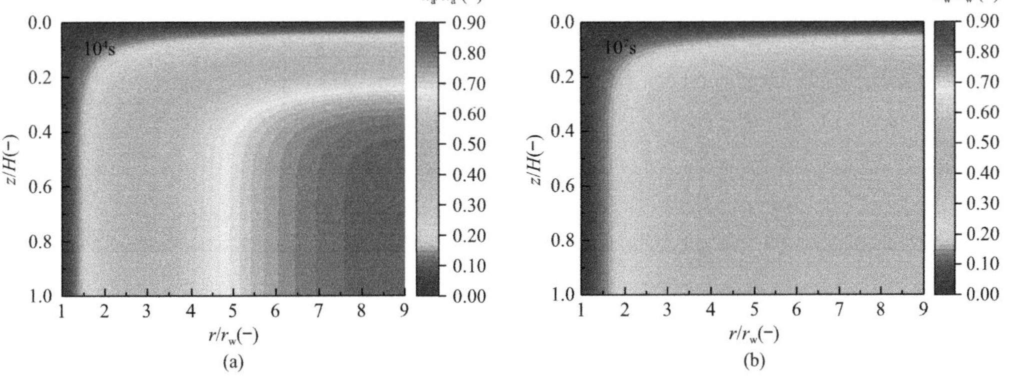

图 5.3.6　非饱和土竖井地基超孔隙压力分布

（a）超孔隙气压力；（b）超孔隙水压力

5.3.3.2　两种不同应变假设对结果影响分析

当竖井地基上承担堆载的材料刚性较大时，竖井周围的不均匀沉降会使土体应力发生重分布，从而使得地基中同一高度上的各点竖向应变相等。此时，基于等应变假定的轴对称固结理论将简化求解过程；但等应变与自由应变假设下结果的差异有待分析。

图 5.3.7 为等应变与自由应变假定下，非饱和土轴对称固结过程中超孔隙压力沿径向分布情况。从图中可以看出，由于采用了等应变假设，所得到的结果无法正确反映土体中超孔隙压力的时空分布情况。而自由应变假定下超孔隙压力在径向上的变化规律可以得到明显体现，且可以分析竖向渗流对超孔隙压力消散的影响，以及径、竖向渗透系数比对于固结的影响。

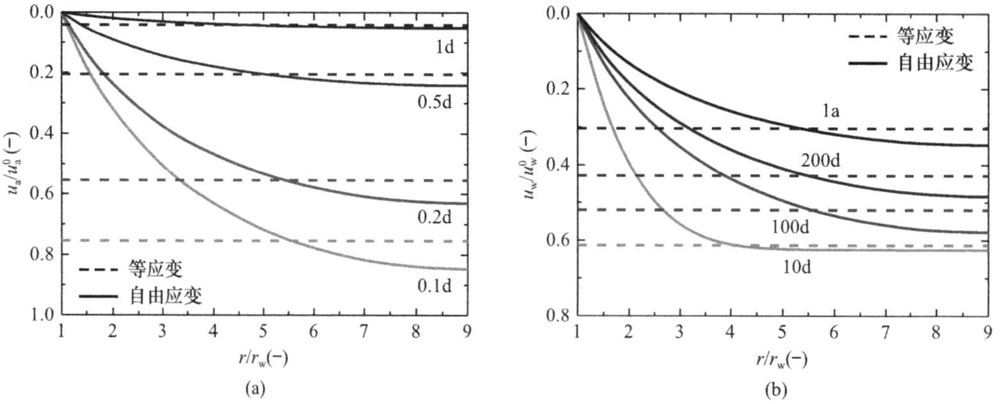

图 5.3.7　自由应变与等应变假定下超孔隙压力沿径向分布对比

（a）超孔隙气压力；（b）超孔隙水压力

图 5.3.8 为等应变与自由应变假定下，非饱和土轴对称固结过程中固结度随时间变化情况。从图中可以看出，两种假定所得到的固结度相近，同时也说明二者在实际工程中运用的可行性。通过对比不同井径比下土体中平均固结度，发现固结度的发展与井径比的大小密切相关。在井径比较大的情况下，等应变和自由应变条件下的固结度相差不大。随着井径比的减小，两者固结度的差别逐渐增大。

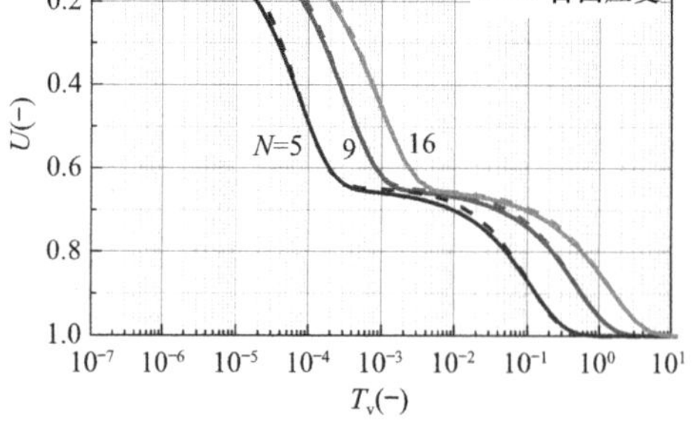

图 5.3.8　自由应变与等应变假定下固结度随时间变化对比

5.4 非饱和土-饱和土地基轴对称固结

5.4.1 固结模型

当同时存在非饱和土与饱和土的地基在外荷载作用下满足轴对称条件时，可以采用轴对称固结模型分析它的固结特性。本节采用解析方法研究非饱和土-饱和土地基轴对称固结，补充如下基本假设：

(1) 地基由一层均质的饱和土层和一层均质的非饱和土层组成；

(2) 饱和土中存在少量孔隙气且完全被孔隙水包裹；

(3) 饱和土层中的毛细区域很薄，忽略该区域中流体的压缩性；

(4) 在两层土界面处，土体中的孔隙水自由流动，且上层土中的孔隙气不能流入下层；

(5) 土体为各向同性但渗透系数各向异性；

(6) 地基轴对称固结模型的顶面边界和靠近竖井的侧向边界均为透气透水边界，底面边界和远离竖井的侧向边界为不排水边界。

图 5.4.1 为一个位于不透水基岩上的非饱和土-饱和土地基（上层为双相流土层，下层为单相流土层），在任意大面积均布荷载 $q(t)$ 作用下轴对称固结模型的示意图。图中 r_w 为竖井半径，r_e 为竖井影响区半径，H 为双层地基的总厚度，h_1 为上层非饱和土层的厚度，r 为水平向坐标，z 为竖向坐标。

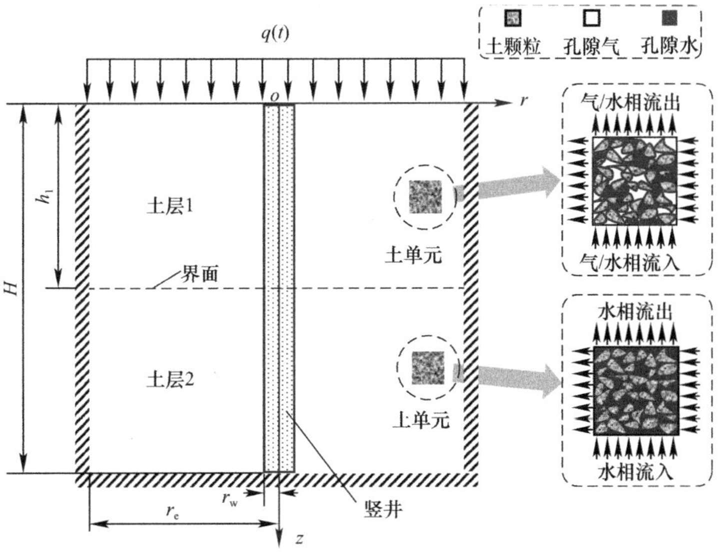

图 5.4.1 非饱和土-饱和土地基轴对称固结模型

基于基本假设、Terzaghi 固结理论（Terzaghi，1943）[11] 以及 Fredlund 和 Rahardjo (1993)[12] 提出的非饱和土固结理论，上层非饱和土（土层 1）和下层饱和土（土层 2）在任意均布荷载作用下分别满足如下控制方程：

$$\frac{\partial u_{a}^{(1)}}{\partial t}=-C_{a}\frac{\partial u_{w}^{(1)}}{\partial t}-C_{vr}^{a}\left(\frac{\partial^{2}u_{a}^{(1)}}{\partial r^{2}}+\frac{1}{r}\frac{\partial u_{a}^{(1)}}{\partial r}\right)-C_{vz}^{a}\frac{\partial^{2}u_{a}^{(1)}}{\partial z^{2}}+C_{\sigma}^{a}\frac{\partial\sigma_{z}}{\partial t} \tag{5.4.1}$$

$$\frac{\partial u_{w}^{(1)}}{\partial t}=-C_{w}\frac{\partial u_{a}^{(1)}}{\partial t}-C_{vr}^{w}\left(\frac{\partial^{2}u_{w}^{(1)}}{\partial r^{2}}+\frac{1}{r}\frac{\partial u_{w}^{(1)}}{\partial r}\right)-C_{vz}^{w}\frac{\partial^{2}u_{w}^{(1)}}{\partial z^{2}}+C_{\sigma}^{w}\frac{\partial\sigma_{z}}{\partial t} \tag{5.4.2}$$

$$\frac{\partial u_{w}^{(2)}}{\partial t}=-C_{vr}\left(\frac{\partial^{2}u_{w}^{(2)}}{\partial r^{2}}+\frac{1}{r}\frac{\partial u_{w}^{(2)}}{\partial r}\right)-C_{vz}\frac{\partial^{2}u_{w}^{(2)}}{\partial z^{2}}+\frac{\partial\sigma_{z}}{\partial t} \tag{5.4.3}$$

式中：

$$C_{a}=m_{2ax}^{a}/m_{1ax}^{a}-m_{2ax}^{a}-(1-S_{r0})n_{0}/(u_{a}^{0}+u_{atm}) \tag{5.4.4a}$$

$$C_{vr}^{a}=k_{ar}RT/\{gM(u_{a}^{0}+u_{atm})[m_{1ax}^{a}-m_{2ax}^{a}-(1-S_{r0})n_{0}/(u_{a}^{0}+u_{atm})]\} \tag{5.4.4b}$$

$$C_{vz}^{a}=k_{az}RT/\{gM(u_{a}^{0}+u_{atm})[m_{1ax}^{a}-m_{2ax}^{a}-(1-S_{r0})n_{0}/(u_{a}^{0}+u_{atm})]\} \tag{5.4.4c}$$

$$C_{\sigma}^{a}=m_{1ax}^{a}/[m_{1ax}^{a}-m_{2ax}^{a}-(1-S_{r0})n_{0}/(u_{a}^{0}+u_{atm})] \tag{5.4.4d}$$

$$C_{w}=m_{1ax}^{w}/m_{2ax}^{w}-1 \tag{5.4.4e}$$

$$C_{vr}^{w}=k_{wr}/(\gamma_{w}m_{2ax}^{w}) \tag{5.4.4f}$$

$$C_{vz}^{w}=k_{wz}/(\gamma_{w}m_{2ax}^{w}) \tag{5.4.4g}$$

$$C_{\sigma}^{w}=m_{1ax}^{w}/m_{2ax}^{w} \tag{5.4.4h}$$

$$C_{vr}=k_{r}/(\gamma_{w}m_{vax}) \tag{5.4.4i}$$

$$C_{vz}=k_{z}/(\gamma_{w}m_{vax}) \tag{5.4.4j}$$

如图 5.4.1 所示的非饱和土-饱和土地基轴对称固结模型，顶面（$z=0$）、底面（$z=H$）和侧向（$r=r_w$ 和 r_e）边界条件分别表示为：

$$u_{a}^{(1)}(r,0,t)=u_{w}^{(1)}(r,0,t)=0 \tag{5.4.5}$$

$$\left.\frac{\partial u_{w}^{(2)}(r,z,t)}{\partial z}\right|_{z=H}=0 \tag{5.4.6}$$

$$u_{a}^{(1)}(r_{w},z,t)=u_{w}^{(1)}(r_{w},z,t)=u_{w}^{(2)}(r_{w},z,t)=0 \tag{5.4.7}$$

$$\left.\frac{\partial u_{a}^{(1)}(r,z,t)}{\partial r}\right|_{r=r_{e}}=\left.\frac{\partial u_{w}^{(1)}(r,z,t)}{\partial r}\right|_{r=r_{e}}=\left.\frac{\partial u_{w}^{(2)}(r,z,t)}{\partial r}\right|_{r=r_{e}}=0 \tag{5.4.8}$$

在两层土的界面（$z=h_1$）处，上下层土中的孔隙水可自由通过界面，上层土中的孔隙气不能通过界面进入下层。因此，界面条件为

$$u_{w}^{(1)}(r,h_{1},t)=u_{w}^{(2)}(r,h_{1},t) \tag{5.4.9}$$

$$k_{wz}\left.\frac{\partial u_{w}^{(1)}(r,z,t)}{\partial z}\right|_{z=h_{1}}=k_{z}\left.\frac{\partial u_{w}^{(2)}(r,z,t)}{\partial z}\right|_{z=h_{1}} \tag{5.4.10}$$

$$\left.\frac{\partial u_{a}^{(1)}(r,z,t)}{\partial z}\right|_{z=h_{1}}=0 \tag{5.4.11}$$

初始时刻地基中任意深度处的总应力等于外荷载在初始时刻的值，因此控制方程组式（5.4.1）～式（5.4.3）的初始条件与外荷载的初始值有关。地基中的初始超孔隙压力记为：

$$u_{a}^{(1)}(r,z,0)=u_{a}^{0},\quad u_{w}^{(1)}(r,z,0)=u_{w}^{0},\quad u_{w}^{(2)}(r,z,0)=q_{0} \tag{5.4.12}$$

5.4.2 模型求解

在求解控制方程式（5.4.1）和式（5.4.2）的解时，同样考虑将偏微分方程转化为常

微分方程，以便于求解。通过 Laplace 变换和零阶 Hankel 变换消除关于自变量 r 和 t 的依赖，可将偏微分方程转化为常微分方程求解。

在控制方程求解之前，先采用解耦方法将非饱和土层的耦合控制方程组式（5.4.1）和式（5.4.2），转化为两个非耦合的控制方程。与式（5.4.1）和式（5.4.2）等价的两个控制方程为

$$\frac{\partial \varphi_1}{\partial t}=Q_{\mathrm{h1}}\left(\frac{\partial^2 \varphi_1}{\partial r^2}+\frac{1}{r}\frac{\partial \varphi_1}{\partial r}\right)+Q_{\mathrm{v1}}\frac{\partial^2 \varphi_1}{\partial z^2}+Q_{\mathrm{q1}}\frac{\mathrm{d}\sigma_z}{\mathrm{d}t} \tag{5.4.13}$$

$$\frac{\partial \varphi_2}{\partial t}=Q_{\mathrm{h2}}\left(\frac{\partial^2 \varphi_2}{\partial r^2}+\frac{1}{r}\frac{\partial \varphi_2}{\partial r}\right)+Q_{\mathrm{v2}}\frac{\partial^2 \varphi_2}{\partial z^2}+Q_{\mathrm{q2}}\frac{\mathrm{d}\sigma_z}{\mathrm{d}t} \tag{5.4.14}$$

式中：$\varphi_1=u_{\mathrm{a}}^{(1)}+c_{21}u_{\mathrm{w}}^{(1)}$，$\varphi_2=c_{12}u_{\mathrm{a}}^{(1)}+u_{\mathrm{w}}^{(1)}$，$Q_{\mathrm{h1}}=(A_{\mathrm{h}}^{\mathrm{a}}+W_{\mathrm{h}}^{\mathrm{w}}-Q_{\mathrm{h}}^{\mathrm{aw}})/2$，$Q_{\mathrm{h2}}=(A_{\mathrm{h}}^{\mathrm{a}}+W_{\mathrm{h}}^{\mathrm{w}}+Q_{\mathrm{h}}^{\mathrm{aw}})/2$，$Q_{\mathrm{v1}}=(A_{\mathrm{v}}^{\mathrm{a}}+W_{\mathrm{v}}^{\mathrm{w}}-Q_{\mathrm{v}}^{\mathrm{aw}})/2$，$Q_{\mathrm{v2}}=(A_{\mathrm{v}}^{\mathrm{a}}+W_{\mathrm{v}}^{\mathrm{w}}+Q_{\mathrm{v}}^{\mathrm{aw}})/2$，$Q_{\mathrm{q1}}=A_{\mathrm{q}}^{\mathrm{a}}+c_{21}W_{\mathrm{q}}^{\mathrm{w}}$，$Q_{\mathrm{q2}}=c_{12}A_{\mathrm{q}}^{\mathrm{a}}+W_{\mathrm{q}}^{\mathrm{w}}$，$c_{12}=W_{\mathrm{h}}^{\mathrm{a}}/(Q_{\mathrm{h2}}-A_{\mathrm{h}}^{\mathrm{a}})=W_{\mathrm{v}}^{\mathrm{a}}/(Q_{\mathrm{v2}}-A_{\mathrm{v}}^{\mathrm{a}})$，$c_{21}=A_{\mathrm{h}}^{\mathrm{w}}/(Q_{\mathrm{h1}}-W_{\mathrm{h}}^{\mathrm{w}})=A_{\mathrm{v}}^{\mathrm{w}}/(Q_{\mathrm{v1}}-W_{\mathrm{v}}^{\mathrm{w}})$，$Q_{\mathrm{h}}^{\mathrm{aw}}=\sqrt{(A_{\mathrm{h}}^{\mathrm{a}}-W_{\mathrm{h}}^{\mathrm{w}})^2+4A_{\mathrm{h}}^{\mathrm{w}}W_{\mathrm{h}}^{\mathrm{a}}}$，$Q_{\mathrm{v}}^{\mathrm{aw}}=\sqrt{(A_{\mathrm{v}}^{\mathrm{a}}-W_{\mathrm{v}}^{\mathrm{w}})^2+4A_{\mathrm{v}}^{\mathrm{w}}W_{\mathrm{v}}^{\mathrm{a}}}$，$A_{\mathrm{h}}^{\mathrm{a}}=-C_{\mathrm{vr}}^{\mathrm{a}}(1-C_{\mathrm{a}}C_{\mathrm{w}})$，$A_{\mathrm{h}}^{\mathrm{w}}=C_{\mathrm{a}}C_{\mathrm{vr}}^{\mathrm{w}}/(1-C_{\mathrm{a}}C_{\mathrm{w}})$，$A_{\mathrm{v}}^{\mathrm{a}}=-C_{\mathrm{vz}}^{\mathrm{a}}/(1-C_{\mathrm{a}}C_{\mathrm{w}})$，$A_{\mathrm{v}}^{\mathrm{w}}=C_{\mathrm{a}}C_{\mathrm{vz}}^{\mathrm{w}}/(1-C_{\mathrm{a}}C_{\mathrm{w}})$，$W_{\mathrm{h}}^{\mathrm{a}}=C_{\mathrm{w}}C_{\mathrm{vr}}^{\mathrm{a}}/(1-C_{\mathrm{a}}C_{\mathrm{w}})$，$W_{\mathrm{h}}^{\mathrm{w}}=-C_{\mathrm{vr}}^{\mathrm{w}}/(1-C_{\mathrm{a}}C_{\mathrm{w}})$，$W_{\mathrm{v}}^{\mathrm{a}}=C_{\mathrm{w}}C_{\mathrm{vz}}^{\mathrm{a}}/(1-C_{\mathrm{a}}C_{\mathrm{w}})$，$W_{\mathrm{v}}^{\mathrm{w}}=-C_{\mathrm{vz}}^{\mathrm{w}}/(1-C_{\mathrm{a}}C_{\mathrm{w}})$。

对于式（5.4.13）、式（5.4.14）、式（5.4.3）进行 Laplace-Hankel 变换，可整理得到

$$\frac{\mathrm{d}^2\tilde{\varphi}_{1,H}(\lambda_n,z,s)}{\mathrm{d}z^2}-\frac{s+(\lambda_n)^2Q_{\mathrm{h1}}}{Q_{\mathrm{v1}}}\tilde{\varphi}_{1,H}(\lambda_n,z,s)+\frac{\varphi_{1,H}^0+Q_{\mathrm{q1}}\tilde{\sigma}_{z,H}(s)}{Q_{\mathrm{v1}}}=0 \tag{5.4.15}$$

$$\frac{\mathrm{d}^2\tilde{\varphi}_{2,H}(\lambda_n,z,s)}{\mathrm{d}z^2}-\frac{s+(\lambda_n)^2Q_{\mathrm{h2}}}{Q_{\mathrm{v2}}}\tilde{\varphi}_{2,H}(\lambda_n,z,s)+\frac{\varphi_{2,H}^0+Q_{\mathrm{q2}}\tilde{\sigma}_{z,H}(s)}{Q_{\mathrm{v2}}}=0 \tag{5.4.16}$$

$$\frac{\mathrm{d}^2\tilde{u}_{\mathrm{w,H}}^{(2)}(\lambda_n,z,s)}{\mathrm{d}z^2}+\frac{s-C_{\mathrm{h}}(\lambda_n)^2}{C_{\mathrm{v}}}\tilde{u}_{\mathrm{w,H}}^{(2)}(\lambda_n,z,s)-\frac{\sigma_{z0}+\tilde{\sigma}_{z,H}(s)}{C_{\mathrm{v}}}=0 \tag{5.4.17}$$

式中：$\varphi_{1,H}^0$、$\varphi_{2,H}^0$——φ_1^0、φ_2^0 的 Hankel 变换，$\varphi_1^0=u_{\mathrm{a}}^0+c_{21}u_{\mathrm{w}}^0$，$\varphi_2^0=c_{12}u_{\mathrm{a}}^0+u_{\mathrm{w}}^0$；

$\tilde{\sigma}_{z,H}(s)$——外荷载引起应力 $D_{\mathrm{t}}^1\sigma_{\mathrm{z}}(t)$的 Laplace-Hankel 变换。

分别求解式（5.4.15）～式（5.4.17），并对非饱和土层结合关系式 $\tilde{\varphi}_{1,H}=\tilde{u}_{\mathrm{a},H}^{(1)}+c_{21}\tilde{u}_{\mathrm{w},H}^{(1)}$ 和 $\tilde{\varphi}_{2,H}=c_{12}\tilde{u}_{\mathrm{a},H}^{(1)}+\tilde{u}_{\mathrm{w},H}^{(1)}$，可给出 Laplace-Hankel 域内 $\tilde{u}_{\mathrm{a},H}^{(1)}(\lambda_n,z,s)$、$\tilde{u}_{\mathrm{w},H}^{(1)}(\lambda_n,z,s)$和 $\tilde{u}_{\mathrm{w},H}^{(2)}(\lambda_n,z,s)$的通式。

$$\tilde{u}_{\mathrm{a},H}^{(1)}(\lambda_n,z,s)=-\frac{C_1\mathrm{e}^{\xi_{\mathrm{ax1}}z}+C_2\mathrm{e}^{-\xi_{\mathrm{ax1}}z}-c_{21}(C_3\mathrm{e}^{\xi_{\mathrm{ax2}}z}+C_4\mathrm{e}^{-\xi_{\mathrm{ax2}}z})+b_1-c_{21}b_2}{c_{12}c_{21}-1} \tag{5.4.18}$$

$$\tilde{u}_{\mathrm{w},H}^{(1)}(\lambda_n,z,s)=\frac{c_{12}(C_1\mathrm{e}^{\xi_{\mathrm{ax1}}z}+C_2\mathrm{e}^{-\xi_{\mathrm{ax1}}z})-C_3\mathrm{e}^{\xi_{\mathrm{ax2}}z}-C_4\mathrm{e}^{-\xi_{\mathrm{ax2}}z}+c_{12}b_1-b_2}{c_{12}c_{21}-1} \tag{5.4.19}$$

$$\tilde{u}_{\mathrm{w},H}^{(2)}(\lambda_n,z,s)=D_1\mathrm{e}^{\eta_{\mathrm{ax}}z}+D_2\mathrm{e}^{-\eta_{\mathrm{ax}}z}+b_3 \tag{5.4.20}$$

式中：C_1、C_2、C_3、C_4、D_1 和 D_2 为待定系数，由 z 方向边界和界面条件确定；$\xi_{ax1}=\sqrt{[s+(\lambda_n)^2Q_{h1}]/Q_{v1}}$，$\xi_{ax2}=\sqrt{[s+(\lambda_n)^2Q_{h2}]/Q_{v2}}$，$\eta_{ax}=\sqrt{-[s-(\lambda_n)^2C_h]/C_v}$，$b_1=[\overline{\varphi}_1^0+Q_{q1}\tilde{q}_{,H}(s)]/[s+(\lambda_n)^2Q_{h1}]$，$b_2=[\overline{\varphi}_2^0+Q_{q2}\tilde{q}_{,H}(s)]/[s+(\lambda_n)^2Q_{h2}]$，$b_3=[\overline{q}_0+\tilde{q}_{,H}(s)]/[s-C_h(\lambda_n)^2]$。

利用 z 方向边界和界面条件式（5.4.5）、式（5.4.6）、式（5.4.9）～式（5.4.11），即可在 Laplace-Hankel 域内给出以 $\tilde{u}_{a,H}^{(1)}$、$\tilde{u}_{w,H}^{(1)}$ 和 $\tilde{u}_{w,H}^{(2)}$ 表示的对应边界条件式（5.4.5）～式（5.4.11）的解析表达式：

$$\tilde{u}_{a,H}^{(1)}(\lambda_n,z,s)=\frac{(\chi_{ax3}+\chi_{ax5})-c_{21}(\chi_{ax4}+\chi_{ax6})}{(c_{12}c_{21}-1)(\chi_{ax1}-\chi_{ax2})}-\frac{b_1-c_{21}b_2}{c_{12}c_{21}-1} \tag{5.4.21}$$

$$\tilde{u}_{w,H}^{(1)}(\lambda_n,z,s)=-\frac{c_{12}(\chi_{ax3}+\chi_{ax5})-(\chi_{ax4}+\chi_{ax6})}{(c_{12}c_{21}-1)(\chi_{ax1}-\chi_{ax2})}+\frac{c_{12}b_1-b_2}{c_{12}c_{21}-1} \tag{5.4.22}$$

$$\tilde{u}_{w,H}^{(2)}(\lambda_n,z,s)=-k_{wz}\xi_{ax1}\xi_{ax2}\xi_{ax7}\cosh[\eta(z-H)]/(\chi_{ax1}-\chi_{ax2})+b_3 \tag{5.4.23}$$

式（5.4.21）～式（5.4.23）中，χ_{ax1}、χ_{ax2}、χ_{ax3}、χ_{ax4}、χ_{ax5}、χ_{ax6} 和 χ_{ax7} 为中间参数，具体表达式见附录 5C。

对式（5.4.21）～式（5.4.23）进行有限 Hankel 逆变换，可给出 Laplace 域内的解析表达式：

$$\tilde{u}_a^{(1)}(r,z,s)=\frac{\pi^2}{2}\sum_{n=1}^{\infty}B_0(\lambda_n r)\frac{\lambda_n^2J_1^2(\lambda_n r_e)}{J_0^2(\lambda_n r_w)-J_1^2(\lambda_n r_e)}\tilde{u}_{a,H}^{(1)}(\lambda_n,z,s) \tag{5.4.24}$$

$$\tilde{u}_w^{(1)}(r,z,s)=\frac{\pi^2}{2}\sum_{n=1}^{\infty}B_0(\lambda_n r)\frac{\lambda_n^2J_1^2(\lambda_n r_e)}{J_0^2(\lambda_n r_w)-J_1^2(\lambda_n r_e)}\tilde{u}_{w,H}^{(1)}(\lambda_n,z,s) \tag{5.4.25}$$

$$\tilde{u}_w^{(2)}(r,z,s)=\frac{\pi^2}{2}\sum_{n=1}^{\infty}B_0(\lambda_n r)\frac{\lambda_n^2J_1^2(\lambda_n r_e)}{J_0^2(\lambda_n r_w)-J_1^2(\lambda_n r_e)}\tilde{u}_{w,H}^{(2)}(\lambda_n,z,s) \tag{5.4.26}$$

轴对称固结条件下，非饱和土-饱和土地基的沉降计算表达式为

$$w(r,t)=\int_0^{h_1}\varepsilon_v^{(1)}(r,z,t)\mathrm{d}z+\int_{h_1}^{H}\varepsilon_v^{(2)}(r,z,t)\mathrm{d}z \tag{5.4.27}$$

式中：$\varepsilon_v^{(1)}$——上层非饱和土（r,z）处 t 时刻的应变；

$\varepsilon_v^{(2)}$——下层饱和土（r,z）处 t 时刻的应变。

非饱和土层的 $\varepsilon_v^{(1)}$ 和饱和土层的 $\varepsilon_v^{(2)}$ 需根据各土层土骨架满足的本构关系计算。上层非饱和土层与下层饱和土层的土骨架本构关系分别如下：

$$\frac{\partial\varepsilon_v^{(1)}}{\partial t}=m_{1ax}^{s}\frac{\partial(\sigma_z-u_a^{(1)})}{\partial t}+m_{2ax}^{s}\frac{\partial(u_a^{(1)}-u_w^{(1)})}{\partial t} \tag{5.4.28}$$

$$\frac{\partial\varepsilon_v^{(2)}}{\partial t}=m_{vax}\frac{\partial(\sigma_z-u_w^{(2)})}{\partial t} \tag{5.4.29}$$

将式（5.4.28）、式（5.4.29）进行 Laplace 变换后，将整理出的 $\tilde{\varepsilon}_v^{(1)}(r,z,s)$ 和 $\tilde{\varepsilon}_v^{(2)}(r,z,s)$ 代入式（5.4.27）的 Laplace 变换式，可以得到地基固结沉降在 Laplace 域中的表达式：

$$\tilde{w}(r,s)=w_{ax}-m_{1ax}^{s(1)}\int_0^{h_1}\tilde{u}_a^{(1)}\mathrm{d}z+m_{2ax}^{s(1)}\int_0^{h_1}(\tilde{u}_a^{(1)}-\tilde{u}_w^{(1)})\mathrm{d}z-m_{vax}\int_{h_1}^{H}\tilde{u}_w^{(2)}\mathrm{d}z \tag{5.4.30}$$

式中，$w_{ax}=\{m_{1ax}^{s(1)}[\tilde{\sigma}_z(s)+\sigma_{z0}]h_1+m_{vax}[\tilde{\sigma}_z(s)+\sigma_{z0}][\tilde{\sigma}_z(s)+\sigma_{z0}]\}/s$。

5.4.3 固结特性分析

本节采用算例分析竖井联合堆载作用的非饱和-饱和土固结时，地基土的物理力学参数见表5.4.1，外荷载分别采用了式（3.3.67）、式（3.3.68）表示的瞬时荷载和施工荷载，$q_u=q_0=100\text{kPa}$，$a=10^{-5}\text{s}^{-1}$。

非饱和土-饱和土固结算例参数　　表5.4.1

参数	取值	单位	参数	取值	单位
n_0	0.5	—	r_e	1.8	m
S_{r0}	80%	—	k_{wz}	10^{-10}	m/s
H	5	m	k_z	10^{-9}	m/s
h_1	2.5	m	m_{1ax}^s	-2.5×10^{-4}	kPa^{-1}
r_w	0.2	m	m_{vax}	-1.25×10^{-4}	kPa^{-1}

注：$k_{az}=10k_{wz}$，$m_{2ax}^s=0.4m_{1ax}^s$，$m_{1ax}^w=0.2m_{1ax}^s$，$m_{2ax}^w=4m_{1ax}^w$。

图5.4.2和图5.4.3呈现了不同k_z/k_{wz}（k_{wz}不变）取值时，非饱和-饱和土$(r,z)=(1,2.5)$处超孔隙气压力和超孔隙水压力消散曲线的比较。从图中能看到，k_z/k_{wz}的取值主要影响地基中超孔隙水压力的消散，对超孔隙气压力的影响较小。当k_z/k_{wz}在0.1～100内变化时，k_z/k_{wz}的增加能增大土层界面在固结过程中产生的最大超孔隙气压力和超孔隙水压力；此外，k_z/k_{wz}越大时，$(r,z)=(1,2.5)$处的超孔隙水压力趋于0的速度越快，这个现象说明k_z/k_{wz}越大时设置竖井以提高地基固结速率的效果越好。

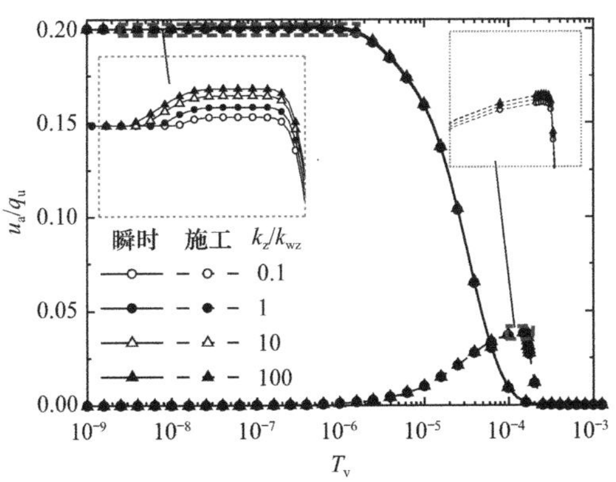

图5.4.2　k_z/k_{wz}对$(r,z)=(1,2.5)$处超孔隙气压力的影响

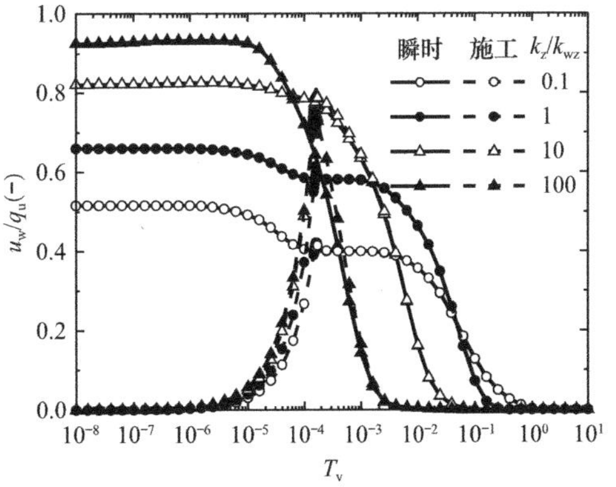

图5.4.3　k_z/k_{wz}对$(r,z)=(1,2.5)$处超孔隙水压力的影响

附录5A：考虑井阻和涂抹作用的轴对称固结模型半解析解求解过程

结合式（5.2.19）、式（5.2.20）与涂抹区控制方程的积分结果，得：

$$\frac{\partial\bar{u}_a}{\partial t}+C_a\frac{\partial\bar{u}_w}{\partial t}+C_{vz}^a\frac{\partial^2\bar{u}_a}{\partial z^2}=-\frac{r_w^2}{r_e^2-r_w^2}C_{vs}^a\frac{k_{ad}}{k_{as}}\frac{\partial^2 u_{ad}}{\partial z^2}\tag{5A.1}$$

$$\frac{\partial \bar{u}_{w}}{\partial t}+C_{w}\frac{\partial \bar{u}_{a}}{\partial t}+C_{vz}^{w}\frac{\partial^{2}\bar{u}_{w}}{\partial z^{2}}=-\frac{r_{w}^{2}}{r_{e}^{2}-r_{w}^{2}}C_{vs}^{w}\frac{k_{wd}}{k_{ws}}\frac{\partial^{2}u_{wd}}{\partial z^{2}} \tag{5A.2}$$

结合式（5.2.19）、式（5.2.20）、式（5A.1）、式（5A.2）得：

$$\frac{\partial^{2}u_{ad}}{\partial z^{2}}=\rho_{a}(u_{ad}-\bar{u}_{a}) \tag{5A.3}$$

$$\frac{\partial^{2}u_{wd}}{\partial z^{2}}=\rho_{w}(u_{wd}-\bar{u}_{w}) \tag{5A.4}$$

式中：

$$\rho_{a}=8G_{a}(N^{2}-1)/(N^{2}H^{2}F_{a}) \tag{5A.5a}$$

$$\rho_{w}=8G_{w}(N^{2}-1)/(N^{2}H^{2}F_{w}) \tag{5A.5b}$$

$$G_{a}=(H/d_{w})^{2}k_{ar}/k_{ad} \tag{5A.5c}$$

$$G_{w}=(H/d_{w})^{2}k_{wr}/k_{wd} \tag{5A.5d}$$

其中：G_a、G_w 为气、液相井阻因子。

结合式（5.2.19）、（5.2.20）、（5A.3）、（5A.4），得：

$$\frac{\partial^{3}u_{ad}}{\partial z^{2}\partial t}=\rho_{a}\left[\frac{\partial u_{ad}}{\partial t}+\left(\frac{\lambda_{a}}{\rho_{a}}+\lambda_{az}\right)\frac{\partial^{2}u_{ad}}{\partial z^{2}}-\left(\frac{C_{a}\lambda_{w}}{\rho_{w}}+C_{a}\lambda_{wz}\right)\frac{\partial^{2}u_{wd}}{\partial z^{2}}-\frac{\lambda_{az}}{\rho_{a}}\frac{\partial^{4}u_{ad}}{\partial z^{4}}+\frac{C_{a}\lambda_{wz}}{\rho_{w}}\frac{\partial^{4}u_{wd}}{\partial z^{4}}\right] \tag{5A.6}$$

$$\frac{\partial^{3}u_{wd}}{\partial z^{2}\partial t}=\rho_{w}\left[\frac{\partial u_{wd}}{\partial t}+\left(\frac{\lambda_{w}}{\rho_{w}}+\lambda_{wz}\right)\frac{\partial^{2}u_{wd}}{\partial z^{2}}-\left(\frac{C_{w}\lambda_{a}}{\rho_{a}}+C_{w}\lambda_{az}\right)\frac{\partial^{2}u_{ad}}{\partial z^{2}}+\frac{C_{w}\lambda_{az}}{\rho_{a}}\frac{\partial^{4}u_{ad}}{\partial z^{4}}-\frac{\lambda_{wz}}{\rho_{w}}\frac{\partial^{4}u_{wd}}{\partial z^{4}}\right] \tag{5A.7}$$

其中：

$$\lambda_{a}=\frac{2C_{vr}^{a}}{r_{e}^{2}F_{a}(1-C_{a}C_{w})} \tag{5A.8a}$$

$$\lambda_{w}=\frac{2C_{vr}^{w}}{r_{e}^{2}F_{w}(1-C_{a}C_{w})} \tag{5A.8b}$$

$$\lambda_{az}=\frac{C_{vz}^{a}}{1-C_{a}C_{w}} \tag{5A.8c}$$

$$\lambda_{wz}=\frac{C_{vz}^{w}}{1-C_{a}C_{w}} \tag{5A.8d}$$

根据竖向边界条件，对式（5A.6）、式（5A.7）中 $u_{ad}(z,t)$、$u_{wd}(z,t)$进行 Fourier 正弦级数展开，得：

$$u_{ad}(z,t)=\sum_{m=1}^{\infty}U_{ad}(t)\sin\left(\frac{M}{H}z\right) \tag{5A.9}$$

$$u_{wd}(z,t)=\sum_{m=1}^{\infty}U_{wd}(t)\sin\left(\frac{M}{H}z\right) \tag{5A.10}$$

式中：$U_{ad}(t)$、$U_{wd}(t)$为 t 的未知函数；M 为特征值，$M=(2m+1)\pi/2$，$m=0$，1，2，3，…；A 为待定系数。

将式（5A.9）、式（5A.10）代入式（5A.6）、式（5A.7），并根据三角函数的正交性，求得：

$$\frac{\partial U_{\mathrm{ad}}}{\partial t}=A_{\mathrm{a}}U_{\mathrm{ad}}(t)-A_{\mathrm{w}}U_{\mathrm{wd}}(t) \tag{5A.11}$$

$$\frac{\partial U_{\mathrm{wd}}}{\partial t}=W_{\mathrm{w}}U_{\mathrm{wd}}(t)-W_{\mathrm{a}}U_{\mathrm{ad}}(t) \tag{5A.12}$$

式中：

$$A_{\mathrm{a}}=M^2[2\lambda_{\mathrm{a}}H^2+\lambda_{\mathrm{az}}(\rho_{\mathrm{a}}H^2+M^2)]/[H^2(\rho_{\mathrm{a}}H^2+M^2)] \tag{5A.13a}$$

$$A_{\mathrm{w}}=M^2C_{\mathrm{a}}\rho_{\mathrm{a}}[2\lambda_{\mathrm{w}}H^2+\lambda_{\mathrm{wz}}(\rho_{\mathrm{w}}H^2+M^2)]/[H^2\rho_{\mathrm{w}}(\rho_{\mathrm{a}}H^2+M^2)] \tag{5A.13b}$$

$$W_{\mathrm{a}}=M^2C_{\mathrm{w}}\rho_{\mathrm{w}}[\lambda_{\mathrm{a}}H^2+\lambda_{\mathrm{az}}(\rho_{\mathrm{a}}H^2+M^2)]/[\rho_{\mathrm{a}}H^2(\rho_{\mathrm{w}}H^2+M^2)] \tag{5A.13c}$$

$$W_{\mathrm{w}}=M^2[\lambda_{\mathrm{w}}H^2+\lambda_{\mathrm{wz}}(\rho_{\mathrm{w}}H^2+M^2)]/[H^2(\rho_{\mathrm{w}}H^2+M^2)] \tag{5A.13d}$$

根据解耦技术，引入中间变量，求解$U_{\mathrm{ad}}(t)$、$U_{\mathrm{wd}}(t)$，具体方法可见第2.3.6节，可以得到：

$$\frac{\partial \psi_1}{\partial t}=Q_1\psi_1 \tag{5A.14}$$

$$\frac{\partial \psi_2}{\partial t}=Q_2\psi_2 \tag{5A.15}$$

式中：

$$\psi_1=U_{\mathrm{ad}}(t)+q_{21}U_{\mathrm{wd}}(t) \tag{5A.16a}$$

$$\psi_2=q_{12}U_{\mathrm{ad}}(t)+U_{\mathrm{wd}}(t) \tag{5A.16b}$$

$$q_{21}=A_{\mathrm{w}}/(W_{\mathrm{w}}-Q_1) \tag{5A.16c}$$

$$q_{12}=W_{\mathrm{a}}/(A_{\mathrm{a}}-Q_2) \tag{5A.16d}$$

$$Q_{1,2}=\frac{1}{2}\left[(A_{\mathrm{a}}+W_{\mathrm{w}})\pm\sqrt{(A_{\mathrm{a}}-W_{\mathrm{w}})^2+4W_{\mathrm{a}}A_{\mathrm{w}}}\right] \tag{5A.16e}$$

式（5A.14）、式（5A.15）为常微分方程组，结合初始条件和式（5A.11）、式（5A.12），并代入式（5A.3）、式（5A.4）可得：

$$\bar{u}_{\mathrm{a}}=\frac{1}{q_{12}q_{21}-1}\sum_{m=1}^{\infty}[-\Omega_{\mathrm{a1}}\exp(Q_1t)+\Omega_{\mathrm{a2}}\exp(Q_2t)]\sin\left(\frac{M}{H}z\right) \tag{5A.17}$$

$$\bar{u}_{\mathrm{w}}=\frac{1}{q_{12}q_{21}-1}\sum_{m=1}^{\infty}[\Omega_{\mathrm{w2}}\exp(Q_1t)-\Omega_{\mathrm{w1}}\exp(Q_2t)]\sin\left(\frac{M}{H}z\right) \tag{5A.18}$$

式中：Ω_{a1}、Ω_{a2}、Ω_{w1}、Ω_{w2}为中间变量，且

$$\Omega_{\mathrm{a1}}=2(u_{\mathrm{a}}^0\chi_{\mathrm{w}}+q_{21}\chi_{\mathrm{a}}u_{\mathrm{w}}^0)/(M\chi_{\mathrm{w}}) \tag{5A.19a}$$

$$\Omega_{\mathrm{a2}}=2q_{21}(q_{12}u_{\mathrm{a}}^0\chi_{\mathrm{w}}+\chi_{\mathrm{a}}u_{\mathrm{w}}^0)/(M\chi_{\mathrm{w}}) \tag{5A.19b}$$

$$\Omega_{\mathrm{w1}}=2(q_{12}\chi_{\mathrm{w}}u_{\mathrm{a}}^0+\chi_{\mathrm{a}}u_{\mathrm{w}}^0)/(M\chi_{\mathrm{a}}) \tag{5A.19c}$$

$$\Omega_{\mathrm{w2}}=2q_{12}(\chi_{\mathrm{w}}u_{\mathrm{a}}^0+\chi_{\mathrm{a}}q_{21}u_{\mathrm{w}}^0)/(M\chi_{\mathrm{a}}) \tag{5A.19d}$$

$$\chi_{\mathrm{a}}=1+M^2/(H^2\rho_{\mathrm{a}}) \tag{5A.19e}$$

$$\chi_{\mathrm{w}}=1+M^2/(H^2\rho_{\mathrm{w}}) \tag{5A.19f}$$

附录5B：连续渗透边界下非饱和土竖井地基固结解析解求解过程

式（5.2.30）、式（5.2.31）为齐次偏微分方程，其边界条件式（5.2.28）、式（5.2.29）为非齐次边界条件。为求解，可将非齐次边界条件齐次化，即令：

$$\bar{u}_{a}=v_{a}+\frac{H-z}{H}u_{a}^{0}e^{-b_{1}t}+\frac{z}{H}u_{a}^{0}e^{-c_{1}t} \tag{5B.1}$$

$$\bar{u}_{w}=v_{w}+\frac{H-z}{H}u_{w}^{0}e^{-b_{2}t}+\frac{z}{H}u_{w}^{0}e^{-c_{2}t} \tag{5B.2}$$

此时，$v_{a}(z,t)$、$v_{w}(z,t)$的边界与初始条件分别为：

$$v_{a}(0,t)=v_{w}(0,t)=0 \tag{5B.3}$$

$$v_{a}(H,t)=v_{w}(H,t)=0 \tag{5B.4}$$

$$v_{a}(z,0)=v_{w}(z,0)=0 \tag{5B.5}$$

将式（5B.1）、式（5B.2）代入式（5.2.51）、式（5.2.52）可得：

$$\frac{\partial v_{a}}{\partial t}-\frac{1}{A}v_{a}+C_{vz}^{a}\frac{\partial^{2}v_{a}}{\partial z^{2}}+C_{a}\frac{\partial v_{w}}{\partial t}=\varphi(z,t) \tag{5B.6}$$

$$\frac{\partial v_{w}}{\partial t}-\frac{1}{W}v_{w}+C_{vz}^{w}\frac{\partial^{2}v_{w}}{\partial z^{2}}+C_{w}\frac{\partial v_{a}}{\partial t}=\psi(z,t) \tag{5B.7}$$

式中：

$$\begin{aligned}\varphi(z,t)=&(H-z)(b_{1}u_{a}^{0}e^{-b_{1}t}+C_{a}b_{2}u_{w}^{0}e^{-b_{2}t}+u_{a}^{0}e^{-b_{1}t}/A)/H\\&+z(c_{1}u_{a}^{0}e^{-c_{1}t}+C_{a}c_{2}u_{w}^{0}e^{-c_{2}t}+u_{a}^{0}e^{-c_{1}t}/A)/H\end{aligned} \tag{5B.8a}$$

$$\begin{aligned}\psi(z,t)=&(H-z)(b_{2}u_{w}^{0}e^{-b_{2}t}+C_{w}b_{1}u_{a}^{0}e^{-b_{1}t}+u_{w}^{0}e^{-b_{2}t}/W)/H\\&+z(c_{2}u_{w}^{0}e^{-c_{2}t}+C_{w}c_{1}u_{a}^{0}e^{-c_{1}t}+u_{w}^{0}e^{-c_{2}t}/W)/H\end{aligned} \tag{5B.8b}$$

将 $v_{a}(z,t)$，$v_{w}(z,t)$按本征函数展开：

$$v_{a}(z,t)=\sum_{j=1}^{\infty}\omega_{j}(t)\sin\frac{J}{H}z \tag{5B.9}$$

$$v_{w}(z,t)=\sum_{j=1}^{\infty}\xi_{j}(t)\sin\frac{J}{H}z \tag{5B.10}$$

式中：$J=j\pi(j=1,\ 2,\ 3,\ \cdots)$，$\omega_{j}(0)=0$，$\xi_{j}(0)=0$。

将式（5B.9）、式（5B.10）代入式（5B.6）、式（5B.7），根据三角函数系 $\sin(Jz/H)$在区间［0，H］上的正交性，整理得：

$$\omega_{j}(t)=\lambda_{w}\frac{d\xi_{j}(t)}{dt}+\lambda_{a}\frac{d\omega_{j}(t)}{dt}-\lambda_{q}\varphi_{j}(t) \tag{5B.11}$$

$$\xi_{j}(t)=\eta_{a}\frac{d\omega_{j}(t)}{dt}+\eta_{w}\frac{d\xi_{j}(t)}{dt}-\eta_{q}\psi_{j}(t) \tag{5B.12}$$

式中：

$$\lambda_{a}=AH^{2}/(H^{2}+AC_{vz}^{a}J^{2}),\ \lambda_{w}=AC_{a}H^{2}/(H^{2}+AC_{vz}^{a}J^{2}) \tag{5B.13a}$$

$$\eta_{a}=WC_{w}H^{2}/(H^{2}+WC_{vz}^{w}J^{2}),\ \eta_{w}=WH^{2}/(H^{2}+WC_{vz}^{w}J^{2}) \tag{5B.13b}$$

$$\lambda_{q}=2AH^{2}/(H^{2}J+AC_{vz}^{a}J^{3}) \tag{5B.13c}$$

$$\eta_{q}=2WH^{2}/(H^{2}J+WC_{vz}^{w}J^{3}) \tag{5B.13d}$$

$$\varphi_{j}(t)=(b_{1}+A^{-1})u_{a}^{0}e^{-b_{1}t}+C_{a}b_{2}u_{w}^{0}e^{-b_{2}t}-(-1)^{j}(c_{1}+A^{-1})u_{a}^{0}e^{-c_{1}t}-(-1)^{j}C_{a}c_{2}u_{w}^{0}e^{-c_{2}t} \tag{5B.13e}$$

$$\psi_{j}(t)=C_{w}b_{1}u_{a}^{0}e^{-b_{1}t}+(b_{2}+W^{-1})u_{w}^{0}e^{-b_{2}t}-(-1)^{j}C_{w}c_{1}u_{a}^{0}e^{-c_{1}t}-(-1)^{j}(c_{2}+W^{-1})u_{w}^{0}e^{-c_{2}t} \tag{5B.13f}$$

通过引入中间变量解耦技术（详细方法见第 2.3.6 节），可求得：

$$\Phi_1(t)=Q_1\frac{\mathrm{d}\Phi_1(t)}{\mathrm{d}t}-\beta_1(t) \tag{5B.14}$$

$$\Phi_2(t)=Q_2\frac{\mathrm{d}\Phi_2(t)}{\mathrm{d}t}-\beta_2(t) \tag{5B.15}$$

式中：

$$\Phi_1(t)=\omega_j(t)+q_{21}\xi_j(t);\ \Phi_2(t)=q_{12}\omega_j(t)+\xi_j(t) \tag{5B.16a}$$

$$q_{12}=\eta_{\mathrm{a}}/(Q_2-\lambda_{\mathrm{a}});\ q_{21}=\lambda_{\mathrm{w}}/(Q_1-\eta_{\mathrm{w}}) \tag{5B.16b}$$

$$\beta_1(t)=\lambda_{\mathrm{q}}\varphi_j(t)+q_{21}\eta_{\mathrm{q}}\psi_j(t);\ \beta_2(t)=q_{12}\lambda_{\mathrm{q}}\psi_j(t)+\eta_{\mathrm{q}}\psi_j(t) \tag{5B.16c}$$

$$Q_{1,2}=\frac{1}{2}\left[\lambda_{\mathrm{a}}+\eta_{\mathrm{w}}\mp\sqrt{(\lambda_{\mathrm{a}}-\eta_{\mathrm{w}})^2+4\lambda_{\mathrm{w}}\eta_{\mathrm{a}}}\right] \tag{5B.16d}$$

式（5B.14）、式（5B.15）的通解为：

$$\Phi_1=\lambda_{\mathrm{q}}\zeta_1+q_{21}\eta_{\mathrm{q}}\tau_1 \tag{5B.17}$$

$$\Phi_2=q_{12}\lambda_{\mathrm{q}}\zeta_2+\eta_{\mathrm{q}}\tau_2 \tag{5B.18}$$

式中：

$$Q\in(Q_1,Q_2),\quad D\in(b_1,b_2,c_1,c_2),\quad E(Q,D)=(\mathrm{e}^{t/Q}-\mathrm{e}^{-Dt})/(1+DQ) \tag{5B.19a}$$

$$\begin{aligned}\zeta_1=&C_{\mathrm{a}}u_{\mathrm{w}}^0[b_2E(Q_1,b_2)-(-1)^jc_2E(Q_1,c_2)]\\&+u_{\mathrm{a}}^0[(b_1+A^{-1})E(Q_1,b_1)-(-1)^j(c_1+A^{-1})E(Q_1,c_1)]\end{aligned} \tag{5B.19b}$$

$$\begin{aligned}\zeta_2=&C_{\mathrm{a}}u_{\mathrm{w}}^0[b_2E(Q_2,b_2)-(-1)^jc_2E(Q_2,c_2)]\\&+u_{\mathrm{a}}^0[(b_1+A^{-1})E(Q_2,b_1)-(-1)^j(c_1+A^{-1})E(Q_2,c_1)]\end{aligned} \tag{5B.19c}$$

$$\begin{aligned}\tau_1=&C_{\mathrm{w}}u_{\mathrm{a}}^0[b_1E(Q_1,b_1)-(-1)^jc_1E(Q_1,c_1)]\\&+u_{\mathrm{w}}^0[(b_2+W^{-1})E(Q_1,b_2)-(-1)^j(c_2+W^{-1})E(Q_1,c_2)]\end{aligned} \tag{5B.19d}$$

$$\begin{aligned}\tau_2=&C_{\mathrm{w}}u_{\mathrm{a}}^0[b_1E(Q_2,b_1)-(-1)^jc_1E(Q_2,c_1)]\\&+u_{\mathrm{w}}^0[(b_2+W^{-1})E(Q_2,b_2)-(-1)^j(c_2+W^{-1})E(Q_2,c_2)]\end{aligned} \tag{5B.19e}$$

综合式（5B.6）、（5B.7）、（5B.9）、（5B.10）、（5B.17）、（5B.18）可得：

$$\overline{u}_{\mathrm{a}}=\sum_{j=1}^{\infty}\omega_j(t)\sin\frac{J}{H}z+\frac{H-z}{H}u_{\mathrm{a}}^0\mathrm{e}^{-b_1t}+\frac{z}{H}u_{\mathrm{a}}^0\mathrm{e}^{-c_1t} \tag{5B.20}$$

$$\overline{u}_{\mathrm{w}}=\sum_{j=1}^{\infty}\xi_j(t)\sin\frac{J}{H}z+\frac{H-z}{H}u_{\mathrm{w}}^0\mathrm{e}^{-b_2t}+\frac{z}{H}u_{\mathrm{w}}^0\mathrm{e}^{-c_2t} \tag{5B.21}$$

式中：

$$\omega_j(t)=(q_{21}\Phi_2-\Phi_1)/(q_{12}q_{21}-1) \tag{5B.22a}$$

$$\xi_j(t)=(q_{12}\Phi_1-\Phi_2)/(q_{12}q_{21}-1) \tag{5B.22b}$$

附录 5C：非饱和土-饱和土地基轴对称固结模型求解中间变量

$$\chi_{\mathrm{ax1}}=\zeta_1\cosh(\xi_{\mathrm{ax1}}h_1)\cosh(\xi_{\mathrm{ax2}}h_1) \tag{5C.1}$$

$$\chi_{\mathrm{ax2}}=\zeta_2[\xi_{\mathrm{ax1}}\cosh(\xi_{\mathrm{ax1}}h_1)\sinh(\xi_{\mathrm{ax2}}h_1)-c_{12}c_{21}\xi_2\sinh(\xi_{\mathrm{ax1}}h_1)\cosh(\xi_{\mathrm{ax2}}h_1)] \tag{5C.2}$$

$$\chi_{\mathrm{ax3}}=\zeta_1b_1\cosh[\xi_{\mathrm{ax1}}(z-h_1)]\cosh(\xi_{\mathrm{ax2}}h_1) \tag{5C.3}$$

$$\chi_{ax4}=\zeta_1 b_2\cosh(\xi_{ax1}h_1)\cosh[\xi_{ax2}(z-h_1)] \tag{5C.4}$$

$$\chi_{ax5}=\zeta_2\left\langle\begin{array}{l} c_{21}\xi_{ax2}\sinh(\xi_{ax1}z)(\chi_{ax}\cosh(\xi_{ax2}h_1)+b_2) \\ -b_1\left\{\begin{array}{l}\xi_{ax1}\cosh[\xi_{ax1}(z-h_1)]\sinh(\xi_{ax2}h_1) \\ +c_{12}c_{21}\xi_{ax2}\sinh[\xi_{ax1}(z-h_1)]\cosh(\xi_{ax2}h_1)\end{array}\right\}\end{array}\right\rangle \tag{5C.5}$$

$$\chi_{ax6}=\zeta_2\left\langle\begin{array}{l} \xi_{ax1}(\chi_{ax}\cosh(\xi_{ax1}h_1)-c_{12}b_1)\sinh(\xi_{ax2}z) \\ +b_2\left\{\begin{array}{l}\xi_{ax1}\cosh(\xi_{ax1}h_1)\sinh[\xi_{ax2}(z-h_1)] \\ +c_{12}c_{21}\xi_{ax2}\sinh(\xi_{ax1}h_1)\cosh[\xi_{ax2}(z-h_1)]\end{array}\right\}\end{array}\right\rangle \tag{5C.6}$$

$$\chi_{ax7}=c_{12}b_1\cosh(\xi_{ax2}h_1)-b_2\cosh(\xi_{ax1}h_1)-\chi_{ax}\cosh(\xi_{ax1}h_1)\cosh(\xi_{ax2}h_1) \tag{5C.7}$$

式中：$\zeta_1=k_{wz}(c_{12}c_{21}-1)\xi_{ax1}\xi_{ax2}\cosh[\eta_{ax}(H-h_1)]$，$\zeta_2=k_v\eta\sinh[\eta_{ax}(H-h_1)]$，$\chi_{ax}=c_{12}b_1-b_2-(c_{12}c_{21}-1)b_3$。

参考文献：

[1] 赵健. 循环荷载作用下非饱和土竖井复合地基固结理论研究［D］. 青岛：青岛理工大学，2013.

[2] Barron R A. Consolidation of fine-grained soils by drain wells [J]. Transactions of the American Society of Civil Engineers，1948，113 (1)：718-742.

[3] Ho L，Fatahi B. Analytical solution to axisymmetric consolidation of unsaturated soil stratum under equal strain condition incorporating smear effects [J]. International Journal for Numerical and Analytical Methods in Geomechanics，2018，42 (15)：1890-1913.

[4] Fredlund D G，Morgenstern N. R. Constitutive relations for volume change in unsaturated soils [J]. Canadian Geotechnical Journal，1976，13 (2)：386-396.

[5] Qin A F，Sun D A，Yang L P，et al. A semi-analytical solution to consolidation of unsaturated soils with the free drainage well [J]. Computers and Geotechnics，2010，37 (7)：867-875.

[6] Qin A F，Jiang L H，Li L Z，et al. Semi-analytical solution for consolidation of vertical drain to unsaturated soils considering well resistance and smear effect under time-varying loadings [C]//E3S Web of Conferences. EDP Sciences，2020，198：02033.

[7] Qin A F，Jiang L H，Xu W F，et al. Analytical solution to consolidation of unsaturated soil by vertical drains with continuous permeable boundary [J]. Rock and Soil Mechanics，2021，42 (5)：1345-1354.

[8] Meng H P，Qin A F，Jiang L H，et al. General semianalytical solution for axisymmetric consolidation of unsaturated soil with unified boundary under electroosmotic and surcharge preloading [J]. Journal of Engineering Mechanics，2023，149 (11)：04023091.

[9] Qin A F，Li X H，Li T Y，et al. General analytical solutions for the equal-strain consolidation of prefabricated vertical drain foundation in unsaturated soils under time-dependent loading [J]. International Journal for Numerical and Analytical Methods in Geomechanics，2022，46 (8)：1566-1577.

[10] Huang Y C，Wang L，Shen S D. Semianalytical solutions to the axisymmetric free strain consolidation problem of unsaturated soils under the homogeneous and mixed boundary conditions [J]. Geofluids，2022，1-22：7656467.

[11] Terzaghi K. Erdbaumechanik auf bodenphysikalischer Grundlage [M]. Leipzig Deuticke，Vienna，1925.

[12] Fredlund D G，Rahardjo H. Soil mechanics for unsaturated soils [M]. New York：John Wiley & Sons，1993.

相关发表文章：

［1］ Qin A F，Sun D A，Yang L P，et al. A semi-analytical solution to consolidation of unsaturated soils with the free drainage well ［J］. Computers and Geotechnics，2010，37（7）：867-875.

［2］ 秦爱芳，李天义，裴杨从琪，等．半渗透边界下非饱和土砂井地基固结特性［J］．工程地质学报，2019，27（2）：390-397.

［3］ Qin A F，Li T Y，Sun D A. A new explicit analytical solution to axisymmetric consolidation of vertical drain in unsaturated soils ［J］. Japanese Geotechnical Society Special Publication，2019，7（2）：456-462.

［4］ Qin A F，Jiang L H，Li L Z，et al. Semi-analytical solution for consolidation of vertical drain to unsaturated soils considering well resistance and smear effect under time-varying loadings ［C］//E3S Web of Conferences. EDP Sciences，2020，198：02033.

［5］ Li T Y，Qin A F，Pei Y C Q，et al. Semianalytical solutions to the consolidation of drainage well foundations in unsaturated soils with radial semipermeable drainage boundary under time-dependent loading ［J］. International Journal of Geomechanics，2020（9）：04020150.

［6］ 秦爱芳，江良华，许薇芳，等．连续渗透边界下非饱和土竖井地基固结解析解．岩土力学，2021，42（5）：1345-1354.

［7］ 秦爱芳，许薇芳，李天义．考虑井阻及涂抹作用的非饱和土竖井地基固结解析解［J］．工程地质学报，2021，29（1）：214-221.

［8］ 秦爱芳，许薇芳，江良华．考虑井阻与涂抹的非饱和土竖井地基固结分析［J］．上海大学学报：自然科学版，2021，27（6）：1074-1084.

［9］ Jiang L H，Qin A F，Li L Z，et al. Coupled consolidation via vertical drains in unsaturated soils induced by time-varying loading based on continuous permeable boundary ［J］. Geotextiles and Geomembranes，2022，50（3）：383-392.

［10］ 秦爱芳，孟红苹，江良华．电渗-堆载作用下非饱和土轴对称固结特性分析［J］．岩土力学，2022，43（S1）：97-106.

［11］ Qin A F，Li X H，Li T Y，et al. General analytical solutions for the equal-strain consolidation of prefabricated vertical drain foundation in unsaturated soils under time-dependent loading ［J］. International Journal for Numerical and Analytical Methods in Geomechanics，2022，46（8）：1566-1577.

［12］ Huang Y C，Wang L，Shen S D. Semianalytical solutions to the axisymmetric free strain consolidation problem of unsaturated soils under the homogeneous and mixed boundary conditions ［J］. Geofluids，2022，1-22：7656467.

［13］ Jiang L H，Qin A F，Li L Z，et al. Analytical solution of electroosmotic-surcharge preloading coupled consolidation for unsaturated soil via Electric Prefabricated Vertical Drains（EVDs）［J］. Transportation Geotechnics，2023，42：101088.

［14］ Jiang L H，Qin A F，Li L Z. The role of free-strain assumption in axisymmetric electro-osmosis-enhanced preloading consolidation of unsaturated soil ［J］. International Journal for Numerical and Analytical Methods in Geomechanics，2023，47（13）：2493-2510.

［15］ Jiang L H，Qin A F，Li L Z，et al. Finite Hankel transform method-based analysis of axisymmetric free-strain consolidation theory for unsaturated soils ［J］. International Journal of Geomechanics，2023，23（11）：06023016.

［16］ Meng H P，Qin A F，Jiang L H，et al. General semianalytical solution for axisymmetric consolidation of unsaturated soil with unified boundary under electroosmotic and surcharge preloading ［J］. Journal of Engineering Mechanics，2023，149（11）：04023091.

第6章　非饱和土固结中的Carrillo方法

6.1　引言

Carrillo (1942)[1]通过严格的数学过程，证明了以Terzaghi一维固结理论为基础建立的平面应变固结和轴对称固结模型解，可以用简单且熟悉的一维模型的解组合得到，并提出了在平面应变和轴对称这两种情况下的简化公式：

$$u(x,z,t)=u_{x}(x,t)\times u_{z}(z,t)/q_{0} \tag{6.1.1}$$

$$u(r,z,t)=u_{r}(r,t)\times u_{z}(z,t)/q_{0} \tag{6.1.2}$$

式中：$u(x,z,t)$——平面应变固结模型的超孔隙压力；

$u(r,z,t)$——轴对称固结模型的超孔隙压力；

$u_{x}(x,t)$——与平面应变固结模型x方向边界条件相同时对应一维固结模型的超孔隙压力；

$u_{z}(z,t)$——与平面应变或轴对称固结模型z方向边界条件相同时对应一维固结模型的超孔隙压力；

$u_{r}(r,t)$——与轴对称固结模型r方向边界条件相同时仅考虑径向渗流轴对称固结模型的超孔隙压力。

式（6.1.1）、式（6.1.2）的优势有：(1) 双向流固结问题的解析研究可简化为两个单向流问题研究；(2) 若与待求双向流问题对应的两个单向流问题的解已有，可直接使用式（6.1.1）或式（6.1.2）组合已有单向流的解给出双向流的解。因此，式（6.1.1）、式（6.1.2）的提出极大地简化了获得平面应变和轴对称条件下饱和土双向流的固结研究。

与非饱和土地基一维固结问题相比，在平面应变或轴对称条件下的非饱和土地基固结问题中，孔隙气和孔隙水的渗流不仅发生在竖向，还同时发生在水平方向。很多学者基于平面应变或轴对称条件下的非饱和土固结模型提出了一些理论解，但这些解答均需使用繁琐的解析过程，且同一种解析方法不能适用所有边界条件。此外，今后仍将有一些更加复杂的问题将被继续研究。本章将通过严格的数学过程，证明Carrillo针对饱和土固结问题提出的Carrillo方法在非饱和土固结问题中也同样适用，并提出平面应变和轴对称条件下非饱和土固结问题中的Carrillo公式。

6.2　非饱和土平面应变和轴对称固结模型

6.2.1　平面应变固结模型

假定非饱和土地基满足条件：

（1）长度方向的尺寸远远大于宽度和深度方向的尺寸；

（2）垂直于长度方向轴的截面大小和土体性状沿长度方向不变；

（3）作用于地基表面的外力垂直于长度方向的轴且沿长度方向均布。

这类非饱和土地基的固结问题可以简化为平面应变固结问题。

图 6.2.1 为瞬时荷载作用下非饱和土地基平面应变固结模型示意图。在瞬时荷载 q_0 作用下，厚度为 H 且宽度为 L 的非饱和土地基中渗流和变形均发生在 x-z 平面内，描述非饱和土地基平面应变固结的控制方程由非饱和土的本构关系和流体渗流关系建立。瞬时荷载下的非饱和土平面应变固结控制方程即为式（4.2.1）和式（4.2.2）。

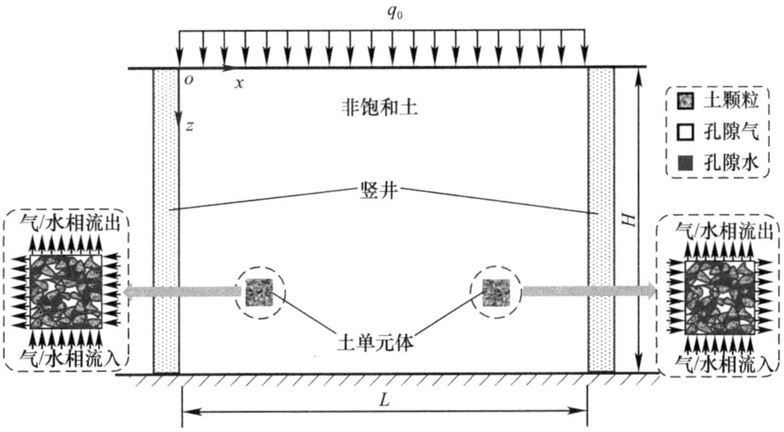

图 6.2.1　非饱和土地基平面应变固结模型

当假定由瞬时荷载引起的非饱和土中总应力增量沿深度不变时初始超孔隙压力为：

$$u_{\mathrm{a}}(x,z,0)=u_{\mathrm{a}}^{0},\quad u_{\mathrm{w}}(x,z,0)=u_{\mathrm{w}}^{0} \tag{6.2.1}$$

在使用数学模型研究任何问题时，控制方程除需要满足给定初始条件外，还需要满足边界条件。对如图 6.2.1 所示的平面应变固结问题，需要给出超孔隙压力在四个边界处的边界条件，才能求出特定条件下的解析解。一般情况下，四个边界处的超孔压均可能存在三种情况的边界条件（即，第一类边界条件，第二类边界条件或第三类边界条件），平面应变固结模型由这些边界条件的组合情况可以给出很多边界情况。本章目的是证明 Carrillo 方法能否应用于非饱和土固结问题，因此本章不将可能存在的边界条件全部列出。

6.2.2　轴对称固结模型

在非饱和土固结的理论研究中，竖井地基的固结同样受到了广泛的关注。对于竖井均匀布置的非饱和土地基，其在均布荷载 q_0 作用下的固结特性分析可以采用单井非饱和土轴对称固结模型。图 6.2.2 为单井非饱和土地基轴对称固结模型示意图。其中，土层厚度和竖井安插深度均为 H，r_{w} 和 r_{e} 分别为等效的竖井半径和单井影响半径。在分析单井非饱和土轴对称固结问题时，轴向的外边界需考虑为不渗透边界（第二类边界条件），轴向的内边界和竖向的顶面、底面边界需根据实际情况考虑，三种典型边界条件（第一、第二和第三类边界条件）均可用于描述上述可能的边界情况。

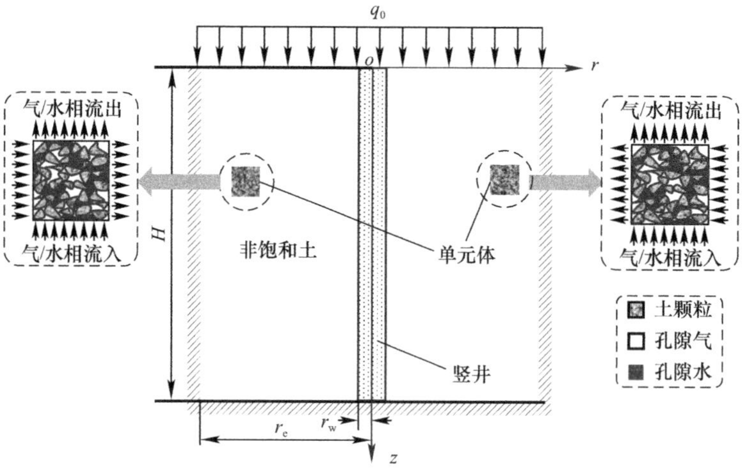

图 6.2.2 单井非饱和土地基轴对称固结模型

瞬时均布荷载下非饱和土轴对称固结的控制方程即为式（5.3.1）和式（5.3.2）。

对如图 6.2.2 所示的单井非饱和土地基轴对称固结问题，任意位置处的初始超孔隙压力为：

$$u_a(r,z,0)=u_a^0,\quad u_w(r,z,0)=u_w^0 \tag{6.2.2}$$

6.3 非饱和土固结中 Carrillo 方法证明

6.3.1 基本定理

Carrillo 在饱和土平面应变和轴对称固结问题求解中提出了著名的 Carrillo 方法，其中涉及两个经过严格证明的定理。本章在探索 Carrillo 方法在非饱和土固结问题中应用的可行性时，同样需要使用到这两个定理。以下介绍需要使用的两个定理，并对它们的正确性进行证明。

定理 1

对于平面应变固结问题相应控制方程为：

$$\frac{\partial u}{\partial t}=C_h\frac{\partial^2 u}{\partial x^2}+C_v\frac{\partial^2 u}{\partial z^2} \tag{6.3.1}$$

式中：u——因变量，在固结问题中一般为超静孔压力；

C_h、C_v——常数，在固结问题中一般为水平和竖直方向的固结系数。

如果函数 $u_x=f_x(x,t)$是偏微分方程式（6.3.2）的一个解，且函数 $u_z=f_z(z,t)$是偏微分方程式（6.3.3）的一个解，那么函数 $u=u_xu_z$ 必定是偏微分方程式（6.3.1）的一个解。

$$\frac{\partial u}{\partial t}=C_h\frac{\partial^2 u}{\partial x^2} \tag{6.3.2}$$

$$\frac{\partial u}{\partial t}=C_v\frac{\partial^2 u}{\partial z^2} \tag{6.3.3}$$

证明 将函数 $u=u_xu_z$ 代入式（6.3.1），可以得到：

$$u_z \frac{\partial u_x}{\partial t} + u_x \frac{\partial u_z}{\partial t} = C_h u_z \frac{\partial^2 u_x}{\partial x^2} + C_v u_x \frac{\partial^2 u_z}{\partial z^2} \tag{6.3.4}$$

将式（6.3.2）和式（6.3.3）代入式（6.3.1）左边，可以得到一个等式左右两边相等的等式（6.3.5），即证明了定理 1。

$$u_z C_h \frac{\partial^2 u_x}{\partial x^2} + u_x C_v \frac{\partial^2 u_z}{\partial x^2} = C_h u_z \frac{\partial^2 u_x}{\partial x^2} + C_v u_x \frac{\partial^2 u_z}{\partial z^2} \tag{6.3.5}$$

定理 2

对于轴对称固结问题的控制方程为：

$$\frac{\partial u}{\partial t} = C_h \left(\frac{\partial^2 u}{\partial r^2} + \frac{1}{r} \frac{\partial u}{\partial r} \right) + C_v \frac{\partial^2 u}{\partial z^2} \tag{6.3.6}$$

如果函数 $u_r = f_r(r, t)$ 是偏微分方程式（6.3.7）的一个解，且函数 $u_z = f_z(z, t)$ 是偏微分方程式（6.3.8）的一个解，那么函数 $u = u_r u_z$ 必定是偏微分方程式（6.3.6）的一个解。

$$\frac{\partial u}{\partial t} = C_h \left(\frac{\partial^2 u}{\partial r^2} + \frac{1}{r} \frac{\partial u}{\partial r} \right) \tag{6.3.7}$$

$$\frac{\partial u}{\partial t} = C_v \frac{\partial^2 u}{\partial z^2} \tag{6.3.8}$$

定理 2 的证明与定理 1 的证明过程相似，将函数 $u = u_r u_z$ 代入式（6.3.6），可以得到：

$$u_z \frac{\partial u_r}{\partial t} + u_r \frac{\partial u_z}{\partial t} = C_h u_z \left(\frac{\partial^2 u_r}{\partial r^2} + \frac{1}{r} \frac{\partial u_r}{\partial r} \right) + C_v u_r \frac{\partial^2 u_z}{\partial z^2} \tag{6.3.9}$$

将式（6.3.7）和式（6.3.8）代入式（6.3.9）左边，可以得到一个等式左右两边相等的等式（6.3.10），即证明了定理 2。

$$u_z C_h \left(\frac{\partial^2 u_r}{\partial r^2} + \frac{1}{r} \frac{\partial u_r}{\partial r} \right) + u_r C_v \frac{\partial^2 u_z}{\partial z^2} = C_h u_z \left(\frac{\partial^2 u_r}{\partial r^2} + \frac{1}{r} \frac{\partial u_r}{\partial r} \right) + C_v u_r \frac{\partial^2 u_z}{\partial z^2} \tag{6.3.10}$$

6.3.2 可行性探索

对于平面应变固结的控制方程式（4.2.1）、式（4.2.2）和轴对称固结模型中的控制方程式（5.3.1）、式（5.3.2），由于超孔隙气压力和超孔隙水压力在两个等式中的耦合关系，定理 1 和定理 2 不能直接用于讨论 Carrillo 方法在非饱和土固结中的可行性。因此，可先将非饱和土固结问题控制方程解耦，再合理地使用定理 1 和定理 2 探讨非饱和土中的 Carrillo 方法。解耦后与式（4.2.1）、式（4.2.2）等价的非耦合控制方程为式（6.3.11）、式（6.3.12），与式（5.3.1）和式（5.3.2）等价的非耦合控制方程为式（6.3.13）和式（6.3.14）。

$$\frac{\partial \varphi_1}{\partial t} = Q_{h1} \frac{\partial^2 \varphi_1}{\partial x^2} + Q_{v1} \frac{\partial^2 \varphi_1}{\partial z^2} \tag{6.3.11}$$

$$\frac{\partial \varphi_2}{\partial t} = Q_{h2} \frac{\partial^2 \varphi_2}{\partial x^2} + Q_{v2} \frac{\partial^2 \varphi_2}{\partial z^2} \tag{6.3.12}$$

$$\frac{\partial \varphi_1}{\partial t} = Q_{h1} \left(\frac{\partial^2 \varphi_1}{\partial r^2} + \frac{1}{r} \frac{\partial \varphi_1}{\partial r} \right) + Q_{v1} \frac{\partial^2 \varphi_1}{\partial z^2} \tag{6.3.13}$$

$$\frac{\partial \varphi_2}{\partial t}=Q_{h2}\left(\frac{\partial^2 \varphi_2}{\partial r^2}+\frac{1}{r}\frac{\partial \varphi_2}{\partial r}\right)+Q_{v2}\frac{\partial^2 \varphi_2}{\partial z^2} \tag{6.3.14}$$

式中，两种条件下参数形式一致，为证明时表示方便，C_{vx}^{a} 和 C_{vr}^{a} 均使用 C_{h}^{a} 表示，C_{vx}^{w} 和 C_{vr}^{w} 均使用 C_{h}^{w} 表示，C_{vz}^{a} 使用 C_{v}^{a} 表示，C_{vz}^{w} 使用 C_{v}^{w} 表示。

$$\varphi_1=u_a+c_{21}u_w \tag{6.3.15a}$$

$$\varphi_2=c_{12}u_a+u_w \tag{6.3.15b}$$

$$Q_{h1}=\{A_h^a+W_h^w-[(A_h^a-W_h^w)^2+4A_h^wW_h^a]^{1/2}\}/2 \tag{6.3.15c}$$

$$Q_{h2}=\{A_h^a+W_h^w+[(A_h^a-W_h^w)^2+4A_h^wW_h^a]^{1/2}\}/2 \tag{6.3.15d}$$

$$Q_{v1}=\{A_v^a+W_v^w-[(A_v^a-W_v^w)^2+4A_v^wW_v^a]^{1/2}\}/2 \tag{6.3.15e}$$

$$Q_{v2}=\{A_v^a+W_v^w+[(A_v^a-W_v^w)^2+4A_v^wW_v^a]^{1/2}\}/2 \tag{6.3.15f}$$

$$c_{12}=\frac{W_h^a}{Q_{h2}-A_h^a}=\frac{W_v^a}{Q_{v2}-A_v^a} \tag{6.3.15g}$$

$$c_{21}=\frac{A_h^w}{Q_{h1}-W_h^w}=\frac{A_v^w}{Q_{v1}-W_v^w} \tag{6.3.15h}$$

$$A_h^a=-C_h^a/(1-C_aC_w) \tag{6.3.15i}$$

$$A_h^w=C_aC_h^w/(1-C_aC_w) \tag{6.3.15j}$$

$$A_v^a=-C_v^a/(1-C_aC_w) \tag{6.3.15k}$$

$$A_v^w=C_aC_v^w/(1-C_aC_w) \tag{6.3.15l}$$

$$W_h^a=C_wC_h^a/(1-C_aC_w) \tag{6.3.15m}$$

$$W_h^w=-C_h^w/(1-C_aC_w) \tag{6.3.15n}$$

$$W_v^a=C_wC_v^a/(1-C_aC_w) \tag{6.3.15o}$$

$$W_v^w=-C_v^w/(1-C_aC_w) \tag{6.3.15p}$$

显然，式（6.3.11）、式（6.3.12）可以使用定理 1，式（6.3.13）、式（6.3.14）可以使用定理 2，这说明 Carrillo 提出的简化思想可以用于简化非饱和土的解析过程。这种简化思想可称作非饱和土固结问题中的 Carrillo 方法。

6.4 非饱和土固结中 Carrillo 公式及验证

6.4.1 简化公式

第 6.3 节已证明 Carrillo 的简化思想在瞬时荷载作用下非饱和土固结中的可行性，本节我们将推导出平面应变固结和轴对称固结条件下的简化计算公式。

6.4.1.1 平面应变固结条件

在平面应变固结条件下，非饱和土中孔隙气和孔隙水的渗流发生在 x 和 z 方向。如果 z 方向的边界均为不渗透边界，非饱和土中的孔隙气和孔隙水的渗流仅发生在 x 方向。对于以超静孔压力函数 φ_1 和 φ_2 表示的控制方程组式（6.3.11）和式（6.3.12），其解则可以表示为关于 x 和 t 的函数 $\varphi_{1x}=f_{1x}(x,t)$ 和 $\varphi_{2x}=f_{2x}(x,t)$（φ_{1x} 和 φ_{2x} 为 x 方向的两个超静孔压力函数）。为了消除单位对提出简化公式时推导过程的影响，可以将它们无量纲表示为：

$$\frac{\varphi_{1x}}{\varphi_1^0}=F_{1x}(x,t),\quad \frac{\varphi_{2x}}{\varphi_2^0}=F_{2x}(x,t) \tag{6.4.1}$$

式中：φ_1^0、φ_2^0——超静孔压力函数 φ_1 和 φ_2 的初始值，$\varphi_1^0=u_a^0+c_{21}u_w^0$，$\varphi_2^0=c_{12}u_a^0+u_w^0$；

F_{1x}、F_{2x}——函数 f_{1x} 和 f_{2x} 的无量纲形式，$F_{1x}(x,0)=1$，$F_{2x}(x,0)=1$。

此外，当假定 x 方向的边界为不渗透边界，非饱和土中的孔隙气和孔隙水的渗流仅发生在 z 方向。在这种情况下，无量纲形式的超静孔压力函数可以表示为：

$$\frac{\varphi_{1z}}{\varphi_1^0}=F_{1z}(z,t),\quad \frac{\varphi_{2z}}{\varphi_2^0}=F_{2z}(z,t) \tag{6.4.2}$$

式中：φ_{1z}、φ_{2z}——z 方向的两个超静孔压力函数；

F_{1z}、F_{2z}——满足条件 $F_{1z}(z,0)=1$ 和 $F_{2z}(z,0)=1$ 的无量纲函数。

对于渗流同时发生在 x 和 z 方向的非饱和土平面应变固结问题，可以基于定理 1 直接给出以非耦合形式表示的等价控制方程式（6.3.11）和式（6.3.12）的解。

$$\frac{\varphi_1}{\varphi_1^0}=\frac{\varphi_{1x}}{\varphi_1^0}\frac{\varphi_{1z}}{\varphi_1^0} \tag{6.4.3}$$

$$\frac{\varphi_2}{\varphi_2^0}=\frac{\varphi_{2x}}{\varphi_2^0}\frac{\varphi_{2z}}{\varphi_2^0} \tag{6.4.4}$$

式（6.4.3）和式（6.4.4）即为以非耦合方程表示的非饱和土平面应变固结问题中的 Carrillo 公式，但学者们习惯使用超孔隙气压力和超孔隙水压力表示的耦合方程进行分析，因此需将式（6.4.3）和式（6.4.4）变换为以超孔隙气压力 u_a 和超孔隙水压力 u_w 表示的简化公式。

超静孔压力函数与超孔隙压力之间的关系 $\varphi_1=u_a+c_{21}u_w$ 和 $\varphi_2=c_{12}u_a+u_w$，将它们分别代入式（6.4.3）和式（6.4.4）后，求解给出的二元一次方程组，便能给出非饱和土平面应变固结问题中 Carrillo 方法的简化公式。

$$u_a(x,z,t)=\frac{c_{21}(c_{12}u_{ax}+u_{wx})(c_{12}u_{az}+u_{wz})}{(c_{12}c_{21}-1)(c_{12}u_a^0+u_w^0)}-\frac{(u_{ax}+c_{21}u_{wx})(u_{az}+c_{21}u_{wz})}{(c_{12}c_{21}-1)(u_a^0+c_{21}u_w^0)} \tag{6.4.5}$$

$$u_w(x,z,t)=\frac{c_{12}(u_{ax}+c_{21}u_{wx})(u_{az}+c_{21}u_{wz})}{(c_{12}c_{21}-1)(u_a^0+c_{21}u_w^0)}-\frac{(c_{12}u_{ax}+u_{wx})(c_{12}u_{az}+u_{wz})}{(c_{12}c_{21}-1)(c_{12}u_a^0+u_w^0)} \tag{6.4.6}$$

式中：u_{ax}、u_{wx}——渗流发生在 x 方向的超孔隙气压力和超孔隙水压力；

u_{az}、u_{wz}——渗流发生在 z 方向的超孔隙气压力和超孔隙水压力。

式（6.4.5）和式（6.4.6）即为非饱和土平面应变固结问题中的 Carrillo 公式，在使用它们进行非饱和土平面应变固结的计算时，u_{ax}、u_{wx}、u_{az} 和 u_{wz} 均使用非饱和土一维固结情况的解，具体表达式的选取需根据边界条件确定。下一节对本章提出的简化公式进行验证时，会借助给出的例子详细说明使用方法。

6.4.1.2　轴对称固结条件

非饱和土轴对称固结理论研究简化方法的推导过程与平面应变固结条件下的类似，基于定理 2，即可给出非饱和土轴对称固结问题的简化公式：

$$u_{\mathrm{a}}(r,z,t)=\frac{c_{21}(c_{12}u_{\mathrm{ar}}+u_{\mathrm{wr}})(c_{12}u_{\mathrm{az}}+u_{\mathrm{wz}})}{(c_{12}c_{21}-1)(c_{12}u_{\mathrm{a}}^{0}+u_{\mathrm{w}}^{0})}-\frac{(u_{\mathrm{ar}}+c_{21}u_{\mathrm{wr}})(u_{\mathrm{az}}+c_{21}u_{\mathrm{wz}})}{(c_{12}c_{21}-1)(u_{\mathrm{a}}^{0}+c_{21}u_{\mathrm{w}}^{0})} \tag{6.4.7}$$

$$u_{\mathrm{w}}(r,z,t)=\frac{c_{12}(u_{\mathrm{ar}}+c_{21}u_{\mathrm{wr}})(u_{\mathrm{az}}+c_{21}u_{\mathrm{wz}})}{(c_{12}c_{21}-1)(u_{\mathrm{a}}^{0}+c_{21}u_{\mathrm{w}}^{0})}-\frac{(c_{12}u_{\mathrm{ar}}+u_{\mathrm{wr}})(c_{12}u_{\mathrm{az}}+u_{\mathrm{wz}})}{(c_{12}c_{21}-1)(c_{12}u_{\mathrm{a}}^{0}+u_{\mathrm{w}}^{0})} \tag{6.4.8}$$

式中：u_{ar}、u_{wr}——渗流发生在 r 方向的超孔隙气压力和超孔隙水压力。

式（6.4.7）、式（6.4.8）即为非饱和土轴对称固结问题中的Carrillo公式，在使用它们进行非饱和土轴对称固结的计算时，u_{ar} 和 u_{wr} 使用渗流仅发生在径向的非饱和土轴对称固结的解，u_{ar} 和 u_{wz} 使用非饱和土一维固结情况的解，且具体表达式的选取同样需根据边界条件确定。

6.4.2 简化公式正确性验证

本节将通过相关文献验证第6.4.1节提出的非饱和土平面应变和轴对称固结条件下两个简化计算公式的正确性。目前，基于Fredlund和其合作者们建立的非饱和土固结理论，学者们已经提出了一系列解析解，以分析非饱和土在一维、平面应变和轴对称条件下的固结特性。为证明本章提出的简化计算公式［式（6.4.5）～式（6.4.8）］的正确性，将选取同时存在水平方向和竖直方向渗流（双向流）的平面应变和轴对称条件下的几个典型情况作为算例。一方面，使用相应文献中给出的解析解进行算例计算；另一方面，使用第6.4.1节提出的简化计算公式组合那些仅考虑单向流的一维固结和轴对称条件下提出的解析解。如果式（6.4.5）～式（6.4.8）的计算结果与文献中解析解的计算结果相同，则说明本章提出的简化计算公式是可靠的。

6.4.2.1 平面应变固结条件

根据不同的边界条件，本节选取了Ho等（2015）[2]；Ho（2016）[3]；Wang等（2018，2019）[4,5]三种情况作为案例，通过选取案例与本章计算结果的比较，验证式（6.4.5）、式（6.4.6），并体现所提出的简化公式广泛适用于固结研究中的第一类、第二类和第三类边界条件的组合情况。在进行计算时，三个案例中的基本参数取值见表6.4.1，平面应变条件下非饱和土及外荷载参数的取值详见表6.4.2。

平面应变固结参数取值　　　　表6.4.1

参数	取值	单位	参数	取值	单位
n_0	0.5	—	m_1^{w}	-5×10^{-5}	kPa^{-1}
S_{r0}	80%	—	m_2^{a}	1×10^{-4}	kPa^{-1}
H	5	m	m_2^{w}	-2×10^{-4}	kPa^{-1}
L	2	m	q_0	100	kPa
k_{wz}	10^{-10}	m/s	u_{a}^{0}	20	kPa
m_1^{a}	-2×10^{-4}	kPa^{-1}	u_{w}^{0}	40	kPa

注：$k_{\mathrm{ax}}=2k_{\mathrm{az}}$，$k_{\mathrm{az}}=10k_{\mathrm{wz}}$，$k_{\mathrm{wx}}=2k_{\mathrm{wz}}$。

（1）算例1

对图6.2.1所示的非饱和土平面应变固结问题，考虑一个典型的边界情况，除底部为不渗透边界外，其余边界均假设为完全渗透边界。这种情况下，z 方向的顶面边界和底面边界由式（6.4.9a）和式（6.4.9b）表示，x 方向的左侧边界和右侧边界条件由式（6.4.10a）和式（6.4.10b）表示。

$$u_a(x,0,t)=u_w(x,0,t)=0 \tag{6.4.9a}$$

$$\left.\frac{\partial u_a(x,z,t)}{\partial z}\right|_{z=H}=\left.\frac{\partial u_w(x,z,t)}{\partial z}\right|_{z=H}=0 \tag{6.4.9b}$$

$$u_a(0,z,t)=u_w(0,z,t)=0 \tag{6.4.10a}$$

$$u_a(L,z,t)=u_w(L,z,t)=0 \tag{6.4.10b}$$

Ho 等（2015）[2]、Ho（2016）[3]经过严格的数学推导，给出了算例 1 的时间域内级数形式的解析解。对于由式（6.4.9）和式（6.4.10）表示的平面应变固结问题的边界情况，在 x 方向可以看作是一个双面渗透系统，在 z 方向可以看作是一个单面渗透系统。不论是单面渗透边界还是双面渗透边界下的非饱和土一维固结，均已有学者通过各种数学方法提出了解析解。在使用式（6.4.5）和式（6.4.6）计算算例 1 的结果时，选择 Wang 等（2020）[6]给出的非饱和土一维固结问题的解析解。采用文献［6］中的式（25）和式（26）计算 $u_{ax}(x,t)$和 $u_{wx}(x,t)$，采用文献［6］中的式（22）和式（23）计算 $u_{az}(z,t)$和 $u_{wz}(z,t)$，算例 1 的平面应变固结的解可以使用文献［6］中提出的一维固结条件下的解，通过式（6.4.5）和式（6.4.6）直接进行计算得到。图 6.4.1 比较了本章提出的式（6.4.5）、(6.4.6）计算的超孔隙气压力和超孔隙水压力消散曲线，和文献［3］给出的级数解计算的超孔隙气压力和超孔隙水压力的消散曲线。显然，本章提出的非饱和土平面应变固结的简化公式计算结果是可靠的。因此，使用式（6.4.5）和式（6.4.6）组合一维固结条件下的解可以直接得到平面应变固结条件下的解。

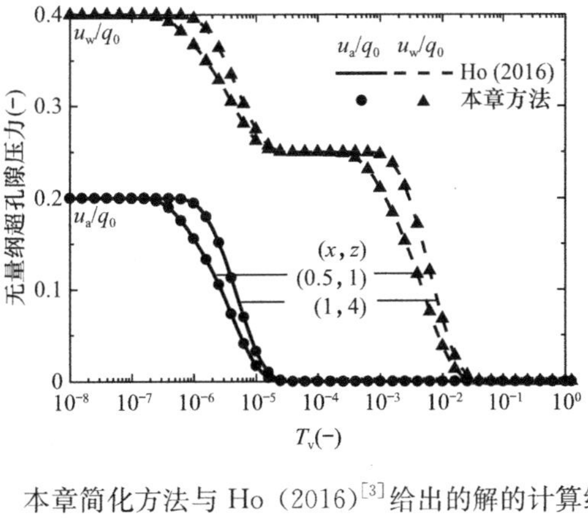

图 6.4.1 本章简化方法与 Ho（2016）[3]给出的解的计算结果比较

（2）算例 2

对于如图 6.2.1 所示的非饱和土平面应变固结模型，将表面边界考虑为排气不排水的混合边界，底部为不渗透边界，左边界与右边界均为渗透边界，这种情况下，竖向的顶面和底面边界由式（6.4.11a）和式（6.4.11b）表示，水平向的左侧边界和右侧边界由式（6.4.12a）和式（6.4.12b）表示。

$$u_{\mathrm{a}}(x,0,t)=\left.\frac{\partial u_{\mathrm{w}}(x,z,t)}{\partial z}\right|_{z=0}=0 \tag{6.4.11a}$$

$$\left.\frac{\partial u_{\mathrm{a}}(x,z,t)}{\partial z}\right|_{z=H}=\left.\frac{\partial u_{\mathrm{w}}(x,z,t)}{\partial z}\right|_{z=H}=0 \tag{6.4.11b}$$

$$u_{\mathrm{a}}(0,z,t)=u_{\mathrm{w}}(0,z,t)=0 \tag{6.4.12a}$$

$$u_{\mathrm{a}}(L,z,t)=u_{\mathrm{w}}(L,z,t)=0 \tag{6.4.12b}$$

Wang 等（2018）[4]在分析非饱和土平面应变固结问题时，在 Laplace 域内提出了算例 2 的解析解。与文献［6］提出的解的计算结果比较时，同样可以借助已有的一维固结的解，计算 $u_{\mathrm{ax}}(x,t)$、$u_{\mathrm{wx}}(x,t)$、$u_{\mathrm{az}}(z,t)$和 $u_{\mathrm{wz}}(z,t)$。Wang 等（2020）[6]给出了对应于算例 2 的 x 方向和 z 方向边界的一维固结的解，采用文献［6］中的式（25）和式（26）计算 $u_{\mathrm{ax}}(x,t)$和 $u_{\mathrm{wx}}(x,t)$，文献［6］中的式（28）和式（29）计算 $u_{\mathrm{az}}(z,t)$和 $u_{\mathrm{wz}}(z,t)$。图 6.4.2 比较了当 $x=1\mathrm{m}$ 时，式（6.4.5）和式（6.4.6）与文献［4］给出的解这两种解析方法计算的超孔隙气压力和超孔隙水压力沿深度的分布。两种方法计算的结果完全相同，说明本章提出的非饱和土平面应变固结的简化解析方法是正确的。

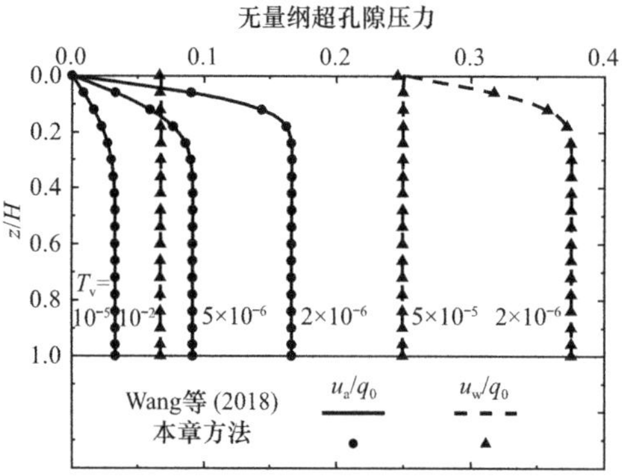

图 6.4.2　本章简化方法与 Wang 等（2018）[4]给出的解的计算结果比较

（3）算例 3

对于 x 轴方向的边界，将半渗透边界条件引入以考虑非饱和土两侧的竖井安装引起的涂抹作用，在这类情况下，当顶面为渗透边界且底面为不渗透边界时，如图 6.2.2 所示的固结模型的顶面和底面边界由式（6.4.13a）、式（6.4.13b）表示，左侧边界和右侧边界由式（6.4.14a）、式（6.4.14b）表示。

$$u_{\mathrm{a}}(x,0,t)=u_{\mathrm{w}}(x,0,t)=0 \tag{6.4.13a}$$

$$\left.\frac{\partial u_{\mathrm{a}}(x,z,t)}{\partial z}\right|_{z=H}=\left.\frac{\partial u_{\mathrm{w}}(x,z,t)}{\partial z}\right|_{z=H}=0 \tag{6.4.13b}$$

$$\left.\frac{\partial u_{\mathrm{a}}(x,z,t)}{\partial x}\right|_{x=0}-\frac{R_{\mathrm{al}}}{L}u_{\mathrm{a}}(0,z,t)=\left.\frac{\partial u_{\mathrm{w}}(x,z,t)}{\partial x}\right|_{x=0}-\frac{R_{\mathrm{wl}}}{L}u_{\mathrm{w}}(0,z,t)=0 \tag{6.4.14a}$$

$$\left.\frac{\partial u_{\mathrm{a}}(x,z,t)}{\partial x}\right|_{x=L}+\frac{R_{\mathrm{ar}}}{L}u_{\mathrm{a}}(L,z,t)=\left.\frac{\partial u_{\mathrm{w}}(x,z,t)}{\partial x}\right|_{x=L}+\frac{R_{\mathrm{wr}}}{L}u_{\mathrm{w}}(L,z,t)=0 \tag{6.4.14b}$$

式中：R_{al}、R_{ar}——左边界和右边界关于非饱和土中孔隙气的半渗透边界参数；

R_{wl}、R_{wr}——左边界和右边界关于非饱和土中孔隙水的半渗透边界参数。

算例 3 的解析解已由 Wang 等（2019）[5]给出，因此式（6.4.5）和式（6.4.6）的可靠性也可进一步由文献［5］给出的解进行验证。由式（6.4.13）和式（6.4.14）可知，算例 3 的 x 方向和 z 方向分别为双面半渗透边界和单面渗透边界。这两种边界情况下的非饱和土一维固结问题的解答已分别由 Wang 等（2020，2017）[6,7]在文献中给出。当使用式（6.4.5）和式（6.4.6）计算算例 3 的结果时，$u_{ax}(x,t)$、$u_{wx}(x,t)$利用文献［7］的式（34）、式（35）计算，$u_{az}(z,t)$和 $u_{wz}(z,t)$使用文献［6］中的式（22）和式（23）计算。图 6.4.3 比较了深度 $z=4$m 时 R_{al} 和 R_{wl}（$R_{al}=R_{wl}$）分别为 2、5 和 50 时，本章提出的简化公式和文献［5］中的解，计算得到的超孔隙气压力和超孔隙水压力沿水平方向的分布曲线。在图 6.4.3 中，两种方法计算的结果基本一致，一方面说明本章提出的简化公式的正确性，另一方面也说明平面应变固结的解可以通过一维固结的解组合得到。

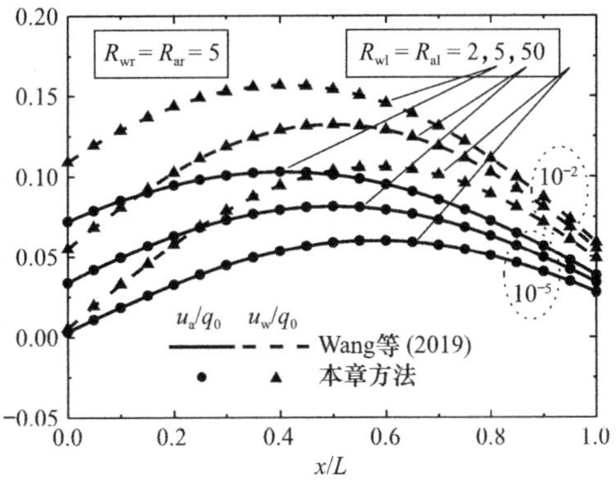

图 6.4.3　本章简化方法与 Wang 等（2019）[5]给出的解的计算结果比较

6.4.2.2　轴对称固结条件

关于单井非饱和土地基轴对称固结的研究，Qin 等（2010）[8]给出了仅考虑径向渗流的解析解，Ho 等（2016）[9]在时间域内给出了能同时考虑径向流和竖向流的解析解。比较文献［8］和文献［9］的解析过程可以看出，文献［8］的解析过程更为简洁，说明考虑单向流的解比考虑双向流的解更容易得到。因此，本章提出的简化计算方法对于简化非饱和土固结的解析过程具有重要意义。

对于文献［9］分析的两个考虑双向流的非饱和土轴对称固结问题，它们的解析解可以通过本章提出的式（6.4.7）、式（6.4.8）组合文献［8］和文献［6］的单向流的解得到。因此，选择了文献［9］分析的两个轴对称固结问题作为算例，验证在轴对称条件下提出的简化公式的可靠性。两个算例（算例 4 和算例 5）的差异为竖向的边界情况，算例 4 为竖向单面渗透系统，算例 5 为竖向双面渗透系统。在进行计算时，两个算例均使用表 6.4.2 中的参数。

（1）算例 4

z 方向的顶面和底面边界由式（6.4.15a）和式（6.4.15b）表示，r 方向的内侧边界和外侧边界由式（6.4.16a）和式（6.4.16b）表示。

轴对称固结参数取值 表 6.4.2

参数	取值	单位	参数	取值	单位
n_0	0.5	—	m_{1ax}^{w}	-5×10^{-5}	kPa^{-1}
S_{r0}	80%	—	m_{2ax}^{a}	1×10^{-4}	kPa^{-1}
H	5	m	m_{2ax}^{w}	-2×10^{-4}	kPa^{-1}
r_e	1.8	m	q_0	100	kPa
r_w	0.2	m	u_a^0	20	kPa
k_{wz}	10^{-10}	m/s	u_w^0	40	kPa
m_{1ax}^{a}	-2×10^{-4}	kPa^{-1}			

注：$k_{ar}=2k_{az}$，$k_{az}=10k_{wz}$，$k_{wr}=2k_{wz}$。

$$u_a(r,0,t)=u_w(r,0,t)=0 \tag{6.4.15a}$$

$$\left.\frac{\partial u_a(r,z,t)}{\partial z}\right|_{z=H}=\left.\frac{\partial u_w(r,z,t)}{\partial z}\right|_{z=H}=0 \tag{6.4.15b}$$

$$u_a(r_w,z,t)=u_w(r_w,z,t)=0 \tag{6.4.16a}$$

$$\left.\frac{\partial u_a(r,z,t)}{\partial r}\right|_{r=r_e}=\left.\frac{\partial u_w(r,z,t)}{\partial r}\right|_{r=r_e}=0 \tag{6.4.16b}$$

算例 4 的解析解已由文献［9］提出，在使用式（6.4.7）和式（6.4.8）的计算结果与文献［9］的解析解的计算结果比较时，式（6.4.7）和式（6.4.8）中的 $u_{ar}(r,t)$和 $u_{wr}(r,t)$使用文献［8］中的式（13）和式（14）计算，$u_{az}(z,t)$和 $u_{wz}(z,t)$使用文献［6］的式（22）和式（23）计算。图 6.4.4 比较了在 $r=1.6$m 处，本章提出的简化公式与文献［9］提出的解析解计算的非饱和土中的超孔隙压力沿 z 方向的等时线，可以看出两种解析方法计算的结果完全一致，这说明式（6.4.7）和式（6.4.8）的计算结果非常可信。因此，本章提出的轴对称条件下的非饱和土固结的简化公式是正确的。

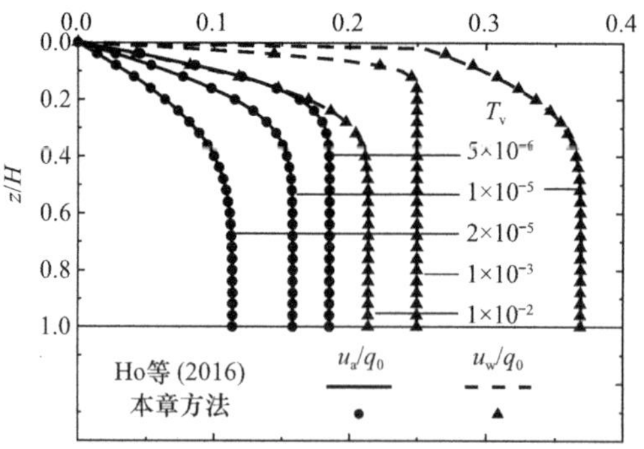

图 6.4.4 本章简化方法与 Ho 等（2016）[9]给出的解的计算结果比较

（2）算例 5

z 方向的顶面和底面边界由式（6.4.17a）和式（6.4.17b）表示，r 方向的内侧边界和外侧边界由式（6.4.18a）、式（6.4.18b）表示。

$$u_a(r,0,t)=u_w(r,0,t)=0 \tag{6.4.17a}$$

$$u_a(r,H,t)=u_w(r,H,t)=0 \tag{6.4.17b}$$

$$u_a(r_w,z,t)=u_w(r_w,z,t)=0 \tag{6.4.18a}$$

$$\left.\frac{\partial u_a(r,z,t)}{\partial r}\right|_{r=r_e}=\left.\frac{\partial u_w(r,z,t)}{\partial r}\right|_{r=r_e}=0 \tag{6.4.18b}$$

Ho 等（2016）[9]给出的有关算例 5 固结特性的解析解将进一步被用于验证式（6.4.7）和式（6.4.8）的正确性。在使用简化方法计算算例 5 的结果时，式（6.4.7）和式（6.4.8）中的 $u_{ar}(r,t)$、$u_{wr}(r,t)$ 使用文献［8］的式（13）和式（14）确定，$u_{az}(z,t)$和 $u_{wz}(z,t)$使用文献［6］中的式（25）和式（26）确定。图 6.4.5 比较了在 $r=1.6$m 处，简化方法与文献［9］解析解计算的超孔隙气压力和超孔隙水压力沿 z 方向的等时线，两种方法计算结果所绘曲线完全重合，这说明式（6.4.7）、式（6.4.8）是可靠的。因此，本章提出的式（6.4.7）和式（6.4.8）可用于简化同时考虑径向流和竖向流的非饱和土轴对称固结的解析过程，并且该方法可以用于验证轴对称条件下所得非饱和土固结解析解或数值解的正确性。

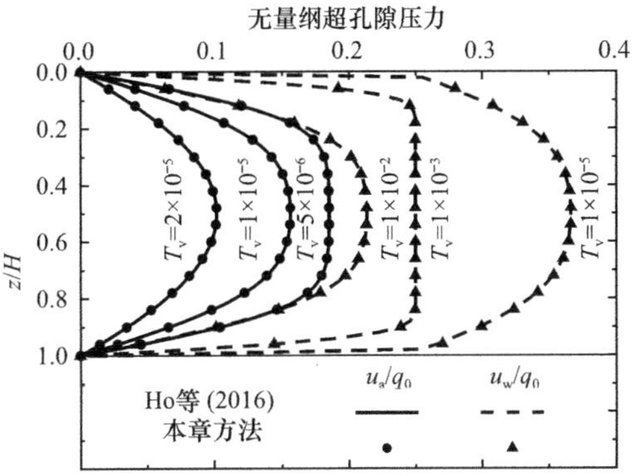

图 6.4.5　本章简化方法与 Ho 等（2016）[9]给出的解的计算结果比较

参考文献：

［1］ Carrillo N. Simple two and three dimensional case in the theory of consolidation of soils［J］. Journal of Mathematics and Physics，1942，21（1-4）：1-5.

［2］ Ho L，Fatahi B，Khabbaz H. A closed form analytical solution for two-dimensional plane strain consolidation of unsaturated soil stratum［J］. International Journal for Numerical and Analytical Methods in Geomechanics，2015，39（15）：1665-1692.

［3］ Ho L. Catalogue of analytical solutions for consolidation of unsaturated soils subjected to various initial conditions and time-dependent loadings［D］. University of Technology Sydney，2016.

［4］ Wang L，Xu Y F，Xia X H，et al. Semi-analytical solutions to two-dimensional plane strain consolidation for unsaturated soil［J］. Computers and Geotechnics，2018，101：100-113.

［5］ Wang L，Xu Y F，Xia X H，et al. Semi-analytical solutions of two-dimensional plane strain consolidation in unsaturated soils subjected to the lateral semipermeable drainage boundary［J］. International Journal for Numerical and Analytical Methods in Geomechanics，2019，43（17）：2628-2651.

［6］ Wang L，Xu Y F，Xia X H，et al. A series of semianalytical solutions of one-dimensional consolidation in unsaturated soils［J］. International Journal of Geomechanics，2020，20（6）：06020005.

[7] Wang L, Sun D A, Li L Z, et al. Semi-analytical solutions to one-dimensional consolidation for unsaturated soils with symmetric semi-permeable drainage boundary [J]. Computers and Geotechnics, 2017, 89: 71-80.
[8] Qin A F, Sun D A, Yang L P, et al. A semi-analytical solution to consolidation of unsaturated soils with the free drainage well [J]. Computers and Geotechnics, 2010, 37 (7-8): 867-875.
[9] Ho L, Fatahi B, Khabbaz H. Analytical solution to axisymmetric consolidation in unsaturated soils with linearly depth-dependent initial conditions [J]. Computers and Geotechnics, 2016, 74: 102-121.

相关发表文章:

[1] Li L Z, Qin A F, Wang L, et al. Application of Carrillo's method in unsaturated soil consolidation [J]. Géotechnique, 2024, 74 (11): 1056-1066.

第 7 章　非饱和土固结问题的非线性探索

7.1　引言

实际工程土体受力后不仅表现出弹性，还表现出黏性。由于黏弹性地基固结研究的难度很大，目前针对黏弹性非饱和土地基固结的研究极少。本章是黏弹性非饱和地基固结研究的一个探索，通过引入 Laplace 变换下的柔度系数 $V(s)$ 代替线弹性模型中的常数 $1/E$，得到黏弹性非饱和土地基 Laplace 变换下的控制方程；采用 Cayley-Hamilton 数学方法构造顶面状态向量 $\widetilde{X}(0,s)$ 与任意深度处状态向量 $\widetilde{X}(z,s)$ 间的传递关系；根据初始条件及边界条件，得到 Laplace 变换域内超孔隙水压力、超孔隙气压力以及土层沉降的解；通过 Laplace 逆变换得到时间域内超孔隙水压力、超孔隙气压力及土层沉降的半解析解。

非饱和土固结过程中渗透系数是非线性变化的，但因为解析求解只能求解线性问题，所以目前非饱和土固结解析研究中基本将液相渗透系数 k_w 和气相渗透系数 k_a 假定为常数，没有考虑渗透系数非线性变化。尽管在对新问题的初步研究中这种假设已被接受，但不可否认将非饱和土渗透系数近似为常数是有缺陷的。本章将在现有非饱和土固结解析解答的基础上，从液相和气相渗透系数与基质吸力（u_a-u_w）的相互关系入手，尝试在分析非饱和土地基固结性状时采用半解析方法考虑液相和气相渗透系数的非线性变化。

7.2　黏弹性非饱和土地基一维固结研究探索

7.2.1　黏弹性地基模型及其柔度系数的 Laplace 变换

以下介绍几种常见的黏弹性本构模型及其相应的柔度系数的 Laplace 变换式 $V(s)$。

7.2.1.1　Maxwell 模型（二单元松弛模型）

图 7.2.1 为 Maxwell 模型，由一个弹性体 H(Hooke) 与一个黏滞体 N(Newton) 串联而成，两构件所受的应力相同，但变形不同。

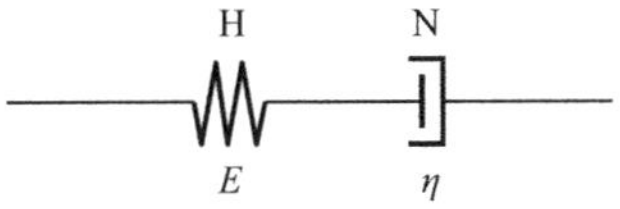

图 7.2.1　Maxwell 模型

本构方程为：

$$\sigma+\frac{\eta}{E}\frac{\mathrm{d}\sigma}{\mathrm{d}t}=\eta\frac{\mathrm{d}\varepsilon}{\mathrm{d}t} \tag{7.2.1}$$

对式（7.2.1）做关于时间 t 的 Laplace 变换，整理得：

$$V(s)=\frac{\tilde{\varepsilon}(s)}{\tilde{\sigma}(s)}=\frac{1}{E}+\frac{1}{\eta s} \tag{7.2.2}$$

7.2.1.2　Kelvin 模型（二单元推迟模型）

图 7.2.2 为 Kelvin 模型，由一个弹性体 H 与一个黏滞体 N 并联而成，两构件所受的应变相同，但应力不同。

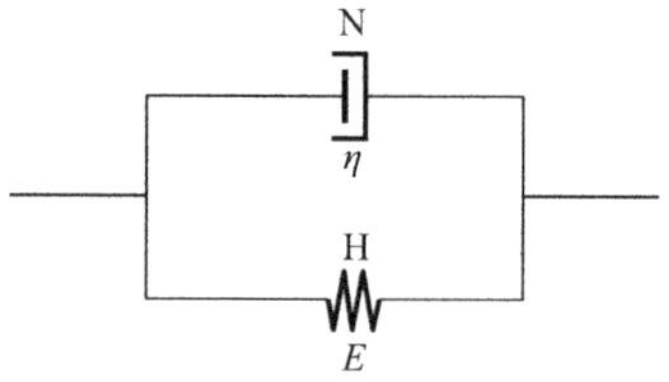

图 7.2.2　Kelvin 模型

本构方程为：

$$\sigma=E\varepsilon+\eta\frac{\mathrm{d}\varepsilon}{\mathrm{d}t} \tag{7.2.3}$$

对式（7.2.3）做关于时间 t 的 Laplace 变换，整理得：

$$V(s)=\frac{\tilde{\varepsilon}(s)}{\tilde{\sigma}(s)}=\frac{1}{E+\eta s} \tag{7.2.4}$$

7.2.1.3　Merchant 模型（三单元模型）

图 7.2.3 为 Merchant 模型，由一个弹性体 H_0 和 Kelvin 体串联而成。

本构方程为：

$$\sigma+\frac{\eta}{E_0+E}\frac{\mathrm{d}\sigma}{\mathrm{d}t}=\frac{E_0E}{E_0+E}\varepsilon+\frac{\eta E_0}{E_0+E}\frac{\mathrm{d}\varepsilon}{\mathrm{d}t} \tag{7.2.5}$$

对式（7.2.5）做关于时间 t 的 Laplace 变换，整理得：

$$V(s)=\frac{\tilde{\varepsilon}(s)}{\tilde{\sigma}(s)}=\frac{1}{E_0}+\frac{1}{E+\eta s} \tag{7.2.6}$$

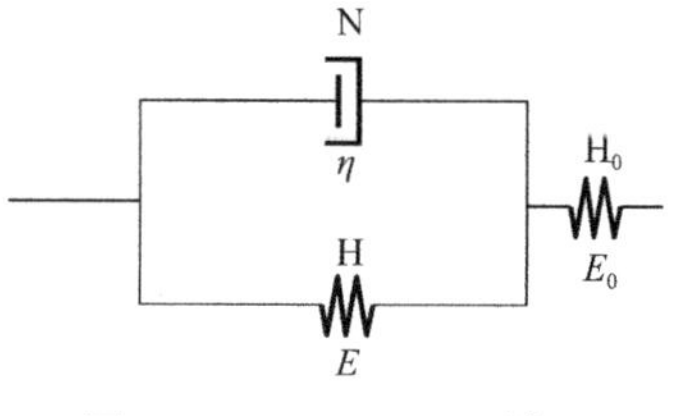

图 7.2.3　Merchant 模型

7.2.2　黏弹性地基一维固结模型解析

7.2.2.1　基本控制方程

1. 液相的控制方程

弹性非饱和土地基一维固结问题中，根据单元体内液相的体积变化为液体流入单元体以及流出单元体的体积差，结合 Darcy 定律，可得到（具体可参考第 2.2.2 节）：

$$\frac{\partial(V_{\mathrm{w}}/V)}{\partial t}=\frac{k_{\mathrm{w}}}{\gamma_{\mathrm{w}}}\frac{\partial^2 u_{\mathrm{w}}}{\partial z^2} \tag{7.2.7}$$

Fredlund 非饱和土固结理论中液相的本构方程式（2.2.3）对 t 求导得：

$$\frac{\partial(V_{\mathrm{w}}/V_0)}{\partial t}=m_{1\mathrm{k}}^{\mathrm{w}}\frac{\partial(\sigma_{\mathrm{z}}-u_{\mathrm{a}})}{\partial t}+m_2^{\mathrm{w}}\frac{\partial(u_{\mathrm{a}}-u_{\mathrm{w}})}{\partial t} \tag{7.2.8}$$

式（7.2.8）采用李氏比拟法，引入 Laplace 变换下的柔度系数 $V(s)(\widetilde{m}_{1\mathrm{k}}^{\mathrm{w}},\widetilde{m}_2^{\mathrm{w}})$ 代替线弹性模型中的 $1/E(m_{1\mathrm{k}}^{\mathrm{w}},m_2^{\mathrm{w}})$，得：

$$\frac{\partial(V_{\mathrm{w}}/V_0)}{\partial t}=\widetilde{m}_{1\mathrm{k}}^{\mathrm{w}}\frac{\partial(\sigma_{\mathrm{z}}-u_{\mathrm{a}})}{\partial t}+\widetilde{m}_2^{\mathrm{w}}\frac{\partial(u_{\mathrm{a}}-u_{\mathrm{w}})}{\partial t} \tag{7.2.9}$$

当采用 Merchant 模型时：

$$\widetilde{m}_{1\mathrm{k}}^{\mathrm{w}}=-\frac{1}{E_{01}^{\mathrm{w}}}-\frac{1}{E_1^{\mathrm{w}}+\eta_1^{\mathrm{w}}s},\quad \widetilde{m}_2^{\mathrm{w}}=-\frac{1}{E_{02}^{\mathrm{w}}}-\frac{1}{E_2^{\mathrm{w}}+\eta_2^{\mathrm{w}}s} \tag{7.2.10}$$

式（7.2.7）和式（7.2.9）相等，仅考虑瞬时均布荷载，可得液相控制方程如下（方法同第2章）：

$$\frac{\partial u_{\mathrm{w}}}{\partial t}=-\widetilde{C}_{\mathrm{w}}\frac{\partial u_{\mathrm{a}}}{\partial t}-\widetilde{C}_{\mathrm{v}}^{\mathrm{w}}\frac{\partial^2 u_{\mathrm{w}}}{\partial z^2} \tag{7.2.11}$$

式中：

$$\widetilde{C}_{\mathrm{w}}=(\widetilde{m}_{1\mathrm{k}}^{\mathrm{w}}-\widetilde{m}_2^{\mathrm{w}})/\widetilde{m}_2^{\mathrm{w}} \tag{7.2.12a}$$

$$\widetilde{C}_{\mathrm{v}}^{\mathrm{w}}=k_{\mathrm{w}}/(\gamma_{\mathrm{w}}\widetilde{m}_2^{\mathrm{w}}) \tag{7.2.12b}$$

2. 气相的控制方程

弹性非饱和土一维固结模型中，根据单元体内气相的质量变化为气体流入单元体以及流出单元体的质量差，并结合理想气体定理等可以得到（具体可参考第2.2.2节）：

$$\frac{\partial(V_{\mathrm{a}}/V_0)}{\partial t}=-\frac{(1-S_{\mathrm{r0}})n_0}{u_{\mathrm{a}}+u_{\mathrm{atm}}}\frac{\partial u_{\mathrm{a}}}{\partial t}+\frac{k_{\mathrm{a}}RT}{gM(u_{\mathrm{a}}+u_{\mathrm{atm}})}\frac{\partial^2 u_{\mathrm{a}}}{\partial z^2} \tag{7.2.13}$$

Fredlund 固结理论关于气相的本构方程式（2.2.4）对 t 求导得：

$$\frac{\partial(V_{\mathrm{a}}/V_0)}{\partial t}=m_{1\mathrm{k}}^{\mathrm{a}}\frac{\partial(\sigma_{\mathrm{z}}-u_{\mathrm{a}})}{\partial t}+m_2^{\mathrm{a}}\frac{\partial(u_{\mathrm{a}}-u_{\mathrm{w}})}{\partial t} \tag{7.2.14}$$

式（7.2.14）采用李氏比拟法，引入 Laplace 变换下的柔度系数 $V(s)$（$\widetilde{m}_{1\mathrm{k}}^{\mathrm{a}}$，$\widetilde{m}_2^{\mathrm{a}}$）代替线弹性模型中的 $1/E$（$m_{1\mathrm{k}}^{\mathrm{a}}$，$m_2^{\mathrm{a}}$）得到：

$$\frac{\partial(V_{\mathrm{a}}/V_0)}{\partial t}=\widetilde{m}_{1\mathrm{k}}^{\mathrm{a}}\frac{\partial(\sigma_{\mathrm{z}}-u_{\mathrm{a}})}{\partial t}+\widetilde{m}_2^{\mathrm{a}}\frac{\partial(u_{\mathrm{a}}-u_{\mathrm{w}})}{\partial t} \tag{7.2.15}$$

当采用 Merchant 模型时：

$$\widetilde{m}_{1\mathrm{k}}^{\mathrm{a}}=-\frac{1}{E_{01}^{\mathrm{a}}}-\frac{1}{E_1^{\mathrm{a}}+\eta_1^{\mathrm{a}}s},\quad \widetilde{m}_2^{\mathrm{a}}=-\frac{1}{E_{02}^{\mathrm{a}}}-\frac{1}{E_2^{\mathrm{a}}+\eta_2^{\mathrm{a}}s} \tag{7.2.16}$$

式（7.2.13）和式（7.2.15）相等，仅考虑瞬时均布荷载，整理可得气相控制方程如下（假设及方法同第2章）：

$$\frac{\partial u_{\mathrm{a}}}{\partial t}=-\widetilde{C}_{\mathrm{a}}\frac{\partial u_{\mathrm{w}}}{\partial t}-\widetilde{C}_{\mathrm{v}}^{\mathrm{a}}\frac{\partial^2 u_{\mathrm{a}}}{\partial z^2} \tag{7.2.17}$$

式中：

$$\widetilde{C}_{\mathrm{a}}=\widetilde{m}_{2}^{\mathrm{a}}/[\widetilde{m}_{1\mathrm{k}}^{\mathrm{a}}-\widetilde{m}_{2}^{\mathrm{a}}-n_{0}(1-S_{\mathrm{r0}})/(u_{\mathrm{a}}^{0}+u_{\mathrm{atm}})] \tag{7.2.18a}$$

$$\widetilde{C}_{\mathrm{v}}^{\mathrm{a}}=k_{\mathrm{a}}RT/\{gM[(\widetilde{m}_{1\mathrm{k}}^{\mathrm{a}}-\widetilde{m}_{2}^{\mathrm{a}})(u_{\mathrm{a}}^{0}+u_{\mathrm{atm}})-n_{0}(1-S_{\mathrm{r0}})]\} \tag{7.2.18b}$$

3. 初始和边界条件

初始条件：超孔隙压力沿深度不变化

$$u_{\mathrm{a}}(z,0)=u_{\mathrm{a}}^{0},u_{\mathrm{w}}(z,0)=u_{\mathrm{w}}^{0} \tag{7.2.19}$$

边界条件：顶面透水透气，底面不透水不透气

$$u_{\mathrm{a}}(0,t)=u_{\mathrm{w}}(0,t)=0 \tag{7.2.20}$$

$$\left.\frac{\partial u_{\mathrm{a}}(z,t)}{\partial z}\right|_{z=H}=\left.\frac{\partial u_{\mathrm{w}}(z,t)}{\partial z}\right|_{z=H}=0 \tag{7.2.21}$$

7.2.2.2 半解析解的推导

由 Darcy 渗透定律及 Fick 定律，可以推得式（2.2.5）、式（2.2.8），即：

$$\frac{\partial u_{\mathrm{w}}}{\partial z}=-\frac{\gamma_{\mathrm{w}}}{k_{\mathrm{w}}}v_{\mathrm{w}} \tag{7.2.22}$$

$$\frac{\partial u_{\mathrm{a}}}{\partial z}=-\frac{g}{k_{\mathrm{a}}}J_{\mathrm{a}} \tag{7.2.23}$$

对上面两式，采用 Laplace 变换，得：

$$\frac{\partial\widetilde{u}_{\mathrm{w}}}{\partial z}=\frac{\partial\left(\int_{0}^{\infty}\mathrm{e}^{-st}u_{\mathrm{w}}\mathrm{d}t\right)}{\partial z}=\int_{0}^{\infty}\mathrm{e}^{-st}\frac{\partial u_{\mathrm{w}}}{\partial z}\mathrm{d}t=\int_{0}^{\infty}\mathrm{e}^{-st}\left(-\frac{\gamma_{\mathrm{w}}}{k_{\mathrm{w}}}v_{\mathrm{w}}\right)\mathrm{d}t=-\frac{\gamma_{\mathrm{w}}}{k_{\mathrm{w}}}\widetilde{v}_{\mathrm{w}} \tag{7.2.24}$$

$$\frac{\partial\widetilde{u}_{\mathrm{a}}}{\partial z}=\frac{\partial\left(\int_{0}^{\infty}\mathrm{e}^{-st}u_{\mathrm{a}}\mathrm{d}t\right)}{\partial z}=\int_{0}^{\infty}\mathrm{e}^{-st}\frac{\partial u_{\mathrm{a}}}{\partial z}\mathrm{d}t=\int_{0}^{\infty}\mathrm{e}^{-st}\left(-\frac{g}{k_{\mathrm{a}}}J_{\mathrm{a}}\right)\mathrm{d}t=-\frac{g}{k_{\mathrm{a}}}\widetilde{J}_{\mathrm{a}} \tag{7.2.25}$$

对式（7.2.11）和式（7.2.17）作 Laplace 变换，整理得：

$$s\widetilde{u}_{\mathrm{w}}-u_{\mathrm{w}}^{0}=-s\widetilde{C}_{\mathrm{w}}\widetilde{u}_{\mathrm{a}}+\widetilde{C}_{\mathrm{w}}-\widetilde{C}_{\mathrm{v}}^{\mathrm{w}}\frac{\partial^{2}\widetilde{u}_{\mathrm{w}}}{\partial z^{2}} \tag{7.2.26}$$

$$s\widetilde{u}_{\mathrm{a}}-u_{\mathrm{a}}^{0}=-s\widetilde{C}_{\mathrm{a}}\widetilde{u}_{\mathrm{w}}+\widetilde{C}_{\mathrm{a}}-\widetilde{C}_{\mathrm{v}}^{\mathrm{a}}\frac{\partial^{2}\widetilde{u}_{\mathrm{a}}}{\partial z^{2}} \tag{7.2.27}$$

式（7.2.24）、式（7.2.25）对 z 求导代入式（7.2.26）、式（7.2.27）整理得：

$$\frac{\partial\widetilde{v}_{\mathrm{w}}}{\partial z}=s\frac{k_{\mathrm{w}}}{\widetilde{C}_{\mathrm{v}}^{\mathrm{w}}\gamma_{\mathrm{w}}}\widetilde{C}_{\mathrm{w}}\widetilde{u}_{\mathrm{a}}+s\frac{k_{\mathrm{w}}}{\widetilde{C}_{\mathrm{v}}^{\mathrm{w}}\gamma_{\mathrm{w}}}\widetilde{u}_{\mathrm{w}}-\frac{k_{\mathrm{w}}}{\widetilde{C}_{\mathrm{v}}^{\mathrm{w}}\gamma_{\mathrm{w}}}(u_{\mathrm{w}}^{0}+\widetilde{C}_{\mathrm{w}}u_{\mathrm{a}}^{0}) \tag{7.2.28}$$

$$\frac{\partial\widetilde{J}_{\mathrm{a}}}{\partial z}=s\frac{k_{\mathrm{a}}}{\widetilde{C}_{\mathrm{v}}^{\mathrm{a}}g}\widetilde{u}_{\mathrm{a}}+s\frac{k_{\mathrm{a}}}{\widetilde{C}_{\mathrm{v}}^{\mathrm{a}}g}\widetilde{C}_{\mathrm{a}}\widetilde{u}_{\mathrm{w}}-\frac{k_{\mathrm{a}}}{\widetilde{C}_{\mathrm{v}}^{\mathrm{a}}g}(u_{\mathrm{a}}^{0}+\widetilde{C}_{\mathrm{a}}u_{\mathrm{w}}^{0}) \tag{7.2.29}$$

由式（7.2.24）、式（7.2.25）、式（7.2.28）、式（7.2.29）重新排列得到控制方程组：

$$\frac{\partial\widetilde{u}_{\mathrm{a}}}{\partial z}=-\frac{g}{k_{\mathrm{a}}}\widetilde{J}_{\mathrm{a}} \tag{7.2.30}$$

$$\frac{\partial\widetilde{u}_{\mathrm{w}}}{\partial z}=-\frac{\gamma_{\mathrm{w}}}{k_{\mathrm{w}}}\widetilde{v}_{\mathrm{w}} \tag{7.2.31}$$

$$\frac{\partial\widetilde{J}_{a}}{\partial z}=s\frac{k_{a}}{\widetilde{C}_{v}^{a}g}\widetilde{u}_{a}+s\frac{k_{a}}{\widetilde{C}_{v}^{a}g}\widetilde{C}_{a}\widetilde{u}_{w}-\frac{k_{a}}{\widetilde{C}_{v}^{a}g}(u_{a}^{0}+\widetilde{C}_{a}u_{w}^{0}) \tag{7.2.32}$$

$$\frac{\partial\widetilde{v}_{w}}{\partial z}=s\frac{k_{w}}{\widetilde{C}_{v}^{w}\gamma_{w}}\widetilde{C}_{w}\widetilde{u}_{a}+s\frac{k_{w}}{\widetilde{C}_{v}^{w}\gamma_{w}}\widetilde{u}_{w}-\frac{k_{w}}{\widetilde{C}_{v}^{w}\gamma_{w}}(u_{w}^{0}+\widetilde{C}_{w}u_{a}^{0}) \tag{7.2.33}$$

由控制方程组得到下列矩阵偏微分方程：

$$\frac{\partial\widetilde{\boldsymbol{X}}}{\partial z}=\boldsymbol{A}\widetilde{\boldsymbol{X}}+\boldsymbol{B} \tag{7.2.34}$$

采用与第 3.2.2 节线弹性非饱和土相同的方法求解这一微分方程，得到顶面状态向量与任意深度处状态向量间的传递关系：

$$\begin{Bmatrix}\widetilde{u}_{a}(z,s)\\\widetilde{u}_{w}(z,s)\\\widetilde{J}_{a}(z,s)\\\widetilde{v}_{w}(z,s)\end{Bmatrix}=\begin{bmatrix}T_{11}&T_{12}&T_{13}&T_{14}\\T_{21}&T_{22}&T_{23}&T_{24}\\T_{31}&T_{32}&T_{33}&T_{34}\\T_{41}&T_{42}&T_{43}&T_{44}\end{bmatrix}\cdot\begin{Bmatrix}\widetilde{u}_{a}(0,s)\\\widetilde{u}_{w}(0,s)\\\widetilde{J}_{a}(0,s)\\\widetilde{v}_{w}(0,s)\end{Bmatrix}+\begin{Bmatrix}S_{1}\\S_{2}\\S_{3}\\S_{4}\end{Bmatrix} \tag{7.2.35}$$

代入边界及初始条件，采用 Cayley-Hamilton 数学方法，得到顶面透水透气、底面不透水不透气边界条件下超孔隙压力及土层沉降的解答（方法同第 3.2.2 节）：

$$\widetilde{u}_{a}(z,s)=\frac{1}{\xi^{2}-\eta^{2}}\frac{1}{\widetilde{C}_{v}^{a}}\left\{\begin{aligned}&-\left[\left(\eta^{2}+\frac{s}{\widetilde{C}_{v}^{a}}\right)(u_{a}^{0}+\widetilde{C}_{a}u_{w}^{0})+\frac{s\widetilde{C}_{a}}{\widetilde{C}_{v}^{w}}(\widetilde{C}_{w}u_{a}^{0}+u_{w}^{0})\right]\frac{\mathrm{ch}[\xi(H-z)]}{\xi^{2}\mathrm{ch}(\xi H)}\\&+\left[(u_{a}^{0}+\widetilde{C}_{a}u_{w}^{0})\left(\xi^{2}+\frac{s}{\widetilde{C}_{v}^{a}}\right)+\frac{s\widetilde{C}_{a}}{\widetilde{C}_{v}^{w}}(\widetilde{C}_{w}u_{a}^{0}+u_{w}^{0})\right]\frac{\mathrm{ch}[\eta(H-z)]}{\eta^{2}\mathrm{ch}(\eta H)}\end{aligned}\right\}+\frac{u_{a}^{0}}{s} \tag{7.2.36}$$

$$\widetilde{u}_{w}(z,s)=\frac{1}{\xi^{2}-\eta^{2}}\frac{1}{\widetilde{C}_{v}^{w}}\left\{\begin{aligned}&-\left[\frac{s\widetilde{C}_{w}}{\widetilde{C}_{v}^{a}}(u_{a}^{0}+\widetilde{C}_{a}u_{w}^{0})+\left(\eta^{2}+\frac{s}{\widetilde{C}_{v}^{w}}\right)(\widetilde{C}_{w}u_{a}^{0}+u_{w}^{0})\right]\frac{\mathrm{ch}[\xi(H-z)]}{\xi^{2}\mathrm{ch}(\xi H)}\\&+\left[\frac{s\widetilde{C}_{w}}{\widetilde{C}_{v}^{a}}(u_{a}^{0}+\widetilde{C}_{a}u_{w}^{0})+(\widetilde{C}_{w}u_{a}^{0}+u_{w}^{0})\left(\xi^{2}+\frac{s}{\widetilde{C}_{v}^{w}}\right)\right]\frac{\mathrm{ch}[\eta(H-z)]}{\eta^{2}\mathrm{ch}(\eta H)}\end{aligned}\right\}+\frac{u_{w}^{0}}{s} \tag{7.2.37}$$

$$\widetilde{w}(s)=-\frac{1}{\xi^{2}-\eta^{2}}\left\{\begin{aligned}&\frac{1}{\widetilde{C}_{v}^{a}}\left[(-\widetilde{m}_{1k}+\widetilde{m}_{2})\left(\eta^{2}+\frac{s}{\widetilde{C}_{v}^{a}}\right)-\widetilde{m}_{2}\frac{s\widetilde{C}_{w}}{\widetilde{C}_{v}^{a}}\right](u_{a}^{0}+\widetilde{C}_{a}u_{w}^{0})\\&+\frac{1}{\widetilde{C}_{v}^{w}}\left[(-\widetilde{m}_{1k}+\widetilde{m}_{2})\frac{s\widetilde{C}_{a}}{\widetilde{C}_{v}^{a}}-\widetilde{m}_{2}\left(\eta^{2}+\frac{s}{\widetilde{C}_{v}^{w}}\right)\right](\widetilde{C}_{w}u_{a}^{0}+u_{w}^{0})\end{aligned}\right\}\frac{\mathrm{sh}(\xi H)}{\xi^{3}\mathrm{ch}(\xi H)}$$

$$+\frac{1}{\xi^2-\eta^2}\left\{\begin{array}{l}\dfrac{1}{\widetilde{C}_{\mathrm{v}}^{\mathrm{a}}}\left[(-\widetilde{m}_{1\mathrm{k}}+\widetilde{m}_2)\left(\xi^2+\dfrac{s}{\widetilde{C}_{\mathrm{v}}^{\mathrm{a}}}\right)-\widetilde{m}_2\dfrac{s\widetilde{C}_{\mathrm{w}}}{\widetilde{C}_{\mathrm{v}}^{\mathrm{w}}}\right](u_{\mathrm{a}}^0+\widetilde{C}_{\mathrm{a}}u_{\mathrm{w}}^0)\\+\dfrac{1}{\widetilde{C}_{\mathrm{v}}^{\mathrm{w}}}\left[(-\widetilde{m}_{1\mathrm{k}}+\widetilde{m}_2)\dfrac{s\widetilde{C}_{\mathrm{a}}}{\widetilde{C}_{\mathrm{v}}^{\mathrm{a}}}-\widetilde{m}_2\left(\xi^2+\dfrac{s}{\widetilde{C}_{\mathrm{v}}^{\mathrm{w}}}\right)\right](\widetilde{C}_{\mathrm{w}}u_{\mathrm{a}}^0+u_{\mathrm{w}}^0)\end{array}\right\}\frac{\mathrm{sh}(\eta H)}{\eta^3\mathrm{ch}(\eta H)} \tag{7.2.38}$$

其中：

$$\xi=\left[\frac{\sqrt{(\widetilde{C}_{\mathrm{v}}^{\mathrm{w}}-\widetilde{C}_{\mathrm{v}}^{\mathrm{a}})^2+4\widetilde{C}_{\mathrm{v}}^{\mathrm{w}}\widetilde{C}_{\mathrm{v}}^{\mathrm{a}}\widetilde{C}_{\mathrm{a}}\widetilde{C}_{\mathrm{w}}}-(\widetilde{C}_{\mathrm{v}}^{\mathrm{w}}+\widetilde{C}_{\mathrm{v}}^{\mathrm{a}})}{2\widetilde{C}_{\mathrm{v}}^{\mathrm{w}}\widetilde{C}_{\mathrm{v}}^{\mathrm{a}}}\right]^{\frac{1}{2}}\sqrt{s} \tag{7.2.39a}$$

$$\eta=\left[\frac{-\sqrt{(\widetilde{C}_{\mathrm{v}}^{\mathrm{w}}-\widetilde{C}_{\mathrm{v}}^{\mathrm{a}})^2+4\widetilde{C}_{\mathrm{v}}^{\mathrm{w}}\widetilde{C}_{\mathrm{v}}^{\mathrm{a}}\widetilde{C}_{\mathrm{a}}\widetilde{C}_{\mathrm{w}}}-(\widetilde{C}_{\mathrm{v}}^{\mathrm{w}}+\widetilde{C}_{\mathrm{v}}^{\mathrm{a}})}{2\widetilde{C}_{\mathrm{v}}^{\mathrm{w}}\widetilde{C}_{\mathrm{v}}^{\mathrm{a}}}\right]^{\frac{1}{2}}\sqrt{s} \tag{7.2.39b}$$

将式（7.2.36）～式（7.2.38）采用 Crump 方法进行 Laplace 逆变换，即可得到黏弹性非饱和土地基时间域内的超孔隙气压力、超孔隙水压力、土层沉降的半解析解。

本部分详细内容可参考文献［1］。

7.2.2.3 固结特性分析

设一水平向无限的土层，施加一瞬时均布荷载，土层顶面透水透气，底面不透水不透气，黏弹性土性参数见表 7.2.1，其他参数同表 3.2.1。本节以 Merchant 模型为例进行算例分析。

黏弹性一维固结算例参数　　表 7.2.1

参数	数值	单位	参数	数值	单位
$E_{01}^{\mathrm{w}}=E_1^{\mathrm{w}}$	5×10^3	kPa	$E_{01}^{\mathrm{a}}=E_1^{\mathrm{a}}$	1×10^3	kPa
$E_{02}^{\mathrm{w}}=E_2^{\mathrm{w}}$	1.25×10^3	kPa	$E_{02}^{\mathrm{a}}=E_2^{\mathrm{a}}$	2.5×10^3	kPa
η_1^{w}	5×10	kPa·s	η_1^{a}	1×10	kPa·s
η_2^{w}	1.25×10	kPa·s	η_2^{a}	2.5×10	kPa·s

1. $k_{\mathrm{a}}/k_{\mathrm{w}}$ 对超孔隙压力及土层沉降的影响

图 7.2.4（a）、（b）、（c）为不同 $k_{\mathrm{a}}/k_{\mathrm{w}}$ 条件下超孔隙气压力、超孔隙水压力及相对沉降随时间的变化规律。黏弹性情况下，不同 $k_{\mathrm{a}}/k_{\mathrm{w}}$ 下超孔隙气压力、超孔隙水压力及相对沉降随时间的变化规律与线弹性情况相同［其中 $T_{\mathrm{v}}=k_{\mathrm{w}}t/(\gamma_{\mathrm{w}}\widetilde{m}_{1\mathrm{k}}^{\mathrm{s}}H^2)$］。

2. Kelvin 体中弹性模量 E 对超孔隙压力及土层沉降的影响

图 7.2.5（a）为 Kelvin 体中弹性模量 E 对超孔隙气压力消散的影响，可以看出，E 对超孔隙气压力的消散几乎不产生影响。图 7.2.5（b）为 Kelvin 体中弹性模量 E 对超孔隙水压力消散的影响，可以看出，固结前期 E 对超孔隙水压力消散也几乎没有影响，但在固结后期 E 越小，超孔隙水压力越晚开始消散，且 E 越小，完成消散需要的时间越长。图 7.2.5（c）为 Kelvin 体中弹性模量 E 对相对沉降的影响。可以看出，E 越小，地基固结越缓慢。

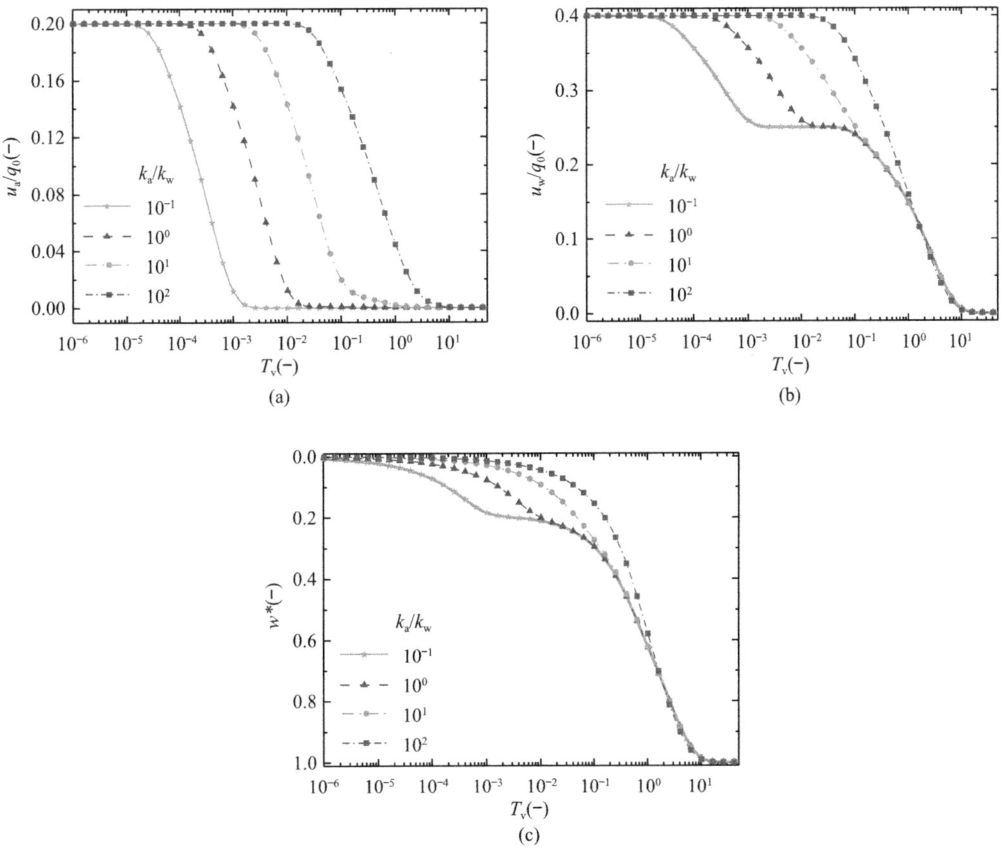

图 7.2.4　不同 k_a/k_w 下超孔隙压力及相对沉降随时间变化

（a）超孔隙气压力；（b）超孔隙水压力；（c）相对沉降

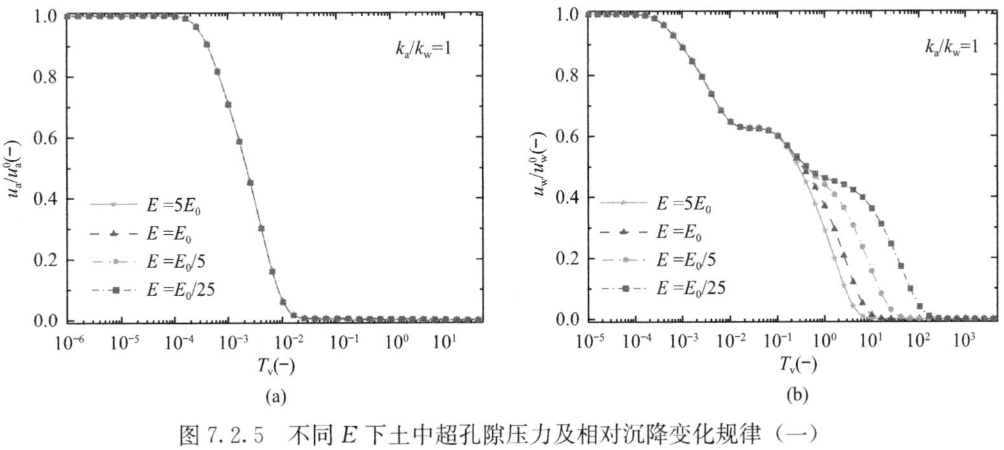

图 7.2.5　不同 E 下土中超孔隙压力及相对沉降变化规律（一）

（a）超孔隙气压力；（b）超孔隙水压力

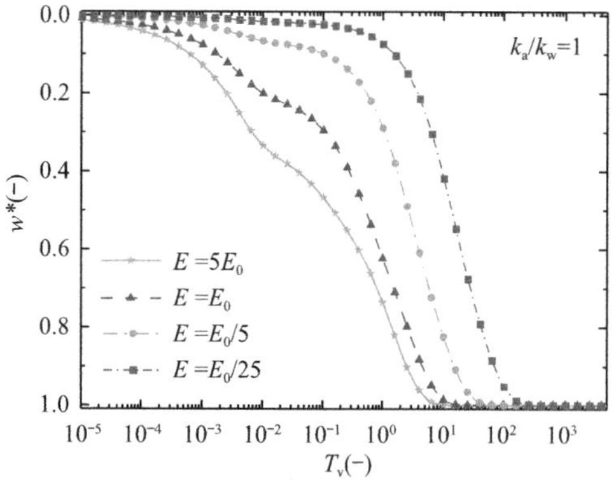

(c)

图 7.2.5 不同 E 下土中超孔隙压力及相对沉降变化规律（二）

（c）相对沉降

3. Kelvin 体中黏滞系数 η 对超孔隙压力及土层沉降的影响

图 7.2.6（a）和图 7.2.6（b）分别为 Kelvin 体中不同黏滞系数 η 对超孔隙气压力和超孔隙水压力消散的影响。可以看出，黏滞系数 η 对超孔隙气压力消散几乎不产生影响，对超孔隙水压力消散的影响在固结过程的后期比较明显。图 7.2.6（c）为 Kelvin 体中不同黏滞系数 η 对相对沉降的影响。可以看出，黏滞系数 η 对固结的影响主要体现在固结过程的后期。在前期，黏滞系数 η 不同时固结曲线趋于一致且均比拟弹性（将黏滞系数设为零）情况下相对沉降稍小，拟弹性情况下土的固结速度比其他情况都要快；在后期，黏滞系数 η 越大土的固结越缓慢，完成固结所需要的时间越长。

4. 各种情况下土层沉降随时间的变化规律

图 7.2.7 为各种情况（包括线弹性非饱和土地基一维固结的解析解、黏弹性非饱和地基的半解析解与拟弹性半解析解（将黏滞系数设为零））下相对沉降随时间的变化规律。从图中可以明显看出，这三条曲线都呈双 S 形，但是在弹性及拟弹性情况下固结速度比黏弹性情况下明显要快，弹性地基的解析解与拟弹性地基的半解析解非常接近（这也从另一角度证实了半解析解的正确性）。

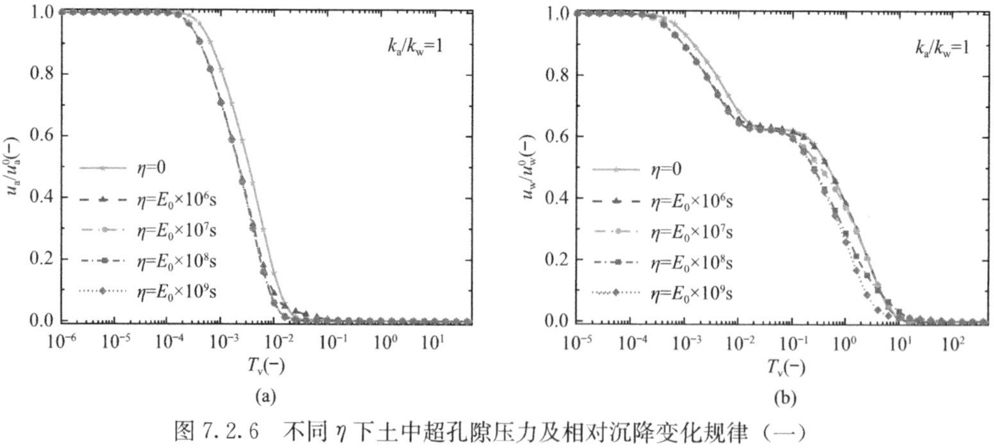

(a) (b)

图 7.2.6 不同 η 下土中超孔隙压力及相对沉降变化规律（一）

（a）超孔隙气压力；（b）超孔隙水压力

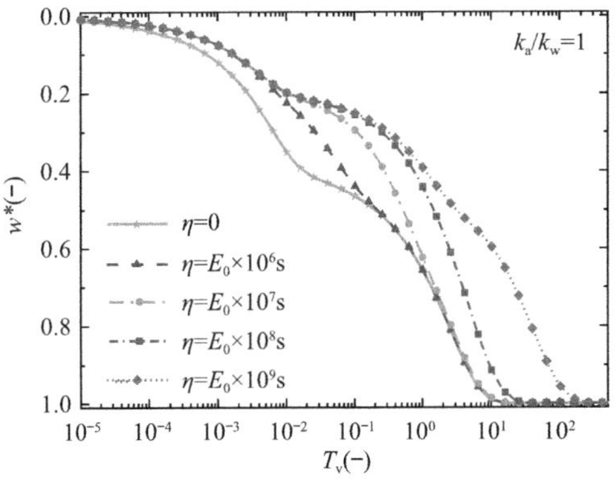

(c)

图 7.2.6　不同 η 下土中超孔隙压力及相对沉降变化规律（二）

(c) 相对沉降

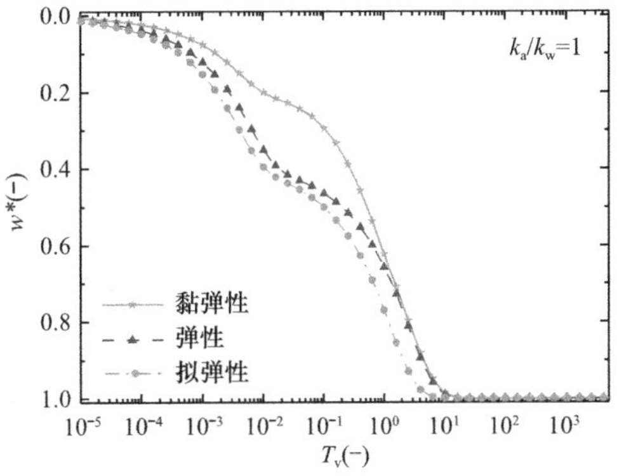

图 7.2.7　不同地基假定情况下相对沉降随时间的变化规律（$k_a/k_w=1$）

7.3　考虑渗透系数非线性变化的非饱和土地基固结研究探索

7.3.1　考虑渗透系数变化的处理方法

考虑渗透系数变化的半解析解实现过程如图 7.3.1 所示。

本节对液相与气相的渗透系数变化的考虑，采用由 Brooks 和 Corey（1964）提出的渗透系数与基质吸力的关系式：

当$(u_a-u_w)\leqslant(u_a-u_w)_b$时，

$$k_w=k_s,\ k_a=0 \tag{7.3.1}$$

当$(u_a-u_w)>(u_a-u_w)_b$时，

$$k_a=k_d\left\{1-\left[\frac{(u_a-u_w)_b}{u_a-u_w}\right]^{\lambda}\right\}^2\left\{1-\left[\frac{(u_a-u_w)_b}{u_a-u_w}\right]^{2+\lambda}\right\},k_w=k_s\left[\frac{(u_a-u_w)_b}{u_a-u_w}\right]^{\eta} \tag{7.3.2}$$

式中：　k_d——干土中气相渗透系数；

k_s——土体饱和时的液相渗透系数；

$(u_a-u_w)_b$——土的进气值；

λ——经验常数。

考虑土层渗透系数随时间变化，本节将土体的固结过程人为地划分为足够小的时间段（此时间段内$(\Delta u_a-\Delta u_w)/(u_a-u_w)<10^{-8}$），并假定这一微小的时间段内液相和气相渗透系数为常数，利用编程计算得到这一时刻的基质吸力；当$(\Delta u_a-\Delta u_w)/(u_a-u_w)>10^{-8}$时，以此为基础计算出下一时刻的渗透系数值，如此循环计算直到土体最终固结完成（半解析解实现过程见图7.3.1）。此方法，理论清楚，方法简便，且符合实际土层中渗透系数的变化规律。

本部分详细内容可参考文献［2］。

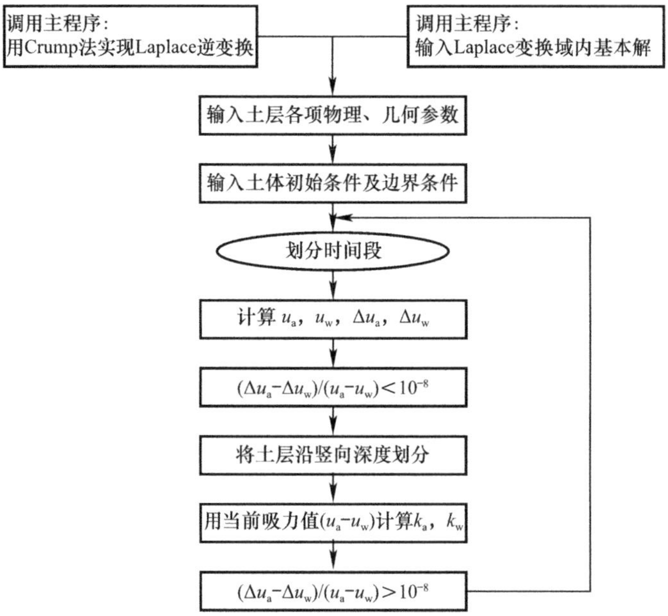

图7.3.1　考虑渗透系数变化的半解析解实现过程示意图

7.3.2　气、液相渗透系数变化对固结的影响分析

本算例将对液相及气相渗透系数均发生变化、液相渗透系数变化而气相渗透系数为常数及液相、气相渗透系数均为常数三种情况下的固结情况进行对比，以全面分析在固结过程中液相和气相渗透系数的影响效应。

本节采用指数加荷进行固结分析，除渗透系数外，土性参数如表3.2.1所示，荷载及其他参数如文献［1］，土层厚10m，取8m深处进行分析，计算结果如图7.3.2所示。

从图7.3.2（a）中可以看出，三种情况下超孔隙气压力均呈现出随时间先增加然后消散的变化规律：在加荷稳定前，变化规律几乎一致；不同之处在于，同时考虑气、液相渗透系数变化时，超孔隙气压力的峰值小于其他两种情况；加荷稳定后，三种情况下超孔隙气压力消散速度均加快，当同时考虑液、气相渗透系数变化时比不考虑渗透系数变化及仅考虑液相渗透系数变化时，超孔隙气压力的消散得更快；整个固结过程中，液相渗透系数的变化，对超孔隙气压力消散基本没有影响。

从图7.3.2（b）中可以看出，在加荷稳定前，三种情况下超孔隙水压力的变化规律及特征与超孔隙气压力相似；加荷稳定后，在超孔隙气压力消散完之前（固结前期），考虑气相渗透系数变化比不考虑气相渗透系数变化的其他两种情况，超孔隙水压力消散快；当超孔隙气压力消散完全后（固结后期），仅考虑液相渗透系数变化和同时考虑气、液相渗透系数变化的超孔隙水压力消散曲线基本重合，这说明气相渗透系数的变化对固结后期超孔隙水压力的消散没有影响。此外，不考虑渗透系数变化时超孔隙水压力的消散与考虑液相渗透系数变化的另外两种情况相比，明显缓慢很多。

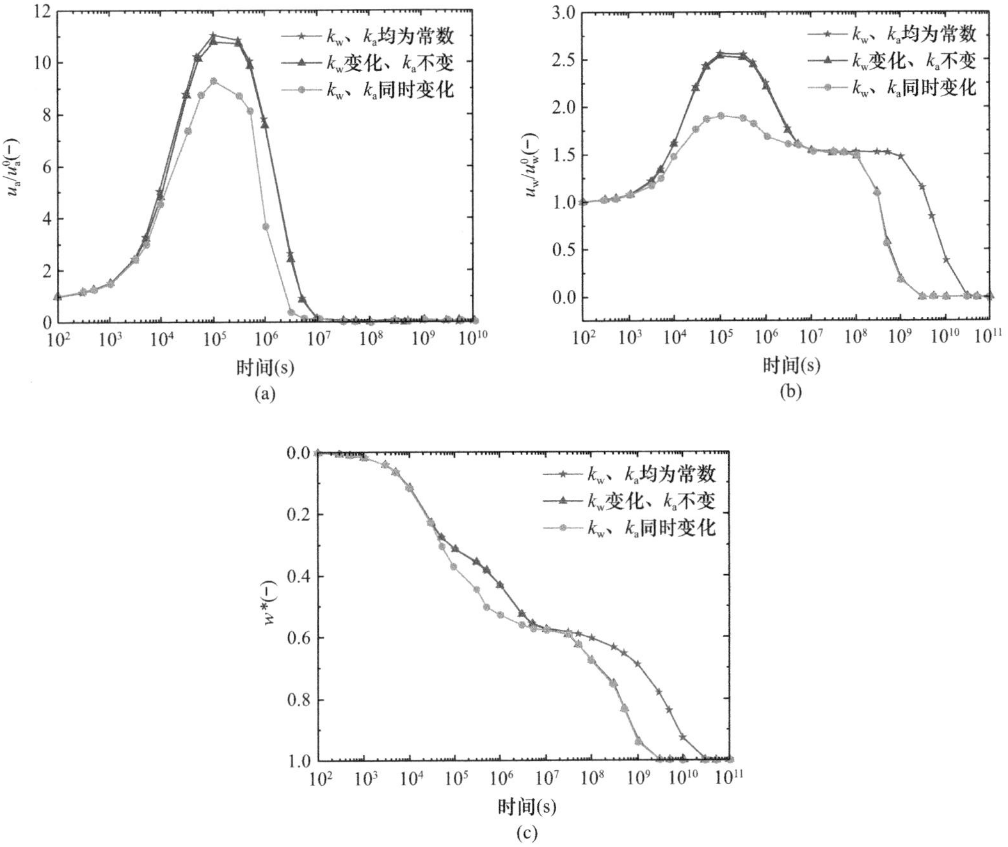

图 7.3.2　不同渗透系数变化对固结的影响

（a）超孔隙气压力；（b）超孔隙水压力；（c）相对沉降

从图 7.3.2（c）中可以看出，三种情况下土体的固结规律基本相似，在加荷稳定前，固结速度基本一致，但是当加荷趋于稳定之后，由于渗透系数变化情况不同，导致不同情况下土体中的超孔隙水压力、超孔隙气压力的消散也各不相同，继而影响到了土体的固结速度。对比图 7.3.2（a）、（b）、（c）可以发现：气相渗透系数变化在固结初期加快了土层的固结速度；当超孔隙气压力完全消散后，仅考虑液相渗透系数变化的固结曲线与同时考虑液、气相渗透系数变化的固结曲线重合，且其固结速率明显快于不考虑渗透系数变化的情况。这说明固结前期受气相渗透系数变化影响明显，固结后期受液相渗透系数变化影响明显。

参考文献：

[1]　秦爱芳，罗坤，孙德安．非饱和土黏弹性地基一维固结特性分析［J］．上海大学学报：自然科学

版，2010，16（2）：203-209.
［2］ 秦爱芳，张九龙．考虑渗透系数变化的非饱和土固结性状分析［J］．岩土力学，2015，36（6）：1-9.

相关发表文章：

［1］ 秦爱芳，罗坤，孙德安．非饱和土黏弹性地基一维固结特性分析［J］．上海大学学报：自然科学版，2010，16（2）：203-209.

［2］ 秦爱芳，谢业贵．非饱和黏弹性地基在加荷随时间指数变化作用下的一维固结半解析解［J］．建筑科学，2011，26（11）：8-13.

［3］ Qin A F，Sun D A，Zhang J L. Semi-analytical solution to one-dimensional consolidation for viscoelastic unsaturated soils［J］. Computers and Geotechnics，2014，62（10）：110-117.

［4］ 秦爱芳，张九龙．考虑渗透系数变化的非饱和土固结性状分析［J］．岩土力学．2015，36（6）：1-9.

［5］ 秦爱芳，葛航．线性加荷情况下非饱和土层一维固结特性分析［J］．上海大学学报：自然科学版，2016，22（5）：624-636.

［6］ 秦爱芳，吕康立．循环荷载下非饱和黏弹性地基一维固结特性分析［J］．上海大学学报：自然科学版，2017，23（6）：937-948.

附录：符　号　表

1. 基本参数	
符号	说明
H	单层非饱和土体的厚度
V_v	非饱和土单元体中孔隙所占体积
V_w	非饱和土单元体中液相所占体积
V_a	非饱和土单元体中气相所占体积
ΔV_v	非饱和土单元体中孔隙所占体积改变量
ΔV_w	非饱和土单元体中液相所占体积改变量
ΔV_a	非饱和土单元体中气相所占体积改变量
ε_s	非饱和土单元体中土骨架法线应变
ε_w	非饱和土单元体中液相法线应变
ε_a	非饱和土单元体中气相法线应变
u_a	超孔隙气压力
u_w	超孔隙水压力
$\sigma-u_a$	净法向应力
u_a-u_w	基质吸力
u_a^0	初始超孔隙气压力
u_w^0	初始超孔隙水压力
u_{atm}	大气压
$u_{a,abs}$	绝对超孔隙气压
$u_{a,abs}^0$	初始绝对超孔隙气压
$\tilde{u}_a$	Laplace 变换下的超孔隙气压力
$\tilde{u}_w$	Laplace 变换下的超孔隙水压力
n	孔隙率
n_0	初始孔隙率
S_r	饱和度
S_{r0}	初始饱和度
D_a	土中气相传导常数
D_a^*	土中修正后的气相传导常数
c	气体浓度
g	重力加速度
k_a	气相渗透系数
J_a	单元体单位面积上气相的质量流动速率
M_a	气体质量
ρ_a	气体密度
M	气体的平均摩尔质量

续表

符号	说明
R	通用气体常数
T	绝对温度
k_w	液相渗透系数
v_w	单元体单位面积上的液相流动速度
h_w	水头
γ_w	液相的重度
ρ	非饱和土密度

2. 荷载应力参数	
q、q_0	大面积瞬时均布荷载（外荷载初始值）
$q(t)$	随时间变化荷载
$q_{max}(q_u)$	荷载最大值
a	施工荷载线性加载速率
D	指数荷载常数
b	指数荷载加载速率
θ	正弦荷载角频率
σ_z	由外荷载引起的 z 方向的总法向应力
σ_x	由外荷载引起的 x 方向的总法向应力
σ_r	由外荷载引起的 r 方向的总法向应力
σ_θ	由外荷载引起的 θ 方向的总法向应力
σ_{cz}	自重应力
σ_{ex}	外荷载产生的应力

3. 一维固结相关参数	
m_{1k}^s	K_0 加荷时相应于净法向应力的土骨架体积变化系数
m_{1k}^w	K_0 加荷时相应于净法向应力的液相体积变化系数
m_{1k}^a	K_0 加荷时相应于净法向应力的气相体积变化系数
m_2^s	K_0 加荷时相应于吸力的土骨架体积变化系数
m_2^w	K_0 加荷时相应于吸力的液相体积变化系数
m_2^a	K_0 加荷时相应于吸力的气相体积变化系数
C_a	与气相有关的相互作用常数
C_w	与液相有关的相互作用常数
C_v^a	与气相有关的固结系数
C_v^w	与液相有关的固结系数
C_σ^a	气相与荷载相关的相互作用系数
C_σ^w	液相与荷载相关的相互作用系数
σ_{nB}	第 n 级加载情况下土体底部的垂直总应力
R_a	顶面边界气相半渗透边界系数
R_w	顶面边界液相半渗透边界系数
a_a	顶面边界气相界面参数
a_w	顶面边界液相界面参数

续表

符号	说明
b_a	底面边界气相界面参数
b_w	底面边界液相界面参数
h_i	第 i 层非饱和土层的底面深度
$u_a(z,t)$	一维固结下的土体内超孔隙气压力（文中也简写为 u_a）
$u_w(z,t)$	一维固结下的土体内超孔隙水压力（文中也简写为 u_w）
$\widetilde{u}_a(z,s)$	一维固结 Laplace 变换下的超孔隙气压力（简写为 $\widetilde{u}_a$）
$\widetilde{u}_w(z,s)$	一维固结 Laplace 变换下的超孔隙水压力（简写为 $\widetilde{u}_w$）
$C_a^{(i)}$	第 i 层非饱和土层中与气相有关相互作用常数
$C_w^{(i)}$	第 i 层非饱和土层中与液相有关相互作用常数
$C_v^{a(i)}$	第 i 层非饱和土中与气相相关的固结系数
$C_v^{w(i)}$	第 i 层非饱和土中与液相相关的固结系数
$m_{1k}^{s(i)}$	第 i 层非饱和土中相应于净法向应力的土骨架体积变化系数
$m_{1k}^{w(i)}$	第 i 层非饱和土中相应于净法向应力的液相体积变化系数
$m_{1k}^{a(i)}$	第 i 层非饱和土中相应于净法向应力的气相体积变化系数
$m_2^{s(i)}$	第 i 层非饱和土中相应于基质吸力的土骨架体积变化系数
$m_2^{w(i)}$	第 i 层非饱和土中相应于基质吸力的液相体积变化系数
$m_2^{a(i)}$	第 i 层非饱和土中相应于基质吸力的气相体积变化系数
R_t	多层非饱和土中顶面边界的半渗透边界系数
$\varepsilon_v^{(i)}$	非饱和土地基中第 i 层土的应变
C_v	饱和土层中的竖向固结系数
m_v	饱和土层中的体积压缩系数
k_v	饱和土层中的渗透系数
$\varepsilon_v^{(1)}$	上层非饱和土体积应变
$\varepsilon_v^{(2)}$	下层饱和土体积应变

4. 平面应变固结相关参数	
L	非饱和土体的宽度
h_1	上层非饱和土层的厚度
R_l	平面应变条件下气相和液相在左侧的半透水参数
R_r	平面应变条件下气相和液相在右侧的半透水参数
k_{ax}	平面应变条件下气相在 x 方向的渗透系数
k_{az}	平面应变条件下气相在 z 方向的渗透系数
k_{wx}	平面应变条件下液相在 x 方向的渗透系数
k_{wz}	平面应变条件下液相在 z 方向的渗透系数
k_x	平面应变条件下饱和土在 x 方向的渗透系数
k_z	平面应变条件下饱和土在 z 方向的渗透系数
v_{wx}	平面应变条件下液相在 x 方向的流速
v_{wz}	平面应变条件下液相在 z 方向的流速
J_{ax}	平面应变条件下气相在 x 方向的质量流动速率
J_{az}	平面应变条件下气相在 z 方向的质量流动速率
$D_{ax}^{\cdot}$	平面应变条件下气相在 x 方向修正后的传导系数

续表

符号	说明
D_{az}^{*}	平面应变条件下气相在 z 方向修正后的传导系数
m_1^a	平面应变条件下相应于净法向应力的气相体积变化系数
m_1^w	平面应变条件下相应于净法向应力的液相体积变化系数
m_2^a	平面应变条件下相应于基质吸力的气相体积变化系数
m_2^w	平面应变条件下相应于基质吸力的液相体积变化系数
m_{v2}	平面应变固结时饱和土的体积压缩系数
C_{vx}^a	平面应变条件下气相在 x 方向的固结系数
C_{vz}^a	平面应变条件下气相在 z 方向的固结系数
C_{vx}^w	平面应变条件下液相在 x 方向的固结系数
C_{vz}^w	平面应变条件下液相在 z 方向的固结系数
$u_a(x,z,t)$	平面应变条件下土体内超孔隙气压力（简写为 u_a）
$u_w(x,z,t)$	平面应变条件下土体内超孔隙水压力（简写为 u_w）
$\tilde{u}_a(x,z,s)$	平面应变条件下 Laplace 域内的超孔隙气压力（简写为 $\tilde{u}_a$）
$\tilde{u}_w(x,z,s)$	平面应变条件下 Laplace 域内的超孔隙水压力（简写为 $\tilde{u}_w$）
$\tilde{u}_{ax}(x,s)$	超孔隙气压随 Laplace 域变量 s 和横向位置 x 变化的广义 Fourier 系数（简写为 $\tilde{u}_{ax}$）
$\tilde{u}_{wx}(x,s)$	超孔隙水压随 Laplace 域变量 s 和横向位置 x 变化的广义 Fourier 系数（简写为 $\tilde{u}_{wx}$）
$\tilde{u}_{az}(z,s)$	超孔隙气压随 Laplace 域变量 s 和竖向位置 z 变化的广义 Fourier 系数（简写为 $\tilde{u}_{az}$）
$\tilde{u}_{wz}(z,s)$	超孔隙水压随 Laplace 域变量 s 和竖向位置 z 变化的广义 Fourier 系数（简写为 $\tilde{u}_{wz}$）
$u_{az}^{(1)}(z,t)$	上层非饱和土超孔隙气压随时间 t 和深度 z 变化的广义 Fourier 系数
$u_{wz}^{(1)}(z,t)$	上层非饱和土超孔隙水压随时间 t 和深度 z 变化的广义 Fourier 系数
$u_{wz}^{(2)}(z,t)$	下层饱和土超孔隙水压随时间 t 和深度 z 变化的广义 Fourier 系数
$\tilde{\sigma}_z(s)$	荷载项 $D_t^1\sigma_z(t)$ 的 Laplace 变换式
σ_{z0}	初始时刻地基中由外荷载引起的附加应力

5. 轴对称固结相关参数	
H	非饱和土竖井地基土层厚度
r_e	竖井影响区半径
r_s	涂抹区半径
r_w	竖井半径
α_a	气相涂抹系数
α_w	液相涂抹系数
N	影响区半径与竖井半径比（井径比）
S	涂抹区半径与竖井半径比
G_a	气相井阻因子
G_w	液相井阻因子
k_{ar}	轴对称条件下在未扰动区土体 r 方向的气相渗透系数
k_{az}	轴对称条件下在未扰动区土体 z 方向的气相渗透系数
k_{as}	轴对称条件下在涂抹区土体 r 方向的气相渗透系数
k_{ad}	轴对称条件下竖井材料在 z 方向的气相渗透系数
k_{wr}	轴对称条件下在未扰动区土体 r 方向的液相渗透系数
k_{wz}	轴对称条件下在未扰动区土体 z 方向的液相渗透系数

续表

符号	说明
k_{ws}	轴对称条件下在涂抹区土体 r 方向的液相渗透系数
k_{wd}	轴对称条件下竖井材料在 z 方向的液相渗透系数
m_{1ax}^{a}	轴对称条件下相应于净法向应力变化的气相体积变化系数
m_{1ax}^{w}	轴对称条件下相应于净法向应力变化的液相体积变化系数
m_{2ax}^{a}	轴对称条件下相应于基质吸力变化的气相体积变化系数
m_{2ax}^{w}	轴对称条件下相应于基质吸力变化的液相体积变化系数
C_{a}	轴对称条件下与气相有关的相互作用系数
C_{w}	轴对称条件下与液相有关的相互作用系数
C_{v}^{a}	轴对称条件下径向气相有关固结系数
C_{v}^{w}	轴对称条件下径向液相有关固结系数
C_{vz}^{a}	轴对称条件下气相在 z 方向的固结系数
C_{vz}^{w}	轴对称条件下液相在 z 方向的固结系数
C_{vs}^{a}	轴对称条件下 r 方向扰动区气相固结系数
C_{vs}^{w}	轴对称条件下 r 方向扰动区液相固结系数
C_{vr}^{a}	轴对称条件下 r 方向未扰动区气相固结系数
C_{vr}^{w}	轴对称条件下 r 方向未扰动区液相固结系数
$\bar{u}_{a}(z,t)$	轴对称条件下 r 方向平均超孔隙气压力（简写为 $\bar{u}_{a}$）
$\bar{u}_{w}(z,t)$	轴对称条件下 r 方向平均超孔隙水压力（简写为 $\bar{u}_{w}$）
$u_{a}(r,z,t)$	轴对称条件下非饱和土内超孔隙气压力（简写为 u_{a}）
$u_{w}(r,z,t)$	轴对称条件下非饱和土内超孔隙水压力（简写为 u_{w}）
$\tilde{u}_{a}(r,z,s)$	轴对称条件下 Laplace 变换域内的超孔隙气压力（简写为 $\tilde{u}_{a}$）
$\tilde{u}_{w}(r,z,s)$	轴对称条件下 Laplace 变换域内的超孔隙水压力（简写为 $\tilde{u}_{w}$）
$u_{as}(r,z,t)$	轴对称条件下涂抹区非饱和土内超孔隙气压力（简写为 u_{as}）
$u_{ws}(r,z,t)$	轴对称条件下涂抹区非饱和土内超孔隙水压力（简写为 u_{ws}）
$u_{ar}(r,z,t)$	轴对称条件下未扰动区非饱和土内超孔隙气压力（简写为 u_{ar}）
$u_{wr}(r,z,t)$	轴对称条件下未扰动区非饱和土内超孔隙水压力（简写为 u_{wr}）
$u_{ad}(z,t)$	轴对称条件下竖井内超孔隙气压力（简写为 u_{ad}）
$u_{wd}(z,t)$	轴对称条件下竖井内超孔隙水压力（简写为 u_{wd}）
$\tilde{u}_{a,H}(z,s)$	超孔隙气压力的零阶有限 Hankel 变换和 Laplace 变换式（$\tilde{u}_{a,H}$）
$\tilde{u}_{w,H}(z,s)$	超孔隙水压力的零阶有限 Hankel 变换和 Laplace 变换式（$\tilde{u}_{w,H}$）
$u_{a,H}^{0}$	初始超孔隙气压力的零阶有限 Hankel 变换式
$u_{w,H}^{0}$	初始超孔隙水压力的零阶有限 Hankel 变换式
$\varphi_{1,H}^{0}$	φ_{1}^{0} 的零阶有限 Hankel 变换式
$\varphi_{2,H}^{0}$	φ_{2}^{0} 的零阶有限 Hankel 变换式
$\tilde{\sigma}_{z,H}(s)$	外荷载引起应力 $D_{t}^{1}\sigma_{z}(t)$ 的 Laplace-Hankel 变换
b_{1}	竖井地基顶部连续渗透边界气相界面参数
b_{2}	竖井地基顶部连续渗透边界液相界面参数
c_{1}	竖井地基底部连续渗透边界气相界面参数
c_{2}	竖井地基底部连续渗透边界液相界面参数
a_{a}	竖井地基顶面统一边界气相阻碍系数
b_{a}	竖井地基顶面统一边界气相渗透参数

续表

符号	说明
a_w	竖井地基顶面统一边界液相阻碍系数
b_w	竖井地基顶面统一边界液相渗透参数
R_a	竖井地基顶面半渗透边界气相半渗透边界系数
R_w	竖井地基顶面半渗透边界液相半渗透边界系数

6. Carrillo 方法相关参数	
$u(r,z,t)$	轴对称固结模型的超孔隙压力（简写为 u）
$u_x(x,t)$	与平面应变固结模型 x 方向边界条件相同时对应一维固结模型的超孔隙压力（简写为 u_x）
$u_r(r,t)$	与轴对称固结模型 r 方向边界条件相同时仅考虑径向渗流的轴对称固结模型的超孔隙压力（简写为 u_r）
$u_z(z,t)$	与平面应变或轴对称固结模型 z 方向边界条件相同时对应一维固结模型的超孔隙压力（简写为 u_z）
C_h	竖直方向的固结系数
C_v	水平方向的固结系数
u_{ax}	渗流发生在 x 方向的超孔隙气压力
u_{wx}	渗流发生在 x 方向的超孔隙水压力
u_{az}	渗流发生在 z 方向的超孔隙气压力
u_{wz}	渗流发生在 z 方向的超孔隙水压力
u_{ar}	渗流发生在 r 方向的超孔隙气压力
u_{wr}	渗流发生在 r 方向的超孔隙水压力

7. 黏弹性固结相关参数	
E	弹性模量
η	黏滞系数
$V(s)$	柔度系数
$\widetilde{m}_{1k}^{s}$	黏弹性地基 K_0 加荷时相应于净法向应力的土骨架体积变化系数
$\widetilde{m}_{1k}^{w}$	黏弹性地基 K_0 加荷时相应于净法向应力的液相体积变化系数
$\widetilde{m}_{1k}^{a}$	黏弹性地基 K_0 加荷时相应于净法向应力的气相体积变化系数
$\widetilde{m}_{2}^{s}$	黏弹性地基 K_0 加荷时相应于基质吸力的土骨架体积变化系数
$\widetilde{m}_{2}^{w}$	黏弹性地基 K_0 加荷时相应于基质吸力的液相体积变化系数
$\widetilde{m}_{2}^{a}$	黏弹性地基 K_0 加荷时相应于基质吸力的气相体积变化系数
$\widetilde{C}_a$	黏弹性地基中与气相有关的相互作用常数
$\widetilde{C}_w$	黏弹性地基中与液相有关的相互作用常数
$\widetilde{C}_v^{a}$	黏弹性地基中与气相有关的固结系数
$\widetilde{C}_v^{w}$	黏弹性地基中与液相有关的固结系数